Árpád Szabó:
Das geozentrische Weltbild
Astronomie, Geographie und
Mathematik der Griechen

Deutscher
Taschenbuch
Verlag

Originalausgabe
Oktober 1992
Deutscher Taschenbuch Verlag GmbH & Co. KG,
München
Graphiken: Kartographie Huber, München,
nach Vorlagen des Autors
Umschlagtypographie: Celestino Piatti
Umschlagbild: Sonnenuhr aus Samos. Zeichnung von H. Kienast
Satz: IBV Satz- und Datentechnik, Berlin
Druck und Bindung: C. H. Beck'sche Buchdruckerei,
Nördlingen
Printed in Germany · ISBN 3-423-04490-X

Das Buch

Das spätestens seit Kopernikus überholte geozentrische Weltbild war einst nicht nur nützlich, sondern auch eine für die weitere Entwicklung der Astronomie unerläßliche Theorie. Es hat die Bildung wichtiger Begriffe der Wissenschaft ermöglicht, die, kaum verändert, auch heute noch benutzt werden, wie Äquator, Ekliptik, Wendekreise (Tropen), Pole, geographische Breite und Länge. Das Buch behandelt – nach einer Schilderung des wissenschaftshistorischen Hintergrundes – in fünf Hauptteilen die mathematischen und geographischen Grundlagen und die Probleme und Leistungen der antiken Astronomie, die die älteste der Naturwissenschaften ist und schon vor den Griechen eine beachtliche Entwicklungsstufe erreicht hatte. Doch während die vorgriechischen Kulturvölker die astronomischen Probleme mit Zahlen, mit der Arithmetik zu bewältigen suchten, wurde die Astronomie bei den Griechen zu einem Zweig der Geometrie. Szabós Untersuchungen gruppieren sich um jenen Schattenzeiger (Gnomon), dessen älteste literarische Spur wohl schon in der Odyssee zu finden ist; Pherekydes soll später auf der Insel Syros ein Heliotropon aufgestellt haben. Erst kürzlich haben Archäologen in Rom einen Teil des Meridians von jenem Solarium des Augustus und Domitianus freigelegt, das im Jahr 13 vor Christus als Obelisk aus Ägypten herübergebracht worden war. Auch dieser mächtige Schattenzeiger war Kalender und Weltbild zugleich.

Der Autor

Prof. Dr. Árpád Szabó, geboren 1913 in Budapest, promovierte an der dortigen Universität, habilitierte sich 1939 an der Universität Frankfurt, war von 1940 bis 1948 Professor für Altphilologie an der Universität Debrecen, von 1948 bis 1956 für Alte Geschichte und Philosophie in Budapest. Von 1957 bis 1983 war er wissenschaftlicher Mitarbeiter des Mathematischen Instituts der Ungarischen Akademie der Wissenschaften. Er ist Mitglied der Akademien von Athen, Budapest, Lucca und Turku, war Fellow des Center for Advanced Studies in Stanford und des Wissenschaftskollegs zu Berlin. Seit den fünfziger Jahren beschäftigt er sich mit der Wissenschaftsgeschichte, besonders mit der Geschichte der griechischen Mathematik. Zahlreiche wissenschaftliche Veröffentlichungen in verschiedenen Sprachen.

Inhalt

Einleitung

Das geozentrische Weltbild, der Gegenstand dieses Buches, ist ein nicht genügend beachtetes Kapitel der alten Astronomie. Unter Astronomie versteht man das Wissen über Sterne, die man in der Nacht am Himmel sieht. Viele Menschen wissen auch, daß Sterne im echten Sinne des Wortes nur jene Himmelskörper heißen, die ihren festen Platz am Firmament zu haben scheinen; man hat den Eindruck, daß ihre Konstellation sich mindestens in der Spanne auch des längsten menschlichen Lebens nie verändert; darum nennt man sie auch Fixsterne. Unter ihnen sieht man jene anderen, die ihre Plätze nicht einhalten; der wenig aufmerksame Betrachter hat sogar den Eindruck, als würden sie planlos umherirren; daher haben sie auch ihren Namen: Planeten, die »Herumirrenden« auf griechisch.

Es war lange Zeit ein wichtiges, wenn nicht das allerwichtigste Problem der Astronomie, eine Erklärung für die scheinbar unregelmäßigen Planetenbewegungen zu finden. Die Erklärungen, die man dafür vorschlug, mußten u. a. auch deswegen irregehen, weil man dabei von der alltäglichen, naiven Anschauung ausging, die Erde stehe unbeweglich in der Mitte des Weltalls. Man glaubte, das ganze Weltall mit all seinen Sternen bewege sich in der Tat um die Erde herum im Kreise. Das war das *geo*zentrische Weltbild.

Heute dagegen lernen auch die Kinder schon in der Schule, daß die kugelförmige Erde sich um ihre Achse dreht, wodurch Tag und Nacht entstehen; daß die Sonne nicht um die Erde kreist – je nach der Jahreszeit mehr nach Norden oder mehr nach Süden zu – sondern umgekehrt: daß die Erde jedes Jahr einmal ihre elliptische Bahn um die Sonne beschreibt. Das ist die *helio*zentrische Welterklärung. Man ist oft geneigt, die Geschichte der echten Wissenschaft erst vom Sieg dieser letzteren Auffassung ab zu rechnen.

In diesem Buch wird dagegen versucht, die überholte geozentrische Theorie in ihrer historischen Rolle von einer wenig beachteten Seite her zu beleuchten. Ohne Rücksicht auf die Erklärung der Planetenbewegungen war das irrtümliche geozentrische Weltbild von manchem Gesichtspunkt aus doch bedeutend, nützlich, ja, mindestens als Übergangsstufe, auch notwendig. Es hat die Bildung mancher wichtiger Begriffe der Wissenschaft ermöglicht, die in kaum verändertem Sinne auch heute noch gebraucht werden.

Wäre hier eine vollständige Darstellung der geozentrischen

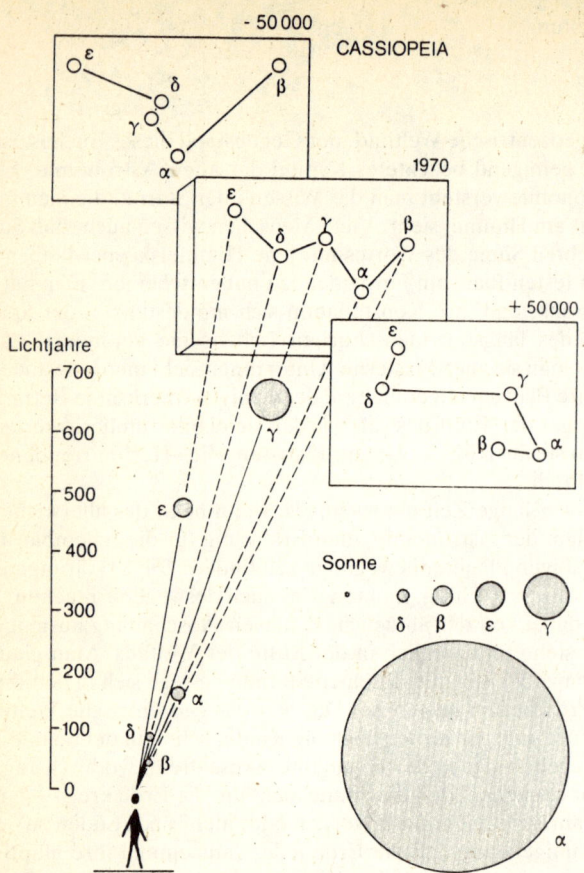

Abb. 1 Das Sternbild Cassiopeia vor 50000 Jahren – im Jahre 1970 – und nach weiteren 50000 Jahren. Die Abbildung – nach einer Skizze von J. Klepešta und A. Rükl, Taschenatlas der Sternbilder. 2. Ausgabe, S. 20 – orientiert auch darüber, daß die wirkliche und die scheinbare Entfernung der einzelnen Sterne dieses Sternbildes bei weitem nicht dieselbe ist. Bloß dem Schein nach würde man z. B. die Entfernung des Cassiopeia β ungefähr für ebenso groß halten, wie die Entfernung des Cassiopeia γ von uns; dabei ist β doch nur 47 Lichtjahre entfernt, der Cassiopeia γ dagegen 650 Lichtjahre. Man beachte auch die angedeuteten Größenverhältnisse dieser fünf Sterne im Vergleich zu unserer Sonne.

Theorie angestrebt, so dürfte man auch jene Erklärungen der Planetenbewegungen nicht außer acht lassen, die von dieser Sicht aus versucht wurden. Doch begnügt sich diese Arbeit mit einer bescheideneren Zielsetzung. Die Untersuchungen gruppieren sich alle um jenes alte und einfache – man könnte beinahe sagen: primitive – Instrument, das den geometrischen Entwurf eines schematischen Weltbildes der Astronomie gefördert hat. Dieses Instrument ist der Schattenzeiger der Griechen, der sogenannte *Gnomon*, und das Weltbild, das man mit seiner Hilfe entworfen hat, wird im folgenden häufig als Gnomon-Weltbild bezeichnet. Alles, was hier gesagt wird, geht vom Gnomon-Weltbild aus.

Zur ersten Orientierung sei hier im voraus der Inhalt der einzelnen Teile dieses Buches kurz zusammengefaßt.

Im Teil I, ›Die Erde im Weltall‹, wird, nach einem kurzen Rückblick auf die volkstümliche Sternkunde und auf die archaische Auffassung der Griechen von der Gestalt der Welt, zunächst das frühe Auftauchen des Gedankens von der zentralen Lage und von der Kugelförmigkeit der Erde besprochen. Dann wird jenes Problem des Kalenders angedeutet, das zu den Versuchen mit dem Gnomon und zum Entwerfen des Gnomon-Weltbildes geführt hat. Bestandteile und Konsequenzen dieses Weltbildes werden erklärt, und die ältesten literarischen Spuren von astronomischen Messungen bei den Griechen im 5. Jahrhundert v. Chr. skizziert.

Der Teil II, ›Die geographische Breite‹, geht vom Problem der Parallelkreise der Erde aus. Dann wird, an Hand des Gnomon-Weltbildes, eine solche mathematische Berechnung des wohl größten Astronomen der Antike, Hipparch von Nikaia, rekonstruiert, für die dieser nicht bloß die Daten – Gnomon- und Schatten-Messung als Ausgangspunkt – angibt, sondern für die er auch sein Rechenergebnis mitteilt. Im Anschluß an diese gut verbürgte Rekonstruktion wird ein ähnlicher Fall aus dem 4. Jahrhundert v. Chr. – der Parallelkreis des Pytheas von Massalia – behandelt. Abschließend wird noch eine allem Anschein nach verwandte Berechnung des Eudoxos geschildert.

Der Teil III, ›Die Polhöhe‹, geht zunächst von den äquivalenten Begriffen »Abstand vom Äquator«, »geographische Breite« und »Polhöhe« aus. Dann wird versucht, die einzelnen Etappen der wissenschaftlichen Entwicklung klar voneinander zu trennen. Zweifellos hat Eudoxos in der ersten Hälfte des 4. Jahrhunderts die geographische Breite Griechenlands durch die Zweiteilung des dort gültigen Sommerwendekreises bestimmt. Soviel wird im Aratos-Kommentar des Hipparch unmittelbar bezeugt. Auch darüber besteht kein Zweifel, daß man aus dieser Zweiteilung des Sommerwendekreises die Zeitdauer des längsten Tages im Jahr (für das betreffende Gebiet) berechnen kann. Und da nun auch noch in hellenistischer Zeit anstatt der geographischen Breite je eines Gebietes oft nur die Zeitdauer des längsten Tages in Äquinoktialstunden daselbst angegeben wird, ist es eine naheliegende Vermutung, daß man sich eine Zeitlang mit dieser Bestimmung begnügte. Es fragt sich nur, wann man eigentlich damit begonnen hat, aus einer solchen Angabe – längster Tag in Äquinoktialstunden an irgendeinem Ort – auch die dortigen Breitengrade zu berechnen. Denn man mußte, um solche Berechnungen ausführen zu können, jenes einfache Gnomon-Weltbild, das in den beiden ersten Teilen dieses Buches behandelt wird, weitgehend umgestalten. Außerdem sind zu diesen Berechnungen mathematische Formeln nötig, die bedeutend komplizierter sind, als die einfachen Gnomon- und Schattenberechnungen. (Leider wird das Kapitel 3, das diese mathematischen Kenntnisse schildert, nur für mathematisch interessierte Leser erfreulich sein. Es wurde aber versucht, alles übrige in diesem Buch auch für denjenigen, der dieses Kapitel evtl. überschlägt, lesbar zu gestalten.)

Allerdings ist das Berechnen der Polhöhe aus der Dauer des längsten Tages die unmittelbare Fortsetzung derselben Methode, mit der auch Eudoxos schon gearbeitet hatte: Die Dauer des längsten Tages in Äquinoktialstunden wird auf Grund der Zweiteilung des Sommerwendekreises durch den Horizont berechnet.

Es sei allerdings betont, daß kaum eine Generation später, *nach* Eudoxos, Pytheas von Massalia den Parallelkreis seiner Vaterstadt nicht aus der Polhöhe, also nicht auf Grund der Dauer des längsten Tages im Jahr, sondern konkret als den Abstand vom Äquator mit der einfacheren Methode (Gnomon und sein Mittagschatten) berechnete.

Hingewiesen sei hier sogleich auf jene moderne Kritik der »Bestimmung der Polhöhe aus der Dauer des längsten Tages« (S. 239 f.), die nur zum Teil berechtigt ist. Wie man sehen wird, schrieb der betreffende moderne Forscher: »Der Gedanke... aus der Dauer des längsten Tages zur Zeit des Sommersolstitiums... die geographische Breite zu berechnen, ist – vom Standpunkt unserer Kenntnisse aus beurteilt – verfehlt... Die Breite (könnte) nur dann einigermaßen verläßlich... berechnet werden, wenn die Tageslänge bis auf Bruchteile der Zeitsekunde beobachtbar wäre – eine Forderung, deren Erfüllung allerdings auch heutzutage kaum möglich wäre.«

Dies alles mag zwar zutreffen, aber dennoch ist die Kritik den Alten gegenüber ungerecht, und zwar nicht nur deswegen, weil die alte Wissenschaft, was die Genauigkeit betrifft, weniger anspruchsvoll war, sondern vor allem deswegen, weil – mindestens bei Ptolemaios – die Rechnung anders aufgestellt wird. Nicht die Tageslänge wird an irgendeinem Ort konkret gemessen und daraus das übrige berechnet, sondern es wird – sozusagen theoretisch – vorausgeschickt: *Wo* der längste Tag soundso viele Äquinoktialstunden – $15^{1}/_{2}$ oder 16 – hat, *dort* muß die Polhöhe (bzw. bei Ptolemaios der für ihn synonyme Begriff »Abstand vom Äquator) soundso viele Grade betragen. Dann sucht Ptolemaios – nach tadelloser mathematischer Berechnung – jenes geographische Gebiet, durch das der so berechnete Parallelkreis hindurchgehen mag. (Natürlich ist das alles eher nur theoretisch und nicht auch praktisch zutreffend.)

In diesem Teil des Buches wird auch das Problem der »geographischen Länge« angeschnitten, das man erst viel später, in der Neuzeit, *nach* Galilei, befriedigend zu lösen gelernt hat. Aber es ist doch interessant, daß die zur Zeit bekannte »älteste« Beobachtung, die Anlaß dazu bot, die Ost-West-Entfernung zweier Örter voneinander, also ihren Längen-Unterschied, zu bestimmen, mit einer Schlacht Alexanders des Großen sich auf den Tag genau datieren läßt.

Die beiden letzten Kapitel des Teils III schildern die enge historische Verknüpfung der Geographie mit dem geozentrischen Weltbild, das es den Griechen im Laufe der Gnomon-Versuche zum ersten Male ermöglichte, auch größere Entfernungen auf der Erde – sowohl in süd-nördlicher, wie auch in ost-westlicher Richtung – zu messen. Überhaupt ist vom Gesichtspunkt der mathematischen Geographie aus der Geozentrismus, so verfehlt er auch sonst sein mag, immer noch eine brauchbare Arbeitshypothese. Man mußte sie nicht aufgeben, wie wir ja auch den Begriff »Fixsterne« – trotz unseres besseren Wissens – praktisch immer noch gut gebrauchen können.

Nicht behandelt wird in diesem Buch das historische Problem der Kartographie. Es wird nur nebenbei einmal erwähnt, daß schon Aristoteles jene Gewohnheit, die zu seiner Zeit offenbar noch üblich war – die bewohnte Erde, die Oikumene kreisförmig darzustellen –, scharf tadelte. Nachdem die Kugelform der Erde – mindestens anderthalb oder zwei Jahrhunderte *vor* Aristoteles – erkannt worden war, mußte auch eine andere Form der Darstellung versucht werden. Da diese Fragen in diesem Buch nur berührt werden, sei wenigstens hier, im voraus, ein verbreiteter Irrtum widerlegt.

Man begegnet in der populärwissenschaftlichen Literatur der Astronomie häufig der Ansicht, die Griechen hätten den Sternenhimmel als Kugel dargestellt – *Jahrhunderte, bevor jemand daran gedacht hätte, eine Erdkugel zu verfertigen.* Dies ist ein Irrtum. Strabon (C 116–117) schildert ausführlich, daß man für geographische Zwecke eine möglichst große Erdkugel brauche. Aus seinem Text geht hervor, daß dies selbstverständlich auch vor ihm schon längst üblich war. Wer eine solche keineswegs kleine Kugel sich nicht beschaffen könne, möge sich auch mit einer flachen Karte begnügen.

Der Teil IV, ›Weltbild und Zeitmessung‹, behandelt vor allem das Problem, wie man jene beiden Bilder miteinander zu vereinigen suchte, von denen man das eine tagsüber mit Hilfe des Schattenzeigers als schematisches Gnomon-Weltbild bekommen hatte, und das andere, unmittelbare, konkretere Bild, das nachts der Sternenhimmel bot. (Natürlich hat man auch eine so einfache Tatsache wie die Gleichheit der Polhöhe von irgendeinem Ort aus mit dem Abstand desselben Ortes vom Äquator in Bogengraden den Meridian entlang nur auf Grund des Gnomon-Weltbildes erkennen können.)

Man wollte mit dem Gnomon ursprünglich Probleme der Zeitmessung lösen. Der sozusagen wissenschaftliche Gebrauch dieses Instruments hat damit begonnen, daß man nicht nur die Länge des Schattens von frühmorgens bis spätabends maß, um daraus auf die Tageszeit zu schließen. Statt dessen stellte man den kürzesten Schatten des Tages in den Vordergrund des Interesses; mit ihm konnte man die Wenden und Äquinoktien bestimmen. Die Begriffe, die man im Laufe dieser Versuche prägte – Äquator, Wendekreise, Ekliptik, Schiefe der Ekliptik, Achse und Pol der Welt –, bildeten die Grundlage einer neuen Disziplin, der mathematischen Geographie. Doch blieb der Gnomon auch ein Instrument der Zeitmessung. Zunächst bestimmte man damit die vier Jahreszeiten (ὦραι), dann auch die den zwölf Tierkreiszeichen (Zodia) entsprechenden zwölf Teile des Jahres, die Monate. So wurde der Gnomon ein Kalender für das Sonnenjahr. Einen solchen Kalender – gleichzeitig ein geozentrisches Weltbild – bot auch jener Obelisk, den Augustus im Nordteil des Campus Martius von Rom etwa im Jahre 9 v. Chr. aufstellen und einweihen ließ. Nach dem Bericht des Plinius über diesen Obelisken – und auch nach den archäologischen Funden der letzten Jahre – war der Meridian dieses mächtigen Schattenzeigers nach Tagen des Jahres eingeteilt. Doch eben anläßlich dieser Einteilung der Mittagschatten rückten die Unzulänglichkeiten des Gnomon-Kalenders in den Vordergrund des Interesses.

Zum Schluß dieses Teils wird noch auf die Entwicklung des Gnomons zu einer *Sonnenuhr* – zum Mittel für das Bestimmen der Tageszeit – hingewiesen. Wie kam es z. B. dazu, daß wir die Stunden des Tages von Mitternacht ab rechnen? Man begann in der Antike das Zählen der Stunden mit dem Sonnenaufgang, und die vollendete zwölfte Stunde des Tages war der Sonnenuntergang. Weil jedoch die Länge der Lichttage sich je nach den Jahreszeiten ändert, mußten die stets zwölf Tagesstunden bis Sonnenuntergang bald länger, bald kürzer werden: »Stunden je nach den Jahreszeiten«. Unsere immer gleichbleibenden Stunden gab es in der Antike nur zur Zeit des Äquinoktiums. Doch war nach beiden Stundenzählungen die vollendete sechste Stunde *(hora sexta)* immer der Zeitpunkt des kürzesten Schattens am Tag. Dieser Tagesstunde entspricht in der Nacht – nach sechs weiteren Äquinoktialstunden – die Mitternacht, die sechste Stunde der Nacht für die Antike, für uns: das Ende des einen Tages und der Beginn des anderen, des neuen.

Der letzte Teil des Buches, ›Astronomie und Mathematik‹, macht darauf aufmerksam, daß die Astronomie der Griechen auf der einen Seite gewisse mathematische, besonders geometrische Kenntnisse benötigte, auf der anderen Seite aber dieselbe Astronomie ihrerseits die Entwicklung der Geometrie bedeutend gefördert hat. Man ersieht dies etwa aus folgendem: Der Name des Instruments, das den Entwurf des geometrischen Weltbildes ermöglicht hatte, des *Gnomons* (Schattenzeiger), wurde zum Terminus sowohl der griechischen Geometrie als auch der Arithmetik. Das Messen der Winkel in *Bogengraden* erfolgte, indem man einen größten Kreis des Himmels erst den zwölf Zodia (den Tierkreiszeichen, bzw. den Monaten) entsprechend zwölfteilte, und dann die zwölf kleineren Einheiten, nach den 30 Tagen des Durchschnittsmonats dreißigteilte. Die 360 Grade des Kreises waren ursprünglich 360 Tage des Sonnenjahres – ohne jene noch übrigen fünf Tage, die man ursprünglich für die außergewöhnlichen Schaltmonate aufbewahrte.

Offenbar wurden auch jene Forschungen der Griechen, die die Eigentümlichkeiten des *Kreises* in geometrischen Theoremen zusammenfaßten, durch die Astronomie veranlaßt. Wie verhalten sich im Kreis der Durchmesser, die Sehnen, Bogen, Winkel und

13

auch die Tangenten zueinander? Und wie schreibt man in den Kreis regelmäßige Polygone? Die Seiten dieser Vielecke sind lauter Sehnen, die den Kreisumfang in ebenso viele verschiedene Bogen zerlegen, wie das betreffende Vieleck Seiten hat. So wird die Sehnentafel vorbereitet, das wichtigste Hilfsmittel der astronomischen Rechnungen und die Grundlage auch unserer ebenen und sphärischen Trigonometrie.

Wie die kurze Zusammenfassung der fünf Hauptteile zeigt, beschäftigt sich dieses Buch über das »geozentrische Weltbild« mit lauter Fragen, die sozusagen bloß die Vorbereitung der griechischen Astronomie betreffen. Man findet alle Probleme, die hier historisch ins Auge gefaßt werden, in einigen Kapiteln der drei ersten Bücher des Ptolemäischen Werkes. Doch hat dieses Handbuch der alten Astronomie noch weitere zehn, also insgesamt dreizehn Bücher.

Es ist nicht das Ziel, hier eine vollständige Geschichte der Astronomie der Griechen zu bieten. Es sollen nur Fragen in den Vordergrund gerückt werden, die man in der Geschichte der Astronomie meistens vergißt und die auch deswegen außer acht gelassen werden, weil man anstatt der überholten Theorie die Verdienste der neuen, heliozentrischen Erklärung des Systems von Kopernikus und Kepler hervorheben will.

Der vorausgeschickte »wissenschaftshistorische Rahmen« soll den Leser über Probleme der literarischen Überlieferung orientieren und auch darauf hinweisen, daß dieser Hintergrund für die folgenden fünf Hauptteile des Buches keineswegs eindeutig und widerspruchsfrei ist. Denn man wird später sehen, daß der Geozentrismus zweifellos schon mit Anaximander beginnt. Auch die Kugelform der Erde wurde – wenn nicht durch Anaximander selbst in einer späteren Phase seiner Tätigkeit – so doch belegbar durch Pythagoras oder Parmenides erkannt. Aus der Zeit bald danach belegt sind Einzelerkenntnisse, die den Eindruck erwecken, als hätte man den früh erkannten Geozentrismus nach Anaximander ungebrochen weiterentwickelt. Ja, überblickt man die Untersuchungen in den fünf Hauptteilen dieses Buches, so entsteht leicht der Eindruck, als wäre das geozentrische Weltbild der Griechen das Ergebnis einer einzigen organischen Entwicklung der Theorie seit Anaximander über Oinopides von Chios, Eudoxos und Hipparch bis zu Ptolemaios. Dieser Eindruck ist jedoch irreführend. Der Geozentrismus war nicht die einzige Theorie der alten Astronomie. Unmittelbar nach Anaximander kam die halbmythische

Spekulation des pythagoreischen Kreises auf, die eher den Heliozentrismus vorbereitet zu haben scheint: dort redete man vom »unsichtbaren Zentralfeuer der Welt«, um das die Erde (und auch die Sonne) kreise.

Aber nicht nur die mythische Spekulation hat die zentrale Lage der Erde im Weltall angezweifelt, auch die allem Anschein nach echten astronomischen Berechnungen des Aristarchos führten zum Heliozentrismus. Und was noch überraschender ist, die Theorie des Aristarch (vom Anfang des 3. vorchristlichen Jahrhunderts) geht zeitlich jener Ausarbeitung des Geozentrismus voran, die man gewöhnlich erst dem Hipparch (160–120 v. Chr.) zuschreibt.

Man soll auch nicht denken, jenes astronomische Wissen, das in diesem Buch behandelt wird, sei im Altertum geistiges Eigentum einer größeren Anzahl von Menschen gewesen. Vom Heliozentrismus des Aristarch mag nur ein kleiner Kreis der Mathematiker und Astronomen überhaupt gewußt haben, aber auch einfachere Tatsachen der geozentrischen Theorie wurden außerhalb des Kreises der Fachleute wohl gar nicht wahrgenommen. Selbst Heraklit sprach z. B. davon, daß *die Sonne jeden Tag neu sei* (Aristot., Meteor. B 2.355 a 13) und daß sie *die Breite des menschlichen Fußes habe* (Aet. II 21,4). Einerlei, welchen »tieferen Sinn« der dunkle Ephesier in diese Worte hineinlegen wollte, man wird durch sie an jenen späteren Epikur erinnert, den Ptolemaios folgendermaßen widerlegt: »... daß die Gestirne aus der Erde aufsteigend sich *entzünden* und dann wieder zu ihr zurückkehrend *erlöschen*, dürfte sich durchweg als höchst widersinnig erweisen. Gesetzt schon, man machte das Zugeständnis, daß trotz ihrer Größen und ihrer gewaltigen Anzahl, trotz ihrer nach Raum und Zeit verschiedenen Abstände besagter wunderlicher Vorgang sich wirklich vollziehen könnte, d. h. daß die eine ganze (östliche) Seite der Erde eine natürliche *Zündkraft*, die andere (westliche) Seite eine ebensolche *Löschkraft* entwickelte, daß *dieselbe* Seite für einen Teil der Erdbewohner anzündend, für den anderen auslöschend wirkte, d. h. *dieselben* Sterne für die einen bereits angezündet oder ausgelöscht sind, während sie es für die anderen noch nicht sind, wenn man, sage ich, alle diese Zugeständnisse, so lächerlich sie sind, machen wollte, was sollten wir von den immersichtbaren Sternen halten, die weder auf- noch untergehen? Aus welchem Grunde sollten denn nicht diejenigen Sterne, welche dem Anzünden und Auslöschen unterworfen sind, überall auf- und untergehen, während andere, welche diesem Wechselzustande nicht unterworfen sind, keineswegs überall beständig über dem Horizont sind? Es werden wohl doch nicht *dieselben* Sterne für einen Teil der Erdbewohner immer angezündet und wieder ausgelöscht werden, während sie für den anderen Teil niemals weder das eine noch das andere erleiden, da es ja ganz klar ist, daß es dieselben Sterne sind, die für gewisse (südliche) Orte auf- und untergehen, während sie für andere Orte (d. i. für weiter nördlich liegende) weder auf- noch untergehen.« (Almag. I 3) Eben diese Vorstellung wird auch von Kleomedes (S. 158f.) als die Auffassung des Epikur ins Lächerliche gezogen.

Erwähnt werden soll hier noch eine Frage, die in jedem unvoreingenommenen Leser auftauchen mag.

Die Astronomie ist die älteste Naturwissenschaft, und sie beginnt auch nicht mit den Griechen. Alte Kulturvölker, wie die Babylonier und Ägypter, haben ebenfalls viele Jahrhunderte – wenn nicht Jahrtausende – früher schon Regelmäßigkeiten der Himmelsbewegungen beobachtet und derartige Beobachtungen systematisch gesammelt. Höchstwahrscheinlich bildeten für die Griechen die empirisch gesammelten Angaben der altorientalischen Astronomie wertvolles Quellenmaterial. Die Griechen betonten auch häufig, was sie aus anderen Kulturen entlehnt hatten. Herodot selber sagt z. B. über den Schattenzeiger (Gnomon), daß die Griechen ihn, ebenso wie die zwölf Teile des Tages, von den Babyloniern übernommen haben.

Warum bleiben dann in diesem Buch die babylonischen Quellen der griechischen Astronomie dennoch so sehr im Hintergrund? Beginnen wir die Antwort auf diese Frage eben mit dem Fall des *Gnomons*, dessen babylonische Herkunft bei den Griechen über jedem Zweifel steht. Es fragt sich nur, zu welchem Zweck dieses Instrument auf der einen Seite in Babylon, und zu welchem auf der anderen Seite bei den Griechen gebraucht wurde?

Was die Griechen betrifft, so hat man bei ihnen den Schattenzeiger vorwiegend *nicht* für die Bestimmung der Tageszeit gebraucht. Wohl hat man auch bei ihnen – und selbst noch im klassischen Zeitalter – die Tageszeit oft mit der Schattenlänge bestimmt, aber nicht mit dem Schatten des Gnomons.

Man liest schon in der Odyssee: »Die Sonne ging unter, und schattig wurden alle Straßen.«[1] Dann erklärt Hesychios von Alexandria, der vermutlich im 5. Jahrhundert n. Chr. das reichhaltigste uns aus dem Altertum erhaltene Lexikon zusammengestellt hat,

---

[1] Odyssee 2, 388.

eine seltenere Bedeutung des Wortes *skias* folgendermaßen: »*skias* heißt der Schatten des Körpers, aus dem man auf die Tageszeit schließen kann.«[2] Zu dieser Wortbedeutung paßt die Erklärung eines sonst nicht näher bekannten spätantiken Sextus[3], wonach man die Zeit des Tages bestimmen kann, wenn man den Körperschatten mit den eigenen Füßen mißt[4]. Es scheint, daß die wichtigsten Teile des Tages ihre mehr oder weniger genau gemessene Schattenlängen hatten. Der erwähnte Sextus stellte ganze Tabellen mit den Schattenlängen der einzelnen Tageszeiten in den verschiedenen Monaten zusammen. Es genügte auch zu sagen, wie lang der Schatten ist, und man wußte, was in der betreffenden Tageszeit zu tun war. Darum heißt es auch in einer Komödie des Aristophanes (5. Jahrhundert v. Chr.): »Deine Aufgabe ist es, nach dem Schatten zu schauen: wenn er zehn Fuß mißt, dann eilst du gesalbt zum Schmaus.«[5] Der Scholiast bemerkt dazu: »In alter Zeit teilten diejenigen, die Gäste zu einem Schmaus eingeladen hatten, den Schatten mit.«[6] Der Schatten bezeichnete den Zeitpunkt, für den die Einladung galt. Darum heißt es bei Menander, ein überaus eifriger Gast eile allzu früh zum Schmaus, wenn der Schatten nicht zehn, sondern erst noch zwölf Fuß lang sei[7]. (Je länger der Schatten, um so früher ist es am Vormittag.)

Nun kann man die Tageszeit zweifellos nicht bloß mit der sorgfältigen Beobachtung des Körperschattens, sondern auch mit dem Gnomonschatten bestimmen. Und in der Tat hat man den Gnomon – besonders in der späteren Antike – auch dafür benutzt.

---

[2] Hesychios. Ed. M. Schmidt. 1857ff. Bd. 4, S. 44.

[3] Sextus ὁ ὡροκράτωρ ad regem Phillippum quomodo horae ad corporis umbram demetiantur. In: F. Boll, Catalogus codicum astrologorum graecorum. Bd. 7 (Codices germanici). Brüssel 1908, S. 187ff.

[4] Vgl. F. K. Ginzel, Handbuch der mathematischen und technischen Chronologie. Bd. 2. Leipzig 1911, S. 305f.

[5] Ecclesiazusai 650–652. Der für uns wichtige Vers 652 heißt: ὅταν ᾖ δεκάπουν τὸ στοιχεῖον, λιπαρὸν χωρεῖν ἐπὶ δεῖπνον. Man beachte anläßlich dieses Zitats zwei Tatsachen: 1. Aristophanes redet nicht von γνώμων, sondern bloß von einem στοιχεῖον, bzw. von seinem Schatten. Man liest übrigens über das Wort στοιχεῖον im Lexikon des Photios: στοιχεῖον ἐκάλουν τὴν αὐτῶν σκιάν, ᾗ τὰς ὥρας ἐσκοποῦντο. Das Wort στοιχεῖον hat also hier *nicht* seinen ursprünglichen Sinn. 2. Es wird keine Verhältniszahl wie beim wissenschaftlichen Gebrauch des Gnomons – Länge des Gnomons und seines Schattens –, sondern bloß die Länge des Schattens (in Fuß!) erwähnt.

[6] Vgl. auch Plutarch, De adul. et amico 5,50.

[7] Th. Kock, Comicorum atticorum fragmenta. Leipzig 1880–1888, Menandros fr. 364.

Darum wird dieser Schattenzeiger gewöhnlich unter denjenigen Instrumenten behandelt, mit denen man die Tageszeit zu messen pflegte; er gilt eben als eine Art Sonnenuhr[8]. Aber das war er ursprünglich – zumindest bei den Griechen – doch nicht.

Man hat schon mehrmals mit Recht darauf hingewiesen, daß alles, was wir von der ursprünglichen Bestimmung dieses Instrumentes in den Quellen lesen, dafür spricht, daß dieses anfänglich *nicht* für das Bestimmen der Tageszeit, sondern eher für astronomisch-kalendarische Zwecke benutzt wurde. A. Rehm betont, daß der Gnomon auch später – selbst bei den Römern, wo er gleichsam zu einem Inventarstück des Alltagslebens geworden war – immer noch ein »Hilfsmittel der gelehrten Forschung« geblieben ist[9].

Diese Beobachtung ist zweifellos zutreffend; sie läßt sich im folgenden konkretisieren:

1. Auch jener älteste griechische Benutzer des Gnomons, von dem wir wissen, Anaximander, hat diesen Schattenzeiger *nicht* als eine Sonnenuhr im engeren Sinne des Wortes, sondern für die Bestimmung der Sonnenwenden und Äquinoktien benutzt.

2. In der griechischen Wissenschaft wurde nur der Mittagschatten des Gnomons registriert.

3. In der wissenschaftlichen Praxis redet man *nie* einfach von der Länge des Gnomonschattens, sondern immer vom *Verhältnis* zweier Längen: der des Gnomons und der seines Mittagschattens.

Wie hat man dagegen den Gnomon in Babylon benutzt? Was sagt die moderne Forschung der letzten Jahrzehnte dazu?

Man hört oft von einer babylonischen Liste der Schattenlängen des Gnomons zu verschiedenen Tagesstunden an vier Tagen des Jahres: den Äquinoktien und den Solstitien[10]. Der babylonische Gnomon scheint demnach doch eher eine Sonnenuhr für die Bestimmung der Tageszeit gewesen zu sein. Es bleiben dabei – wenigstens in den modernen Arbeiten zur babylonischen Wissenschaft –

---

[8] So z. B. in den Artikeln ›Horologium‹ von A. Rehm in: RE (= Realencyclopädie der classischen Altertumswissenschaft) 8 (1913), Sp. 2416ff. und von E. Ardaillou in: Ch. Daremberg und Saglio, Dictionnaire des antiquités grecques et romaines. Paris 1900. Bd. 3, S. 256f.

[9] Siehe die vorige Anmerkung.

[10] D. R. Dicks, Early greek astronomy to Aristotle. Ithaca, New York 1970, S. 166. Zitiert wird eine längere Partie dieser Stelle in Anm. 33 zum Teil I dieses Buches. Der Text oben bezieht sich nur auf die folgenden Worte aus demselben Zitat: »... a list of shadow lengths for a gnomon at different hours of the day on four days in the year, namely, the equinoxes and solstices ...« Man vgl. zum Gnomon in Babylon auch B. L. v. d. Waerden, Die Anfänge der Astronomie. Groningen o. J., S. 80, 30, 32.

einige Fragen unbeantwortet. Werden z. B. in diesen Listen auch jene »12 Teile des Tages« berücksichtigt, von denen *Herodot* redet? Und warum werden die Schattenlängen von *vier* Tagen des Jahres für wichtig gehalten? Hätten nicht auch *drei* Tage genügt? Unterscheiden sich etwa die Schattenlängen des Herbstäquinoktiums von denjenigen der Frühlingsnachtgleiche?

Eine Arbeit, die bloß über das geozentrische Weltbild der Griechen berichten möchte, macht sich natürlich nicht anheischig, auch Fragen der altorientalischen Kulturgeschichte zu beantworten. Es genügt hier darauf hinzuweisen: Auch wenn Herodot recht damit haben mag, daß die Griechen den Gnomon, den Polos und die zwölf Teile des Tages wirklich ebenso von den Babyloniern entlehnt haben, wie sie noch zahlreiche andere Tatsachen der Astronomie nicht zu entdecken brauchten, weil sie diese Kenntnisse aus älteren Kulturen fertig übernehmen konnten – auch dann beginnt mit jenem bescheidenen Kapitel der griechischen Astronomie, das in diesem Buch behandelt wird, etwas vollkommen neues, das man mit dem älteren orientalischen Kulturgut kaum vergleichen kann.

Der bedeutende italienische Astronom G. V. Schiaparelli hat zum ersten Male jenen Unterschied hervorgehoben, der die griechische Astronomie – trotz aller Entlehnungen – von jeder älteren Sternkunde grundsätzlich trennt. Wohl hat man seit Schiaparelli (gest. 1910) die Erbschaft der babylonischen Kultur besser kennengelernt. Aber auch die Fülle des seitdem bekanntgewordenen Materials hat an der Gültigkeit der Beobachtung des alten Meisters nichts geändert. Die Babylonier wollten die astronomischen Probleme bloß mit *Zahlen*, mit *Arithmetik* bewältigen; sie haben mit steigenden und fallenden Zahlenreihen und mit konstanten Differenzen gearbeitet. Es ist ihnen nicht klar geworden, daß die Astronomie vor allem eines geometrischen Weltbildes bedarf. Die griechische Astronomie war dagegen von Anfang an *Geometrie*. Und das hat auch die Überlieferung der Griechen festgehalten. Darum heißt es schon über Anaximander, er habe den Gnomon eingeführt und überhaupt die *geometrische Darstellung des Weltalls* begründet[11]. Natürlich hat Anaximander sein Kalender-Problem geometrisch und nicht mit primitiver Arithmetik des Zählens der Tage gelöst, und damit wurde er der Begründer nicht bloß des »ptolemäischen«, des geozentrischen Weltbildes, sondern auch der mathematischen Geographie.

[11] Suda s. v. Ἀναξίμανδρος. – γνώμονά τε εἰσήγαγε καὶ ὅλως γεωμετρίας ὑποτύπωσιν ἔδειξεν. Vgl. H. Diels und W. Kranz, Fragmente der Vorsokratiker. 8. Aufl. 1956, Anaximandros fr. A 2.

1. Die ältesten Quellen

Dieses Buch wird jenes geozentrische Weltbild, das die Griechen teils durch Spekulation, teils an Hand konkreter Untersuchungen entwickelt haben, historisch beleuchten. Die Anfänge dieses Kapitels der ptolemäischen Astronomie gehen noch auf das 6. vorchristliche Jahrhundert zurück. Aber wir besitzen leider keine unmittelbaren literarischen Quellen aus dieser Zeit. Alles, was von den Lehren der Vorläufer der späteren hellenistischen Wissenschaft bekannt ist, stammt aus zweiter, oft sogar aus dritter Hand. Darum kann die Darstellung nur eine Rekonstruktion sein.

Die Chronologie der Erkenntnisse ist für das Verständnis dieser Studien unerläßlich; in den meisten Fällen orientiert der Text selber beim Auftauchen neuer Namen über das Zeitalter des jeweiligen Autors. Als provisorisches chronologisches Gerüst sollen aber mindestens diejenigen vier Namen zeitlich eingeordnet werden, von denen im folgenden immer wieder die Rede ist. *Anaximandros*, einer der ältesten Weisen aus Milet, lebte noch im 6. vorchristlichen Jahrhundert. Die Tätigkeit des *Eudoxos*, eines jüngeren Zeitgenossen von Platon, fällt in das 4. Jahrhundert. *Hipparchos* von Nikaia, der wohl größte Astronom der Antike, lebte im 2. vorchristlichen, und der bekannteste Systematiker der griechischen Astronomie, *Klaudios Ptolemaios*, dessen Werk erhalten geblieben ist, im 2. Jahrhundert n. Chr.

Es sollen hier auch schon die wichtigsten Quellen über jenes Zeitalter der griechischen Astronomie, Geographie und Mathematik vorgestellt werden, das uns vor allem in den beiden ersten Teilen dieses Buches beschäftigen wird.

Die griechische Astronomie ist so alt wie die antike Philosophie. Manche Ansichten der beiden ältesten Vertreter der ionischen Naturphilosophie, Thales und Anaximander, werden auch uns beschäftigen. Schriften dieser Weisen des 6. Jahrhunderts sind nicht erhalten, nicht einmal soviel ist sicher, ob sie überhaupt schriftliche Werke hinterlassen haben. Was von ihren Ideen das eigene Zeitalter überlebt hat, verdanken wir späteren Berichterstattern. Einige Hinweise auf die Gedanken dieser Bahnbrecher der Wissenschaften finden sich in den Werken Platons (428/27–347 v. Chr.) und Aristoteles' (384–322). Mehr über die älteste Epoche der griechischen Wissenschaft hätten wir zweifellos erfahren können aus den Werken zweier Aristoteles-Schüler: aus der Philosophiegeschichte des Theophrast (etwa 372–287) und aus der Geschichte der Mathematik und der Astronomie des Eudemos, wenn diese erhalten wären. Wir müssen uns mit Auszügen begnügen, die spätere, meistens nicht bekannte Verfasser aus ihnen verfertigt haben; und manchmal stehen uns nur kurze, für Schulzwecke zusammengestellte Exzerpte aus den Auszügen durch noch spätere Kompilatoren zur Verfügung.

Aus älteren, verlorenen Sammelwerken hat z. B. Diogenes Laertios im 3. Jahrhundert n. Chr. seine ›Geschichte der berühmten Philosophen‹ abgeschrieben, die man nur mit Vorsicht benutzen darf, denn dieser Autor scheint seine Quellen nicht immer richtig verstanden zu haben. Aber stellenweise hat er doch auch wertvolle, sonst nicht bekannte Angaben überliefert.

Wichtiger als die des Diogenes Laertios ist die Kompilation eines anderen Griechen, die in der Fachliteratur gewöhnlich als ›Placita Philosophorum‹ zitiert wird. Man hat diese ›Placita‹ früher für ein Werk des Plutarch (46–120 n. Chr.) gehalten, darum spricht man manchmal auch heute noch von ihrem Verfasser als von einem »Pseudo-Plutarch«. In Wirklichkeit sind die ›Placita‹ bloß ein Auszug aus einem früh verlorenen Werk. Es werden darin »Ansichten« (daher der Name: *placita*, griechisch δόξαι) über allerlei Fragen gruppiert und kurz zusammengefaßt. Man erfährt dort z. B., was die Philosophen über die »Überschwemmungen des Nils« oder über die »Seele« gelehrt haben.

Es gibt eine weitere Kompilation aus demselben alten, verlorenen Werk, die sog. ›Eclogae physicae‹ des Stobaios, entstanden vermutlich im 5. Jahrhundert n. Chr. Der Inhalt wird in diesem Auszug anders gruppiert, doch stimmt der Text der beiden – der ›Placita‹ und der ›Eclogae‹ – oft wörtlich überein, nur ist bald die eine, bald die andere Version ausführlicher. Die gemeinsame Quelle der beiden war vermutlich ein gewisser Aëtios, den auch der Kirchenvater Theodoret aus Antiocheia (393–465) zitiert. In den siebziger Jahren des vorigen Jahrhunderts hat der Philologe H. Diels auf der Grundlage von Pseudo-Plutarch und Stobaios das Werk des Aëtios rekonstruiert[1].

Außer Theodoret haben übrigens auch andere Kirchenväter den Aëtios reichlich exzerpiert. Der Bischof Eusebios (260–340) hat z. B. beträchtliche Partien des Aëtios-Textes in seine ›Praeparatio

[1] H. Diels, Doxographi Graeci. Berlin 1879.

Evangelica‹ aufgenommen; er benutzte die Gedanken der alten Philosophen gegen seine zeitgenössischen Gegner, die Heiden und Häretiker. Ein anderer christlicher Schriftsteller, Hippolytos im 3. Jahrhundert, hat ein Buch ›Philosophumena‹ verfaßt, dessen biographische Quellen denjenigen des Diogenes Laertios ähneln, während andere Teile desselben Werkes auf den Aristoteles-Schüler Theophrast zurückgehen, wobei sie von der Aëtios-Linie dennoch unabhängig sind. Die ›Philosophumena‹ des Hippolyt waren als Einleitung zu seiner ›Widerlegung aller Häresien‹ geplant. Erwähnenswert ist in diesem Zusammenhang auch ein etwa im 10. Jahrhundert n. Chr. zusammengestelltes enzyklopädisches Lexikon unter dem Namen ›Suda‹. (Früher hielt man dies für das Werk eines sonst nicht bekannten Suidas.)

Man findet außer in den erwähnten Kompilationen wertvolle Quellenberichte über griechische Kosmologie und Astronomie in einer ›Einführung in die Mathematik zur Vorbereitung auf die Platon-Lektüre‹[2] des Theon von Smyrna im 2. Jahrhundert n. Chr. sowie im Aristoteles-Kommentar jenes Simplikios, der als einer der letzten Vertreter der neuplatonischen Philosophie nach der Schließung der Akademie in Athen 529 n. Chr. nach Persien auswanderte, von wo er 533 zurückkehrte. Zusammengestellt findet man die wichtigsten antiken Berichte über die Philosophie der vorsokratischen Epoche wie auch ihre Fragmente in der Sammlung von H. Diels, die zuerst 1903 veröffentlicht wurde[2a].

Wichtiges Material zum Verständnis der ältesten griechischen Astronomie findet man manchmal – ohne daß dort dieses Wissensgebiet überhaupt genannt wäre – auch bei einem Autor wie Vitruvius Pollio, der zur Zeit des Caesar und des Augustus gelebt und seine zehn Bücher ›Über die Architektur‹ etwa um 25 v. Chr. verfaßt hat. Es ist weniger überraschend, daß aufschlußreiches Material, gerade was die älteste Geschichte der Astronomie betrifft, auch im Werk des Neuplatonikers Proklos (410–485 n. Chr.) aufbewahrt wurde. Sein Kommentar zum ersten Buch von Euklids ›Elementen‹ – die um 300 v. Chr. entstanden waren – ist eine unschätzbare Fundgrube sowohl allgemein zum Verständnis der antiken Wissenschaft wie speziell zu ihrer historischen Interpretation.

[2] Vgl. Theonis Smyrnaei liber de astronomia. Ed. Th. H. Martin. Paris 1849, und Theo Smyrnaeus, Expositio rerum mathematicarum ad legendum Platonem utilium.Ed. H. Hiller. Leipzig 1878.
[2a] Zitiert wird von uns die 8. Auflage: H. Diels u. W. Kranz, Die Fragmente der Vorsokratiker. Berlin 1956.

2. Das pythagoreische Universum

Ein besonderer Platz im Überblick der älteren griechischen Astronomie gebührt wenn nicht Pythagoras selber, so doch den Pythagoreern. Pythagoras war nach der Überlieferung einer der beiden Männer, die die Kugelform der Erde und des Weltalls frühzeitig erkannten. Einerlei, mit welchen Argumenten er seine Ansicht zu erhärten suchte, sowohl diese wie auch seine andere angebliche Erkenntnis, daß der Abendstern (Ἕσπερος) mit dem Morgenstern (Φωσφόρος) identisch sei[3], können als erste Stufen der wissenschaftlichen Astronomie gelten. Für diese Entdeckungen hätte er jedenfalls rein rationale Begründungen vorbringen können. Darum hat man auch vermutet, daß Pythagoras die Erde wohl noch als Zentrum des Weltalls gedacht hat[4]. Man könnte ihn also – nach diesen Erkenntnissen – in jene Entwicklung einfügen, die in den Kapiteln dieses Buches untersucht wird.

Anders zu beurteilen ist jenes seltsame Weltbild, das Aristoteles ganz allgemein den »Pythagoreern« und das Aëtios speziell – wohl im Anschluß an Theophrast – dem Pythagoreer Philolaos aus Süditalien, einem Zeitgenossen des Sokrates (469–399 v. Chr.) zuschrieb[5]. Nach dieser Vorstellung »atmet« das in seiner Größe endliche und kugelförmige Universum in der unendlichen Leere. Aber die ebenfalls kugelförmige Erde ist doch nicht »ehrwürdig« genug, um die Mitte des Weltalls einzunehmen. Wie Aristoteles schreibt[6]: »Die sog. Pythagoreer behaupten, in der Mitte des Weltalls stehe das *Feuer* und die Erde sei nur einer der Sterne, die um dieses Feuer kreisen... Sie sind der Ansicht, der ehrwürdigste Platz gebühre dem Ehrwürdigsten, und das Feuer sei doch ehrwürdiger als die Erde...«[7]

Das zentrale Feuer des Weltalls – das in dieser halbmythischen Denkweise der Pythagoreer auch als »Thron des Zeus«, »Mutter der Götter«, »Altar«, »Hestia« und noch mit anderen ähnlichen

[3] Diogenes Laertios 9, 23.
[4] T. Heath, A History of greek mathematics. Oxford 1921. Bd. 1, S. 163.
[5] Über Philolaos siehe J. L. E. Dreyer, A history of astronomy from Thales to Kepler. 2. Aufl. Boston 1953, S. 40–52.
[6] Aristoteles, De caelo 293 a 20f.
[7] Ebd.: ... τῷ γὰρ τιμιωτάτῳ οἴονται προσήκειν τὴν τιμιωτάτην ὑπάρχειν χώραν, εἶναι δὲ πῦρ μὲν τῆς γῆς τιμιώτερον. Plutarch, Numa 11, behauptet, auch der alte Platon habe seine frühere Ansicht verändert: die Erde könne nicht den vornehmsten Platz im Weltall, das Zentrum einnehmen.

Namen bezeichnet wird – ist *nicht* die Sonne. Im Gegenteil, die Sonne selbst – ebenso wie die Erde, »Gegenerde«, Mond, Planeten und Fixsterne – kreist nur um das für menschliche Augen nicht sichtbare »zentrale Feuer«. Wir können dieses Feuer des Weltalls nicht sehen, weil diejenige Seite der in Kreisbewegung befindlichen Erdkugel, auf der die Menschen leben, vom Zentrum des Weltalls immer abgewandt ist. Demnach muß also die Erde jeden Tag nicht nur einen vollen Kreis um das Zentralfeuer beschreiben, sondern sich in derselben Zeit auch um ihre Achse einmal drehen. Der hinteren Seite der Erdkugel gegenüber befindet sich die »Gegenerde«, die Ἀντίχθων. Auch sie kreist wie die Erde um den Mittelpunkt der Welt und bleibt uns für immer ebenso unsichtbar wie das Zentralfeuer.

Einzelheiten dieses Systems – wie das Ablehnen des Geozentrismus, das Einreihen der Erde unter die Planeten, ihre Kreisbewegung um einen Mittelpunkt, auch noch ihre Achsendrehung – erwecken zunächst den Eindruck, als hätten die Pythagoreer entwickelte Ideen der späteren Astronomie in noch unvollkommener Form vorweggenommen. Kann ihr Weltbild irgendwie als ein Vorläufer des Heliozentrismus gelten? Dafür spräche, daß die Erdkugel während ihres Kreislaufs wegen ihrer Bewegung um die eigene Achse immer mit derselben, sozusagen mit ihrer hinteren Seite dem Zentrum des Weltalls zugewandt ist. Hat diesen zwar irrtümlichen, aber doch überraschenden Gedanken nicht jene Beobachtung angeregt, daß der Mond immer dieselbe Seite der Erde zukehrt? Der Mond vollführt in der Tat eine solche Doppelbewegung – im Kreis um die Erde und gleichzeitig um seine eigene Achse, wobei die beiden Bewegungen auch noch dieselbe Zeitspanne beanspruchen –, wie sie die Pythagoreer in ihrem phantastischen Weltbild der Erde zuschrieben.

Aber es gibt auch willkürliche Elemente in diesem pythagoreischen Weltbild, die dem wissenschaftlichen Denken von vornherein widersprechen. Wozu wurde eigentlich die »Unsichtbarkeit« – sowohl des »Zentralfeuers«, wie auch der »Gegenerde« – eingeführt? Was wollte man damit erklären? Mit der »Unsichtbarkeit« versuchte man nur den Einwand zu entkräften, daß man weder vom »Zentralfeuer« noch von der »Gegenerde« eine konkrete Spur vorzeigen konnte. Deren Existenz wurde ohne hinreichenden Grund vermutet, und dann mußte man, um die durch sie verursachte Schwierigkeit loszuwerden, eben von ihrer »Unsichtbarkeit« reden.

Auch die doppelte Bewegung der Erde – im Kreis und um die eigene Achse – dient nicht dazu, die Aufeinanderfolge von Tag und Nacht und die der Jahreszeiten zu erklären. In der Theorie haben diese Bewegungen nur den Zweck, einigermaßen über die Schwierigkeit mit dem unsichtbaren Zentralfeuer und der ebenfalls unsichtbaren Gegenerde hinwegzuhelfen. Darum wird man also dem hier angedeuteten pythagoreischen Weltbild kaum einen echten wissenschaftshistorischen Wert zuschreiben dürfen.

Für uns haben diese Spekulationen eher nur einen chronologischen Wert. Denn es ist nicht wahrscheinlich, daß Philolaos oder ein anderer Pythagoreer versucht hätte, ein solch phantastisches Weltbild zu entwerfen, wenn andere nicht vorher von der Kugelform der Erde und von ihrer zentralen Lage im Weltall gesprochen hätten. Ja, nicht bloß diese beiden Vorstellungen, sondern auch die Idee des Heliozentrismus muß in irgendeiner Form damals schon aufgetaucht sein, sonst hätten keine Phantasten vom »Zentralfeuer der Welt« und auch nicht von der Doppelbewegung der Erde um einen Mittelpunkt und um die eigene Achse spekulieren können.

Man kann in der Tat zwar nicht den Heliozentrismus selbst, aber den Gedanken, die Erde – die man sich zu dieser Zeit gewöhnlich als unbeweglich feststehend in der Mitte des Weltalls vorstellte – befinde sich in Wirklichkeit in rascher Bewegung, auch aus dem pythagoreischen Kreis nachweisen. Nur sind die einschlägigen Quellen so wortkarg, daß man aus ihnen das gesamte astronomische System derjenigen, über die sie berichten, nicht herauslesen kann. Es geht aus diesen Quellen oft auch nicht eindeutig hervor, ob diejenigen, deren Ansichten sie erwähnen, nur von einer Achsenbewegung der Erde wußten oder auch von einer anderen Art Bewegung der Erde. Besonders lückenhaft sind die Quellen über die beiden Syrakusaner Hiketas und Ekphantos. Wir wissen von diesen beiden Pythagoreern – abgesehen von den kurzen Berichten, die gleich erwähnt werden – so gut wie nichts. Auch was ihre Lebenszeit betrifft, sind wir auf Vermutungen angewiesen (5. oder 4. Jahrhundert v. Chr.).

Über Hiketas berichtet nun Cicero unter Berufung auf Theophrast, dieser habe gelehrt[8], Himmel, Sonne, Mond, Sterne und al-

---

[8] Cicero, Academica priora, lib. II, 39, § 123: »Hicetas Syracusius, ut ait Theophrastus, caelum, solem, lunam, stellas, supera denique omnia, stare censet: neque praeter terram, rem ullam in mundo moveri: quae cum circum axem se summa celeritate convertat et torqueat, eadem effici omnia, quasi stante terra caelum moveretur.«

les, was da oben ist, stünde eigentlich still, und nichts wäre in der Welt in Bewegung außer der Erde. Diese bewege und drehe sich mit rasender Geschwindigkeit um ihre Achse *(circum axem se summa celeritate convertit et torquet)*; dadurch entstehe der Eindruck, als stünde die Erde und als bewege sich der Himmel.

Es geht aus diesen Worten leider nicht klar hervor, was das heißen soll, daß »außer der Erde *gar nichts in der Welt* in Bewegung stünde« *(neque praeter terram rem ullam in mundo moveri)*. Möglicherweise ist für diese sinnlose Übertreibung nur der Gewährsmann verantwortlich.

Etwas eindeutiger ist der kurze Bericht des Aëtios über den anderen Pythagoreer aus Syrakus, Ekphantos[9]. Er soll die nicht-progredierende Achsenbewegung der Erde mit derjenigen eines Rades verglichen haben, wobei er auch die *Richtung von Westen nach Osten* betonte. Offenbar wollte Ekphantos damit die nur *scheinbare* tägliche Bewegung der Sonne erklären.

Hiketas und Ekphantos scheinen also neben der Bewegung der Erde den Geozentrismus doch beibehalten zu haben. Einigermaßen klar bezeugt wird dies im Falle des Ekphantos. Denn er soll betont haben, daß er an eine *nicht-progredierende* (οὐ μεταβατικῶς) Bewegung der Erde dachte.

Einen weiteren Schritt in Richtung auf den Heliozentrismus scheint Herakleides Pontikos im 4. Jahrhundert getan zu haben. Auch von diesem Philosophen, einem Schüler von Platons Nachfolger Speusippos – der aber auch bei Platon und Aristoteles sowie bei den Pythagoreern gelernt haben soll –, wissen wir kaum etwas. Erhalten sind seine Werke nicht. Nur aus dem Aristoteles-Kommentar des Simplikios erfahren wir[10], daß er gelehrt habe, der Himmel und die Fixsterne seien unbeweglich, und die Erde drehe sich um die Pole ihres Äquators (τοῦ ἰσημερινοῦ).

Eindeutig wird also der Geozentrismus des astronomischen Systems von Herakleides Pontikos betont. Er hat dabei auch die Drehung der Erde um ihre Achse gelehrt und damit Tag und Nacht erklärt. Ergänzt wird dieser Bericht noch durch einen anderen Text aus dem 5. Jahrhundert n. Chr. Chalkidios erzählt in seinem Kommentar zu Platons ›Timaios‹[11], Herakleides Pontikos habe behauptet, die Planeten Venus und Merkur bewegten sich *nicht* um die

---

[9] Diels, Doxographi Graeci, S. 33.
[10] Simplikios 519 und 541.
[11] Vgl. Heath, History of greek mathematics, Bd. 1, S. 312, 316 f.; Bd. 2, S. 2 f., 244.

Erde, sondern im Kreis um die Sonne, und darum seien diese Himmelskörper manchmal näher, manchmal aber entfernter von uns
als die Sonne.

Von dieser Erkenntnis war es nur noch ein Schritt zu der Entdek-
kung, daß auch die Erde um die Sonne kreist.

3. Aristarch

Es mag – wie immer man auch über die genannten Pythagoreer
Philolaos, Hiketas, Ekphantos und Herakleides Pontikos urteilen
mag – verwundern, daß Gedanken, die vom Heliozentrismus nicht
mehr weit entfernt waren, schon in jener Frühzeit der griechischen
Astronomie aufgetaucht sind. Daß die Erde in der Mitte des Weltalls unbeweglich feststeht, hatte also von Anfang an keine aus-
schließliche Geltung unter den griechischen Denkern; auch die
Ansicht, daß die Erde sich bewege, hatte ihre bedeutenden Vertreter. Allerdings darf man dabei zwei wichtige Tatsachen nicht aus
dem Auge verlieren. *Erstens* hat bisher keine Auffassung eindeutig
die *Sonne* in das Zentrum der Kreisbewegung der Erde gesetzt. Es
war nur von einem Sich-Drehen der Erde um ihre Achse die Rede,
um damit die Wechselfolge von Tag und Nacht zu erklären. (Der
Gedanke, daß die Erde auch einen Kreis um das »Zentralfeuer«
zöge, war eher nur eine philosophische Spekulation des Philolaos
und keine echte astronomische Theorie.) *Zweitens* sollte man auch
nicht übersehen, daß alle bisher genannten Denker eher Philosophen und nicht mathematisch gebildete Astronomen waren. Um so
überraschender, daß der bedeutendste Vertreter des antiken Heliozentrismus ein Astronom war, im Altertum mit dem Namen des
»Mathematikers« ausgezeichnet[12]. Aristarch von Samos lebte etwa
zwischen 320 und 250 v. Chr., also noch *vor* jener Blütezeit der
griechischen Astronomie, die man mit dem Namen des Hipparch
von Nikaia bezeichnen kann. Ein bekanntes Datum aus der Lebenszeit des Aristarch ist das Jahr 281, in dem er – nach dem Bericht des Ptolemaios[13] – die Sonnenwende beobachtet hat. Er war
ein Schüler des »Physikers« Straton, des Nachfolgers von *Theophrast* in der Schule des Aristoteles. Das einzige erhaltene Werk
von ihm ist eine Abhandlung ›Über Größen und Entfernungen der

---

[12] Ebd. Bd. 2, S. 1.
[13] Almagest III 1. Ed. Heiberg, S. 206.

Sonne und des Mondes‹[14]. Die Rechenergebnisse in diesem Werk sind zwar weit davon entfernt, befriedigend zu sein, aber es lohnt sich dennoch, wenigstens andeutungsweise an sie zu erinnern.

Aristarch ging von der Beobachtung jenes *beinahe rechten Winkels* aus, den das Dreieck Erde–Mond–Sonne zur Zeit des Halbmondes beim Mond bildet. Er maß diesen Winkel mit 87°, und daraus schloß er, daß die Entfernung der Sonne von uns 18 oder 20mal so groß sei wie die Entfernung des Mondes. Man erkennt die Größe seines Irrtums aus dem Vergleich mit der modernen Angabe: mittlere Entfernung Erde–Mond: 384400 km und mittlere Entfernung Erde–Sonne: 149352000 km.

Zu einem falschen Ergebnis mußte die theoretisch richtige Methode führen, weil es erstens nicht leicht ist, den Zeitpunkt des Halbmondes genau festzustellen, und zweitens, weil jener Winkel, den Aristarch mit 87° maß, in Wirklichkeit eher 89°50′ mißt.

Aber man ersieht aus dem Versuch doch, daß Aristarch kein spekulativer Philosoph, sondern tatsächlich ein Astronom war, der auf der Grundlage von Beobachtungen mathematisch rechnete. Leider ist sein Werk, das uns am meisten interessiert, in dem er seinen Heliozentrismus behandelt hat, nicht erhalten. Wir kennen seine Theorie nur aus einigen kurzen Zusammenfassungen. Man findet den wichtigsten Bericht darüber in einem Werk des Archimedes (287–212 v. Chr.), des größten antiken Mathematikers. Er schreibt in der Einleitung seines ›Arenarius‹ (= ›Die Sandzahl‹) in der Form eines Briefes an König Gelon[15]:

»Wie du weißt, halten die meisten Astronomen das Weltall für eine Kugel, deren Mittelpunkt die Erde und deren Radius jene gerade Linie ist, die den Mittelpunkt der Sonne mit dem Mittelpunkt der Erde verbindet; so sind die Beweisführungen der Astronomen.

In den Schriften des Aristarchos von Samos findet man allerdings andere Hypothesen: nach diesen wäre das Weltall viel größer als eben angedeutet. Denn Aristarch vermutet, daß die Fixsterne und die Sonne unbeweglich sind und daß die Erde sich auf einer Kreisbahn bewegt, in deren Mittelpunkt die Sonne steht. Dagegen wäre die Kugel der Fixsterne um denselben Mittelpunkt – um die Sonne herum – so groß, daß die Kreisbahn, auf welcher sich, seiner Theorie nach, die Erde bewegt, dasselbe Verhältnis zur Entfer-

---

[14] Vgl. Aristarchus of Samos. Ed. T. L. Heath. Oxford 1913.
[15] Die deutsche Übersetzung des Archimedes-Textes folgt nur zum Teil der Übersetzung von F. Rudio in: Archimedes, Werke. Darmstadt 1983, S. 349f.

nung der Fixsterne hätte wie der Mittelpunkt der Kugel zur Oberfläche derselben.

Es ist aber klar, daß dies unmöglich ist. Nachdem das Zentrum der Kugel keine Größe hat, kann es infolgedessen auch kein Verhältnis zur Oberfläche der Kugel haben. Man muß eher annehmen, daß Aristarch folgendermaßen gedacht hat. Wie wir die Erde für das Zentrum der Welt halten und von ihrem Verhältnis zur ganzen Welt reden, so soll das Verhältnis der Bahn der Erde (seiner Theorie nach) sich zur Kugel der Fixsterne verhalten. Denn auf diese Weise baute er seine Schlüsse auf seinen Voraussetzungen auf; er scheint die Kreisbahn, auf der – seiner Theorie nach – die Erde sich um die Sonne bewegt, als Zentrum für so groß angenommen zu haben, wie wir den ganzen sogenannten Kosmos halten.«

Überraschend sind an diesem Bericht zunächst zwei Dinge. *Erstens*, daß Aristarch nicht bloß den Heliozentrismus lehrte, sondern auch über die enormen Ausmaße des Universums Vermutungen anstellte, die unseren heutigen Vorstellungen zweifellos bedeutend näher sind als die des sog. ptolemäischen Weltbildes. *Zweitens* überrascht es, daß der große Mathematiker Archimedes zur Theorie des Aristarch eigentlich nicht Stellung nimmt, weder dafür, noch dagegen. Er rügt nur eine mathematisch unglückliche Ausdrucksweise.

Natürlich bleibt der Gedanke des Aristarch auch ohne die Auslegung des Archimedes[16] verständlich genug. Er sah die Kreisbahn der Erde um die Sonne im Vergleich zur Entfernung der Fixsterne (der noch größeren Kugelfläche) nur als einen »Punkt« in der sinnlichen Wahrnehmung. Offenbar dachte er, wenn die Bahn der Erde um die Sonne während eines Jahres – verglichen mit der unermeßlichen Entfernung der Fixsterne – mehr wäre als eine *völlig unbedeutende Größe* (bloß ein »Punkt«), dann müßten wir von zwei entgegengesetzten Beobachtungsorten der Erdbahn aus (etwa im Sommer und im Winter) dieselben Fixsterne unter verschiedener Parallaxe sehen.

Ergänzt wird in der antiken Literatur der kurze Bericht des Archimedes über das heliozentrische System des Aristarch noch von zwei anderen Bemerkungen. Man findet die eine in einer philosophischen Abhandlung des Plutarch[17]. Der eine Teilnehmer eines Zwiegespräch sagt darin etwa folgendes:

[16] Man vgl. zur Auslegung des Gedankens von Aristarch: Dreyer, History of astronomy, S. 138.
[17] De facie in orbe lunae 6.

Du sollst nicht einen Prozeß gegen mich anstrengen, so wie einst der Philosoph Kleanthes (260 v. Chr. herum) meinte, man solle Aristarch von Samos wegen Gottlosigkeit vor Gericht stellen, nachdem dieser doch den *Herd des Universums* in Bewegung gesetzt habe (ὡς κινοῦντα τοῦ κόσμου τὴν ἑστίαν). Im Griechischen heißt das Wort ἑστία »Herd«, dieses Wort ist aber auch der Name einer Gottheit. Der »Herd des Hauses«, als heiliger Mittelpunkt des Familienlebens und des Kultes, galt seit uralten Zeiten als Gottheit, die man nicht beleidigen durfte. Ähnlich hielt das religiöse Denken – wenn auch nicht mehr so ernst – die in der Mitte des Universums unbewegliche Erde für die ἑστία des Weltalls. Wer die Erde in Bewegung setzte, beleidigte sozusagen die Gottheit selbst. Und das tat eben Aristarch von Samos, wie es in der Fortsetzung der genannten Plutarch-Stelle ergänzend heißt. Denn er habe doch gelehrt, der Himmel sei unbeweglich und die Erde bewege sich auf einer *schiefen Kreisbahn*, indem sie sich gleichzeitig auch um ihre Achse drehe.

Diese Ergänzung zum Bericht des Archimedes ist wichtig, weil hier ganz eindeutig von der *doppelten* Bewegung der Erde die Rede ist. Vorher wurde nur allgemein ihre Kreisbewegung um die Sonne hervorgehoben. Hier heißt es dagegen auch noch, daß die Bahn der Erde ein *schiefer Kreis* sei. Offenbar hat Aristarch mit der schiefen Kreisbahn der Erde den *Wechsel der Jahreszeiten* erklärt. Denn die geozentrische Welterklärung sprach von der jährlichen Bahn der Sonne als von der *schiefen Ekliptik*. Die Sonne sollte sich in den beiden Jahreshälften auf einem schiefen Kreis zwischen den beiden Wendepunkten (Sommerwende und Winterwende) bewegen. An die Stelle dieser Erklärung trat bei Aristarch die schiefe Ekliptik als die jährliche Bahn der Erde um die Sonne.

Eindeutig ist im Heliozentrismus des Aristarch auch die Funktion der anderen Bewegung der Erde, des Sich-Drehens um ihre eigene Achse. Das war die Erklärung für den Wechsel von Tag und Nacht.

Eine weitere Ergänzung zu den Berichten über das astronomische System des Aristarch hat uns die doxographische Literatur aufbewahrt[18]. Es heißt dort, daß er *die Sonne zu den Fixsternen gerechnet* habe. Mit anderen Worten: Es ist nicht ausgeschlossen, daß dies auch heißt, die Fixsterne – deren unermeßliche Entfernung von uns auch im Archimedes-Bericht angedeutet wird – seien

---

[18] Aetios II 24; Stobaeus I 25 (Diels, S. 355).

lauter *Sonnen* – eine Auffassung, der wir auch heute nur zustimmen können.

Die beachtenswerten Erkenntnisse des Aristarch lassen sich in den folgenden Punkten zusammenfassen:

1. Nicht die Erde, sondern die Sonne steht im Mittelpunkt des Universums.

2. Die Erde hat eine doppelte Bewegung: ihre Laufbahn um die Sonne ist ein schiefer Kreis, den sie offenbar jedes Jahr einmal beschreibt; dabei dreht sie sich um ihre Achse, wodurch Tag und Nacht entstehen.

3. Die sog. Kugel der Fixsterne – das gesamte Universum – ist viel größer, als von den Astronomen gewöhnlich angenommen. »Die Erde steht zu den Himmelskörpern in dem Verhältnis eines Punktes.«[19] (Der Radius der Erdbahn um die Sonne ist fast nichts im Vergleich zum Radius der Kugel der Fixsterne.)

4. Die Fixsterne sind lauter Sonnen (?).

Es ist schade, daß wir – abgesehen von diesen Einzelheiten – nicht mehr vom astronomischen System des Aristarch wissen. Man versteht auch nicht, wie es überhaupt möglich war, daß diese Ideen, die uns so überraschend »modern« anmuten, in der Antike so wenig beachtet wurden. Man versuchte zu erklären: Vielleicht war dies alles nur ein Einfall des Aristarch? Hat er überhaupt seine Ansichten in einem Buch ausführlicher erörtert?[20] Solcher Skepsis widersprechen allerdings die Worte des Archimedes von den »Schriften« des Aristarch, in denen er seine Hypothesen vorgetragen haben soll (ὑποθεσέων τινῶν ἐξέδωκεν γραφάς). Darauf haben die Skeptiker erwidert, das griechische Wort γραφαί müsse nicht unbedingt »Schriften« heißen, es könnte sehr wohl auch bloß »Skizzen« bedeuten, die Aristarch nicht ausgearbeitet, geschweige denn »bewiesen« hätte. Aber warum hat dann der große Mathematiker Archimedes den bloßen »Einfall« oder »Skizzen« seines älteren Zeitgenossen des Erwähnens wert gefunden?

Eine »Schule« scheint Aristarch mit seiner Theorie in der Antike nicht begründet zu haben. Nur einmal erwähnt Sextus Empiricus (im 2. Jahrhundert n. Chr.) die »Anhänger des Aristarch« (οἱ περὶ Ἀρίσταρχον) im Zusammenhang mit der täglichen Umdrehung der Erde[21]. Diesen Teil der Gedanken des Aristarch hat auch jener

---

[19] So heißt der Titel des Kapitels I 6 im Ptolemäischen ›Almagest‹.
[20] Man vgl. zu diesen Zweifeln die sehr zurückhaltende Stellungnahme von Dreyer, History of astronomy, S. 138.
[21] Adversus mathematicos X 174.

Seleukos (um die Mitte des 2. Jahrhunderts v. Chr.) übernommen, den Strabon unter den Chaldäern erwähnt[22].

Der Heliozentrismus des Aristarch, des »antiken Kopernikus«, wie ihn Heath bezeichnet hat, blieb also im Altertum ziemlich isoliert. Übrigens vergißt man häufig, daß Kopernikus selber zweifellos von Aristarch angeregt wurde[23].

4. Die astronomische Literatur

An der Spitze der erhaltenen astronomischen Literatur der Griechen stehen zwei Werke jenes Autolykos von Pitane, der etwas älter als Euklid, der Verfasser der ›Elemente‹, gewesen sein mag; er wirkte wohl in den Jahren 320–310 v. Chr. Seine beiden Werke heißen in der Fachliteratur mit ihren lateinischen Titeln: ›De sphaera quae movetur‹ (Über die Kugel in Bewegung) und ›De ortibus et occasibus libri duo‹ (Zwei Bücher über die Auf- und Untergänge)[24]. Es handelt sich dabei überhaupt um die ältesten vollständig erhaltenen mathematischen Abhandlugnen aus der Antike. Die griechische Astronomie war von Anfang an Geometrie. Autolykos behandelt seine Propositionen nach jenem Schema, das uns aus Euklid wohlbekannt ist. Zunächst formuliert er die astronomisch-mathematische These als eine allgemeingültige Behauptung; dann erklärt und illustriert er sie an einem konkreten Beispiel (evtl. legt er auch eine Skizze bei), und nach dem Beweis wiederholt er meistens die Behauptung als gültigen Satz.

Die erste Proposition in der ›Sphärik‹ des Autolykos heißt z. B.: »Dreht sich eine Kugel gleichförmig um ihre Achse, so beschreiben alle ihre Punkte, die nicht auf der Achse liegen, Parallelkreise um jene Pole, um die sich die Kugel dreht, in Ebenen senkrecht zur Achse.« Die »Kugel in Bewegung« ist natürlich die Himmelskugel, die sich um die Erde zu drehen scheint. Darum werden hie und da auch Begriffe erwähnt, deren astronomisch-geographischer Ursprung über jeden Zweifel steht. Der 4. Satz redet z. B. von einem

---

[22] Strabon C 739. Über Seleukos s. auch Dreyer, History of astronomy, S. 82 und 140.

[23] Lloyd A. Brown, The story of maps. Boston 1949, S. 27: »... it is generally unknown or overlooked that Copernicus himself admitted that the theory should be attributed to Aristarchus.«

[24] Autolyci De sphaera quae movetur liber. De ortibus et occasibus libri duo. Ed. F. Hultsch. Leipzig 1885.

Großkreis, der sich nicht bewegt und der die sichtbare und nicht-sichtbare Hälfte der »Kugel in Bewegung« voneinander trennt. Dieser »abgrenzende Kreis« (ὁρίζων κύκλος) ist natürlich unser Horizont. Aber der Autor ist bestrebt, die Sätze so zu formulieren, daß sie für jede *beliebige* »Kugel in Bewegung« gelten.

Wahrscheinlich hat man *vor* der »Kugel in Bewegung« die »Kugel in Ruhezustand« untersucht. Wir besitzen in der Tat eine ›Sphärik‹ von einem gewissen Theodosios, der zwei bis drei Jahrhunderte später als Autolykos gelebt haben mag, dessen Werk jedoch auf sehr alten, für uns schon verlorenen Werken beruht[25]. Theodosios behandelt in der Tat die »Kugel in Ruhezustand«.

Auch unter Euklids Namen ist ein astronomisches Werk, die ›Phainomena‹ (= Himmelserscheinungen), erhalten geblieben, das im großen und ganzen dieselben Probleme behandelt wie die ›Sphärik‹ des Autolykos. Euklids Werk scheint jüngeren Ursprungs zu sein, denn es benutzt schon Propositionen, die bei Autolykos ausführlicher behandelt werden. (Nach antiker Gewohnheit wird in solchen Fällen die Quelle *nicht* genannt.) Ein auffallender Unterschied der beiden ist, daß die Sätze des Autolykos abstrakter, die Euklids konkreter sind. Autolykos redet z. B. von einem beliebigen schiefen Kreis auf der Oberfläche der »Kugel in Bewegung«; derselbe ist bei Euklid eindeutig der »schiefe Kreis über den Zodiakus hindurch«.

Ein Vergleich der beiden Werke könnte nicht bloß ihre Berührungspunke nachweisen, sondern auch hervorheben, daß Autolykos – in seinem Ziel, allgemeingültig zu bleiben – Begriffe rein astronomischen Ursprungs vermeidet, obwohl sie ihm schon ebenso geläufig waren wie dem etwas jüngeren Euklid. Der letztere benutzt und definiert auch teilweise diese Begriffe. Interessant ist dabei, was Euklid wirklich definiert und was er nur kurz andeutet. Man beachte z. B., wie er – im Gegensatz zum »Horizont«, der natürlich auch als Wort für den Griechen verständlich war – über den »Meridian«, die »Wendekreise« und den »Äquator« schreibt. Der Meridian ist für den Griechen jener Großkreis der Weltkugel, den die Sonne – von irgendeinem bestimmten Punkt aus gesehen – zu *Mittag* zu erreichen scheint. Das besagt auch der griechische Name: μεσημβρινός κύκλος, aus μέσον (Mittel) und ἡμέρα (Tag). Euklid sagt darüber nur soviel: »*Meridian* soll der Kreis über die

---

[25] Über Theodosios vgl. den Artikel von F. Hultsch in: RE 4. Halbband 1896, S. 1828–1862.

Pole der Kugel heißen, der senkrecht auf den Horizont ist.«[26] Noch
überraschender ist, daß über die Wendekreise (τροπικοί) nur gesagt wird, daß sie von dem durch die Zodia hindurchgehenden
schiefen Kreis berührt werden und daß sie dieselben Pole haben
wie die Kugel[27]. Aber man hört kein Wort darüber, daß sie etwas
mit der Sonnenwende zu tun haben. Über den Äquator (den »tag-
gleichen Kreis«) heißt es sogar bloß, daß er – ebenso wie der
»schiefe Kreis« – ein Großkreis ist[28]. Ihm kommt es also nicht darauf an, daß die astronomischen Funktionen dieser Begriffe (z. B.
der Wendekreise und des Äquators) erklärt werden. Man soll diese
Dinge nur als *geometrische Gebilde* an der Oberfläche der »Kugel
in Bewegung« verstehen.

Konkreter ist von astronomischem Gesichtspunkt aus das zweite
Werk des Autolykos, die ›Zwei Bücher über die Auf- und Untergänge‹. Es werden darin vor allem die *wahren* und die *sichtbaren*
Morgen- bzw. Abend-Aufgänge und -Untergänge der Fixsterne
unterschieden. *Wahren* Morgen-Aufgang (oder -Untergang) hat
ein Stern dann, wenn er gleichzeitig mit dem Sonnenaufgang auf-
bzw. untergeht. Der *wahre* Morgen-Aufgang (-Untergang) ist also
für uns *nicht* sichtbar. Dasselbe gilt auch für den *wahren* Abend-
Aufgang (-Untergang), der ebenfalls gleichzeitig mit dem Sonnenuntergang stattfindet. Ein *sichtbarer* Morgen-Aufgang (-Unter-
gang) findet dagegen statt, wenn Aufgehen (oder Untergehen)
des Sterns unmittelbar vor Sonnenaufgang gesehen wird. Und
ebenso bezeichnet den *sichtbaren* Abend-Aufgang (-Untergang),
daß man den Stern nach Sonnenuntergang aufgehen oder untergehen sieht.

Es seien hier, um die Eigenart des Werkes zu illustrieren, einige
Sätze angeführt:

»I. 1. Im Falle eines jeden Fixsternes sind die *sichtbaren* Morgen-
Auf- und -Untergänge später als die wahren und die *sichtbaren*
Abend-Auf- und -Untergänge früher als die wahren.

I. 2. Man sieht jeden Fixstern jede Nacht aufgehen von der Zeit
seines sichtbaren Morgen-Aufganges an bis zur Zeit seines sichtbaren Abend-Aufganges, aber nur in dieser Periode; und die gesamte

[26] Euclidis Phaenomena et scripta musica. Ed. J. L. Heiberg. Leipzig
1916, S. 6: ὁ διὰ τῶν πόλων τῆς σφαίρας καὶ ὀρθὸς πρὸς τὸν ὁρίζοντα
(scil. κύκλος).
[27] Ebd., S. 6: τροπικοὶ δὲ ὧν ὁ διὰ μέσων τῶν ζῳδίων κύκλος ἐφάπτεται
τοὺς αὐτοὺς πόλους ἐχόντων τῇ σφαίρᾳ.
[28] Ebd.: ὁ διὰ μέσων τῶν ζῳδίων κύκλος καὶ ὁ ἰσημερινὸς μέγιστοί
εἰσιν.

Zeit, in der man den Stern aufgehen sieht, ist weniger als ein halbes Jahr.

I. 5. Im Falle jener Fixsterne, die auf dem Zodiakus sind, ist das Zeitintervall von ihrem sichtbaren Abend-Aufgehen bis zu ihrem sichtbaren Abend-Untergehen ein halbes Jahr; im Falle jener anderen, die nördlich vom Zodiakus sind, ist dasselbe Intervall mehr als ein halbes Jahr, während im Falle derjenigen, die südlich vom Zodiakus sind, dies weniger als ein halbes Jahr ist.

II. 1. Man sieht den zwölften Teil des Zodiakus, in dem die Sonne ist, weder aufgehen noch untergehen; ebenso sieht man jenen anderen zwölften Teil, der dem vorigen gegenüber ist, weder untergehen noch aufgehen; er ist über die ganzen Nächte hindurch über der Erde.«

Versuchte man nun auf Grund der beiden Werke des Autolykos und der Euklidischen ›Phainomena‹ zu rekonstruieren, wieviel von diesen astronomischen Kenntnissen (besonders in bezug auf das geozentrische Weltbild), die in den Hauptteilen dieses Buches behandelt werden, schon zur Zeit von Autolykos und Euklid bekannt war, so bekäme man zweifellos ein irreführendes Bild. Denn man überlege sich nur folgendes:

Euklids ›Elemente‹ werden gewöhnlich auf die Zeit um 300 v. Chr. datiert. Auch seine ›Phainomena‹ stammen wohl aus dieser Zeit. Die Werke des Autolykos mögen sogar noch etwas älter sein. Alle drei Werke der ältesten griechischen Astronomie stammen also noch aus der ersten Epoche des hellenistischen Zeitalters. Es trifft zu, daß in ihnen eigentlich nur von »Allgemeinheiten« die Rede ist. Darum glaubte man feststellen zu können, es wäre auch nicht möglich gewesen, viel weiter als zu solchen Allgemeinheiten zu kommen – *vor der Erfindung der Trigonometrie*, die man auf eine spätere Zeit datieren wollte. Unhaltbar wird dieser Schluß jedoch im Lichte etwa folgender Tatsachen: Man kann auf Grund der drei erwähnten Werke auch die Kenntnis von Begriffen astronomischen Ursprungs wie »geographische Breite und Länge« nicht nachweisen, geschweige denn das *Messen* von »Breite und Länge«. Und doch stammen beide Begriffe aus der *voraristotelischen* Wissenschaft. Wie man später sehen wird, hat sogar schon Eudoxos (408–355 v. Chr.) versucht, die geographische Breite von Griechenland zu bestimmen. Zwar erwies sich sein Rechenergebnis später als unbefriedigend, aber das ändert nichts daran, daß er im Besitze einer richtigen Methode war. Wenige Jahrzehnte *nach* Eudoxos hat Pytheas von Massalia eine ähnliche Berechnung schon überraschend gut ausführen können. Und was die Berechnungen der »Länge« betrifft, so ist bekannt, daß eine Mondfinsternis vom 20. September 331 v. Chr. der Anlaß dazu war, den Unterschied der beiden geographischen Längen in Babylon und im Mittelmeergebiet zu bestimmen. Auch in diesem Fall war die Methode tadellos – obwohl das Ergebnis, infolge der zugrunde gelegten ungenauen Angaben, als unzulänglich ausfallen mußte.

Diese überlieferten Tatsachen widerlegen also jene Schlüsse, die man bloß auf Grund der etwas späteren Werke des Autolykos und Euklid glaubte ziehen zu können.

Der bedeutendste griechische Astronom der klassischen (vorhellenistischen) Epoche war zweifellos der große Mathematiker Eudoxos von Knidos, ein jüngerer Zeitgenosse von Platon (428/27–347 v. Chr.). Sein verlorenes Werk ›Über die Geschwindigkeiten‹ (Περί ταχῶν) war der erste Versuch, auf Grund von rein geometrischen Hypothesen die wohl nur scheinbaren Unregelmäßigkeiten der Planetenbewegungen zu erklären. Wie eine wichtige Quelle, der Aristoteles-Kommentator Simplikios, unter Berufung auf Eudemos und Sosigenes berichtet, hat Eudoxos damit eine von Platon gestellte Aufgabe in Angriff genommen. Denn Platon hatte den Astronomen das Problem gestellt, jene gleichmäßigen und geordneten Bewegungsformen zu finden, mit denen man die Bewegungen der Planeten erklären könnte[29].

Bezeichnend ist auch der Ausdruck, der die gestellte Aufgabe umschreibt: »die Phänomene retten« (σώζειν τὰ φαινόμενα). »Phänomene« (= Erscheinungen) sind die *Irrwege* der Planeten. Das griechische Wort πλανήτης bedeutet »der Irrende«, »der Herumschweifende«. Die Himmelskörper, die so bezeichnet wurden, scheinen sich irgendwie unregelmäßig hin- und herzubewegen, als wären ihre Bahnen nicht so geordnet und gleichmäßig, wie die der Fixsterne. Es sieht manchmal so aus, als bewegten sich die Planeten ziemlich schnell; dann scheinen sie auf einmal stehenzubleiben, es folgt sogar eine rückläufige Bewegung, und nach einiger Zeit setzen sie die früher unterbrochene Bewegung wieder fort. Aber es kann doch nicht möglich sein, daß Gestirne, diese nach griechischer Auffassung »unsterblichen Wesen«, ohne Regeln sind; die

---

[29] Simplikios, In Aristotelis De caelo commentarius. Ed. J. L. Heiberg, S. 488: πρῶτος τῶν ῾Ελλήνων Εὔδοξος ὁ Κνίδιος … ἅψασθαι λέγεται τῶν τοιούτων ὑποθέσεων Πλάτωνος … πρόβλημα τοῦτο ποιησαμένου τοῖς περὶ ταῦτα ἐσπουδακόσι, τίνων ὑποτεθεισῶν ὁμαλῶν καὶ τεταγμένων κινήσεων διασωθῇ τὰ περὶ τὰς κινήσεις τῶν πλανωμένων φαινόμενα. – Die Fragmente des Eudoxos von Knidos. Ed. Lasserre. Berlin 1966, S. 67, Fr. 121.

Unregelmäßigkeit kann doch bloß scheinbar sein. Darum hat Platon den Astronomen zum Ziel gesetzt, Bewegungsformen zu finden, die die »Phänomene retten«, d. h. die zeigen, daß das scheinbar unregelmäßige Herumirren dieser Himmelskörper in Wirklichkeit doch wohlgeordnete Bewegung ist.

Eudoxos hat nun diese Aufgabe mit homozentrischen Kugeln (Sphären) gelöst. Über den Inhalt seines verlorenen Werkes orientieren uns Aristoteles und der Kommentator Simplikios[30]. Seiner Theorie nach bewegen sich Sonne, Mond und Planeten auf ineinandergelegten, unterschiedlich großen, homozentrischen Kugelflächen. Das gemeinsame Zentrum dieser Kugeln ist der Mittelpunkt der ebenfalls kugelförmigen Erde. Jeder Planet ist auf den Äquator jener Kugel befestigt, die ihn in gleichmäßiger Bewegung um die eigene Achse mit sich trägt. Außerdem sprach Eudoxos von der Kreisbewegung der Pole der die Planeten tragenden Kugeln auf einer noch größeren Kugelfläche. Er war der Ansicht, man könne die Bewegungen der Sonne und des Mondes mit der Annahme geeigneter Pole und Rotationsgeschwindigkeiten für je drei homozentrische Sphären der beiden Himmelskörper befriedigend erklären. Zur Erklärung der komplizierteren Bewegungen der fünf Planeten (Venus, Merkur, Mars, Jupiter und Saturn) mußte er schon mit je vier (also eigentlich $5 \times 4 = 20$) Kugeln rechnen. Für die scheinbare tägliche Bewegung der Fixsterne nahm auch er – wie die meisten griechischen Astronomen – das Himmelsgewölbe als äußerste Kugel an. Demnach besteht das gesamte Universum nach Eudoxos aus 27 ineinandergelegten Sphären, die ein gemeinsames Zentrum haben. Es ist nicht bekannt, ob Eudoxos seine Kugeln für physisch existent hielt, oder ob er sie – wie man vermutet hat – nur als gedankliche Hilfsmittel benutzte, um die Bahnen der einzelnen Himmelskörper mathematisch zu berechnen.

[30] Es sei darauf hingewiesen, wie die historische Forschung das System des Eudoxos beurteilt. Dreyer, History of astronomy, S. 89: »That the system, mathematically speaking, was exceedingly elegant does not seem to have been observed by anybody, until Ideler in two papers ... 1828, 1830 drew attention to the theory of Eudoxus and explained its principles. The honour of having completely mastered the theory and of having investigated how far it could account for the observed phenomena, belongs, however, altogether to *Schiaparelli* (Le sfere omocentriche di Eudosso, di Callippo e di Aristotele. Pubblicazioni del R. Osservatorio di Brera in Milano No X, Milano 1875), who has shown how very undeserved is the neglect and contempt with which the system of concentric spheres has been treated so long, and how much we ought to admire the ingenuity of its author.«

Die Theorie der homozentrischen Sphären wurde nach Eudoxos bald durch den etwas jüngeren Kallippos weiterentwickelt und durch weitere zwei Sphären ergänzt. Auch Aristoteles hat die Theorie übernommen, und zwar in seinen beiden, auch für uns in Betracht kommenden Werken ›De caelo‹ und ›Meteorologica‹, wo er Probleme der Astronomie eher nur berührt.

Die andere berühmte antike Theorie zur Erklärung der Planetenbewegungen hat mit sog. *Epizykeln* gearbeitet. Ihre bekanntesten Vertreter waren der große Mathematiker Apollonios von Perge (265–170 v. Chr.) und die beiden Astronomen Hipparchos von Nikaia (190–120) und Klaudios Ptolemaios (im 2. Jahrhundert n. Chr.). Nach dieser Theorie bewegen sich die Planeten auf Kreisbahnen, deren Mittelpunkte selber in verschiedenen Entfernungen von der zentralen Erde je einen großen Kreis beschreiben. (Der Name Epizykel weist darauf hin, daß das Zentrum der Kreisbahn des Planeten sich »auf einem Kreis« [ἐπί κύκλος] bewegt.) Obwohl beide Kreisbewegungen – diejenige des Planeten um das eigene Zentrum wie auch die des Zentrums um die Erde – gleichmäßig sind, erhält der Beobachter von der zentralen Erde aus den Eindruck der Unregelmäßigkeit.

Für beide Theorien zur Erklärung der Planetenbewegungen war das geozentrische Weltbild der gemeinsame Ausgangspunkt; darum spielt ihr Unterschied in diesem Zusammenhang keine besondere Rolle.

Das wichtigste erhalten gebliebene Werk der griechischen Astronomie ist die ›Syntaxis mathematica‹ des Klaudios Ptolemaios, nach der Gewohnheit arabischer Gelehrter des Mittelalters oft als ›Almagest‹ zitiert. Seine 13 Bücher gehen offenbar auf das verlorene Werk des Hipparch zurück. Leider besitzen wir von Hipparch selber, dem wohl größten Astronomen der Antike, unmittelbar nur ein Jugendwerk, seinen Kommentar zu den ›Phainomena‹ des Aratos. (Aratos selber hat die ›Phainomena‹ des Eudoxos in Verse gefaßt. Auf diese Weise erhalten wir über Hipparch und Aratos Einblick in das Wissen jenes Eudoxos, der noch im 4. Jahrhundert v. Chr. gelebt hat, dessen Werk jedoch nicht erhalten ist.)[31]

Vom ›Almagest‹ des Ptolemaios werden uns vor allem die ersten drei Bücher beschäftigen. Im ersten Buch finden sich nach einigen grundlegenden Hypothesen jene Sehnentafeln, die als älteste

---

[31] Hipparchi In Arati et Eudoxi Phaenomena commentarius. Ed. Manitius, Leipzig 1894.

Form der Trigonometrie gewissermaßen den wichtigsten Beitrag der Astronomie zur Entwicklung der Mathematik bilden. Das zweite Buch behandelt Probleme der mathematischen Geographie und das dritte die Länge des Jahres. Gerade diese waren die ältesten Probleme, welche die antike Wissenschaft auf der Grundlage ihres geozentrischen Weltbildes zu bewältigen suchte.

5. Die unbewegliche Erde

Die fünf Hauptteile dieses Buches untersuchen vom historischem Gesichtspunkt aus solche Einzelheiten des geozentrischen Weltbildes, die dieser überholten Theorie dennoch den Rang einer brauchbaren, ja einer sehr nützlichen Arbeitshypothese sichern. Nicht bloß den Sonnenkalender konnte man vom geozentrischen Standpunkt aus tadellos ausarbeiten, auch die Einteilung sowohl des Himmelsgewölbes wie auch der Erdkugel konnte beibehalten werden, obwohl dieser Einteilung Begriffe zugrunde liegen, die den geozentrischen Ursprung zweifellos verraten, wie z. B. Äquator, Pole, Parallel- und Längenkreise. Doch enthält die geozentrische Welterklärung auch Vorstellungen, welche die rivalisierende Theorie ablehnen mußte, ohne die ihm zugrunde liegenden Begriffe umwerten zu können. Auch diese Vorstellungen seien in diesem vorausgeschickten Überblick kurz erwähnt.

Nach dem heliozentrischen System des Aristarch macht die Erde zwei verschiedene Bewegungen: sie dreht sich in 24 Stunden um ihre Achse, dadurch entstehen Tag und Nacht; dabei beschreibt die Erde während eines Jahres einen vollen Kreis – d. h. seit Kepler reden wir nicht mehr von einem Kreis, sondern von einer Ellipse – um die Sonne. Dieser letzteren Bewegung verdanken wir die vier Jahreszeiten.

Die geozentrische Theorie der Alten hat beide Bewegungen geleugnet. ›Die Erde hat keinerlei Bewegung, die zu einer Ortsveränderung führte‹ heißt ein Kapitel im ›Almagest‹ (I 7). Da wird zunächst dargelegt, warum die Erde ihre zentrale Lage im Weltall nicht verändern könne, und im zweiten Teil desselben Kapitels argumentiert Ptolemaios auch gegen die Achsendrehung der Erde. Uns interessiert zwar in diesem Überblick vor allem der zweite Teil, aber es sei hier auch jener einleitende Gedanke des Almagest angeführt, der eigentlich eine Vorwegnahme dessen ist, was in diesem Buch später unter I, 2: (Die spekulative Grundlegung) behandelt wird.

Die Physik der Alten hat den Newtonschen Begriff der »Massen-anziehung«, der Gravitation nicht gekannt. Statt dessen suchte man die Phänomene mit einer Theorie zu erklären, die wenigstens zum Teil aus der Beobachtung entstand. Man sah, daß alle Körper, die man aus der Hand läßt, auf die Erde fallen; je schwerer der betreffende Körper ist, um so heftiger scheint er der Erde zuzustreben. Den Reibungswiderstand der Luft hat man dabei nicht beachtet. Man bemerkte aber, daß die leichten Körper nicht nur weniger eindeutig der Erde zustreben, sondern, im Gegenteil, im Vergleich zu den schweren, geradezu aufwärts steigen. Die Luftblase z.B. steigt im Wasser immer aufwärts, weil das Luftartige leichter als das Wasser ist. Mehr noch gilt das für die Flamme, das Feuer, das nach antiker Vorstellung ebenfalls ein Stoff ist: es scheint immer hochfliegen zu wollen. Darum ist das Feuer für die Alten der leichteste Stoff. Auf Grund solcher Beobachtungen sprach man von den »natürlichen« Plätzen des Schweren und des Leichten, und von ihren »natürlichen« Bewegungen des Schweren nach unten und des Leichten nach oben. Wie man es im Almagest liest (I 7): »...der Fall der mit Schwere behafteten Körper, ich meine ihr *freier* Fall, verläuft unter allen Umständen und überall *lotrecht* zu der durch den Einfallspunkt gelegten, neigungslosen Tangentialebene; aus diesem Verhalten geht klar hervor, daß diese Körper, wenn sich ihnen in der Erdoberfläche nicht ein unüberwindliches Hemmnis entgegenstellte, durchaus bis zum Mittelpunkt selbst gelangen würden, weil die zum Mittelpunkt führende Gerade immer senkrecht zu jener Tangentialebene der Kugel steht, die durch den an der Berührungsstelle entstehenden Schnittpunkt gelegt wird.«

Aber wie lange dauert dieses Streben der schweren Körper nach unten an? Wäre es denkbar, daß der Sturz abwärts sich unendlich fortsetzte? Hier ergänzte man die antike Lehre von der »Schwerkraft« mit der Theorie Anaximanders, nach der die Erde unbeweglich fest in der Mitte des Weltalls steht, ohne daß sie dazu eine Stütze von unten brauchte. Diesen Gedanken wiederholt auch Ptolemaios in der Fortsetzung des vorigen Zitates – ohne den Namen Anaximanders zu erwähnen. »Wer darin einen unerklärlichen Widerspruch zu erblicken vermeint, daß ein Körper von so gewaltiger Schwere wie die Erde nach keiner Seite wanke oder falle, der scheint mir den Fehler zu begehen, daß er bei dem Vergleich seinen eigenen leiblichen Zustand, aber nicht die Eigenart des Weltganzen im Auge hat. Denn ich meine, ein solches Verharren im Ruhezustand würde ihm nicht mehr wunderbar vorkommen, wenn er sich zur Vorstellung aufschwingen könnte, daß die vermeintliche Größe der Erde, verglichen mit dem ganzen sie umgebenden Körper, zu diesem nur das Verhältnis eines Punktes hat; denn alsdann wird es möglich erscheinen, daß der verhältnismäßig so kleine Körper von dem absolut größten und aus gleichartigen Molekülen bestehenden, sowie infolge des von allen Seiten her in gleichmäßiger Stärke und gleichförmiger Richtung geübten Gegendrucks in der Gleichgewichtslage erhalten wird; denn ein ›oben‹ oder ›unten‹ gibt es im Weltall mit Bezug auf die Erde nicht, ebenso wie auch niemand bei der Kugel jemals auf einen solchen Gedanken kommen würde.«

Die Erde bewegt sich also nach diesem Gedankengang deswegen nicht, weil sie die absolute Mitte des Weltalls schon erreicht hat; sie verharrt als das Allerschwerste in der zentralen Lage.

Nachdem nun Ptolemaios auf diese Weise gegen die Kreisbewegung der Erde – oder, wie er sich ausdrückt, gegen die »auf einen anderen Ort hinübergehende Bewegung« (κίνησις μεταβατική) – Stellung genommen hat, geht er zum weiteren Problem, zur Frage der Achsenbewegung, folgendermaßen über: »Einige stellen sich, ohne gegen die hier entwickelten Ansichten etwas einwenden zu können, ein nach ihrer Meinung glaubwürdigeres System zusammen, und sie geben sich dem Glauben hin, daß keinerlei Zeugnis gegen sie sprechen werde, wenn sie das Himmelsgewölbe sozusagen als unbeweglich annehmen würden (εἰ τὸν μὲν οὐρανὸν ἀκίνητον ὑποστήσαιντο λόγου χάριν) und die Erde um dieselbe Achse von Westen nach Osten täglich nahezu eine Umdrehung machen ließen (τὴν δὲ γῆν περὶ τὸν ἄξονα στρεφομένην ἀπὸ δυσμῶν ἐπ᾽ ἀνατολὰς ἑκάστης ἡμέρας μίαν ἔγγιστα περιστροφήν), oder auch wenn sie *beiden* eine Bewegung von einem gewissen Betrag erteilten, etc.«

Der Übersetzer K. Manitius (1912, I, 18, dessen Text übrigens hier nicht genau übernommen wurde) fügt dieser Partie die folgende Bemerkung hinzu: »Daß der Schöpfer dieser Idee, der große Aristarchos von Samos, bei dieser Gelegenheit nicht namhaft gemacht wird, ist auffallend.« Es ist jedoch fraglich, ob man hier einfach nur an Aristarch denken soll? Denn erstens war die Lehre des Aristarch viel mehr als bloß jene Achsendrehung der Erde, deren Widerlegung Ptolemaios mit den zitierten Worten einleiten wollte, Aristarch sprach ja auch von der Kreisbewegung der Erde um die Sonne. Und zweitens deuten die Worte des Ptolemaios auch eine Theorie an, die außer der Achsenbewegung der Erde (von Westen nach Osten) auch eine Bewegung des Himmelsgewölbes (wohl in einer der Erdbewegung entgegengesetzten Richtung) einschloß.

Da nichts darüber bekannt ist, daß Aristarch eine solche Doppel-bewegung gelehrt hätte, ist es nicht ausgeschlossen, daß es in der Antike auch astronomische Theorien gab, von denen uns nichts näheres überliefert ist.

Es ist nun interessant, daß Ptolemaios seinen Gegenargumenten das Zugeständnis vorausschickt, die Theorie der Achsenbewegung der Erde sei in der Tat einfacher als die andere, die er selber vertritt: »bei der größeren Einfachheit des Gedankens würde nichts hinderlich sein, daß dem so wäre«. Er kann auch zur Widerlegung im Grunde nur zwei Gedanken vorbringen: Der Äther, das Material der Himmelswelt, sei das Leichteste, deswegen nehme er den von der absoluten Mitte entferntesten Platz ein, wogegen die Erde, das Schwerste, sich in der Mitte befinde. Und doch wolle die Theorie der Achsendrehung dem Leichtesten die Unbeweglichkeit, und dem Schwersten (der Erde) eine Bewegung von enormer Geschwindigkeit zuschreiben. Man müsse doch zugeben, daß, wenn eine Achsendrehung stattfände, »die Drehung der Erde die gewaltigste von ausnahmslos allen in ihrem Bereich existierenden Bewegungen wäre, insofern sie in kurzer Zeit eine so ungeheuer schnelle Wiederkehr zum Ausgangspunkt bewerkstelligte, daß alles, was auf ihr nicht niet- und nagelfest wäre, scheinbar immer in einer einzigen Bewegung begriffen sein müßte, die der Bewegung der Erde *entgegengesetzt* verliefe. So würde sich weder eine Wolke noch sonst etwas, was da fliegt oder geworfen wird, in der Richtung nach Osten ziehend bemerkbar machen, weil die Erde stets überholen und in der Bewegung nach Osten vorauseilen würde, so daß alle übrigen Körper, scheinbar in einem Zuge nach Westen, d. i. nach der Seite, die die Erde hinter sich läßt, wandern müßten.«

Gern räumt Ptolemaios auch ein, daß die Atmosphäre an der Drehung der Erde in derselben Richtung und in gleicher Geschwindigkeit teilnehmen könnte; nur kann er nicht mehr akzeptieren, daß das auch für alle irdischen Körper in der Atmosphäre gelten könnte.

6. Die mathematische Geographie

Da der Geozentrismus der Astronomie in der Antike gleichzeitig auch zum Ausgangspunkt der Geographie wurde, sei in diesem Überblick einiges auch über diese Wissenschaft vorausgeschickt.

Wir kennen die antike Geographie eigentlich nur aus den beiden vollständig überlieferten Werken des Strabon und des Ptolemaios.

Strabon, der Verfasser der ›Geographika‹, lebte um die Zeitwende (von 64 v. Chr. bis 19 n. Chr.), und Klaudios Ptolemaios, gleichzeitig auch Mathematiker und der bekannteste Astronom des Altertums, etwa zwischen 100 und 178 n. Chr. in Alexandria. Von den zahlreichen übrigen geographischen Werken der älteren Zeit ist für uns nur so viel erhalten geblieben, wie diese beiden oder gelegentliche Zitate bei anderen Verfassern als der Aufbewahrung für wert erachteten und es darum in die eigenen Arbeiten aufnahmen oder dagegen polemisierten. (Weniger bedeutende Vertreter des Faches können hier außer acht bleiben.) Das Interesse und die Ziele der beiden für uns in Frage kommenden Autoren waren jedoch grundverschieden.

Strabon kam es auf die zuverlässige Beschreibung der behandelten Ortschaften an, auf die Begründung einer möglichst genauen Weltkarte, die jedoch auf die bewohnten Gebiete der Erde, auf die »Oikumene«, beschränkt bleiben sollte. Er hatte ein lebhaftes Interesse für den Menschen und seine Umgebung, für Geschiche, Lebensweise, Brauch und Sitten der geschilderten Gegenden, für die Erzeugnisse und die Tierwelt sowie für die physikalischen Eigentümlichkeiten der verschiedenen Regionen. Für ihn war die Geographie eine praktische Wissenschaft, die gewisse astronomische und mathematische Kenntnisse zwar nicht entbehren kann, aber deren Unabhängigkeit Strabon dennoch bewahren wollte. Er war immer bestrebt, sein Fach von den verwandten Disziplinen möglichst fernzuhalten. Es ist bezeichnend, wie er sein Programm vorab schildert[32]:

»Man darf, was die Himmelserscheinungen und was die Lage der Erde betrifft, nicht so unwissend sein, daß man seine Geistesgegenwart verliert, wenn man in eine fremde Gegend verschlagen wird, wo die Himmelserscheinungen anders sind, nicht so, wie man sie gewöhnt ist, und daß man dann mit Odysseus sagt:

Freunde, wir wissen ja nicht, wo Abend und wo Morgen,
Nicht, wo die leuchtende Sonne sich unter der Erde hinabsenkt,
Noch wo sie wiederkehrt...

(Odyssee X, 190, Voß)

Aber auf der anderen Seite braucht man doch keine so genauen Kenntnisse, daß man unbedingt weiß, wo Auf- und Untergänge

[32] Vgl. Strabon C 12–13.

der Sonne und der Gestirne, und wo ihre Kulminationen [von jedem Ort aus gesehen] sind; man braucht kein exaktes Wissen der
Polhöhen und der Zenitstände; auch über die Horizont-, Pol- und
Polarkreis-Veränderungen – mögen diese wirkliche oder nur
scheinbare Veränderungen sein – braucht man nicht unbedingt Rechenschaft geben zu können. Man darf sich in einige von diesen
Dingen nicht allzusehr vertiefen – ausgenommen natürlich den
Fall, in dem die Untersuchung mit philosophischem Zweck vorgenommen wird... Aber diese meine Arbeit wird doch kein ungebildeter Mensch mit geringen Kenntnissen lesen können. Einen solchen meine ich, der noch nie eine *Erdkugel* gesehen hat, nichts von
ihren *parallelen, senkrechten* und *schiefen Kreisen* weiß; auch die
Lage der *Tropenkreise*, des *Äquators* und des *Zodiakus* nicht
kennt, von jener *Bahn der Sonne* und von ihren *Wenden* nie gehört
hat, die Grund der ›klimatischen‹ und Witterungsverhältnisse sind.
– Ein solcher nämlich, der diese Dinge, sowie das, was den Horizont und den Polarkreis betrifft, und auch die Elemente der Mathematik schon kennengelernt hat, der wird meinen Erörterungen
völlig anders folgen können. Ein anderer aber, der keine Ahnung
davon hat, was gerade und krumme Linien sind, wie Kreis, Kugelfläche und Ebene aussehen, und der auch die sieben Sterne des
›Wagens‹ am Himmelsgewölbe, sowie das übrige noch nicht kennengelernt hat, der soll dieses Werk gar nicht in die Hand nehmen.
Er wird es erst dann tun können, wenn er sich das alles schon ange-
eignet hat, was dazu nötig ist, um in der Geographie zu Hause zu
sein. Darum haben auch diejenigen, die ihre Kräfte der Schilderung von Hafenstädten und Herumführungen[33] gewidmet haben,
nur Unvollständiges geleistet, weil sie die einschlägigen Ergebnisse
der Wissenschaften und der Sternkunde nicht genügend berücksichtigt haben.«

Strabon ist sich also dessen bewußt, daß eine Geographie mit
wissenschaftlichen Ansprüchen ohne Astronomie – die ihrerseits
mit mathematischen Methoden arbeitet – nicht möglich ist. Auch
seine am häufigsten benutzten Quellen – Eratosthenes, Hipparch
und zum Teil auch Poseidonios – hatten sich schon zu diesen Prinzi-
pien bekannt. Darum konnte auch Strabon nur zustimmen, wenn
Eratosthenes energisch betont hatte, daß man in der Geographie
die Lehren der Mathematik und Astronomie zur Geltung bringen
müsse[34].

---

[33] »Herumführungen« (περιηγήσεις), eine wohlbekannte Gattung der
geographischen Literatur seit Hekataios und der ionischen Epoche.
[34] C 62.

Aber das alles wurde von Strabon eigentlich doch nur in Worten bekundet. Er selber war kein Astronom und noch weniger ein Mathematiker. Er hat auf diesen Gebieten keine eigenen Leistungen für die Geographie erbracht. Sein Verdienst besteht vor allem darin, daß er einen Einblick in die Ergebnisse so bedeutender Gelehrten gewährt wie Eratosthenes und Hipparch, deren Werke nicht erhalten sind. Die Kritik, mit der Strabon die Werke seiner Vorgänger, seine Quellen, so selbstsicher und überlegen behandelt, ist selten einleuchtend. Entdeckt er voneinander abweichende Ansichten in seinen Vorlagen – oder manchmal glaubt er nur solche entdeckt zu haben –, so argumentiert er meistens nicht für die eine von diesen und gegen die andere, sondern nimmt eher eigenwillig Stellung für irgendeine der beiden Auffassungen und lehnt die andere ohne Begründung als Irrtum ab, wie z. B. wenn er einmal schreibt: »Hat er (d. h. Hipparch) sich, was die *Breite* betrifft, geirrt, so muß er sich auch in der *Länge* geirrt haben.«[35] Dennoch sind die 17 Bücher von Strabons ›Geographika‹ eine unschätzbare Fundgrube für die historische Forschung; ohne sie wäre unsere Kenntnis von der Entfaltung der hellenistischen Wissenschaft noch lückenhafter.

Anders ist die ›Geographie‹ des Ptolemaios. Betrachtete Strabon – der hellenisierte Nachkomme kappadokischer Vorfahren aus dem Pontus-Gebiet, aus der Stadt Amaseia[36] – seine Wissenschaft nur vom Gesichtspunkt ihrer Nützlichkeit aus, und hat er die Erörterungen im Sinne der zeitgenössischen Homer-Exegese begonnen, so war Ptolemaios ein mathematisch gebildeter Astronom. In der Geographie interessierte er sich nicht bloß für die von Menschen bewohnten Gebiete der Erde, die »Oikumene«, sondern für die gesamte Kugel in der Mitte des Weltalls. Für ihn war die Geographie sozusagen eine Ergänzung zum ›Handbuch der Astronomie‹. Wie verhält sich die Erde zu Sonne und Mond, zu den Planeten und zu den Fixsternen? Auf diese Fragen suchte er zunächst die Antwort.

Gleich am Anfang des Werkes bekommt der Leser zwei Definitionen: Was ist Geographie, und was ist Chorographie? Unter Geographie versteht Ptolemaios die bildliche und möglichst genaue Darstellung, die Beschreibung der gesamten Erde mit den dazugehörigen wichtigsten Erscheinungen des Himmels. Die Cho-

---

[35] C 64.
[36] Heute heißt diese Stadt Amasya in der Türkei neben dem Fluß Yeşil Irmak.

rographie unterscheidet sich von dieser, indem sie selektiv und regional ist; sie beschäftigt sich auch mit kleinen Ortschaften, Häfen und Buchten, einzelnen Städten und Dörfern, mit Flüssen und ähnlichen Gegenständen. Zur Chorographie braucht man – im Gegensatz zur Geographie – keine Mathematik, keine Trigonometrie.

Aus der ausführlichen Erklärung des Ptolemaios geht auch hervor, daß er die wichtigste Aufgabe der Geographie in der Kartographie erblickte. Er verglich die Arbeit des Kartographen mit derjenigen des Malers. Wie der Maler zunächst Form, Gestalt und Proportionen des darzustellenden Gegenstandes feststellt, so muß auch der Kartograph vorgehen. Doch braucht der Kartograph kein Künstler zu sein, wichtiger ist für ihn die Mathematik.

Man muß vor allem die Form und die Größe der gesamten Erde ins Auge fassen; erst danach wird man unter den festgesetzten Grenzen die zur Erforschung ausgewählten Gebiete unterbringen können. Wichtig ist auch zu wissen, in welcher Region, unter welchem Parallel der himmlischen Kugel ein irdisches Gebiet jeweils liegt. Denn sonst kann man die Dauer der Tage und Nächte an dem betreffenden Ort nicht bestimmen, und kann nicht wissen, welche Sterne sich dort und wann sie sich über den Horizont erheben und welche nie sichtbar werden. Nur mit Hilfe der Mathematik und Astronomie kann man von der Erde eine ebenso genaue und zuverlässige Karte entwerfen – behauptet Ptolemaios –, wie sie vom besternten Himmel schon entworfen wurden. (Es ist also bezeichnend, daß nach dieser Ansicht der Himmel früher kartographiert wurde als die Erde.)

In der kartographischen Darstellung der bewohnten Gebiete der Erde ist der Geograph oft nur auf Berichte und Erzählungen von Reisenden angewiesen. Wären diese immer gute Beobachter und zuverlässige Berichterstatter, so wäre die Arbeit des Geographen verhältnismäßig leicht. Aber leider hat z. B. nur der Astronom Hipparch, und auch er bloß in einigen Gebieten, die Höhe des Pols aufgezeichnet – beklagt sich Ptolemaios. Ansonsten besitzt man nur selten solche Angaben von Gebieten, die auf demselben Meridian liegen.

Noch schlimmer steht es um die Ost-West-Entfernungen einzelner Städte voneinander. Darüber sind die meisten Angaben nur von sehr fraglichem Wert. Reisende auf dem Festland können nur in den seltensten Fällen einer geraden Linie folgen. Auf dem Meer dagegen sind Kurs und Geschwindigkeit der Schiffe von der sich ändernden Richtung und Stärke der Winde abhängig. Darum sind die Schätzungen der Entfernungen in den meisten Fällen sehr unsicher.

Es gibt für den Geographen zwei Möglichkeiten, die Erde darzustellen. Entweder nimmt er eine Kugel und zeichnet auf ihre Oberfläche das Meer, die Kontinente, die Inseln, Flüsse, Berge und Städte verkleinert in ihren Umrissen, oder er projiziert die Kugelfläche auf eine Ebene. Beide Möglichkeiten haben ihre Vor- und Nachteile.

Wird die Erde als eine Kugel dargestellt, so bleibt ihre Form und Gestalt unverändert. Es fragt sich nur, ob man auf der Oberfläche der Kugel Platz genug für alles findet, was man darstellen will; und ist die Kugel nicht groß genug, dann kann auch der Blick nicht das Ganze auf einmal umfassen. Die Kugel muß beweglich sein, damit man auch die hintere Seite überblicken kann. Entscheidet man sich für diese Möglichkeit, so muß man also die geeignete Größe wählen: Je größer die Kugel ist, um so vollständiger wird man auf ihr die einzelnen Gebiete darstellen können. Hat man die beiden Pole bestimmt, so muß man sie durch einen Halbkreis verbinden, und zwar so, daß man den Halbkreis um die Achse der Kugel drehen kann. Der Halbkreis soll sehr nahe über der Kugelfläche angebracht sein, so daß er die Kugel fast berührt. Es soll möglich sein, entweder die Kugel um ihre Achse oder den (möglichst schmalen) Halbkreis um die Kugel zu drehen. Dann teile man den Halbkreis in 180 Halbgrade, und man beginne die Zählung der letzteren vom Äquator der Kugel ab in beide Richtungen (auf den Nordpol und auf den Südpol zu). Ähnlich teile man auch den Äquator der Kugel in Bogengrade ein. Doch soll die Zählung der Grade am Äquator nicht vom Meridian über Alexandria ausgehen, sondern von jenem anderen Meridian über den Inseln der Seligen (im Westen) und nach Osten zu führen. Auf diese Weise wird man jeden Punkt der Kugeloberfläche (bzw. jeden Ort der Erde, der richtig auf der Kugel dargestellt ist) nach Länge und Breite bestimmen können.

Die andere Möglichkeit, die Projektion der Kugelfläche auf eine Ebene, führt zu Landkarten, die den unsrigen mehr oder weniger ähnlich sind. Die überlieferten Exemplare der ptolemäischen ›Geographie‹ enthalten insgesamt 27 Karten, die den parallelen Text illustrieren. Manche Manuskripte erwähnen dabei einen gewissen Agathodaimon aus Alexandria als den Verfasser der Karten. Dies hat zu einer Streitfrage in der historischen Forschung geführt: Von wem entstammen eigentlich die Karten des Ptolemaios-Textes oder jene Urbilder, nach denen die überlieferten Exemplare gezeichnet wurden? Wer war Agathodaimon? Hat Ptolemaios selber die Karten entworfen oder nur ein Zeichner, der unter seiner Aufsicht gearbeitet hat?[37] Oder wurde etwa der antike Text der ›Geographie‹ erst im 15. Jahrhundert n. Chr. durch Karten ergänzt? Es sei hier betont, ohne auf die Streitfrage eingehen zu wollen, daß Text und Karten der ›Geographie‹ – organisch zusammengehören, wenn auch zugegeben werden muß, daß die Zeichnungen nicht das verwirklichen, was man nach dem Text von ihnen erwarten dürfte.

Die Karten bilden freilich nicht die einzige schwache Seite des ptolemäischen Werkes. Auch der Text selber wimmelt von Fehlern, Irrtümern und unbrauchbaren Daten. Die Mängel gehen in den meisten Fällen auf die unzuverlässigen, ja oft falschen Informationen zurück, von denen der Verfasser ausgegangen war. Und doch hat dieses Werk des Ptolemaios über mehr als 14 Jahrhunderte hinweg einen enormen Einfluß auf die gesamte europäische Kartographie ausgeübt[38]. Auf Ptolemaios haben sich die Geographen auch noch im 15. und 16. Jahrhundert blind verlassen; sein Werk war Richtschnur und absolute Autorität auch in einer Zeit, in der die neuen Entdeckungen über die eng gewordenen Schranken der antiken Kenntnisse schon hinausgegangen waren. In diesen Jahrhunderten, am Anfang der Neuzeit stand der große Systematiker der alten Geographie der Weiterentwicklung der Wissenschaft schon im Wege.

Ein wesentlicher Fehler des Ptolemaios entstand z. B. dadurch, daß er von den unterschiedlichen Rechenergebnissen für einen größten Kreis der Erde dasjenige des Poseidonios und Strabon übernommen hat. Auch sein Stadienmaß für einen Grad (1°) den Meridian entlang war allzu klein. Besonders auffallend wurde dieser Fehler in den Breiten-Bestimmungen und in seiner Lokalisierung des Äquators. Natürlich wußte Ptolemaios sehr gut, wie man den Äquator astronomisch mit dem Gnomon und seinem Schatten bestimmen konnte. Aber so weit nach Süden war er nie gekommen. So ging er von dem theoretisch nicht allzu großen Irrtum aus, Syene (Assuan) liege unter dem Sommerwendekreis, etwa 24° nördlich des Äquators. Da er jedoch einen allzu kleinen Maßstab für einen Grad (1°) des Meridians gewählt hatte, zog er seine Äquatorlinie viel nördlicher, als sie in Wirklichkeit verläuft. Eine

[37] Vgl. dazu Brown, Story of maps, S. 73 ff.
[38] Über den Einfluß des Ptolemaios und besonders über die Fehler und Irrtümer seiner ›Geographie‹ siehe ausführlicher Brown, Story of maps, S. 74 ff.

andere Fehlerquelle war für Ptolemaios in der Breiten-Bestimmung die Tatsache, daß manche Süd-Nord-Abstände in seiner ›Geographie‹ nicht aus astronomischen Messungen stammten – die viel exakter hätten ausfallen können –, sondern aus Stadien-Schätzungen von Reisenden nachträglich in Grade und Minuten umgerechnet wurden. Dadurch wurden manche geographischen Angaben bei Ptolemaios nicht nur falsch oder fehlerhaft, sondern auch inkonsequent.

Bezeichnend für die Art der Fehler des Ptolemaios ist jener Neuerungsvorschlag von ihm, der im Prinzip eigentlich gar nicht schlecht war. Das Problem der geographischen »Länge« (der Ost-West-Entfernung zweier Orte voneinander irgendeinen Breitenkreis entlang) wurde nämlich in der antiken Wissenschaft eigentlich nie befriedigend gelöst. Man hat zwar – wie später in dieser Arbeit gezeigt wird – das richtige Prinzip zur Lösung dieser Aufgabe gefunden, aber verwirklichen konnte man eine solche Bestimmung im Grunde doch nicht. Die Abstände der bloß nach Schätzung gewählten Meridiane voneinander wurden sehr ungleichmäßig. (Man besaß zur besseren Lösung dieses Versuchs keine zum exakteren Zeitmessen geeigneten Instrumente.) Der Hauptmeridian der Antike, von dem aus man die übrigen nach Osten und Westen zählen wollte, war ursprünglich derjenige über Alexandria. Da jedoch nach den Kenntnissen der Alten das bewohnte Gebiet der Erde, die »Oikumene«, in Ost-West-Richtung nicht länger als 180° war, wollte Ptolemaios das Zählen der Meridiane mit dem westlichsten – mit demjenigen über den Inseln der Seligen – beginnen. Man hätte auf diese Weise fortlaufend gezählte Meridiane bis zum östlichsten (über den 180°) bekommen. Über diese Grenze hinaus wußte man sowieso nichts von bewohnten Gebieten. Bei dieser Vereinfachung hatte er jedoch das Mißgeschick, daß er die Meridiane mit den überlieferten Stadienschätzungen der Reisenden – die ihre Wege von Alexandria aus in entgegengesetzter Richtung, nach Westen zu rechneten – nicht in Einklang zu bringen vermochte. Das in seinen Hypothesen tadellose Weltbild des Ptolemaios erschien so in der Verwirklichung voller Irrtümer.

Die Ptolemäische ›Geographie‹ – wie auch das ›Handbuch der Astronomie‹, der ›Almagest‹ – stellt die Zusammenfassung nicht bloß der Errungenschaften und bleibenden Ergebnisse der antiken Forschung dar, sondern ist bis zu einem gewissen Grade auch die Zusammenfassung ihrer Fehler, Mängel und Irrtümer. Lehrreich sind darum in diesem Werk auch manche überlieferten Fehler über das den Griechen wohlbekannte Gebiet des Mittelmeers. Was dessen Ost-West-»Länge« betrifft, so beläuft sich der Irrtum des Ptolemaios auf beinahe 20°. Über seine »Breite«, von Marseille bis zum gegenüberliegenden afrikanischen Küstengebiet, hat er sich nur um etwa 5° geirrt. Der bekannteste Parallelkreis bei ihm, der von 36° nördlich des Äquators (der sog. »Parallel über Rhodos«), der seit Dikaiarchos, einem Schüler des Aristoteles, bei zahlreichen antiken Schriftstellern nachgewiesen werden kann, ist in Wirklichkeit – nach jenen Ortsnamen, mit denen er beinahe bei allen Verfassern charakterisiert wird – kaum ein echter Parallel.

Man gewinnt einen gewissen Einblick in die Quellenbenutzung des Ptolemaios auf Grund der folgenden Beobachtungen. Nach einer Stelle in der ›Geographie‹[39], liegt die Stadt Byzantion (Istanbul) um 43°12′ vom Äquator entfernt. Es ist so gut wie sicher, daß diese irrtümliche Parallelkreis-Bestimmung *nicht* von jenem Hipparch stammen kann, der sonst – besonders in der Astronomie – die wichtigste Quelle für Ptolemaios war. Denn Hipparch hat ja gewußt, daß in den »Gegenden am Hellespont«, und darum auch in Byzantion, die Polhöhe (bzw. die geographische Breite) ungefähr 41° beträgt[40]. Woher mag dann die irrtümliche Angabe für Byzantion in die ptolemäische ›Geographie‹ gekommen sein? Offenbar aus derselben Quelle, die auch Strabon benutzt hatte, als er mehrere Male mit einiger Zurückhaltung erwähnte, Byzantion und Massalia (Marseille) dürften auf demselben Parallelkreis liegen[41]. Massalia liegt in der Tat um den Breitengrad 43° herum. Diese für Byzantion irrtümliche Angabe wurde sowohl von Strabon wie auch von der ptolemäischen ›Geographie‹ übernommen. Demnach war also die Vorlage des Ptolemaios – in der Breitenkreis-Bestimmung für Byzantion – *nicht* Hipparch.

Es ist dabei interessant, daß Ptolemaios, obwohl er in der ›Geographie‹ für Byzantion jene irrtümliche Breitenkreis-Bestimmung übernommen hat, die – um nach dem Strabon-Text zu urteilen – ursprünglich für Massalia berechnet wurde, an anderer Stelle dieses Werkes über Massalia schreibt (VIII, 5,7): ἡ μὲν Μασσαλία τὴν μεγίστην ἡμέραν ἔχει ὡρῶν ιε δ... Diese Worte stimmen genau mit einer Stelle im Almagest (II, 6) überein: »Der vierzehnte Parallel ist derjenige, auf welchem der längste Tag 15¼ Äquinoktialstunden hat.« Und es heißt in unmittelbarer Fortsetzung: »dieser Parallel hat vom Äquator 43°4′ Abstand, und er geht durch *Massa-*

[39] III 11, 5.
[40] Vgl. Manitius 1894, S. 26 f.
[41] Man vgl. dazu die Kapitel 4 bis 7 im Teil II dieses Buches.

lia.«[42] Die Stelle geht im Almagest – wie später gezeigt wird – aller Wahrscheinlichkeit nach über Hipparch noch auf Pytheas von Massalia (im 4. Jahrhundert v. Chr.) zurück. Offenbar hat also Ptolemaios in seiner ›Geographie‹ mehrere Quellen nebeneinander benutzt, deren Angaben manchmal nicht übereinstimmten.

[42] Man beachte, daß die Angaben für Massalia im ›Almagest‹ (II 6) und in der ›Geographie‹ nur *beinahe* dieselben sind: 43° 4′ und 43° 12′.

I. Die Erde im Weltall

1. Geozentrismus, Heliozentrismus, volkstümliche Sternkunde

Das geozentrische Weltbild, jene Theorie der Astronomie, wonach die kugelförmige Erde die Mitte des Weltalls einnimmt und nicht bloß die Sonne, der Mond und die Planeten, sondern auch das gesamte Himmelsgewölbe mit seinen unzähligen Fixsternen sich um die Erde dreht, wurde durch Kopernikus, Galilei, Kepler und Newton überwunden. Seit dem endgültigen Sieg des Heliozentrismus verteidigt niemand mehr die alte, überholte Welterklärung. Denkt man nur an die Himmelskörper des Sonnensystems, so ist unsere neuzeitliche Theorie in der Tat einleuchtender und einfacher als der alte ptolemäische Geozentrismus.

Versucht man sich jedoch unter jenen Fixsternen zurechtzufinden, die von uns unvergleichlich weiter entfernt als die verhältnismäßig nahen Mitglieder der eigenen Planeten-Familie ihre Bahnen ziehen, so kann man auf die Begriffe »Deklination« und »Rektaszension« doch nicht verzichten. Das heißt, man redet von der Entfernung eines Sterns in positiven oder negativen Graden, Minuten und Sekunden vom himmlischen Äquator bzw. vom Nullpunkt des Widders ab, so als ob die Erde im Zentrum des Universums stünde. Es werden die für die kugelförmige Erde geltenden Begriffe, wie Pol, Äquator, geographische Breite und Länge, als Projektionen auf die hypothetisch gedachte hohle Himmelskugel übertragen, um die scheinbaren Plätze der einzelnen Sterne genau angeben zu können.

Damit wird der Prozeß, der einst zu so wichtigen wissenschaftlichen Begriffen geführt hat, in unserer Denkweise sozusagen in umgekehrtem Sinne wiederholt. Denn ursprünglich beobachtete (oder berechnete) man etwa den Wendekreis der Sonne am Himmel im Zeichen des Krebses, und man projizierte den himmlischen Kreis auf die Erde, und zwar dort, wo die Sonne zur Mittagszeit der Sommerwende über dem Kopf des Beobachters (im Zenit) zu stehen schien. Natürlich blieb derselbe Wendekreis auch nach der Einführung der heliozentrischen Theorie unverändert gültig. Verändert hat man nur die Erklärung für jenen astronomischen Prozeß, den man nach wie vor als *Sonnen*wende bezeichnete. Man sprach nur über diese Wende nicht mehr im alten Sinne: nicht die Sonne, sondern die Erde erreicht nach der neuen Theorie einen beachtenswerten Wendepunkt ihrer jährlichen Bahn um die Sonne, im Zeichen des Krebses oder des Steinbocks. Über den bloßen Namen hinaus behielt man auch die himmlischen Projektionen des irdischen Äquators und der Parallelkreise als nützliche Arbeitshypothesen bei. Übrigens könnte man auch heute noch mit gleichem Recht von der Erde als von einer »unbeweglich feststehenden Kugel in der Mitte des Weltalls unter den Sternen« sprechen, mit dem man auch von »unbeweglichen« Fixsternen spricht. Auch diese sind für den irdischen Beobachter und nur für menschliche Maßstäbe »unbeweglich«. Das wohlbekannte Sternbild der Cassiopeia sah z. B. – eben infolge der Bewegung seiner Sterne – vor 50000 Jahren noch völlig anders aus, und es wird nach weiteren 50000 Jahren auch nicht mehr so aussehen wie jetzt. (Abb. 1, S. 8)

Die Astronomie hat das geozentrische Weltbild als eine echt wissenschaftliche Theorie entwickelt, indem sie sich von den unmittelbaren Eindrücken der naiven und bloß anschaulichen Betrachtung weitgehend befreite. Der Geozentrismus war gewissermaßen schon ein Sieg des selbständigen Denkens über die alltägliche Sinneswahrnehmung, ein Sich-Abwenden von volkstümlichen Anschauungen. Es wird sich lohnen, daran zu erinnern, wie diese Anschauungen in den Zeiten vor dem ptolemäischen Geozentrismus beschaffen waren.

Die Beobachtung der Sterne hat – auch schon während einiger Jahrtausende vor den Griechen – die Orientierung des Menschen in Zeit und Raum ermöglicht. Ohne mehr oder weniger genaue Kenntnisse von der Stellung und der Bewegung der Himmelskörper hätte man sich nur in nächster Umgebung zurechtfinden können, von einer zuverlässigen Gliederung des zeitlichen Ablaufs der Ereignisse in der Umwelt gar nicht zu sprechen.

Besonders wichtig waren die Gestirne seit uralten Zeiten für die Seefahrt. Hat man einmal das Festland so weit hinter sich gelassen, daß kein Ufer und keine Insel mehr zu sehen waren, so konnte man sich bei der Weiterfahrt auf hoher See nur nach den Himmelskörpern richten. So saß Odysseus Tag und Nacht schlaflos neben dem Steuer seines Floßes, blickte von Zeit zu Zeit auf die Pleiaden, auf den spät untertauchenden Bootes sowie auf den »Bären« (auch als »Wagen« bezeichnet), der sich immer im Kreise dreht, den Orion beobachtet und nie in die Wellen des Okeanos eintaucht. Denn die Göttin Kalypso hatte Odysseus belehrt, er solle den »Bären« auf der Fahrt nach Hause immer auf seiner linken Seite halten (Odyssee 5, 271 ff.), solle also nach Osten fahren.

Diese wenigen Zeilen verraten schon einiges von der volkstümlichen Astronomie des epischen Zeitalters. Die meisten Sterne scheinen auf ihren Bahnen in die Wellen des Okeanos einzutauchen. Man dachte sich nämlich die Erde als eine mächtige runde Scheibe, umflossen vom ewigen Okeanos. Aber es gibt auch solche Sterne, die nie vom Himmelsgewölbe verschwinden; sie ziehen stets oben herum, wie der »Große Bär«. Die spätere Astronomie wird diese Himmelskörper als »immersichtbare Sterne« um den Nordpol bezeichnen.

Bezeichnungen »Bär« oder »Wagen« stehen an der betreffenden Stelle der Odyssee für »Norden«, obwohl die Deklinationen der einzelnen Sterne dieses Sternbildes noch bedeutend südlicher sind als der Nordpol selbst. Aber auch im Lateinischen gebraucht man in der volkstümlichen Sternkunde die Bezeichnung »Wagen« – *septemtriones* (sieben Pflugochsen) – für den Norden. Erst die spätere wissenschaftliche Astronomie wird vom »Polarstern« oder noch genauer vom »Pol der Welt« sprechen. Die volkstümliche Sternkunde kennt den Begriff des »Weltpols« noch nicht.

Wichtig waren die Sterne für die antike Schiffahrt nicht nur als Wegweiser auf hoher See, sie zeigten auch sicher jene Zeitperioden an, in der die Schiffe weniger den Stürmen des Meeres ausgesetzt sind. Noch bei den Römern bezeichneten die Pleiaden – mit lateinischem Namen: Vergiliae – den Beginn und das Ende der sicheren Schiffahrtsperiode. Der Aufgang der Pleiaden frühmorgens, am Ende des Frühlings (April–Mai), war das Zeichen dafür, daß man sich getrost auf See begeben konnte. Dagegen endete die Periode der ungefährlichen Meeresfahrten mit dem morgendlichen Untergang derselben Sterne Ende Oktober oder Anfang November (Vergil, Georgica I, 137ff.).

Noch vorsichtiger wird diese Zeitspanne von Hesiod, dem griechischen Dichter des 7. Jahrhunderts v. Chr., in seinen ›Werken und Tagen‹ geschildert. Er räumt nämlich nur 50 Tage – wie er schreibt »nach Sonnenwende« – bis zum Ende des heißen Sommers für die Meeresfahrten ein (Erga 663 ff.). Während dieser Zeit droht den Schiffen gewöhnlich keine Gefahr auf dem Meer. Es ist zwar möglich, nach der Ansicht desselben Hesiod, auch schon früher, mit Anbruch des Frühlings, wenn die ersten kleinen Blätter an den Feigenbäumen sprießen, die Seefahrt zu beginnen (678ff.), aber als vorsichtiger Bauer kann er diesen allzu frühen Beginn doch nicht gutheißen.

Es waren nach der mythischen Überlieferung der Alten überhaupt die Seeleute, die als erste die Sterne beobachteten und ihnen Namen gaben. Denn nach dem »goldenen Zeitalter«, als man sich zum ersten Mal auf das Meer wagte, mußte man natürlich, um die Richtung nicht zu verfehlen, vor allem die Sterne kennenlernen und sie benennen. Wie Vergil an der eben genannten Stelle schrieb:

> Navita tum stellis numeros et nomina fecit
> Pleiadas, Hyadas, claramque Lycaonis Arcton.

Ein anderes, wohl noch wichtigeres Gebiet der menschlichen Tätigkeiten, das sich auch in der Antike nach einem streng geregelten Zeitablauf richten mußte, war der Ackerbau. Darum ist das Gedicht ›Werke und Tage‹ Hesiods, – eine Anweisung für die bäuerlichen Arbeiten zu festen Zeiten – voll von Hinweisen auf die Sterne, die zuverlässigen Daten des Bauernkalenders.

Die Pleiaden, die Töchter des Atlas, bezeichnen nicht nur Anfang und Ende der für die Seefahrt günstigen Jahreszeit, sie gliedern auch die Feldarbeiten: erheben sie sich – nämlich frühmorgens, mit dem Beginn des Sommers –, so ist es Zeit für die Ernte. Verschwinden sie dagegen – ebenfalls frühmorgens, im Spätherbst – so soll die Ackerbestellung für das nächste Jahr beginnen. (Vierzig Tage bleiben sie zwischen den beiden wichtigen Zeitpunkten unsichtbar – fügt Hesiod noch hinzu, Erga 383 ff.; es bleibe dahingestellt, wie exakt dabei die »vierzig Tage« gezählt wurden.)

Auch die rechte Zeit der Weinlese wird nach Hesiod durch die Sterne bestimmt. Wenn Orion und Sirius die Mitte des Himmels erreichen und der Frühmorgen den Arkturos noch erblicken kann, soll man die Trauben lesen (Erga 609 ff.). Zu dieser Zeit, wenn der Wald das Laub verliert, soll man Bäume fällen, um Holz für Werkzeuge zu gewinnen.

Besonders beachtenswert ist diese letzte Stelle, weil sie an folgendes erinnert: Der Sirius ist der hellste Stern im Hundgestirn; die moderne Astronomie bezeichnet ihn als α Canis Maioris. Man findet ihn in der Rektaszension $06^h 43'$ und in der Deklination $-16°39'$ – also südlich vom Äquator. Sichtbar ist dieser Stern besonders in hellen Winternächten. Doch sind die »Hundstage« (vom 24. Juli bis zum 23. August) die heißeste Sommerzeit. Zu dieser Zeit ist nämlich der Sirius tagsüber am Himmel. Man sieht ihn zwar nicht – wegen des Tageslichts –, aber man weiß doch, daß gerade er für diese Zeit kennzeichnend ist.

Die Anzahl jener Sternbilder, die bei Hesiod in den ›Werken und Tagen‹ genannt werden, ist eigentlich bescheiden. Außer Orion, Sirius und Arkturos hört man nur von den Pleiaden und

Hyaden, die eigentlich dem Sternbild des Stieres (Tauros), dem zweiten Zeichen des Tierkreises (des Zodiakus) angehören. Es ist jedoch auffallend, daß in diesem Bauernkalender nicht bloß der Stier fehlt, sondern auch kein anderes von den zwölf Zeichen des Zodiakus genannt wird. Hörte man nicht am Ende desselben Werkes von den »dreißig Tagen« des Monats (Erga 766 ff.), so wäre man fast geneigt zu vermuten, daß zu Hesiods Zeit das Zwölfteilen des Jahres noch gar nicht besonders wichtig war.

In der Tat hat man damals auch die vier Jahreszeiten astronomisch noch nicht scharf voneinander getrennt. Es wurde schon erwähnt, daß Frühling und Herbst nur mit dem Anfang und Untergang der Pleiaden charakterisiert wurden; das genügte, den Bauern an seine zeitbedingten Arbeiten zu erinnern.

Noch flüchtiger erwähnt Hesiod jene beiden Sonnenwenden, die später als astronomische Grenzen für Sommer und Winter erkannt wurden. Nur 50 Tage nach der einen Wende (τϱοπαὶ ἠελίοιο), solange der heiße Sommer währt, bleibt das Meer ruhig genug für die Schiffart (Erga 663 ff.). Aber der Dichter verliert kein Wort darüber, wann diese Sommerwende erfolgt, was das sichere Zeichen für den Eintritt dieses wichtigen Ereignisses ist. Von welchem Zeitpunkt ab soll man eigentlich jene 50 Tage rechnen, die er für die Meeresfahrt empfiehlt?

Ebenso flüchtig ist bei ihm auch die Erwähnung der *Winterwende* (Erga 564 ff.). Hat nämliche Zeus – heißt es einmal – 60 Wintertage nach dieser anderen Wende vollendet, dann verläßt der Stern Arkturos »mit dem Anfang der Dämmerung« (ἀϰϱοϰνέφαιος) die Wellen des Okeanos, auch die Schwalben kehren schon zurück, und sie bringen den Frühling. Der Spätaufgang des Arkturos, der hier erwähnt wird, fällt auf Ende Februar, Anfang März. Aber wieder bleibt die Winterwende, die doch mit dem kürzesten Tag des Jahres zusammenfällt, unbestimmt. Anfang und Ende der »60 Wintertage«, von denen der Dichter spricht, werden nur verschwommen angedeutet. Und doch war Hesiod sich dessen bewußt, daß die »kurzen Tage« des Winters dieser Wende der Sonne vorangehen. Sprach er doch einmal davon, daß die Sonne zu dieser Jahreszeit »über Land und Stadt der dunkelhäutigen Männer ihre Kreise beschreibt« (ϰυανέων ἀνδϱῶν δῆμόν τε πόλιν τε στϱωφᾶται) – offenbar ein Hinweis auf die Äthiopier fern im Süden – »und nur spät allen Griechen leuchtet« (βϱάδιον δὲ πανελλήνεσσι φαείνει, Erga 526–529). Man kahn diese Worte nicht mißverstehen: Zur Zeit der Winterwende ist die sichtbare Bahn der Sonne, von Griechenland aus gesehen, der kleine südlichste Tagbogen über dem Land der Äthiopier; dagegen sind die Lichttage bei den Griechen zu dieser Zeit kürzer, die Sonne geht spät auf.

Kein Zweifel, zu Hesiods Zeiten hat man den kürzesten und den längsten Tag des Jahres wohl schon beachtet, wenn auch der Dichter sie nicht eigens hervorhebt. Es genügte ja zu bemerken, daß im Winter die Tage kürzer und die Nächte länger sind, und das führt wie von selbst zur Unterscheidung der langen Sommer- und der kurzen Wintertage. Der lateinische Terminus des volkstümlichen Kalenders, *bruma* (»der kürzeste Tag des Jahres«), legt auch den Gedanken an einen »längsten Tag im Sommer« nahe. Aber eine besondere Bedeutung hatten diese beiden Tage in der volkstümlichen Zeitrechnung wohl nicht; sie spielen ja im praktischen Leben der Feldarbeiter keine eigentliche Rolle.

Noch weniger beachtete der Bauernkalender jene beiden anderen Termini des Jahres, die man eigentlich gar nicht beobachten, eher nur berechnen kann: die *Tag- und Nachtgleichen* im Frühling und im Herbst. Um die Zeitpunke der Äquinoktien berechnen zu können, muß man erkannt haben, daß diese sozusagen theoretisch notwendig sind. Man erlebt und entdeckt es nämlich nicht, daß einmal ein Tag genau so lang ist wie die vorangehende oder die folgende Nacht. Die Entdeckung eines Äquinoktiums – zunächst als eine Vermutung – erfolgte wohl auf anderem Wege: Hat man einmal erkannt, daß in der einen Jahreshälfte die Tage immer länger und die Nächte immer kürzer werden, während in der anderen Hälfte des Jahres der umgekehrte Prozeß abläuft, dann liegt die Vermutung nahe, daß in diesem wechselseitigen Verlauf der Veränderungen zweimal jener Zustand eintritt, bei dem Tag und Nacht gleichlang sind. So mag das Äquinoktium einst entdeckt worden sein. Die Tag- und Nachtgleiche war also ursprünglich ein spekulativer, theoretischer Begriff. Es ist eine andere Frage, wie man praktisch auch die exakten Daten dieses astronomischen Ereignisss nachweisen konnte.

Hesiod scheint also von der Tag- und Nachtgleiche noch nichts zu wissen. Auch von der Überlieferung der Griechen wird der erste Nachweis des Äquinoktiums auf einen späteren Zeitpunkt, auf das 6. Jahrhundert v. Chr., datiert. Mit diesem Nachweis wurden – wie man später sehen wird – nicht nur zwei wichtige Daten des Jahres astronomisch fixiert, sondern der Begriff »Tag- und Nachtgleiche« (ἰσημερία) wurde auch zur ersten Grundlage einer neuen Wissenschaft, der *mathematischen Geographie*.

Aber um einen solchen Begriff »Äquinoktium« auch geographisch erfassen zu können, mußte man über die Lage ernstlich nachdenken, welche die Erde unter den Himmelskörpern einnahm, und man mußte sich dann auch über Form und Gestalt der Erde Rechenschaft geben. Solche Gedankengänge sind dem Dichter der ›Werke und Tage‹ noch fern. Anstatt physikalische Vermutungen über Himmel und Erde anzustellen, spricht Hesiod in seinem anderen Gedicht, in der ›Theogonie‹, über diese Wirklichkeiten in der Sprache des Mythos.

Da ist für ihn die Erde, Gaia, eine Urgöttin, die aus sich selbst den Sternenhimmel hervorbringt, damit er sie umhülle (127: ἵνα μιν περὶ πάντα καλύπτοι); derselbe Himmel, Uranos, ist auch der ewig unerschütterliche Sitz der Götter. Dann erzeugt Gaia aus sich selbst auch die großen Berge, liebliche Aufenthaltsorte der Nymphen, und das unfruchtbare Meer, den von Wellen brausenden Pontos. Aber dann wird die Erde, Gaia, vom Uranos befruchtet, auch Mutter des tiefstrudelnden Okeanos und noch unzähliger anderer mythischer Wesen. Ein in sich schlüssiges System ergeben diese mythischen Vorstellungen über Himmel und Erde nicht, wie man sieht.

Versuchen wir uns ein Bild davon zu machen, wie man sich damals die Erde als physikalische Wirklichkeit gedacht haben mag, dann müssen wir von der unmittelbaren Anschauung ausgehen. Auch lateinisch heißt noch die große Welt *orbis terrarum*, »Kreis der Erden«. Denn wo man auch steht – besonders auf einer großen, ebenen Fläche, oder man denke an den weiten Meeresspiegel! –, stets sieht man einen mächtigen Kreis um sich: er begrenzt die runde Scheibe der Erde oder des Wassers, die überwölbt ist von der Himmelskuppel, in der Nacht von Sternen übersät.

Wie weit der Himmel oben über der Erde sein mag – auf diese Frage hat Hesiod die Antwort bereit: ein eherner Amboß würde neun volle Tage und Nächte hindurch ununterbrochen vom hohen Himmel herunterfallen, erst am zehnten Tag könnte er die Erde erreichen (Theog. 722–725). Überrascht wird man von dieser naiven Vorstellung erst dann, wenn man an gleicher Stelle (720–721) auch die Worte liest, die an eine ähnliche Stelle in der Ilias (8, 16) erinnern: die Unterwelt, der »Tartaros« sei *»ebenso tief unten, wie der Himmel hoch oben über der Erde ist«*. Nähme man diese Worte genau, dann hieße das, es gäbe auch unter der Erde ein ähnliches, nur umgekehrtes Kuppelgewölbe, wie oben der Himmel, und die Erde selbst wäre dann eine runde Scheibe gerade in der Mitte, zwischen dem Allerhöchsten und Allertiefsten. Das Bild könnte schon an Anaximander erinnern.

Aber man findet im Epos keine Spur von dem Gedanken, der eigentlich untrennbar zur Vorstellung von einer unterirdischen Halbkugel gehört, daß nämlich der Tagbogen der Sonne am Himmel auch eine Fortsetzung in der Nacht unter der Erde hätte. Nach Homer steigt die Sonne vielmehr frühmorgens aus dem Meer empor (Odyssee 3,1), ebenso wie im Spätsommer die hell leuchtenden Sterne, die in den Fluten des Okeanos gebadet hatten (Ilias 5, 5ff.). Denkt man an solche Stellen in der Ilias und der Odyssee, dann sieht man ein, daß die Behauptung, der Tartaros sei unten so tief wie der Himmel oben hoch über der Erde – diese mythische Redensart –, nicht als astronomischer Gedanke ausgelegt werden darf.

2. Die spekulative Grundlegung

Zusammengefaßt wird die Theorie des Geozentrismus im letzten Jahrhundert v. Chr. durch den Geographen Strabon (C 110 f.), und zwar folgendermaßen:

»Die Lehren der Physiker sind die folgenden: Das Weltall und das Himmelsgewölbe sind kugelförmig. Die Bewegung der schweren Körper strebt nach dem Mittelpunkt. Verdichtet um das Zentrum des Weltalls steht die kugelförmige Erde. Sowohl die Erde als auch der Himmel haben einen gemeinsamen Mittelpunkt. Durch diesen Mittelpunkt und durch die Mitte des Himmels geht die Achse der Welt. Der Himmel befindet sich um seine Achse herum vom Osten her nach Westen zu in gleichmäßiger Bewegung. Mit gleichmäßiger Geschwindigkeit bewegen sich auch die Fixsterne des Himmels. Die Bahnen der Fixsterne am Himmel sind parallele Kreise. Die bekanntesten Parallelkreise sind der Äquator, die beiden Wenden und die Polarkreise. Die Planeten, die Sonne und der Mond bewegen sich auf schiefen Kreisen durch den Zodiakus ...«

Versucht man den Prozeß zu rekonstruieren, der einst zu dieser Auffassung geführt hat, so mag ein Blick auf die einleitenden Kapitel des späteren ptolemäischen Werkes ›Almagest‹ den Gang unserer Untersuchung im voraus beleuchten. Der Inhalt von fünf Kapiteln wird bei Ptolemaios gleich zu Anfang im I. Buch in den Überschriften folgendermaßen zusammengefaßt:

1. Das Himmelsgewölbe hat Kugelgestalt und dreht sich wie eine Kugel (Kap. 3).
2. Ihrer Gestalt nach ist die Erde für die sinnliche Wahrnehmung, als Ganzes betrachtet, gleichfalls kugelförmig (Kap. 4).
3. Die Erde ist das Zentrum des Himmelsgewölbes (Kap. 5).

4. Die Erde verhält sich wie ein Punkt zu den Himmelskörpern (Kap. 6).
5. Sie hat ihrerseits keine Bewegung, die zur Ortsveränderung führt (Kap. 7).

Diese Kapitel begründen im großen und ganzen den Geozentrismus. Ihre wohldurchdachte Reihenfolge ist unverkennbar. Vor allem mußte das Himmelsgewölbe als eine geschlossene, hohle Kugel aufgefaßt werden. Diese Vorstellung ist sozusagen Grundlage des geozentrischen Weltbildes; sie hat auch die Erkenntnis ermöglicht, daß wohl auch die Erde eine Kugel sei. Man konnte eben deswegen auch wichtige mathematisch-geographische Messungen der Erdoberfläche »auf den Himmel projiziert« vornehmen, weil man sich die Erde als »eine kleinere Kugel in der Mitte der mächtigen Himmelskugel« denken konnte.

Zum Teil spiegelt die Reihenfolge der fünf Punkte die Chronologie der aufeinanderfolgenden Erkenntnisse wider, und man kann dies zum Teil auch mit überlieferten Angaben belegen. Allerdings wurde, nach der einstimmigen und in dieser Hinsicht wohl zuverlässigen Überlieferung, der Gedanke über die Erde im Zentrum des Weltalls früher formuliert, und erst später ist man dahinter gekommen, daß die Kugelgestalt des Weltalls auch die Vermutung nahelegt, daß auch die Erde selber eine Kugel sein müsse. Auf alle Fälle bilden die beiden Gedanken – Geozentrismus und Kugelgestalt der Erde – die unmittelbare Fortsetzung jener Vorstellung, daß der Himmel eine mächtige und vollständige Kugel um uns herum sei.

Fassen wir nun die Argumente ins Auge, mit denen bei Ptolemaios die Kugelgestalt und die Kreisbewegung des Himmelsgewölbes begründet werden.

Wir beobachten, daß Sonne, Mond und Gestirne von Osten nach Westen sich stets in Parallelkreisen bewegen: anfangs von unten, aus dem Tiefstand, gewissermaßen von der Erde aus, aufwärts bis zu einem Hochstand; dann folgt ein absteigender Bogen: sie gelangen wieder zu einem Tiefstand, bis sie schließlich gleichsam auf die Erde fallen und unsichtbar werden. Nachdem sie im Westen verschwunden sind, erscheinen sie, nach einer gewissen Zeit der Unsichtbarkeit, wieder im Osten, worauf sich dann Aufgang und Untergang wiederholen.

Ganz besonders wird auf die *immersichtbaren* Sterne verwiesen als Anhaltspunkte für die Vermutung, der Himmel sei eine volle Kugel. Man sieht nämlich die Kreisbewegung dieser Sterne zu einem beträchtlichen Teil unmittelbar am Himmel; unsichtbar von der Bahn dieser Sterne sind nur jene Bogenteile, die sie tagsüber beschreiben, die man wegen des Tageslichts der Sonne nicht sehen kann. Aber die sichtbaren Bogenteile lassen sich leicht zu vollständigen Kreisen ergänzen. Daher der Name »immersichtbare Sterne«. Die Kreisbahnen aller Sterne haben einen gemeinsamen Mittelpunkt, den *Pol* der Welt. Je näher die Sterne diesem Pol der Himmelskugel sind, um so engere Kreise ziehen sie, und je weiter der Abstand vom Himmelspol ist, um so größer werden die Kreise, bis zu den Sternen, die für einige Zeit unter dem Horizont verschwinden. Von diesen letzteren sieht man die in der Nähe der immersichtbaren Sterne stehenden nur für kurze Zeit, die weiter entfernten dagegen immer für längere Zeiten verschwinden. Mit der Vorstellung von der Himmelskugel waren also auch die Begriffe »Pol« und »Achse« der Welt gegeben.

Nach dem wichtigsten Argument für die Kugelgestalt des Himmelsgewölbes widerlegt Ptolemaios noch zwei mehr »philosophisch« orientierte Erklärungsversuche, die andere Ansichten vertraten. Es sei nicht möglich, daß der Lauf der Sterne »geradlinig« ist, und daß sich die Himmelskörper beim Aufsteigen »entzünden« und daß sie beim Untergang »erlöschen«. Die Gleichförmigkeit der Bewegungen der meisten Sterne und die Tatsache, daß man die sog. »Fixsterne« immer und überall auf der Erde unverändert in derselben Stellung und Entfernung zueinander sieht, sprechen eindeutig dafür, daß ihre mindestens zum Teil sichtbaren Bahnen Kreise sind und der Himmel selbst eine volle Kugel ist. (Hingewiesen wird am Ende dieses Kapitels auch auf jene philosophische Ansicht der Alten, wonach eben der Kreis und die Kugel die »vollkommensten« geometrischen Gebilde sind.)

Als naheliegende Fortsetzung dieser Erörterung wird von Ptolemaios im nächsten Kapitel gezeigt, daß »auch die Erde, als Ganzes betrachtet, für die sinnliche Wahrnehmung kugelförmig ist«. In der Tat scheint diese Erkenntnis – wie schon gesagt – historisch zunächst die organische Fortsetzung jener Vermutung gewesen zu sein, daß der Himmel irgendwie eine Kugel um die Erde herum sein müsse. Was den Himmel betrifft, so glaubte man in der Tat, die Kugelgestalt – mindestens zum Teil – auch sehen zu können; auf die Kugelform der Erde hat man dagegen zunächst aus der vorangehenden »Erkenntnis« geschlossen. Das Argument für die Kugelform des Himmels – die sichtbare Bewegung der Gestirne – wurde unter Berücksichtigung der Zeitlichkeit dieser Bewegung, auch zum Argument für die Kugelgestalt der Erde. Wie man bei Ptolemaios liest (Almag. I 4): »Zu der Erkenntnis, daß auch die

Erde, als Ganzes betrachtet, für die sinnliche Wahrnehmung kugelförmig sei, dürfte man am besten auf dem folgenden Wege gelangen. Nicht für alle Bewohner der Erde ist Aufgang und Untergang der Sonne, des Mondes und der anderen Gestirne gleichzeitig zu sehen, sondern früher stets für die nach Osten zu, später für die nach Westen zu wohnenden. Wir finden nämlich, daß der momentan gleichzeitig stattfindende Eintritt der Finsternisse, besonders der Mondfinsternisse, nicht zu denselben Stunden (d. h. nicht zu solchen, die gleichweit von der Mittagsstunde entfernt liegen) bei allen Beobachtern aufgezeichnet wird, d. h. immer später sind diese Stunden bei den östlicher wohnenden Beobachtern, als bei den westlichen...«[1]

(Es sei hier sogleich eingefügt: Der Hinweis auf die Mittagsstunde ist in diesem Zitat deswegen wichtig, weil in der griechischen Antike zweierlei Stundenzählungen des Tages nebeneinander benutzt wurden: Stunden je nach Jahreszeiten (»horai kairikai«), und Äquinoktialstunden (»horai isemerinai«). Unseren immer gleichbleibenden Stunden entsprechen die letzteren. Dagegen wechselte die Länge der anderen Stunden je nach Jahreszeiten: in der einen Jahreshälfte wurden die Stunden immer länger bis zur Sommerwende, und danach kürzer bis zur Winterwende. Die Mittagszeit aber, das tägliche Kulminieren der Sonne für irgendeinen Ort der Erde, blieb als Fixpunkt in beiden Stundenrechnungen immer dieselbe: die sechste vollendete Stunde des Tages.)

Es ist interessant, daß nach der Überlieferung der Alten die Kugelgestalt der Erde – bei Ptolemaios konsequent unmittelbar nach der Kugelform des Himmels behandelt – erst durch Pythagoras oder Parmenides, also gegen Ende des 6. oder am Anfang des 5. Jahrhunderts v. Chr. erkannt worden ist (Diog. Laert. 8, 48, vgl. 9, 21). Dieser Erkenntnis sei dagegen eine andere, für den Geozentrismus grundlegende Lehre um mindestens einige Jahrzehnte vorangegangen, nämlich die Behauptung, die Erde stehe fest und unbeweglich in der Mitte des kugelförmigen Weltalls. Und das hat, nach eindeutigem Zeugnis, schon Anaximander, der jüngere Zeitgenosse und Schüler des Thales gelehrt.

Aber Anaximader habe nicht gleichzeitig auch die Kugelgestalt der Erde behauptet. Im Gegenteil, seiner Ansicht nach wäre die runde Erde in der Mitte des Weltalls zylinderförmig (χυλινδρο

---

[1] Da die Sonne im Osten aufzugehen und nach Westen zu wandern scheint, ist im Osten früher Morgen als im Westen. Wenn an einem westlicheren Ort Mittag ist, muß es weiter östlich schon Nachmittag sein.

ειδής, Plut. Strom 2), wie ein Stück Säule (Hippol. Ref. I 6, 3).
Auch über die Ausmaße dieses mächtigen Zylinders – d. h. über
das Verhältnis seines Durchmessers zur Höhe – hatte er Vermutungen.

Man beachte, wie Anaximander die Unbeweglichkeit seiner zylinderförmigen Erde begründet. Die Erde brauche keine Stütze
von unten, um nicht herunterzufallen (Hippol. Ref. I 6, 1-7), da sie
sich in jeder Richtung von allen Dingen gleichweit entfernt in der
Mitte befinde; darum gebe es auch gar keinen Grund, warum sie
mehr nach oben als nach unten, oder auch in irgendeine andere bevorzugte Richtung seitwärts sich bewegen sollte. (vgl. Aristot., De
caelo 295 b 11).

Überraschend ist die kühne Behauptung des Anaximander, das
Feststehen der Erde im Mittelpunkt des Alls folge einfach aus ihrer
zentralen Lage, ließ doch der andere Milesier, der etwas jüngere
Anaximenes, die ähnlich gedachte kreisrunde Erde von der darunter zusammengepreßten Luft tragen (Hippol., Ref. I 7). Eben gegen diese etwas spätere, im Grunde primitivere Erklärung verteidigt Platons Sokrates im Dialog ›Phaidon‹ (108 e – 109) folgendermaßen den ursprünglichen Gedanken des Anaximander, jedoch
ohne dessen Namen zu erwähnen.

»Ich bin fest überzeugt, daß die Erde in der Mitte des Himmels
kugelförmig (?) ist (περιφερὴς οὖσα), sie braucht auch gar nicht
die Luft, oder irgendeine andere zwingende Kraft, die sie daran
hinderte, hinunterzufallen. Es genügt, daß das Himmelsgewölbe
um sie herum überall gleichermaßen beschaffen, und die Erde in
sich selbst vollkommen im Gleichgewicht ist. Ein Ding, mit sich
selbst im Gleichgewicht und in die Mitte gesetzt, wird in keine
Richtung mehr oder weniger kippen, sondern bleibt unerschüttert
fest stehen.«

Auffallend ist an diesem zweifellos auf Anaximander hinweisen-
den Zitat zunächst das Wort περιφερής, das zwar oft nur »kreisrund« heißt, aber in dem gegebenen Zusammenhang eher den Sinn
»kugelrund« nahezulegen scheint. Man findet an der angeführten
Stelle auch keinen Hinweis auf »zylinderförmige Gestalt«. Hätte
Anaximander nicht doch auch von einer kugelförmigen Erde sprechen können? Auf diese Frage müssen wir gleich zurückkommen.

Aber auf welchem Teil der zylinderförmigen Erde sollten nach
Anaximander die Menschen leben? – Man beruft sich gewöhnlich,
um diese Frage zu beantworten, auf jene schon erwähnte Stelle des
Hippolyt, die ausdrücklich betont, der Zylinder des Anaximander
hätte natürlich zwei ebene Flächen, und auf der einen – offenbar

auf der »oberen« – stünden wir, die andere ebene Fläche sei dieser entgegengesetzt[2]. Aber dieser spätantike Bericht über die Lehre des alten Milesiers hat doch nicht alle modernen Erklärer beruhigt. Der berühmte italienische Astronom und Historiker G. V. Schiaparelli hat vermutet, Anaximander könnte die Wohnsitze der Menschen nicht auf der einen ebenen Fläche, sondern eher auf der runden (konvexen) Mantelfläche des Zylinders gedacht haben[3].

Man kann diese überraschend moderne Auslegung zunächst mit keinem antiken Zeugnis unmittelbar belegen, aber Schiaparelli konnte sich dennoch auf eine Stelle des Ptolemaios berufen, die zumindest für die Möglichkeit seiner Auslegung zu sprechen scheint. Denn Ptolemaios argumentiert im Kapitel über die Kugelgestalt der Erde auch gegen eine Ansicht, die nach Schiaparelli wohl diejenige des Anaximander ist. Es heißt dort (Almag. I 4):

»Die Erde kann auch nicht walzenförmig sein, selbst nicht unter der Voraussetzung, daß die Rundflächen nach Osten und Westen gekehrt und die Seiten der ebenen Flächen nach den Weltpolen gerichtet wären – was man wohl als das Glaubwürdigere annehmen darf[4]; das wird aus dem folgenden klar: Für keinen Bewohner der gekrümmten Oberfläche wäre nämlich auch nur ein einziger Stern immersichtbar, sondern für alle Bewohner würden sämtliche Sterne sowohl auf- wie untergehen, oder es würden für alle dieselben Sterne, die von jedem der beiden Pole den gleichen Abstand haben (einerseits immersichtbar, andrerseits immerunsichtbar) werden. Je weiter wir aber jetzt (d. h. auf der kugelförmigen Erde) nach Norden wandern, um so mehr werden von den südlichen Sternen unsichtbar und von den nördlichen immer sichtbar, so daß es klar ist, daß auch in diesem Fall die Krümmung der Erde ... von allen Seiten auf die Kugelgestalt hinweist ...«

Eine Theorie, wonach die Menschen auf der einen *ebenen* Oberfläche der zylinderförmigen Erde leben könnten, wird bei Ptole-

---

[2] Hippol., Ref. I 6,3: τῶν δὲ ἐπιπέδων ᾧ μὲν ἐπιβεβήκαμεν, ὃ δὲ ἀντίθετον ὑπάρχει.

[3] Freundlicher Hinweis von F. Franciosi auf die Arbeit von G. V. Schiaparelli, Sui parapegmi o calendari astrometeorologici degli antichi. In: Annuario meteorologico italiano 7 (1892); zitiert in: Scritti della storia astronomia antica. Bd. 2, Bologna 1926, S. 250.

[4] Der deutsche Übersetzer K. Manitius fügt zu dieser Stelle die Anmerkung: »Weil die Annahme mit dem täglichen Umschwung des Fixsternhimmels vom Osten nach Westen im Einklang stehen würde.«

maios in diesem Zusammenhang gar nicht erwähnt. Außerdem müssen nach ihm auch diejenigen, die der Ansicht sind, die Erde sei eine große Walze, den Himmel für eine mächtige Kugel halten. Auch muß Anaximander gemeint haben, der Himmel habe *unter der Erde* seine Fortsetzung als eine Halbkugel. Denn sonst hätte er nicht behaupten können, seine zentrale Erde sei von allen Dingen des Weltalls, sowohl oben als auch *unten* und auch seitwärts gleichweit entfernt.

Aber ist überhaupt die Vorstellung einer walzenförmigen feststehenden Erde in der Mitte des kugelförmigen Himmelsgewölbes *in sich* konsequent? Nicht erst in letzter Zeit hat man betont, die notwendige Konsequenz der intuitiven Idee des Anaximander hätte eigentlich die Kugelgestalt der Erde sein müssen[5]. Wir besitzen auch eine von Diogenes Laertios aufgezeichnete antike Überlieferung, wonach Anaximander nicht von einer Walze, sondern von einer kugelförmigen Erde in der Mitte des Weltalls gesprochen hätte[6]. Diese Überlieferung wird zwar gewöhnlich für einen antiken Irrtum erklärt, aber es sei hier doch erwähnt, daß Schiaparelli die beiden einander widersprechenden Überlieferungen mit jener Vermutung in Einklang zu bringen versuchte, der Milesier sei vielleicht in einer späteren Phase seiner Tätigkeit auf die Idee der Kugelgestalt gekommen[7].

Aber selbst wenn Anaximander bei seiner Zylinder-Erde geblieben ist, und Pythagoras oder Parmenides erst einige Jahrzehnte später die Kugelgestalt erkannt haben, muß man zugeben, daß die beiden Ideen – zentrale Lage und Kugelförmigkeit der Erde – zu einer so frühen Zeit, am Ende des 6. oder am Anfang des 5. Jahrhunderts v. Chr., völlig neue Ausgangspunkte für die griechische Wissenschaft geschaffen haben. Nicht nur das epische Weltbild – die flache, auf dem Okeanos schwimmende Erde – wurde beseitigt[8], es wurden auch neue Gedanken eingeführt, von denen im Alten Orient kaum etwas existiert haben mag. Nach Diodorus Siculus haben z. B. die Babylonier von der Kugelgestalt der Erde noch gar nichts gewußt[9].

Noch überraschender ist die alte griechische Ansicht über die

---

[5] Vgl. D. Antiseri in: Studi Urbinati 48 (1974), S. 278.

[6] II 1: μέσην τε τὴν γῆν κεῖσθαι κέντρου τάξιν ἐπέχουσαν, οὖσαν σφαιροειδῆ.

[7] A. a. O.

[8] J. L. Heiberg, Geschichte der Mathematik und der Naturwissenschaften im Altertum. München 1925, S. 50.

[9] Bibliotheke 2,31.

Größe der kugelförmigen und zentralen Erde. Bei Ptolemaios (Almag. I 6) heißt es: »Die Erde steht zu den Himmelskörpern in dem Verhältnis eines Punktes.« Es ist nicht wahrscheinlich, daß solch ein Gedanke in der orientalischen Kultur vor den Griechen jemals aufgetaucht wäre. Aber wie sind die Griechen überhaupt auf diese kühne Idee gekommen?

Es lohnt sich, daran zu erinnern, wie Aristoteles (im 4. Jahrhundert v. Chr.) über die Größe der Erde gedacht hat. Er war nämlich der Ansicht, daß die Erde nicht bloß kugelförmig ist, sondern daß sie – zumindest im Vergleich zur Entfernung der Sterne – auch gar nicht so groß sein kann[10]. Er begründete diese Meinung mit der folgenden Beobachtung: Man braucht in südlicher oder in nördlicher Richtung gar nicht weit zu gehen, und schon sieht man den Horizont sich verändern, jenen Kreis, der die sichtbare und die unsichtbare Hälfte des Himmels voneinander trennt. Das heißt, man sieht nach einer solchen verhältnismäßig kleinen Ortsveränderung andere Fixsterne über dem Kopf, im Zenit, als früher. Ja, in Zypern oder in Ägypten sieht man in nördlicher Richtung auch solche Sterne sich über den Horizont erheben und dann wieder untergehen, die für die Menschen, die weiter im Norden leben, immer sichtbar sind, also Sterne, die für diese Betrachter ihre ganze Kreisbahn über dem Horizont ziehen. Diese offenbare Veränderung des Himmelsgewölbes wäre gar nicht möglich, wenn die Erdkugel sehr groß wäre.

Wie man sieht, führte die Beobachtung des Himmels zur richtigen Vermutung über die Ausmaße der Erdkugel. Wir werden später sehen, daß das Messen auf dem Himmelsgewölbe in der Tat auch das Messen von Entfernungen auf der Erdoberfläche ermöglichte.

Aber der Aristotelische Gedankengang bleibt noch weit hinter dem zurück, was Ptolemaios über die punktmäßige Größe der Erd-

---

[10] Aristoteles, De caelo II 14 (297 b–298 a). Wohl liest man bei Platon (Phaidon 109) über dieselbe kugelförmige Erde in der Mitte des Weltalls: πάμμεγα τι εἶναι αὐτό, und daß wir Menschen im Mittelmeerbecken – genauer: von der Phasis bis zu den Herakles-Säulen – auf ihr lebten, *wie Ameisen oder Frösche um einen Sumpf herum*. Es gäbe noch viele andere, ähnliche Plätze auf der Erde, wo ebenfalls Menschen lebten. Ist dies wirklich ein Widerspruch zum oben erwähnten Aristotelischen Gedanken über die *mäßige Größe der Erdkugel*? Handelt es sich nicht eher um unterschiedliche Größenordnungen, die beide berechtigt sind, je nachdem, womit man die Größe der Erde – bei Platon eigentlich nur die Größe des Mittelmeerbeckens – vergleicht.

kugel sagt. Denn bei ihm (Almag. I 6) liest man: »Daß die Erde zu der Entfernung bis zur Sphäre der sogenannten Fixsterne für die sinnliche Wahrnehmung *wirklich nur in dem Verhältnis eines Punktes steht*, dafür ist ein zwingender Beweis, daß von allen ihren Teilen aus die scheinbaren Größen und gegenseitigen Abstände der Sterne zu denselben Zeiten allenthalben gleich und ähnlich sind, wie denn auch die in verschiedenen geographischen Breiten an denselben Sternen angestellten Beobachtungen auch nicht im geringsten voneinander abweichend gefunden werden...«

Später wird in demselben Kapitel der eben zitierte Gedanke noch durch den folgenden ergänzt: »Ein deutliches Anzeichen dafür, daß dieses Größenverhältnis besteht, liegt auch in dem Umstand, daß die durch das Auge gelegten Ebenen, die wir Horizonte nennen, überall stets die ganze Himmelskugel halbieren, was nicht der Fall sein würde, wenn die Größe der Erde im Verhältnis zur Entfernung der Himmelskörper ein merkbarer Faktor wäre. Alsdann könnte nur die durch den Punkt im Zentrum der Erde gelegte Ebene die Himmelskugel halbieren, während die durch beliebige Punkte der Erdoberfläche gelegten Ebenen die unter der Erde liegenden Abschnitte größer machen würden, als die über der Erde befindlichen.«

Man wundert sich in der Tat über die Schärfe der beiden eben angeführten Beobachtungen und der klaren Folgerung daraus, welche die sonst so mächtige Erde unter unsern Füßen als einen unbedeutend kleinen Punkt erscheinen läßt. Aber hat man wirklich so scharf beobachten müssen, um auf die kühne Idee zu kommen, daß die Erde bloß ein Punkt im All ist? Sind die beiden Beobachtungen nicht erst nachträglich angestellt worden, um den gewagten Schluß zu erhärten, zu dem man zunächst auf einem anderen Wege gelangt war?

Um diese Fragen mindestens mit einer Vermutung beantworten zu können, sei hier auch jenes dritte Argument des Ptolemaios (für die punktmäßige Größe der Erdkugel) angeführt, das dem modernen Leser auf den ersten Blick eher rätselhaft erscheinen mag, das in den nächsten Kapiteln jedoch näher beleuchtet werden soll. Zwischen den beiden vorhin zitierten Argumenten findet man nämlich bei Ptolemaios auch noch den folgenden Gedanken: »Als ganz besonders bezeichnend ist auch noch der Umstand hervorzuheben, daß die (Endpunkte der[11]) an beliebiger Stelle der Erde

---

[11] In Klammern die sinngemäß richtigen Einfügungen des Übersetzers K. Manitius.

aufgestellten *Gnomone* (= Schattenzeiger) sowie die Mittelpunkte der Armillarsphären dieselbe Geltung haben wie der wirkliche Mittelpunkt der Erde, d. h. daß die genannten Punkte für die Richtung der Visierlinie (nach den Himmelskörpern) und für die Herumleitung der Schattenlinien in so großer Übereinstimmung mit den zur Erklärung der Himmelserscheinungen aufgestellten Hypothesen maßgebend sind, wie wenn diese Linien direkt durch den Mittelpunkt der Erde gingen.«

Es ist nicht zu erwarten, daß der heutige Leser den vollen Sinn dieser Worte ohne Erklärung erfasse. Darum sei hier einstweilen nur soviel vorausgeschickt: Ptolemaios behauptet in diesem Zitat u. a., daß z. B. der Endpunkt des *Gnomons* (des Schattenzeigers) in den astronomischen Darstellungen deswegen auf einmal sowohl als »Mittelpunkt der Erde« als auch als »Erdkugel« und »Mittelpunkt des Weltalls« gelten kann, weil die Erde, im Vergleich zum Weltall, in der Tat kaum mehr als ein Punkt ist.

Die »spekulative Grundlegung«, die in diesem Kapitel in großen Zügen skizziert wurde, unterscheidet die griechische Astronomie schon in ihrer frühen Phase, im 6. und im 5. Jahrhundert v. Chr., von der älteren orientalischen Sternkunde. Diese Grundlegung hat auch jenes *geometrische Weltbild* vorbereitet, das die griechische Wissenschaft gegenüber allen früheren astronomischen Versuchen auf eine unvergleichlich höhere Stufe gestellt hat. Es ist seit G. V. Schiaparelli schon fast ein Gemeinplatz der Historiker: Der wesentliche Unterschied zwischen der babylonischen und der griechischen Astronomie bestand darin, daß die Babylonier die Phänomene der Astronomie bloß mit *Zahlen*, mit *Arithmetik* bewältigen wollten. Sie sind nicht dahintergekommen, daß die astronomischen Probleme vor allem Probleme der Geometrie sind[12]. Erst die Griechen haben ein *geometrisches Weltbild* für die Astronomie geschaffen. Und das war eine bedeutende Errungenschaft noch im 6. Jahrhundert v. Chr.

---

[12] »A rappresentare i fenomeni essi (= i Babilonesi) credettero sufficiente l'artifizio dei numeri, e non furono abbastanza convinti, che i problemi astronomici sono anzitutto problemi di geometria.« I progressi dell'astronomia presso i Babilonesi. In: Scientia IV (1908) fasc. 7; in: Scritti storia astronomia antica. Bd. 1, S. 121 (zitiert nach einem Manuskript von F. Franciosi).

3. Der Schattenzeiger des Anaximander

Wie im vorangehenden Kapitel erwähnt, spricht Ptolemaios anläßlich der punktmäßigen Größe der Erdkugel auch vom *Schattenzeiger* (dem *Gnomon*), als einem Instrument der Astronomie. Fassen wir zunächst einige Quellen der griechischen Literatur über dieses Instrument ins Auge.

Der Historiker Herodot im 5. Jahrhundert v. Chr. ist der erste, der den Gnomon der Griechen erwähnt. Er sagt nämlich – am Ende jener berühmten Stelle seines Werkes, die den Ursprung der Geometrie auf Ägypten zurückführt –, daß andererseits »den Polos und den Gnomon, sowie die zwölf Teile des Tages die Griechen von den Babyloniern gelernt hätten.«[13]

Die frühere Forschung hat diese Worte vor allem als ein Zeugnis dafür angesehen, daß die Griechen selber wußten, daß sie manches von den Babyloniern übernommen haben: »Polos«, »Gnomon« und die »zwölf Teile des Tages«. Es wurde weniger danach gefragt, wozu der Gnomon in Babylon, und wozu er bei den Griechen gebraucht wurde.

Der »Gnomon« ist ein in der horizontalen Ebene senkrecht aufgestellter Stab, dessen Schatten beobachtet wird. (Daher benutzen wir anstatt des griechischen Namens manchmal die deutsche Bezeichnung »Schattenzeiger«.) Dieses Instrument wurde bei den Griechen in archaischer Zeit häufig benutzt und war allgemein bekannt. Darum konnte ein Zeitgenosse Herodots, der Geometer und Astronom Oinopides von Chios, für den Begriff »senkrecht« in altertümlicher Weise die Worte »nach dem Gnomon« (κατὰ γνώμονα) benutzen, weil der Schattenzeiger mit dem Horizont rechte Winkel bildet[14].

Dagegen war der »Polos« – dessen Bedeutung auch in den größeren Wörterbüchern mit »Pol der Welt«, »Polarstern«, ferner mit »Himmel« und »Himmelsgewölbe« angegeben wird[15] – als astronomisches Instrument eine ausgehöhlte Halbkugel, die man als umgekehrtes Spiegelbild des Himmelsgewölbes benutzen konnte. In diesem Sinne wird das Wort z. B. in zwei Aristophanes-Fragmen-

---

[13] Herodot Z, 109: πόλον μὲν γὰρ καὶ γνώμονα καὶ τὰ δυώδεκα μέρεα τῆς ἡμέρης παρὰ Βαβυλωνίων ἔμαθον οἱ Ἕλληνες.
[14] Proclus, In Eucl. (F). 283; vgl. Proclus Diadochus, Kommentar. Übers. v. P. L. Schönberger. Ed. M. Steck. Halle 1945, S.363.
[15] Z. B. W. Pape, Griechisch-deutsches Wörterbuch. Braunschweig 1849 s. v. πόλος.

ten gebraucht[16], oder auch bei Lukian[17], der die affektiert attizisierende Sprache seines Zeitgenossen, des Sophisten Pollux, durch die Benutzung dieses Wortes verspottet. Der Sophist drückt nämlich an der fraglichen Lukian-Stelle die einfache Zeitbestimmung »es ist Mittag« in der spitzfindigen Form aus: »auch der Gnomon beschattet schon die Mitte des Polos« (καὶ γὰρ ὁ γνώμων σκιάζει μέσην τήν πόλον). Zur Mittagszeit erreicht nämlich die Sonne den Meridian, die Mitte des Himmels, und der Schatten des vertikalen Stabes, des Gnomons erreicht dann die Mitte des umgekehrten Spiegelbildes des Himmels, des Polos. Dasselbe Instrument heißt bei Aristophanes zweimal[18] spöttisch: »Kohlensticker« (*pnigeus*). In hellenistischer Zeit hat man übrigens dasselbe astronomische Instrument einfach auch als *skaphē* (ausgehöhltes Gefäß) bezeichnet. Natürlich war auch die *skaphē* des Eratosthenes, die er zur Erdvermessung benutzte[19], ein umgekehrtes Spiegelbild des Himmelsgewölbes.

Benutzt wurde der Gnomon bei den Griechen natürlich auch schon viel früher, in den Zeiten vor Herodot. Nach drei antiken Berichten – die allerdings erst in späteren Texten vorliegen – hat schon Anaximander, der vom freien, unbeweglichen Feststehen der Erde in der Mitte des Weltalls gesprochen hatte, auch den Gnomon zu interessanten Beobachtungen benutzt. Es lohnt sich, die drei Quellen ins Auge zu fassen.

Diogenes Laertios berichtet – unter Berufung auf Favorinus (1–2. Jahrhundert n. Chr.) –, daß Anaximander als erster den Gnomon erfunden und einen solchen in Lakedaimon an einer Stelle, die »zur Beobachtung der Schatten diente« (ἐπὶ τῶν σκιαθήρων) errichtet hätte[19a]. Dieser Gnomon zeigte jedoch nicht die Tages-

---

[16] Man findet das eine Fragment bei Th. Kock, Comicorum Atticorum Fragmenta I–III. Leipzig 1880–1888. Aristophanes, fr. 163, und daselbst auch die Erklärung des Julius Pollux. Das andere Fragment bei E. Maaß, Commentariorum in Aratum reliquiae. Berlin 1898, S. 25 ff. Achill. Introd. in Arat. 62, 3.

[17] Lukianos, Lexiphanes 4.

[18] Nubes 92 ff. zusammen mit der Bemerkung des Scholiasten; und Aves 999–1003. Vgl. A. Szabó, Astronomische Messungen bei den Griechen im 5. Jahrhundert v. Chr. und ihr Instrument. In: Historia Scientiarum, Tokio 21, 1981, S. 1–26.

[19] Vgl. Cleomedis De motu circulari corporum caelestium. Ed. H. Ziegler. Leipzig 1891. Bd. 1, S. 20.

[19a] So versteht man die Stelle gewöhnlich. Doch es wäre auch möglich, das Wort σκιάθηρον als σκιάθηρον ὄργανον zu verstehen. Dann hieße es: Anaximander habe den »Gnomon mit polos« in Lakedaimon aufgestellt.

stunden an, sondern die Sonnenwenden, die Tag- und Nachtgleichen und überhaupt die Jahreszeiten[20]. Für einen Irrtum erklärte die moderne Forschung aus diesem Bericht nur das »Erfinden« des Gnomons. Denn die Schattenbeobachtung zur Ermittlung irgendeines Zeitpunktes ist ein so einfaches und naheliegendes Verfahren, daß man kaum auch noch einen »Erfinder« dafür wird namhaft machen können. Und wenn man schon den »Ursprung« des Gnomons sucht, dann ist jedenfalls Herodots Bericht über seinen babylonischen Ursprung glaubwürdiger.

In der Tat redet die andere Quelle, das Suda-Lexikon, nur von dem »Einführen« des Gnomons bei den Griechen durch Anaximander[21]. Ansonsten wiederholt jedoch diese Quelle das, was wir auch schon von Diogenes Laertios wissen: Anaximander hätte die Tag- und Nachtgleichen, die Sonnenwenden und das Instrument für den Nachweis der Jahreszeiten (ὡρολογεῖα) erfunden[22]; zum Schluß wird noch hinzugefügt, er hätte auch gelehrt, daß die Erde genau in der Mitte des Weltalls liege.

Und was schließlich die dritte Quelle, den Bericht des Eusebios betrifft[23], so ist dieser eigentlich nur wegen seiner klaren, eindeutigen Sprache beachtenswert. Es heißt nämlich hier, daß Anaximander als erster Gnomone errichtet habe (οὗτος πρῶτος γνώμονας κατασκεύασε) zur Erkenntnis der Sonnenwenden, der Jahre[24] der Jahreszeiten und der Tag- und Nachtgleichen (πρός διάγνωσιν τροπῶν τε ἡλίου καὶ χρόνων και ὡρῶν καὶ ἰσημερίας).

Vergleicht man nun die drei Quellen, so fällt gleich auf, wie weitgehend sie übereinstimmen, ohne voneinander ableitbar zu sein. Alle drei heben als wichtigste Funktion des Gnomons den Nachweis der Sonnenwenden und der Tag- und Nachtgleichen hervor. Von den Jahreszeiten (ὧραι) redet zwar nur Eusebios, aber auch die beiden anderen Quellen wissen, daß der Gnomon des Anaximander ein ὡροσκοπεῖον (Diogenes Laertios) bzw. ein ὡρολόγιον (Suda) war. Natürlich heißt in diesen zusammengesetzten Aus

---

[20] Diogenes Laertios II 1: εὗρεν δὲ καὶ γνώμονα πρῶτος ... τροπάς, τε καὶ ἰσημερίας σημαίνοντα καὶ ὡροσκοπεῖα κατασκεύασε.

[21] Suda: ᾽Αναξίμανδρος ... γνώμονά τε εἰσήγαγε.

[22] A.a.O. πρῶτος δὲ ἰσημερίαν εὗρε καὶ τροπὰς καὶ ὡρολογεῖα, καὶ τὴν γῆν ἐν μεσαιτάτῳ κεῖσθαι. Da in dem einen Satz das Prädikat neben dem Gnomon εἰσήγαγε (= eingeführt), in dem anderen jedoch neben ὡρολογεῖα εὗρε (= erfand) ist, durfte man daran denken, daß »erfunden« durch ihn wohl nur die Methode des Horologiums ist.

[23] Praep. Ev. X, 14, 11.

[24] χρόνος = Jahr, vgl. im Pape-Wörterbuch s.v.

drücken das Wort ὥραι nicht »Stunden«, sondern »Jahreszeiten«.

Leider sagen diese Quellen gar nichts darüber, wie Anaximander sein Instrument benutzt haben mag. Aber wir können sein Vorgehen – mindestens in den ersten Schritten – mit großer Wahrscheinlichkeit rekonstruieren. Beobachtet man nämlich den Schatten eines in der horizontalen Ebene senkrecht aufgestellten Stabes, dann sieht man, daß dieser sich von Sonnenaufgang bis Sonnenuntergang ununterbrochen verändert. Am längsten ist der Schatten des Stabes zweimal am Tag, eben beim Sonnenaufgang und beim Sonnenuntergang. Zwischen diesen beiden Extremen gliedert sich die Tageszeit in eine Periode des sich verkürzenden (Vormittag) und in eine andere des sich verlängernden Schattens (Nachmittag). Am kürzesten ist der Schatten zu jenem Zeitpunkt, an dem die Sonne die höchste Stelle ihrer täglichen Laufbahn am Himmelsgewölbe einzunehmen scheint, zur Mittagszeit (die in Wirklichkeit natürlich nur ein Augenblick ist). Die Richtung des Schattens (süd-nördlich in unserer Hemisphäre) fällt dann mit dem Meridian des Ortes zusammen.

Benutzt man den Gnomon für die einfachsten astronomischen Zwecke, so ist eben sein Mittagschatten am wichtigsten. Seine Länge verändert sich an jedem Tag, auch wenn man die Abnahme oder Zunahme von einem Tag auf den anderen – besonders bei einem nicht sehr großen Gnomon – nicht immer exakt nachweisen kann. Denn manchmal ist die tägliche Veränderung – besonders im Süden – kaum merklich. Doch ist es leicht einzusehen, daß im Sommer, wenn mittags die Sonne höher steht, der Schatten des Stabes kürzer ist. Dagegen scheint der Lauf der Sonne am Himmelsgewölbe zur Winterzeit einen niedrigeren Bogen zu beschreiben, so daß auch ihr Mittagstand an Wintertagen niedriger ist als im Sommer; und darum ist der Mittagschatten des Gnomons im Winter länger als im Sommer.

Beobachtet man nun die Veränderungen des Mittagschattens ein ganzes Jahr hindurch, wobei man den aufgestellten Stab unberührt stehen läßt, dann stellt man fest, daß es einen kürzesten Mittagschatten im Sommer, und einen längsten im Winter gibt. Dabei tritt der kürzeste Mittagschatten des Gnomons gerade am längsten Tag des Jahres, und umgekehrt der längste Mittagschatten am kürzesten Tag des Jahres auf. Man könnte also die Veränderungen des Mittagschattens schematisch folgendermaßen illustrieren.

In der Abbildung 2 ist die Gerade AB der senkrecht aufgestellte Gnomon. Der Mittagschatten fällt immer auf die gerade Linie BRT, die also einen Abschnitt des zum Punkt B gehörigen irdi-

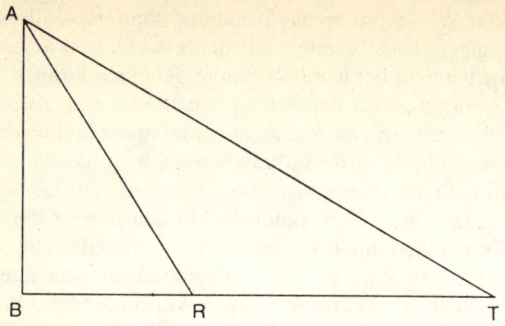

Abb. 2 Der kürzeste Mittagschatten (BR) am längsten Tag des Jahres und der längste Mittagschatten (BT) am kürzesten Tag.

schen Meridians darstellt. Die Linie BR zeigt den kürzesten Mittagschatten an einem bestimmten Sommertag. Von diesem Tag an verlängert sich der Mittagschatten des Gnomons mehr und mehr. Am längsten wird er – BT – an einem Wintertag. Aber nachdem der Mittagschatten seine größte Länge erreicht hat, beginnt er vom nächsten Tag an wieder kürzer zu werden, bis er sich auf seine geringste Länge – nach unserer Abbildung schematisch auf BR – vermindert.

Die beiden Buchstaben R und T bezeichnen also *Wendepunkte* des Zunehmens und Abnehmens des Mittagschattens. Vom Punkt B aus betrachtet, wird der Mittagschatten des Stabes AB nie kürzer als BR und nie länger als BT. Die Wendepunkte des Schattens an den betreffenden Tagen müssen irgendwie auch den Wendepunkten des scheinbaren Mittagstandes der Sonne am Himmel entsprechen. Die Schattenlängen zeigen also die *Sonnenwenden* an.

Würden die Quellen über Anaximander nur soviel besagen, daß er etwa als erster mit dem Gnomon die Sonnenwenden nachzuweisen vermochte, so könnte man die Ernsthaftigkeit des Berichtes selbst anzweifeln, und im übrigen wäre seine Leistung auch nicht neu. Denn die Beobachtung des am Tag kürzesten Schattens (des Mittagschattens) sowie auch diejenige des längsten und kürzesten Mittagschattens im Jahr, also der beiden Sonnenwenden – das alles mag in der Geschichte der menschlichen Kultur ziemlich alt sein. Schon in der Odyssee hört man (15, 403) von der Insel Syrie, »wo die Sonnenwenden sind« (ὅθι τϱοπαὶ ἠελίοιο), und man kennt aus der Literatur der späteren Zeit den »Sonnwendzeiger«, das *Heliotropion*. Das Heliotropion ist eine hohe Säule, die mit ihrem kürzesten und längsten Schatten im Jahr die beiden »Wenden der Sonne« anzeigt.

Einen solchen Sonnwendzeiger hat z. B. der legendäre Phereky- des von Syros, ein Zeitgenosse der sieben Weisen und Lehrer des Pythagoras in seiner Heimat, auf der Insel Syros, aufgestellt[25]. Und ähnlich mag in historischen Zeiten der Sonnwendzeiger von The- ben[26] oder der von Syrakus gewesen sein. Über den letzteren liest man in unserer Quelle[27], es habe am Fuß der Burg und der Pente- pylen (so hieß das schöne fünffache Tor, durch das man von der Stadt Syrakus zur Burg zog), von Dionysios aufgestellt, ein weit sichtbarer, hoher Sonnwendzeiger (heliotropion)[28] gestanden. Aber ein solcher war viel später auch der berühmte *obeliscus* des Augustus auf dem Campus Martius, anläßlich dessen Plinius eben die »Längen der Tage und Nächte« hervorhebt[29].

Der kürzeste und der längste Mittagschatten des Gnomons – BR und BT auf der Skizze – sind also sichtbare Zeichen der beiden Sonnenwenden, und als solche auch zeitliche Grenzpunkte der Jahreshälften. Es vergeht gerade ein halbes Jahr, bis der kürzeste Mittagschatten, derjenige der Sommerwende (BR), zum längsten der Winterwende (BT) wird; und nach wiederum einem halben Jahr hat der Prozeß sich umgekehrt abgespielt: der längste Mittag- schatten (BT) ist auf BR verkürzt.

Es war dann wohl eine Überraschung, als man dahinter kam, daß die Anzahl der Tage zwischen den beiden Sonnenwenden nicht gleich ist, daß die beiden Jahreshälften *nicht* gleich sind. Die Grie- chen schrieben diese bedeutende Erkenntnis dem Thales zu[30], der nach der einen Variante der Überlieferung auch zwei Werke über

[25] Diogenes Laertios I, 119.
[26] Polybios V, 99, S. 8.
[27] Plutarch, Dion 29.
[28] Über diese Säule heißt es in J. G. Huttens Plutarch-Ausgabe (Plutar- chi Chaeronensis quae supersunt omnia. Bd. VI, Tübingen 1794, S. 196, Anm. 1: »*solarium*, quod est fere horologium, in quo ex umbra gnomonis in sole *horae possunt dignosci*.« Versteht man unter *horae* die Jahreszeiten, so stimmt es.
[29] Plinius, Naturalis historia 26, 10 (»Ei qui est in campo Martio, divus Augustus addidit mirabilem usum ad deprendendas solis umbras d i e r u m - q u e e t n o c t i u m magnitudines.«) Vgl. dazu auch im Teil IV dieses Buches das Kapitel 2 und die folgenden Kapitel.
[30] Theo Smyrnaeus (Ed. H. Hiller), S. 198, 16–18. Vgl. zu dieser Stelle auch M. R. Cohen und I. E. Drabkin, A source book in greek science. Cam- bridge, Mass. 1958, S. 92, Anm. 2.

die Sonnenwenden und das Äquinoktium geschrieben haben soll[31]. Dieser Bericht über Thales ist auch deswegen interessant, weil wir sonst keine Nachricht darüber besitzen, daß er das Äquinoktium bestimmen konnte oder mit dem Gnomon irgendwelche Beobachtungen vorgenommen hat. Thales soll mit seinem »Stab«[32] in Ägypten nur die Höhe einer Pyramide gemessen haben.

Die Bestimmung des Äquinoktiums mit dem Gnomon wird in den Quellen einstimmig dem Anaximander zugeschrieben[32a]. Diese Einstimmigkeit ist besonders bemerkenswert, wenn man daran denkt, daß eine solche Aufgabe – nach unserem heutigen historischen Wissen – in den älteren orientalischen Kulturen nicht gelöst wurde. In der modernen Literatur wird mehrmals darauf hingewiesen, daß einige orientalische Texte Listen enthalten mit den Schattenlängen des Gnomons für vier Tage des Jahres, für die Sonnenwenden und Äquinoktien. Aber die Angaben sind für Babylon sehr ungenau, besonders für das Äquinoktium und das Wintersolstitium. Man kann sich darüber auch nicht wundern, denn die Babylonier haben ihren Berechnungen offenbar eine falsche Annahme zugrunde gelegt. Sie dachten, daß Zunahme bzw. Abnahme der Schattenlänge in arithmetischer Progression erfolgten, was gar nicht der Fall ist. Dabei haben sie die Sonnenwenden und das Äquinoktium schematisch immer auf den 15. Tag des betreffenden Monats gesetzt, wobei alle Monate 30 Tage hatten. Einigermaßen zuverlässig ist in diesen Listen nur die Schattenlänge der Sommerwende[33].

[31] Diogenes Laertios, Thales 23: κατά τινας δὲ δύο μόνα συνέγραψε περὶ τροπῆς καὶ ἰσημερίας.

[32] βακτηρία, bei Plutarch, Conv. VII sap. 2 p. 147 A.

[32a] Die einzige Ausnahme, Plinius, Naturalis historia 2, 186, wo statt Anaximander Anaximenes genannt wird, gilt gewöhnlich als ein antiker Irrtum, ist wohl nur ein Verschreiben des Namens.

[33] D. R. Dicks, Early greek astronomy to Aristotle. Ithaca, New York 1970, S. 166: »... the MulAPIN texts include a list of shadow lengths for a gnomon at different hours of the day on four days in the year, namely, the equinoxes and solstices. The data are very inaccurate for the latitude of Babylon (particularly the equinoctial and winter solstitial figures), which is not surprising since the underlying assumption seems to be that the length of the shadow increases in arithmetical progression with the height of the sun (which is of course incorrect). Moreover the results are set out according to a predetermined scheme whereby the solstices and equinoxes are placed arbitrarily on the fifteenth day of the first, fourth, seventh and tenth months of a schematic year of twelve months and thirty days each; probably the only actual observation was of the shadows at the summer solstice (which are less inaccurate than the others), and the rest of the data were calculated to fit the theoretical scheme.«

Überlegt man sich also, daß wir aus Babylon nur sehr ungenaue Angaben für die Schattenlängen eines Gnomons an den vier bedeutenden Tagen des Jahres besitzen, so erscheint jener Bericht der Quellen, daß eben dies ein wesenliches Verdienst des Anaximander war, zweifellos glaubwürdig. Denn das Berechnen des Mittagschattens von einem Gnomon eben am Tag des Äquinoktiums ist zunächst gar nicht so einfach. Natürlich kann man auch diese Schattenlänge ohne weiteres beobachten, *wenn man schon weiß, auf welchen Tag das Äquinoktium fällt.* Aber das ist eben die Frage. Man bestimmt den Tag des Äquinoktiums zunächst eben auf Grund der Kenntnis des Mittagschattens zu dieser Zeit.

Natürlich kann man auf Grund sorgfältiger Beobachtung leicht feststellen, von welchem Tag ab der Mittagschatten nicht mehr kürzer wird. So bekommt man den Tag der Sommerwende. Nicht mehr so einfach ist das Beobachten des längsten Mittagschattens der Winterwende. Denn, wie Ptolemaios behauptet, »bei den Winterwendschatten können die äußersten Grenzen der Schatten nicht mit genügender Schärfe ermittelt werden«[34]. Aber auch das ist bloß eine praktische, eine technische Schwierigkeit.

Eine völlig andere Aufgabe hat man zu lösen, wenn man wissen will, wie lang der Mittagschatten am Tag des Äquinoktiums wird. Dies ist nämlich eine *Konstruktionsaufgabe,* die man nur in Kenntnis der beiden Mittagschatten an den Sonnenwenden lösen kann. Es wird jedoch in keiner antiken Quelle geschildert, wie Anaximander diese Aufgabe bewältigt hat. Wir können seine Methode nur auf Grund eines Vergleichs rekonstruieren. Bei dem römischen Architekten Vitruvius, der etwa ein halbes Jahrtausend später lebte, wird nämlich sozusagen die umgekehrte Aufgabe gelöst. Darum gibt uns eine Interpretation des betreffenden Vitruv-Textes den Schlüssel zum Verständnis des Anaximander in die Hand.

4. Vitruv I.

Der Architekt des Julius Caesar und Augustus schildert im Buch 9 seines Werkes[35], wie eine Sonnenuhr konstruiert wird. Er beginnt mit jener Erkenntnis, die im Laufe der Entwicklung der antiken Wissenschaft von ausschlaggebender Bedeutung gewesen sein

[34] Almagest II 5 (in der Übersetzung von K. Manitius, 1912, Bd. 1, S. 68).
[35] »Vitruvius, De architectura IX, 1 und IX, 7, 1, 11.

muß, nämlich damit, daß die Länge des Mittagschattens von einem senkrechten Stab (des Gnomons) bei Tag- und Nachtgleiche *je nach dem geographischen Ort, wo sie gemessen wird, nicht dieselbe ist.* In sinngemäßer Übersetzung[36]: Es ist eine erstaunliche Einrichtung der göttlichen Vernunft, daß der äquinoktiale Mittagschatten[37] immer ein anderer ist, je nachdem, wo er gemessen wird, in Athen, Alexandria, Rom, Placentia oder an irgendeinem anderen Ort der Erde.

Natürlich weiß auch Vitruv, daß die unterschiedlichen äquinoktialen Schattenlängen mit der geographischen Breite des betreffenden Ortes bzw., wie er sich ausdrückt, mit der Krümmung des Himmelsgewölbes (*declinatio caeli*) im Zusammenhang stehen: »Die Sonne, wenn sie sich im Zeichen des Widders oder in demjenigen der Waage bewegt[38], ist ja die Urheberin davon, daß der Schatten jenes Gnomons *acht* Einheiten lang wird, dessen Länge *neun* Einheiten beträgt – unter jener Krümmung des Himmelsgewölbes, die für Rom gilt.«

Es seien hier – um Mißverständnissen vorzubeugen – zwei Bemerkungen eingefügt:

1. Daß die Länge des Mittagschattens von einem Gnomon auch an demselben Tag des Jahres – je nach dem geographischen Ort, wo Gnomon und Schatten gemessen werden – immer wieder eine andere ist, folgt *aus der Kugelgestalt der Erde.* Derselbe Stab hat an demselben Tag einen weniger langen Schatten in Alexandria als z. B. in Placentia (Piacenza in Norditalien), da Alexandria südlicher liegt und darum die Sonne dort zur Mittagszeit höher zu stehen scheint als an dem nördlichen Ort. Die Kugelgestalt der Erde ist jedoch für die antike Denkweise – worauf schon hingewiesen

---

[36] »Ea autem sunt divina mente comparata habentque admirationem magnam considerantibus, quod *umbra aequinoctialis* alia magnitudine est Athenis, et alia Alexandriae, alia Romae, non eadem Placentiae ceterisque orbis terrarum locis.«

[37] Es ist bezeichnend, daß im lateinischen Text bloß *umbra aequinoctialis* für »Mittagschatten des Äquinoktiums« steht. Die Präzisierung *sexta hora* = »um 12 Uhr mittags« konnte fortgelassen werden.

[38] Op. cit. IX, 7, 1: »Nam sol (ariete libraque versando) quas e gnomone partes habet *novem*, eas umbrae facit VIII in declinatione caeli quae est Romae.« Widder (*aries*) und Waage (*libra*) stehen im Text des Vitruv für die Periode um die Frühlings- und Herbst-Nachtgleiche. Infolge der rückläufigen Bewegung der Präzession des Frühlingspunktes treten heute die beiden Nachtgleichen *nicht mehr* im Zeichen der beiden genannten Sternbilder ein, sondern in dem der Fische (*pisces*) sowie in dem der Jungfrau (*virgo*).

wurde – sozusagen die Konsequenz der Kugelform des Weltalls. Darum konnte Vitruv anstatt von der »Kugelgestalt der Erde« von der »Krümmung des Himmelsgewölbes« reden.

2. Selbstverständlich unterscheidet sich die Länge des Mittagschattens – je nach der geographischen Lage – nicht nur bei Tag- und Nachtgleiche, sondern auch an jedem beliebigen Tag des Jahres. Vitruv hebt den Unterschied der äquinoktialen Schattenlänge hervor, weil seine Sonnenuhr mit dieser Länge konstruiert wird.

Der römische Architekt behauptet nun, es sei nicht möglich, eine solche Uhr zu konstruieren ohne die vorangehende Kenntnis dessen, wie lang der Mittagschatten (im Verhältnis zum Gnomon selbst) bei Tag- und Nachtgleiche an jenem Ort ist, wo die Sonnenuhr stehen soll. Aus dieser vorausgeschickten Bemerkung geht sogleich hervor, daß die Aufgabe, die Vitruv lösen wollte, gerade dem entgegengesetzt war, was einst Anaximander beschäftigt hatte. Denn Anaximander konnte nach alter Gewohnheit nur die Schattenlängen der beiden Wenden beobachten. Aus diesen Angaben mußte er – durch irgendeine Konstruktion – den Mittagschatten des Äquinoktiums gewinnen. Dagegen war für Vitruv außer der Länge des Gnomons auch sein äquinoktialer Mittagschatten von vornherein bekannt (z. B. für Rom 9:8), er mußte die übrigen Angaben durch Konstruktion gewinnen.

Die beiden Konstruktionen – diejenige des Vitruv und die (vermutliche) des Anaximander – verhalten sich also wie die Kehrseiten desselben Prozesses zueinander. Gelingt es uns, die Methode des Vitruv in ihr genau Umgekehrtes zu verwandeln, dann verstehen wir auch, wie einst Anaximander gehandelt haben mag. Darum wollen wir jetzt zunächst die Konstruktion des Vitruv aufmerksam überblicken. Der größeren Übersichtlichkeit zuliebe wird im folgenden seine Schilderung in zwei Abschnitten behandelt und mit je einer Skizze veranschaulicht.

Der erste Abschnitt besteht aus sieben Schritten (s. Abb. 3).

1. Es heißt zu allererst: »*describatur linea in planitia*«, wörtlich übersetzt: »man soll eine Linie in der Ebene ziehen«. Die Vorschrift ist für den arglosen Leser zum Verzweifeln ungenau. Vitruv hat dabei das allerwichtigste fortgelassen, daß nämlich die betreffende Linie in genau süd-nördlicher Richtung ein Stück des irdischen Meridians sein muß. Auch die andere Bedingung, daß der Gnomon *senkrecht auf den Meridian* stehen muß, wird bei Vitruv keineswegs deutlich gesagt: »*et e media pros orthas erigatur ut sit ad normam quae dicitur gnomon*«. Die Konstruktion hätte ohne diese beiden grundlegenden Bedingungen gar keinen Sinn. Aber trotz

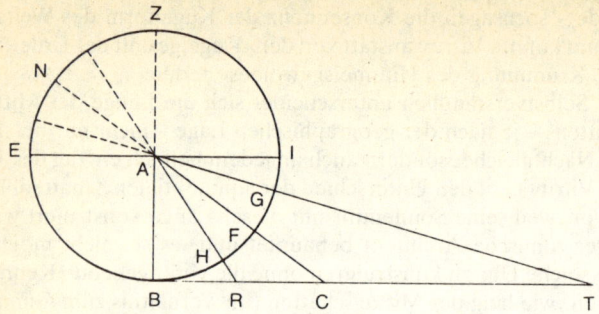

Abb. 3   Die ersten Schritte der Konstruktion des Vitruv: Der Kreis ist der
Meridian, AC der äquinoktiale Mittagstrahl, EAI der Horizont, ÉZÎ der
Himmel oben, ÎBÊ sein »unsichtbares« Spiegelbild unter dem Horizont
etc.

aller Ungenauigkeiten – die bloß die Formulierung betreffen – ist
die Schilderung, infolge der inneren Logik der Zusammenhänge,
klar und unmißverständlich.

2. Dann wird, ausgehend von jener Strecke, die die horizontale
Ebene veranschaulicht, der senkrechte Gnomon mit dem Zirkel in
neun gleiche Abschnitte geteilt: »*et a linea, quae erit planities, in linea gnomonis circino novem spatia dimetiantur*«. Der Endpunkt
des neunten Teils, mit dem Buchstaben A bezeichnet, wird ein
Zentrum: »*et quo loco nonae partis signum fuerit, centrum constitu-
atur, ubi erit littera A*«.

3. Mit dem Streckensegment AB und dem Mittelpunkt A wird
der Kreis geschlagen; der Name dieses Kreises heißt Meridian: »*et
diducto circino ab eo centro* (scilicet: A) *ad lineam planitiae, ubi erit
littera B, circinatio circuli describatur, quae dicitur meridiana*«.
Dies ist ein entscheidender Punkt in der Schilderung, worauf wir
später noch zurückkommen müssen.

4. Von den neun Einheiten des Gnomons werden acht auf dem
horizontalen Meridianabschnitt abgetragen; so bekommt man den
Punkt C: »*Deinde ex novem partibus, quae sunt a planitia ad gnomonis centrum* (A), *VIII sumantur et signentur in linea quae est in
planitia, ubi erit littera C.*« BC ist der äquinoktiale Mittagschatten
des Gnomons: »*Haec autem est gnomonis aequinoctialis umbra.*«

5. Der Punkt beim Buchstaben C wird mit dem Zentrum des
Kreises bei der Gnomonspitze A verbunden; so bekommt man den
äquinoktialen Sonnenstrahl: »*Ab eo signo et littera per centrum, ubi
est littera A, linea perducatur, ubi erit solis aequinoctialis radius.*«

Wie man sieht, geht die beigefügte Skizze (Abb. 3) über das von Vitruv Gesagte insofern hinaus, als hier das Streckensegment AC über das Zentrum des Kreises (A) hinaus bis zur Peripherie in Punkt N mit gestrichelter Linie verlängert wurde. Doch zeigt der nächste Abschnitt, daß auch Vitruv den Punkt N erwähnt; insofern ist also die gestrichelte Verlängerung des Segmentes AC in der beigelegten Skizze nur eine Vorwegnahme dessen, was sowieso folgt.

6. Dann nehme man die Entfernung des Zentrums von der horizontalen Linie ab in den Zirkel (d. h. eigentlich wieder den Radius des vorhin geschlagenen Kreises), und man beschreibe damit die beiden »gleichen Entfernungen«[39] – nämlich von der horizontalen Ebene ab –, wo die Buchstaben E links und I rechts an der Kreisperipherie stehen. Und man ziehe das Segment EI durch das Zentrum, damit man zwei Halbkreise bekommt. »*Tunc a centro diducto circino ad lineam planitiae aequilatatio signetur, ubi erit littera E sinisteriore parte, et I dexteriore in extremis lineae circinationis, et per centrum perducenda (linea), ut aequa duo hemicyclia divisa sint.*«

7. Die Mathematiker geben diesem Streckensegment (EAI) den Namen Horizont: »*Haec autem linea dicitur a mathematicis horizon.*«

Halten wir an dieser Stelle für eine kurze Zeit inne, um das bisher Gesagte besser zu verstehen. Es muß vor allem das zuletzt genannte Wort hervorgehoben werden. Unser Wort griechischen Ursprungs »Horizont« bedeutet gewöhnlich »Gesichtskreis«, bzw. »jener Kreis, in dem das Himmelsgewölbe auf der Erde zu ruhen scheint«. Sucht man nach jenem genaueren Sinn, in dem das Wort in der Astronomie benutzt wird, so bekommt man etwa die Erklärung: »Der Horizont eines Ortes liegt rechtwinklig zum Lot. Mit einer Wasserwaage gewinnt man den scheinbaren Horizont, während die Ebene des wahren Horizonts durch den Mittelpunkt der Erde geht. Beide unterscheiden sich, auf den Himmel projiziert nicht wesentlich voneinander.«

Mit diesen Worterklärungen kommt man im alltäglichen Leben gut aus, aber sie genügen nicht, wenn man die obige Vitruv-Stelle besser verstehen will. Dazu muß man auf die ursprüngliche griechische Wortbedeutung zurückgreifen. Ὁρίζων κύκλος heißt in der griechischen Astronomie »der *trennende*, der *abgrenzende* Kreis«.

---

[39] *aequilatatio* = »gleichmäßige Entfernung zweier Parallellinien voneinander«. K. E. Georges, Lateinisch-deutsches Handwörterbuch. Leipzig 1879, s. v.

Nach dieser Anschauung bildet nämlich der *Gesichtskreis*, der Horizont die Grenze zwischen den beiden Hälften der mächtigen Himmelskugel. *Über* dem Horizont ist die *sichtbare* Hälfte des Himmels als großes Gewölbe der einen Hemisphäre, und *unter* dem Horizont ist die andere, die *unsichtbare* Halbkugel des Himmels, die nach Ausmaß und Form der oberen Hälfte in allem entspricht. Darum besagt auch die vorherige Worterklärung, daß der wahre Horizont durch den Mittelpunkt der Erde geht. Wie man sieht, entspricht der Begriff »Horizont« auch heute noch dem alten, geozentrischen Weltbild, so als stünde die kugelförmige Erde im Mittelpunkt des ebenfalls kugelförmigen Weltalls, und als könnte jene riesige Kreisplatte, die man im Gedanken waagerecht über den Mittelpunkt der Erde legt, nicht nur die Erde selbst, sondern auch das Weltall in zwei große Halbkugeln teilen.

Versteht man das Wort »Horizont« in diesem Sinne, so wird es einem sogleich klar, warum Vitruv von »zwei gleichen Halbkreisen« redet. Das Streckensegment EAI – das die Mathematiker (=Astronomen) als »Horizont« bezeichnen – halbiert auf Abb. 3 den Meridiankreis, der seinerseits ein skizzenhaftes Abbild der Kugel des Weltalls ist. Die Konstruktion der Sonnenuhr des Vitruv ist gleichzeitig die Konstruktion eines Weltbildes. Oberhalb des Streckensegmentes EAI befindet sich die »sichtbare Hälfte« der Weltkugel (vom Punkt B, bzw. symbolisch vom Punkt A aus betrachtet), und unterhalb desselben liegt die andere Hälfte, die als »unsichtbar« gedacht wird. Doch ist die »unsichtbare Hälfte« auch das Spiegelbild der oberen, sichtbaren, für den Menschen unerreichbar hohen Himmelskugel. Die Erde selbst ist in diesem symbolischen Weltbild die Spitze des Gnomons, die auch als Mittelpunkt des Weltalls gilt. Es wurde ja oben schon die Überschrift des 6. Kapitels im ›Almagest I‹ zitiert: »Die Erde verhält sich wie ein Punkt zu den Himmelskörpern.« Darum liest man auch an einer anderen Stelle (Almag. II 5): »Da die ganze Erde zur Sphäre der Sonne für die sinnliche Wahrnehmung das Verhältnis eines Punktes und Zentrums hat, so kann die Spitze des Gnomons in Punkt A ohne wesentlichen Unterschied als (Erd-) Mittelpunkt angenommen werden«[40].

Noch zwei Bemerkungen sind zum besseren Verständnis des bisher Gesagten nötig; die eine bezieht sich auf den »Horizont«, die andere auf den »Meridian«.

Der »Horizont« ist – sowohl dem antiken, wie auch dem moder-

---

[40] Übersetzung von K. Manitius 1912, Bd. 1, S. 67.

nen Wortgebrauch nach – ein Kreis. Aber wieso kann in diesem Fall das gerade Streckensegment EAI den Namen des Horizont*kreises* bekommen? – Offenbar ist diese gerade Strecke der *Durchmesser* des Horizontkreises; nur soviel sieht man auf der vorliegenden Weltbild-Skizze vom gesamten Horizont. Auch im nächsten Abschnitt der Paraphrase wird man zwei Kreisen begegnen, von denen die Skizze nur die Durchmesser zeigt. Ebenso sieht man übrigens auch von der *Kugel* des Weltalls auf der Skizze nur einen *Kreis*, den »Meridian«; diesen betrifft die nächste Bemerkung.

Es wurde schon darauf hingewiesen, daß die Strecke BC der Abb. 3, die im Text selbst als *gnomonis aequinoctialis umbra*, genauer als »Mittagschatten des Gnomons beim Äquinoktium« bezeichnet wird – nachdem sie die süd-nördliche Richtung angibt – eigentlich ein Abschnitt des *irdischen* Meridians sein muß. Aber Vitruv bezeichnet nicht diese Strecke, sondern den vollen Kreis der Abbildung, dessen Radius der Gnomon ist, als Meridian. Wie vertragen sich nun diese beiden Beobachtungen miteinander?

Offenbar veranschaulicht der zur täglichen Bahn der Sonne transversale Kreis der Skizze den *himmlischen* Meridian. »Mittag« ist, wenn die Sonne jeden Tag irgendeinen Punkt dieses Kreises zu erreichen scheint. Eigentlich braucht man auf der nördlichen Hemisphäre der Erde von der Darstellung unserer Figur nur einen Viertelkreis, d. h. nur die linksseitige Hälfte des oberen Halbkreises. Denn nur an irgendeinem Punkt dieses Viertelkreises scheint die Sonne zu jeder Mittagszeit zu stehen – wenn man die Bahn der Sonne von der nördlichen Hemisphäre der Erde aus betrachtet.

Es ist auch leicht einzusehen, daß von der unteren, als »unsichtbar« gedachten Kreishälfte der Bogen ÎB der Abb. 3, eigentlich das Spiegelbild des himmlischen Meridianbogens ist. Aber was ist in diesem Fall das Streckensegment BC (»der äquinoktiale Mittagschatten des Gnomons«)? Nichts anderes als die auf die waagerechte Ebene ausgestreckte Projektion des konkaven Spiegelbildes (B̂F) von einem Teil des himmlischen Meridianbogens (ẐN). Der Mittagschatten des Gnomons veranschaulicht also täglich je ein Stück vom Spiegelbild des Meridianbogens, als gerade Linie ausgestreckt auf die waagerechte Ebene.

Auch der zweite Abschnitt, in dem Vitruv die Konstruktion der Sonnenuhr beschreibt, ließe sich in mehrere Schritte auflösen. Uns interessieren hier jedoch nur noch *vier* Punkte.

1. Der bedeutendste Schritt in diesem Teil der Schilderung besteht darin, daß der volle Meridiankreis *fünfzehngeteilt* wird: »*Deinde circinationis totius sumenda pars XV...*« Diesen fünfzehnten Teil nimmt man in den Zirkel und trägt ihn vom Schnittpunkt F des Kreises und jener geraden Linie aus, die den Mittagsstrahl des Äquinoktiums veranschaulicht (Abb. 4a[41]), rechts und links an der Kreisperipherie ab; so bekommt man die Punkte G und H: »*et circini centrum conlocandum in linea circinationis quo loci secat eam lineam aequinoctialis radius, ubi erit littera F, et signandum dextra et sinistra, ubi sunt litterae G et H.*«

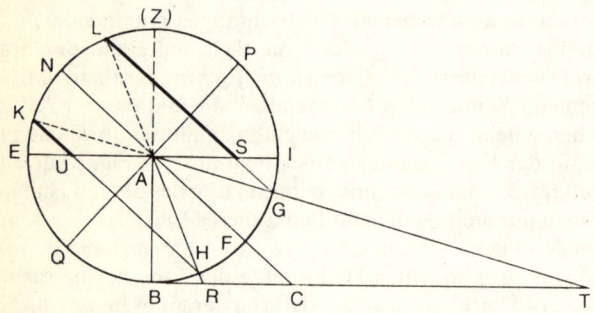

Abb. 4a Die Konstruktion des Vitruv ergänzt: LG wird Durchmesser des Sommerwendekreises der Sonne, KH Durchmesser des Winterwendekreises und NAF Durchmesser des himmlischen Äquators.

Es sei schon an dieser Stelle auf zwei wichtige Tatsachen hingewiesen. Die eine ist, daß der älteste Systematiker der griechischen Mathematik, Euklid, der etwa um 300 v. Chr. seine ›Elemente‹ zusammengestellt hat, im Buch IV dieses Werkes (Satz IV 16) darlegt, wie man in einen Kreis ein regelmäßiges *Fünfzehneck* einschreiben kann. Dieser Satz von Euklid ist die unerläßliche Vorbedingung zu jener Konstruktion, die Vitruv schildert; ohne die

---

[41] Abb. 4a ist natürlich dieselbe wie die vorangehende Abb. 3. Es wurde nur der größeren Übersichtlichkeit der aufeinanderfolgenden Schritte wegen jene eine Skizze, an der Vitruv die Konstruktion schildert, in zwei Abbildungen aufgelöst.

Kenntnis des regelmäßigen Fünfzehnecks könnte man den fünfzehnten Teil des Meridiankreises – auf den Vitruv nur kurz verweist – gar nicht in den Zirkel nehmen. Aber es wäre dennoch
falsch, zu vermuten, daß man eben deswegen *vor* Euklid eine solche »Sonnenuhr« gar nicht hätte konstruieren können.

Die Kenntnis des Fünfzehnecks im Kreis scheint eine ältere
Überlieferung der Astronomie zu sein. (Damit ist freilich nichts
über die Chronologie der *theoretischen* Begründung der geometrischen Konstruktion gesagt. Wie man später sehen wird, hat die
Astronomie wohl nur die Frage gestellt, wie man jene Größe messen könnte, in der man vermutlich erst später die Seite des regelmäßigen Fünfzehnecks sah.) Es sieht nämlich so aus, als hätte Euklid den betreffenden Satz (IV 16) aus einer älteren Tradition in
sein Werk aufgenommen. Dies geht aus einer interessanten Bemerkung des Euklid-Kommentators Proklos hervor.

Der Neuplatoniker Proklos (zwischen 410 und 485 n. Chr.)
fragt[42], warum wohl Euklid jenes Problem, wie man die Seite des
regelmäßigen Fünfzehnecks in den Kreis einschreibt, behandelt,
wenn nicht wegen der Beziehung dieses Problems zur Astronomie?
Obwohl er dies nicht ausdrücklich sagt, legt doch die Art, wie er
seine Worte formuliert, den Verdacht nahe, daß es sich um einen
alten Satz handelt, den Euklid wegen seiner Wichtigkeit für die
Astronomie in die ›Elemente‹ aufgenommen hat.

Durch Proklos' Bemerkung wird also einerseits das Problem des
regulären Fünfzehnecks, und damit andererseits auch die Konstruktion der Sonnenuhr (wie bei Vitruv geschildert) in die voreuklidische Zeit gerückt. Doch wir wollen von dieser Seite der historischen Zusammenhänge erst später etwas ausführlicher sprechen.

2. Die beiden Punkte G und H, die man mit der Seite des regelmäßigen Fünfzehnecks vom Punkt F an der Kreisperipherie aus gewonnen hat, sind deswegen wichtig, weil man mit ihrer Hilfe die
beiden anderen Punkte, T und R auf dem horizontalen Meridianabschnitt bekommt. Doch ist der Text des Vitruv hier zunächst etwas unklar; er sagt nur, daß mit Hilfe der Punkte G und H auch die
beiden anderen, T und R, gewonnen werden: »*Deinde ab his lineae
usque ad lineam planitiae perducendae sunt, ubi erunt T, R.*« Aber
woher weiß man eigentlich, wo die Punkte T und R liegen? – fragt
man sich nach einer so oberflächlichen Formulierung. Die Segmente GT und HR werden durch je einen einzigen Punkt (G bzw.
H) keineswegs bestimmt. Verständlicher wird die nachlässige Aus-

[42] Proclus, In Eucl. (F), S. 269 (Schönberger, S. 353).

drucksweise des Verfassers, wenn man etwas weiter liest: »So bekommt man die Sonnenstrahlen für den Winter (AT) und für den Sommer (AR)« (*ita erit solis radius, unus hibernus [AT], alter aestivus [AR]*). Die Punkte T und R bezeichnen auf dem horizontalen Meridianabschnitt die Längen der Mittagschatten zur Winterwende bzw. Sommerwende. Nun sieht man auch, wie Vitruv richtig hätte formulieren sollen: Er hätte, nachdem die Punkte G und H mit der Seite des regulären Fünfzehnecks an der Kreisperipherie gewonnen waren, diese vor allem mit dem *Zentrum* des Kreises, der Gnomonspitze A, verbinden sollen. Das Segment GT ist ja bloß die Fortsetzung des Segments AG, ebenso wie auch HR die Fortsetzung von AH ist.

Man kann auch in diesem Fall noch einen Schritt über den Wortlaut des Vitruv-Textes hinausgehen. Man verlängert das Segment GA gestrichelt über das Zentrum des Kreises A hinaus bis zur Peripherie in Punkt K (Abb. 4a, S. 84) und ebenso auch das Segment HA bis zum Punkt L. Erst so werden diese Linien, wie Vitruv sich ausdrückt, symbolische Mittagstrahlen der Sonne bei Winterwende (KAGT) und Sommerwende (LAHR): »*solis radius – unus hibernus, alter aestivus*«. Denn die Sonne steht, nach dieser schematischen Darstellung, zur Mittagszeit bei Winterwende in Punkt K, und bei Sommerwende in L.

3. Die Punkte K und L, die in unserer Umschreibung durch Verlängerung des Mittagstrahls der Sonne bei Winter- bzw. bei Sommerwende gewonnen wurden, spielen natürlich auch im Originaltext des Vitruv eine wichtige Rolle. Doch es scheint zunächst, als bestünde ein nicht unwesentlicher *Widerspruch* zwischen der Umschreibung und dem authentischen Text des antiken Verfassers. Denn von uns wurde z. B. der Punkt K durch die Verlängerung des Sonnenstrahls bei *Winterwende*, durch die Punkte G und A gewonnen. Vitruv sagt dagegen, daß der Punkt K nicht demjenigen bei G, sondern dem anderen bei H gegenüberliegt, wo der letztere doch ein Schnittpunkt des Strahls der *Sommerwende* ist. Ebenso läßt er auf der anderen Seite den Punkt L nicht demjenigen bei H, sondern eindeutig dem Punkt G gegenüberliegen. Ja, er scheint ausdrücklich betonen zu wollen, daß keine Verwechslung seinerseits vorliegt. Darum zählt er so sorgfältig alle Punkte der Kreisperipherie auf, die einander gegenüberliegen[43]. Was mag nun der Sinn die-

---

[43] Der vollständige Text heißt nämlich: »Contra autem E littera I erit, quo secat circinationem linea, quae est traiecta per centrum, ubi est littera A; et contra G et H litterae erunt L et K; et contra C F et A erit littera N.«

ses »Gegenüberliegens der Punkte« sein? Leichter wird die Antwort auf diese Frage, wenn man den Text etwas weiterliest.

Vitruv verbindet nämlich die Punkte G und L, bzw. H und K miteinander und bezeichnet die Segmente GL und KH als *Durchmesser*, ja er deutet auch die Namen jener Kreise an, deren Durchmesser diese Segmente sind. Sinngemäß heißt nämlich sein Text[44]: Dann soll man die Durchmesser LG und KH ziehen; der obere Teil (*pars surperior*, also LG) wird Durchmesser des Sommerwendekreises, und der untere Teil (*pars inferior*, also KH) Durchmesser des Winterwendekreises. Die beiden »Durchmesser« – LG und KH – veranschaulichen also die Kreise der Sonnenbahn an den Wendetagen; nur soviel sieht man an der Skizze von den beiden *Kreisen*.

Die Skizze des Vitruv illustriert außerdem noch die Tatsache, daß der Tag der Sommerwende *länger* ist, als der der Winterwende. Man sieht vom Streckensegment LG, dem Durchmesser der Sonnenlaufbahn am Tag der Sommerwende, ein längeres Stück *über* dem Horizont – über der Linie EAI – als vom Streckensegment KH, dem Durchmesser der Sonnenbahn der Winterwende. (Man beachte in der Abb. 4a die dicker ausgezogenen Stücke der beiden Segmente, LG und KH.)

Die Tatsache, daß Vitruv die Segmente LG und KH als *diametroe* bezeichnet – d. h. also als »Durchmesser der beiden Sonnwendkreise« –, erhärtet natürlich auch jene schon früher formulierte Behauptung, daß diese »Sonnenuhr« gleichzeitig auch eine *astronomische Weltbild-Darstellung* ist. Bisher sind die folgenden fünf Bestandteile des Weltbildes genannt worden:

a. Der volle, unmittelbar sichtbare Kreis um das Zentrum A ist der *Weltmeridian*; gleichzeitig ist er auch eine symbolische Darstellung der vollen Himmelskugel.

b. Die Spitze des Gnomons, der Punkt A, ist die *Erde* selbst.

c. Das Streckensegment EAI ist der *Horizont*, bzw. Durchmesser des bloß gedachten, nach der Skizze jedoch nicht sichtbaren *Horizontkreises*.

d. Die beiden Segmente LG und KH sind *Durchmesser* der beiden, nach der Skizze nicht unmittelbar sichtbaren, bloß gedachten, schiefen *Wendekreise*.

e. Noch einen wichtigen Bestandteil dieses Weltbildes kann man von der Skizze des Vitruv ablesen (vgl. die Abb. 3 und 4a, S. 80 und

---

[44] Lateinisch: »Tunc perducendae sunt diametroe ab G ad L et ab H ad K. Quae est superior (LG) partis erit aestivae, inferior (KH) hibernae.«

84), auch wenn der Name selbst im lateinischen Text nicht genannt wird. Das ist das Streckensegment NAF. Es wurde vorhin schon gesagt (5. Schritt im ersten Teil dieser Paraphrase), daß Vitruv selber das Segment AC als »Mittagstrahl der Sonne am Tag der Nachtgleiche« bezeichnet. Das Segment NAF ist also der Durchmesser nicht bloß des Meridianskreises, sondern auch eines anderen, ebenso großen schiefen Kreises, den man an der Skizze des Vitruv nicht unmittelbar sieht. Dieser Durchmesser (NAF) vertritt nach der Darstellung jenen Kreis, der die scheinbare Laufbahn der Sonne zur Zeit des Äquinoktiums ist. Deswegen befindet sich genau die Hälfte dieses Durchmessers (NAF) über dem Horizont (EAI) und die andere Hälfte darunter. (Nicht so ist es bei den anderen »Durchmessern« LG und KH, bei denen unterschiedlich große Stücke über bzw. unter dem Horizont sind. Tag und Nacht sind ja zur Zeit der Sonnenwende – wir sprechen von der nördlichen Hemisphäre der Erde – unterschiedlich lang; nur zur Zeit des Äquinoktiums sind die beiden Abschnitte des vollen Tages gleich.) Darum ist also das Segment NAF in diesem Weltbild »Durchmesser des *tagtgleichen* Kreises«, des *Äquators*. Man vergesse nicht, daß der »Äquator« griechisch ἰσημερινὸς κύκλος (tagtgleicher Kreis) heißt. An diesem Kreis bewegt sich die Sonne – von jedem Punkt der Erde aus gesehen – am Tag der Nachtgleiche.

4. Ergänzt wird das astronomische Weltbild des Vitruv durch jenen nächsten Schritt, der hier noch erwähnt werden soll. Durch die Halbierungspunkte der beiden Durchmesser der Wendekreise (LG und KH) sowie durch den Punkt A wird die auf alle drei Durchmesser (LG, NAF und KH) senkrechte *Achse* der Welt, PQ, errichtet[45]. Wie die horizontale Linie BRT mit dem Mittagschatten des Gnomons die Süd-Nord-Richtung zeigt, so bezeichnen die beiden Schnittpunkte der Achse mit der Kreisperipherie (P und Q) den *Nordpol* und den *Südpol* der Welt.

Es ist nicht nötig, hier auch noch die letzten Schritte der Schilderung des Vitruv ausführlich zu besprechen. Sie sind nur noch vom Gesichtspunkt der Sonnenuhr-Konstruktion aus interessant. Für unsere Zwecke genügt einstweilen das bisher Gesagte.

---

[45] »Eaeque diametroe sunt aeque mediae dividendae ..., ibique centra signanda, et per ea signa et per centrum A linea ad extrema lineae circinationis est perducenda, ubi erunt litterae P Q. Haec erit mathematicis rationibus *axon*.

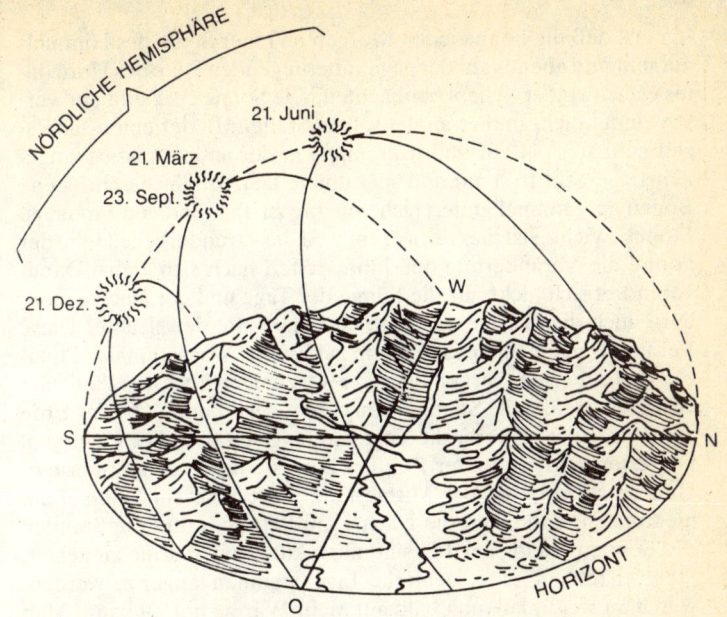

Abb. 4b Drei Tagbogen der Sonne (nach L. A. Brown, The story of maps.
Boston 1949, S. 37): der kürzeste am 21. Dezember (Winterwende), der
längste am 21. Juni (Sommerwende); in der Mitte der Halbkreis: der Tagbogen des Äquinoktiums. Das Ganze gesehen von einem Punkt der nördlichen Hemisphäre aus. Man vergesse jedoch nicht, daß auf der nördlichen
Hemisphäre – wenn der Blick des Betrachters nach Norden gerichtet ist –
Auf- und Untergang der Sonne *hinter seinem Rücken* auf einen Punkt
rechts und links des Horizonts fallen muß. (Der Mittelpunkt des Hoizont-
kreises der Darstellung ist also *nicht* Standpunkt eines Betrachters auf der
nördlichen Hemisphäre.)

Nachdem nun die Sonnenuhr-Konstruktion (das Gnomon-Weltbild) des Vitruv in ihren wichtigsten Punkten wiedergegeben
wurde, vergleiche man unsere Abb. 4a mit 4b. Letztere ist die Wie-
dergabe einer Skizze aus dem Buch ›The story of maps‹ von Lloyd
A. Brown (Boston 1949), mit der folgenden Unterschrift: »Der primitive Mensch hat den scheinbaren Weg der Sonne von Tag zu Tag
und von Monat zu Monat wohl gekannt. Die Astronomen haben
die Tage der Wenden und Nachtgleichen mit besonderer Aufmerksamkeit im Auge behalten.«

Begleitet wird die Skizze von Brown mit dieser Schilderung der
scheinbaren Sonnenbewegung: »Man kann einiges – auch darüber

hinaus, daß die Sonne jeden Morgen an einer Stelle des Himmels aufgeht und abends auf der gegenüberliegenden Seite des Horizontes verschwindet – leicht beobachten. Die Sonne erscheint und verschwindet nicht immer an denselben Stellen. In der einen Jahreszeit geht sie spät auf und früh unter, in der anderen ist es umgekehrt: sie geht früh auf und spät unter. Der von ihr beschriebene Bogen am Himmel ändert sich von Tag zu Tag, und von Monat zu Monat. Wichtig ist dies deswegen, weil die veränderliche Höhe der Sonne die Veränderung der Jahreszeiten nach sich zieht. Damit verändert sich nicht nur die Länge der Tage und der Nächte, sondern auch die Wärme der Tage und die Kälte der Nächte. Diese Veränderungen entsprechen dem zyklischen Wachstum der Pflanzen und der Fruchtbarkeit der Lebewesen. Den höchsten Punkt am Himmel erreicht die Sonne – von einem bestimmten Ort der Erde aus betrachtet –, wenn die Tage am längsten und die Nächte am kürzesten sind; zu dieser Zeit erwärmt sie die Erde am meisten. Und umgekehrt: Ist der Mittagstand der Sonne am Himmel am niedrigsten, dann sind die Nächte am längsten, und die Stunden des Sonnenscheins am Tag sind allzu kurz, um Wärme zu geben. Aber erfreulich ist es, wenn die Tage beginnen länger zu werden, weil man weiß, daß man bald auf mehr Wärme hoffen kann. Man hat die Winderwende der Sonne (am 21. Dezember) auch lange vor der Geburt Christi schon gefeiert, denn man wußte, die Sonne kommt wieder zurück. Hat sie dann drei Monate später ihren halben Weg nach Norden zurückgelegt, dann werden Tag und Nacht gleich; man feiert dann den Reichtum der Fruchtbarkeit, der schon überall zu sehen ist. Hat die Sonne das andere Extrem, den höchsten Mittagstand am Himmel, den längsten Tag des Jahres, erreicht, dann war dies – die Sommerwende – wieder ein Anlaß zu einem Fest: die Ernte und die heißesten Tage waren da...«

Vergleicht man nun die beiden Abbildungen (4a und 4b), so fällt vor allem auf, daß Browns Skizze nur die nördliche Hemisphäre über dem Horizont zeigt. SN, die Süd-Nord-Linie ist der Durchmesser des Horizontkreises, der irdische Meridian. Der gestrichelte Halbkreis darüber ist der himmlische Meridian mit den drei Mittagständen der Sonne: an den beiden Wenden, am 21. Juni und am 21. Dezember. Zwischen diesen beiden beschreibt die Sonne am 21. März und am 23. September den Halbkreis des Äquinoktiums. Die auf die irdische Meridianlinie (SN) senkrechte OW zeigt die Ost-West-Richtung. Man sieht auch, daß nur an den beiden Tagen der Nachtgleiche die Sonne genau im Osten aufgeht, und genau im Westen unter dem Horizont verschwindet. An den übrigen

Tagen des Jahres fallen Sonnenaufgang und Sonnenuntergang nördlicher oder südlicher von den Ost-West Punkten.

Interessant ist die Skizze von Brown nicht zuletzt deswegen, weil sie ohne Rücksicht auf den Gnomon entworfen wurde. Zwar erwähnt Brown im selben Zusammenhang auch den Gnomon und seinen Schatten, aber er hat seine Skizze *ohne* den Gnomon entworfen. Man sieht auch nicht in Abb. 4b im Kreuzungspunkt der Geraden SN und OW – wo der Gnomon stehen sollte – den senkrechten Stab. Anstatt der beiden Durchmesser der Wendekreise (LG und KH nach Abb. 4a) sowie anstatt des Durchmessers vom Äquator (NAF) sieht man hier (Abb. 4b) die drei Tagbogen der Sonne. Der Vergleich der beiden Skizzen mag zwar einleuchtend sein – die moderne Skizze ist gewissermaßen »lebendiger« als das »abstrakte« Schema des Vitruv –, aber dennoch ist das antike Schema irgendwie ergiebiger. Browns Skizze verrät nichts von der kugelförmigen Erde in der Mitte des Weltalls; sie wäre auch schon möglich gewesen, als man sich die Erde noch als eine »flache Scheibe« vorstellte. Deshalb fehlt auch die »nicht sichtbare« Halbkugel des Himmels unter dem Horizont, die nach dem antiken Weltbild als die Spiegelung des oberen Himmelsgewölbes galt. Darum erlaubt die moderne Skizze auch keine astronomischen Messungen. Nach dem von Brown entworfenen Weltbild – obwohl dem Vitruv-Schema sehr ähnlich, ja mit ihm fast identisch – hätte man z. B. den Bogen zwischen den beiden Wendekreisen bzw. die Hälfte dieses Bogens gar nicht messen können. Meßbar wurden diese Größen – wie man es später sehen wird – erst dadurch, daß sie nicht bloß am Himmel erschienen, sondern durch ihre Schattenbilder konkret greifbar wurden.

6. Die Methode des Anaximander

Das Kapitel über Vitruv wurde in der Erwartung eingefügt, es könnte uns verraten, wie Anaximander eine zu seiner Zeit *neue* Methode für die Messung des äquinoktialen Mittagschattens mit dem Gnomon gefunden hat. Die Konstruktion des römischen Architekten ging ja davon aus, daß die Länge des äquinoktialen Mittagschattens an jenem Ort der Erde, wo die Sonnenuhr konstruiert werden soll, bekannt ist. Der Gnomon wurde senkrecht auf die horizontale Meridian-Linie des Ortes gestellt. Dann trug man die Länge des äquinoktialen Mittagschattens auf der Meridianlinie ab und verband den so gewonnenen Punkt mit der Gnomonspitze; so erhielt man den *äquinoktialen Mittagstrahl* der Sonne. Danach schlug man mit dem Gnomon als Radius und mit der Gnomonspitze als Zentrum den Meridiankreis; so erhielt man den wichtigen *Schnittpunkt* des Meridiankreises und des äquinoktialen Sonnenstrahls, d. h. den Punkt F der Abb. 4a. Von diesem Punkt F aus trug man die Seite des regulären Fünfzehnecks an der Kreisperipherie rechts und links ab, um mit Hilfe der Punkte G und H (sowie mit Hilfe der Gnomonspitze) auch die Längen des Mittagschattens der Winter- und Sommerwende zu bekommen.

Ist also die Länge des äquinoktialen Mittagschattens von einem Gnomon an einem bestimmten Ort der Erde bekannt, dann kann man – wie die beiden Skizzen (Abb. 3 und 4a) zeigen – *zuerst den Schnittpunkt des Meridiankreises* mit dem äquinoktialen Mittagstrahl, den Punkt F erhalten. Dieser Punkt gibt danach auch die Länge der Mittagschatten bei Sommer- und Winterwende an; man gewinnt die Schnittpunkte H und G – die zusammen mit der Gnomonspitze die betreffenden Längen bestimmen – dadurch, daß die Seite des regelmäßigen Fünfzehnecks rechts und links an der Kreisperipherie vom Punkt F aus abgetragen wird. Der Punkt F liegt also genau in der Mitte der Kreisperipherie zwischen den Punkten G und H.

Eben darum kann man die Konstruktion des Vitruv auch leicht umkehren. Ist nämlich nicht der äquinoktiale Mittagschatten des Gnomons gegeben, sondern sind umgekehrt seine Schattenlängen bei Sommer- und Wintersolstitium bekannt – wie in Abb. 5 BR und BT –, so kann man mit ihrer Hilfe den äquinoktialen Schatten bestimmen. Man muß nämlich zunächst die Endpunkte beider Schatten – R und T – mit der Gnomonspitze verbinden und dann mit dem Gnomon als Radius von der Gnomonspitze aus den Kreis schlagen. So bekommt man die wichtigen Schnittpunkte an der Kreisperipherie, H und G. Der Halbierungspunkt des Kreisbogens HG, der Punkt F, ist an der Kreisperipherie von den Punkten H und G rechts und links gleich weit entfernt. Verbindet man diesen Punkt F erst mit der Gnomonspitze A und verlängert dann das Segment AF in entgegengesetzter Richtung, dann erhält man auf dem Meridianabschnitt den Endpunkt des äquinoktialen Mittagschattens C.

Darum vermute ich – was Anaximander und die frühere Geschichte des Gnomons betrifft – folgendes: Offenbar war die Bestimmung des äquinoktialen Mittagschattens über die Gnomon-Messungen eine der frühesten Errungenschaften der griechischen Wissenschaft. Gerade dies wird in der Überlieferung dem Anaxi-

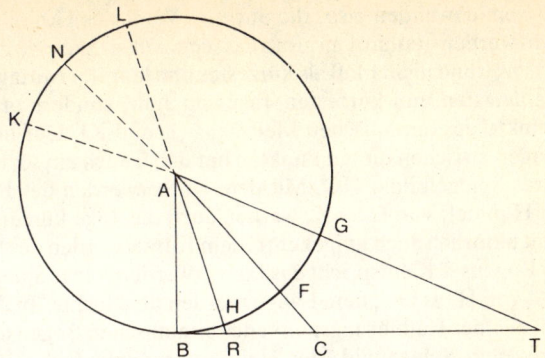

Abb. 5 L und K sind zwei Punkte des symbolischen Himmelsgewölbes, die die Sonne zur Mittagszeit der beiden Wenden zu erreichen scheint. L̂K ist der Bogen zwischen den Wenden und ĤG sein Spiegelbild; N bzw. F sind Halbierungspunkte des Bogens.

mander zugeschrieben. Vorausgesetzt wird, daß man auch früher schon folgendes gewußt hat:

1. Man muß von dem täglichen kürzesten Schatten des Gnomons ausgehen. Dieser hat für jeden beliebigen Ort der Erde von Tag zu Tag dieselbe Richtung. Das ist auf der nördlichen Hemisphäre der süd-nördliche irdische Meridian.

2. Zu jedem Punkt der Erde – einerlei, wo der Gnomon gerade aufgestellt wurde – gehört auch ein größter Kreis des Weltalls, der durch den Pol hindurchgeht und den die Sonne auf ihrer täglichen Bahn zur Mittagszeit zu erreichen scheint. Dies ist der lokale (himmlische) Meridian.

3. Den höchsten Stand am örtlichen Meridian hat die Sonne am längsten Tag des Jahres (Punkt L in Abb. 5), zu jener Zeit also, wenn der Mittagschatten am kürzesten ist; und umkehrt: der niedrigste Stand der Sonne im Jahr am Meridian (Punkt K) entspricht dem kürzesten Tag des Jahres, wenn der Mittagschatten am längsten ist.

Dadurch also, daß man mit dem Gnomon als Radius und mit der Gnomonspitze als Zentrum den Kreis schlägt, bestimmt man – mit Hilfe des Kreises und der Mittagstrahlen der beiden Solstitien – den »zwischen den Wendepunkten liegenden Bogen« (Almag. I 12). Die Punkte L und K sind die Wendepunkte der Sonne, und der Bogen ĤG – zwischen den beiden Mittagstrahlen der Wendetage – ist das Spiegelbild des himmlischen Bogens L̂K.

Jene Sonnenwenden also, die auch im Werk des Hesiod schon erwähnt werden (τϱοπαὶ ἠελίοιο) erscheinen in diesem geometrischen Weltbild nicht bloß als kürzester und längster Mittagschatten des längsten und kürzesten Tages im Jahr, sondern auch als zwei Punkte des himmlischen Meridians (L und K). Der himmlische Bogen zwischen diesen Punkten hat dabei auch ein sozusagen »faßbares Spiegelbild«: $\overset{\frown}{HG}$. Mit dem Kürzerwerden des Bogens $\overset{\frown}{Lk}$ am Himmel, von L bis K, werden auch die Tage kürzer. Dasselbe gilt natürlich auch umgekehrt: dem Kürzerwerden des himmlischen Bogens $\overset{\frown}{LK}$ entspricht das Längerwerden seines Spiegelbildes $\overset{\frown}{HG}$, von H bis G –, dem Längerwerden der Nächte. In diesem Prozeß muß der Halbierungspunkt des himmlischen Bogens $\overset{\frown}{LK}$ in N – bzw. sein Spiegelbild, der Halbierungspunkt F des Bogens $\overset{\frown}{HG}$ – dem Äquinoktium entsprechen.

Die Erkenntnis des Anaximander bestand also einerseits darin, daß der Veränderung der Zeitspannen von Tag und Nacht am geometrischen Modell der Welt die Veränderung des Meridianbogens zwischen den Wenden ($\overset{\frown}{LK}$) entspricht. Andererseits muß er erkannt haben, daß die beiden Endpunkte des Bogens zwischen den Wenden Extremwerte der Zeitspannen vertreten: Punkt L – längster Tag, kürzeste Nacht, und Punkt K – kürzester Tag, längste Nacht. Findet man die Mitte zwischen diesen Extremen, zwischen L und K den Punkt N, so bekommt man das dem Punkt N entsprechende Äquinoktium. Man muß also den Bogen $\overset{\frown}{LK}$, bzw. sein Spiegelbild $\overset{\frown}{HG}$ halbieren.

Wenn man jedoch fragen sollte, woher Anaximander denn wußte, daß die beiden Bogen $\overset{\frown}{LK}$ und $\overset{\frown}{HG}$ gleich sind, dann liegt die Antwort auf der Hand. Die beiden Bogen sind deswegen gleich, weil die beiden Durchmesser desselben Kreises LH und KG einander schneiden und darum untereinander gleiche Scheitelwinkel bilden. (Die Bogen $\overset{\frown}{LK}$ und $\overset{\frown}{HG}$ sind die Maße der gleichen Scheitelwinkel.) Diesen Satz von Euklid (Elem. I 15) hat nach einem Bericht des Eudemos [46] eben der »Lehrer des Anaximander, Thales, zuerst gefunden.

Wir haben die Methode des Anaximander auf Grund einer Schilderung des römischen Architekten Vitruv zu rekonstruieren versucht. Aber ist diese Rekonstruktion nicht bloß eine Vermutung? Darf man denn zur Erklärung der Gedankengänge eines beinahe noch archaischen griechischen Weisen den Text eines römischen

---

[46] Bei Proclus (F) 299, 1–5 (Schönberger, S. 373 f.).

Schriftstellers heranziehen, der fast ein halbes Jahrtausend später gelebt hat? Ist es nicht zu gewagt, zu behaupten, die Konstruktion des Anaximander sei einfach nur die Umkehrung der Konstruktion des Vitruv?

In der Tat sind unsere Anaximander bezüglichen Quellen äußerst mager, und darum ist man zunächst jeder Rekonstruktion gegenüber skeptisch. Aber man überlege sich doch: Akzeptiert man aus den Quellen nur soviel, daß Anaximander mit dem Gnomon das Äquinoktium gezeigt hat, dann folgen daraus schon einige Tatsachen, die man kaum wird anfechten können. Auch der Begriff des Äquinoktiums selbst setzt schon die Kenntnis der beiden Extreme: längster Tag – kürzester Tag voraus. Redet man dabei auch noch vom Gnomon, so muß man auch an die Schatten dieses Stabes denken. Die Extreme der Tageslängen setzen irgendwelche Extreme der Schattenlängen voraus. Das Suchen nach dem Äquinoktium ist selbstverständlich das Suchen nach einer Mitte zwischen den beiden Extremen, also wohl eine Art des Halbierens.

Trotz aller Skepsis führt also auch der magere Bericht fast zwangsläufig zu der oben versuchten Rekonstruktion. Damit ist allerdings nicht gesagt, daß das astronomische Weltbild des Anaximander in allen seinen Einzelheiten dasselbe gewesen sei wie das des Vitruv, und daß auch der Milesier schon dieselbe Erklärung für die Bestandteile seines Weltbildes hätte geben müssen wie später der römische Architekt. Möglicherweise existierte das hier untersuchte Weltbild zur Zeit des Anaximander erst in seinen Anfängen.

Das Problem, das Anaximander lösen wollte, scheint zunächst ein Problem des *Kalenders* gewesen zu sein. Solange man nämlich nur die Tage der beiden Sonnenwenden bestimmen konnte – dadurch, daß man die Mittagschatten des Gnomons sorgfältig beobachtete –, konnte man nur die beiden *Jahreshälften* voneinander trennen. Die klare Unterscheidung der *vier Jahreszeiten* wurde erst möglich, als man auch die Tage der beiden Äquinoktien genau angeben konnte. Wohl darum wird in der auf Anaximander bezogenen Überlieferung hervorgehoben, daß sein Gnomon ein Instrument zur Unterscheidung (πρὸς διάγνωσιν) der Sonnenwenden (τροπῶν τε ἡλίου), der Jahre (καὶ χρόνων, der Jahreszeiten (καὶ ὡρῶν) sowie des Äquinoktiums (καὶ ἰσημερίας)[47].

[47] Der Text des Eusebios in : H. Diels – W. Kranz, Fragmente der Vorsokratiker, 12 Anaximandros A 4.

Nach der Bestimmung des äquinoktialen Mittagschattens konnte auch der mythische »Tanz der Horen« [48] (Tanz der Jahreszeiten) sozusagen konkret veranschaulicht werden. Dieser »Tanz« besteht aus zwei Hin- und Herbewegungen, aus aufeinander folgenden Verlängerungen der Mittagschatten und ebenso auch aus Verkürzungen. Denn verlängern sich die Schatten (nach Abb. 4a, S. 84) von BR auf BC – von der Sommerwende bis zum Äquinoktium – dann ist Sommer. Eine weitere Verlängerung von BC bis zu BT – vom Herbst-Äquinoktium bis zur Winterwende – bedeutet Herbst. Dann beginnt jedoch die rückläufige Bewegung von BT auf BC, zwischen Winterwende und Frühlingsäquinoktium: diese erste Verkürzung ist der Winter. Und schließlich folgt eine weitere Verkürzung von BC bis BR, vom Äquinoktium bis zur Sommerwende, das ist der Frühling.

Die Lösung des Kalenderproblems durch eine geometrische Konstruktion ergab jedoch sogleich auch jenes symbolische Weltbild (Abb. 4a), das für die gesamte spätere Astronomie und mathematische Geographie der Griechen, kurz: für die ptolemäische Wissenschaft grundlegend wurde. Mit Anaximander beginnt jener Prozeß, der anstatt der bloß *arithmetischen* Astronomie der älteren orientalischen Kulturen die *Geometrisierung* dieser Wissenschaft anbahnte. Es scheint, daß auch die spätere Überlieferung der Griechen sich bewußt war, daß Anaximander als Urheber der Geometrisierung des Weltbildes zu gelten habe. So spricht im Suda-Lexikon derselbe Satz, der den Gnomon des Anaximander erwähnt, davon, daß *er überhaupt die geometrische Darstellung* – offenbar des Weltalls – *aufgezeigt habe*: γνώμονά τε εἰσήγαγε καὶ ὅλως γεωμετρίας ὑποτύπωσιν ἔδειξεν.

Es wird sich lohnen, hier auch jene Elemente des geometrischen Weltbildes im einzelnen hervorzuheben, die Anaximander mehr oder weniger so gekannt haben mag wie seine Nachfolger.

---

[48] Die Horen (= Ὧραι) sind kultisch verehrte Göttinnen, wie auch der Sonnengott (Helios) seinen Kult hatte. Der »Tanz der Horen« ist ein wohlbekannter Ausdruck aus der antiken Literatur. In der Odyssee (10, 469) liest man nur: ἐνιαυτὸς ἔην περὶ δ' ἔτραπον ὧραι = »es wurde ein Jahr, und *die Horen wandten sich*«. In Sophokles' ›Oidipus‹ (156) wird das Vergehen der Zeit mit dem »Reigen der Horen« umschrieben: περιτελλομέναις ὧραις. Ebenso bei Pindar in der 4. Olympischen Ode: ὧραι ὑπὸ ποικιλοφόρμιγγος ἀοιδᾶς ἑλισσόμεναι. Und in der Homerischen Apollon-Hymne (194 ff.): Ὧραι ... ὀρχεῦνται.

7. Die Kreise des Anaximander

1. Offenbar muß ihm der Begriff des *Meridians* bekannt gewesen sein. Mit dem Mittagschatten des Gnomons ist auch dieser Begriff gegeben. Dabei war »Meridian« für Anaximander nicht bloß der Schatten – die gerade Linie BRT der Abb. 4a genau in Süd-Nord-Richtung –, sondern auch der mit dem Gnomon geschlagene Kreis, ein »größter Kreis der Weltkugel«, den die Sonne täglich zur Mittagszeit zu erreichen scheint. Natürlich war auch für ihn die obere Hälfte dieser symbolischen Weltdarstellung – über der waagerechten Linie EAI – ein zu dem auf den Himmel gedachten Meridian konzentrischer Halbkreis. In der Mitte dieser Darstellung ist die Gnomonspitze die feststehende Erde im Zentrum des Weltalls – einerlei vorläufig, ob man sich die Erde als Zylinder oder als Kugel vorstellt.

2. Ein anderer »größter Kreis« der Weltkugel, den Anaximander gekannt haben muß, ist der *Horizont*. Diesen sieht auch jeder, während man sich den Meridian als einen »größten Kreis« am Himmel nur denken soll. Daß Anaximander von der feststehenden Erde in der Mitte des Weltalls – ohne jede Stütze von unten her – sprach, führt notwendig zu dem Schluß, daß er auch von der unteren unsichtbaren Hälfte der Himmelskugel und damit auch vom Horizont eine Vorstellung hatte. Auf alle Fälle bilden Horizont und Meridian die Grundlage zur Konstruktion des geometrischen Weltbildes. (Anstatt des Kreises vom Horizont sieht man auf dem symbolischen Weltbild – darauf wurde schon hingewiesen – nur den Durchmesser EAI.)

3. Der dritte »größte Kreis der Weltkugel«, dessen Existenz aus dem besprochenen Weltbild nach Vitruv und Anaximander notwendig folgt, ist der »tagleiche Kreis«, der »Äquator«. Hat Anaximander aber erkannt, daß ein Teil des Mittagstrahls beim Äquinoktium – also das Segment NAF aus NAFC – der Durchmesser des Äquatorkreises ist? Die Quellen sprechen von seiner Kenntnis der ἰσημερία (=Tag- und Nachtgleiche), nicht aber von ἰσημερινὸς κύκλος (=Äquator, tagleicher Kreis).

4. Ähnliches gilt auch für die beiden, mindestens in der Darstellung »kleineren« Parallelkreise um die Durchmesser LG und KH. Die innere Logik der Konstruktion spricht dafür, daß Anaximander auch diese gekannt haben muß, aber überliefert ist das nicht.

5. Anders steht es um den »größten Kreis *zwischen* den Tropenkreisen«. Es gibt einen antiken Bericht, nach dem Anaximander diesen gekannt habe. Dieser Bericht ist außerdem fast ein Beleg

dafür, daß er auch ein klares Bild von den Wendekreisen hatte. Nur ist die Fortsetzung des Berichtes in der Formulierung so verdächtig, daß man sich kaum traut, die Worte des vorangehenden Teils ganz so zu verstehen. Fassen wir zunächst nur jenen Teil des Berichtes ins Auge, der sich unmittelbar auf Anaximander bezieht. Man liest bei Plinius[49]: »obliquitatem eius (sc. zodiaci) intellexisse, hoc est rerum foris aperuisse, Anaximandrus Milesius traditur primus Olympiade quinquagesima octava...« (548-545). Das besagt also auf deutsch etwa: »die Schiefe der Ekliptik«, so übersetzt man in diesem Zusammenhang die *obliquitas*, »hatte als erster der Milesier Anaximander erkannt in der achtundfünfzigsten Olympiade« (548-545 v. Chr.). Plinius betont die große Bedeutung dieser Erkenntnis dadurch, daß er sie als eine »Eröffnung« (rerum foris aperuisse...) bezeichnet.

Man beachte dabei folgendes: Der authentische Text des Verfassers wurde mit dem lateinischen Wort *zodaci* ergänzt, während die Übersetzung von der »Schiefe der *Ekliptik*« redet. In der Tat werden die beiden Ausdrücke Zodiakus (=Tierkreis) und Ekliptik oft als Synonyme benutzt. Es seien hier, der größeren Klarheit wegen, die beiden Termini festgelegt: Man versteht unter *Zodiakus* – griechisch *zodion* = Tier – häufig auch den vollen Streifen jener zwölf Tierkreiszeichen, von denen sechs im großen und ganzen über, und andere sechs unter dem Äquator stehen. Das ist aber nicht jener *Kreis*, von dem hier die Rede ist! Und was die moderne Bezeichnung »Ekliptik« betrifft, so steht sie für die scheinbare Bahn der Sonne am Himmelsgewölbe im Laufe eines Jahres. Denn die Sonne bewegt sich im Laufe eines Jahres in jenem Streifen der Himmelskugel, dessen Grenzen die beiden Wendekreise bilden, und der im großen und ganzen mit dem Streifen des Zodiakus zusammenfällt. Der Name »Ekliptik« rührt daher, daß Sonnen- und Mondfinsternisse (ἔκλειψις) nur dann stattfinden können, wenn der Mond sich in der Ebene der Ekliptik befindet.

Der antike Name jenes Kreises, von dessen Schiefe hier die Rede ist, war ὁ διὰ μέσων τῶν ζῳδίων κύκλος = »circulus, qui per media zodiaci signa transit«[50], also »der Kreis, der mitten durch die Zeichen des Tierkreises geht«. Oder genauer bei Ptolemaios (Almag. I 12): ὁ λοξὸς διὰ μέσων τῶν ζῳδίων κύκλος »der schiefe Kreis mitten durch die Zodia«.

---

[49] Plinius, Naturalis historia 2, 31. Diels – Kranz, 12 Anaximandros A 5.
[50] Euclidis Phaenomena et scripta musica (Ed. H. Menge u. J. L. Heiberg, Leipzig 1916), S. 6–7.

Noch klarer versteht man, wie dieser »schiefe Kreis« aussieht, wenn man an jene Definition bei Euklid in den ›Phaenomena‹ denkt, die eigentlich die Wendekreise (=Tropenkreise) erklärt, aber sich dabei auf unseren »schiefen Kreis« beruft. Diese Definition heißt nämlich: »Die Tropenkreise sind diejenigen, die der andere Kreis mitten durch die Zodia berührt, und die (nämlich die Tropenkreise) dieselben Pole haben wie die Kugel.«[51] Das besagt also, auf unsere Abb. 4a (S. 84) angewandt, zweierlei: die beiden Tropenkreise (=Wendekreise) um die Durchmesser LG und KH haben dieselben Pole wie die Kugel selber, die Punkte P und Q. Die Tropenkreise werden durch einen anderen, schiefen Kreis berührt; diesen letzteren soll man sich um den Durchmesser LH oder KG herum denken[52].

Wie der »schiefe Kreis« auf einer modernen Sternenkarte angedeutet wird[53], zeigt unsere Abb. 6a. Man sieht die gestrichelte Linie der »Ekliptik«, die den Äquator in Punkt 0^h schneidet. Nach links, von 0° aus, geht die gestrichelte Linie aufwärts und nach rechts abwärts. Den höchsten und den tiefsten Punkt des »schiefen Kreises« zeigt unsere Abbildung nicht mehr; aber so viel sieht man doch, daß der eine (nach links) höher als +20° und der andere (nach rechts) tiefer als −20° sein wird. (Die Grade werden nördlich vom Äquator als positiv (+), und südlich davon als negativ (−) gezählt.)

Die Bedeutung des »schiefen Kreises« besteht, grob gesagt, darin, daß die Sonne an den beiden Tagen des Äquinoktiums den Kreis des himmlischen Äquators zu beschreiben scheint[53a], während sie sich an den übrigen Tagen des Jahres scheinbar einem je-

[51] Ebd., S. 6: τροπικοὶ δὲ, ὧν ὁ διὰ μέσων τῶν ζῳδίων κύκλος ἐφάπτεται τοὺς αὐτοὺς πόλους ἐχόντων τῇ σφαίρᾳ.

[52] Vorsicht! Es gibt nur *einen einzigen* solchen »schiefen Kreis«: LH und KG (Abb. 4a) sind nur zwei *Zustände* desselben Durchmessers bei Sommer- und Winterwende.

[53] Die moderne Sternkarte unterscheidet sich von der antiken allerdings insofern, daß in den Jahrhunderten des klassischen Altertums jener Schnittpunkt des Äquators und der Ekliptik (0^h), der uns hier interessieren wird, noch nicht im Zeichen der »Fische«, sondern in demjenigen des »Widders« war. (Die Veränderung heißt: »Präzession des Frühlingspunktes«. Vgl. auch oben Anm. 38. Die Tatsache dagegen, daß manche Sterne auf dem unteren Teil unserer Abb. 6a in der Antike noch nicht bekannt waren, spielt für uns gar keine Rolle. (Abb. 6b zeigt den Herbstpunkt im Sternbild Virgo).

[53a] genauer: Äquinoktium ist jener Zeitpunkt, in dem der *Mittelpunkt* der Sonne auf der jährlichen Bahn des Himmelskörpers den Äquator erreicht. Mit Approximation sind zu dieser Zeit Tag und Nacht gleich.

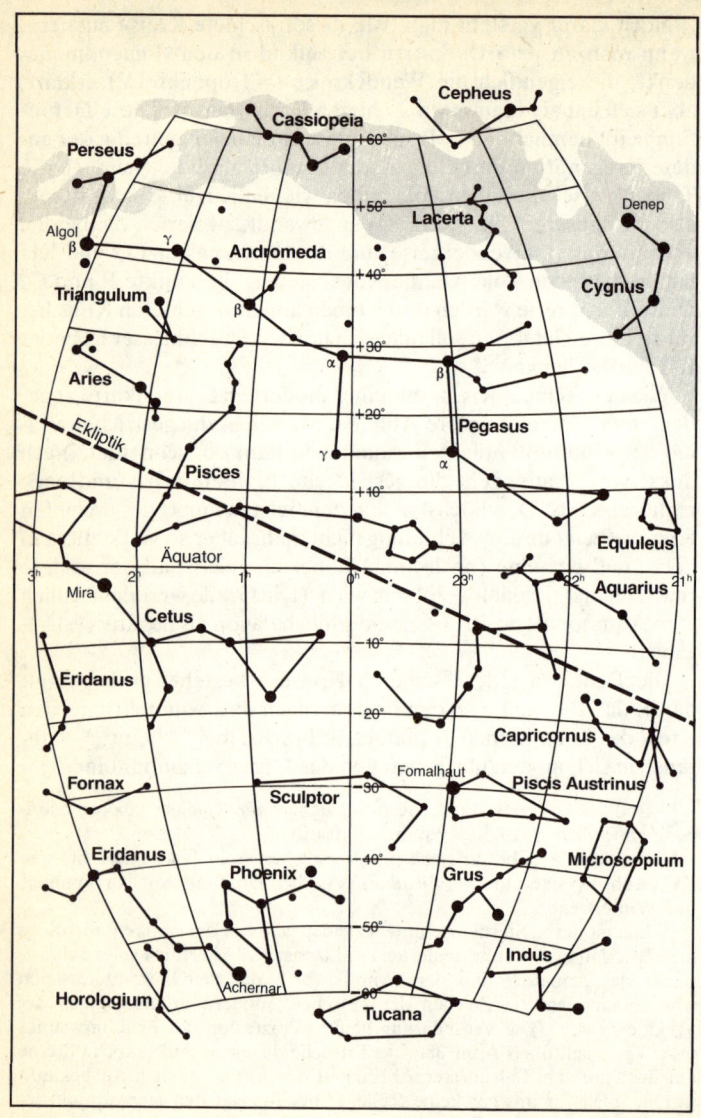

Abb. 6a Schnittpunkt des Äquators und der Ekliptik bei 0ʰ, *Frühlings-punkt* oder auch *Widderpunkt* genannt. Man sieht diese Konstellation in Herbstnächten.

100

weils zum Äquator parallelen Kreis bewegt. Die Wendekreise um die Durchmesser LG und KH (Abb. 4a) waren in der Entfaltung dieser Vorstellung ursprünglich die äußersten Parallelen, weil die Bahn der Sonne, vom Punkt B aus gesehen, nie nördlicher als der Kreis um LG herum und nie südlicher als der andere Kreis um KH herum zu liegen scheint. Die Parallelkreise, ebenso wie der Äquator, schneiden, als scheinbare Bahnen der Sonne, zu allen Tagen des Jahres je zwei Punkte des »schiefen Kreises«, einen bei Tag und einen anderen bei Nacht. Darum kann man behaupten, daß der schiefe Kreis, die Ekliptik, die scheinbare Bahn am Himmelsgewölbe im Laufe eines Jahres sei.

»*Schiefer* Kreis« heißt die Ekliptik deswegen, weil er den Äquator in einem Winkel schneidet; man sieht diesen Winkel – dessen Schenkel der Äquator und die Ekliptik sind – in Abb. 6a bei 0°. Die ältere Astronomie der Antike hat ihn mit der Seite des in den Kreis eingeschriebenen regulären Fünfzehnecks gemessen (also als einen Zentriwinkel von 24° im Kreis). Es wurde oben (Kap. 4) schon jene Stelle des Neuplatonikers Proklos erwähnt, der anläßlich eines Euklidischen Satzes (Elem. IV 16) bemerkt[54]: »Warum legt er (=Euklid) diesen Satz wohl vor, wenn nicht wegen der Beziehung des Problems zur Astronomie? Beschreibt man nämlich in den durch die Pole gehenden Kreis[55] das Fünfzehneck, so erhält man den Abstand der beiden Pole voneinander. Denn ihr Abstand beträgt die Seite des Fünfzehnecks. Es scheint also, daß der Verfasser der ›Elemente‹ im Hinblick auf die Astronomie auf viele Beweise Vorbedacht genommen habe, um uns auch auf diese Wissenschaft vorzubereiten.«

Die beiden Pole des Zitats sind der *Weltpol* – diesen sieht man in der Abb. 4a als Endpunkt P der Achse PQ – und der *Pol der Ekliptik*, den die Abb. 4a *nicht* zeigt. Aber man kann ihn leicht erhalten, wenn man an derselben Abbildung in Punkt A eine senkrechte Gerade auf den Ekliptik-Durchmesser – also je nach Belieben auf LAH oder KAG – errichtet. Der Endpunkt dieser auf den Ekliptik-Durchmesser senkrecht gestellten anderen Achse wird der »Pol der Ekliptik« an der Kreisperipherie, rechts oder links vom Punkt P.

Da nun die beiden Achsen – die Weltachse und die Ekliptik-Achse – teils auf den Äquator-(NAF) und teils auf den Ekliptik-Durchmesser (KAG bzw. LAH) senkrecht stehen, entstehen zwei gleiche Winkel. Von diesen zeigt die Abb. 4a nur jenen, dessen

[54] Siehe oben Anm. 42.
[55] Also in den *Meridiankreis*.

101

Schenkel die beiden Durchmesser sind: NAF und KAG (bzw. anstatt des letzteren: LAH). Der Bogen F̂H oder F̂G zeigt das Maß dieses Winkels der beiden Durchmesser. Proklos redet dagegen vom »Abstand beider Pole voneinander«, also von jenem Winkel, dessen Schenkel die auf die vorigen Durchmesser senkrechten Achsen sind. Selbstverständlich ist das Maß beider Winkel – der beiden Durchmesser und der beiden Achsen – gleich, nach antikem Meßverfahren: die Seite des regulären Fünfzehnecks.

Wie vom Horizont und vom Äquator, so zeigt die Abb. 4a auch vom schiefen Kreis der Ekliptik nur den Durchmesser. Und wie man den Äquator-Durchmesser des symbolischen Weltbildes am Tag des Äquinoktiums bekommt, so den Ekliptik-Durchmesser, als einen Teil des Mittagstrahls der Sonne, an den Wendetagen des Jahres. Dies erklärt auch, wieso Euklids Definition der Tropenkreise auf den »schiefen Kreis« Bezug nimmt, ohne diesen vorher definiert zu haben: »Tropenkreise sind diejenigen, die *der andere Kreis mitten durch die Zodia* (also: der Kreis der Ekliptik) *berührt...«*[56] In der Entfaltung dieser Denkweise ist der »schiefe Kreis«, bzw. sein Durchmesser als ein Teil des Sonnenstrahls, gewissermaßen »ursprüngllicher«, »konkreter« als die Wendekreise. Dabei wurde die Schiefe der Ekliptik – bzw. nach der Ausdrucksweise des Proklos: der »Abstand beider Pole voneinander«[57] – nicht am Himmel, sondern mit Hilfe des Gnomons als die Hälfte seines Spiegelbildes, des Bogens zwischen den Wendepunkten gemessen.

Liest man nun im vorhin zitierten Bericht des Plinius, daß Anaximander die *obliquitas zodiaci* erkannt habe, so steht dieser Bericht in keinem Widerspruch zu jenen anderen, nach denen er das Äquinoktium bestimmen konnte. Man bekommt den Mittagstrahl des Äquinoktiums – nach der vorhin versuchten Rekonstruktion – dadurch, daß man den Bogen zwischen den Wendepunkten halbiert, und die Hälfte dieses Bogens ist gerade die Schiefe der Ekliptik.

Es bleibt nur noch die Frage, ob Anaximander sich auch dessen bewußt war, daß das Halbieren des betreffenden Bogens nicht nur den Mittagstrahl des Äquinoktiums, sondern gleichzeitig auch die Schiefe der Ekliptik ergibt. Ausgeschlossen ist das nicht, aber es kann auch eine spätere Entdeckung sein. Das Messen des halben Bogens mit der Seite des regulären Fünfzehnecks scheint auf alle Fälle späteren Ursprungs zu sein.

Anstößig war jedoch das erwähnte Zeugnis des Plinius (über

[56] Den griechischen Text der Definition siehe oben Anm. 51.
[57] Vgl. Anm. 42.

Anaximander und die *obliquitas*) eher wegen seiner teilweise überraschenden Fortsetzung. Man liest nämlich unmittelbar nach den
angeführten Worten[58]: »*signa deinde* (nämlich: »traditur intellexisse«, oder: »induxisse«) *in eo* (=in zodiaco) *Cleostratus, et prima
arietis et sagittari...*«

Der Dichter Kleostratos aus Tenedos hätte also etwa in der zweiten Hälfte des 6. Jahrhunderts v. Chr. die Namen der Tierkreiszeichen eingeführt. Auch das könnte man noch als Überlieferung akzeptieren, obwohl man nicht mehr versteht, warum Plinius neben
dem *aries* (=κριός, Widder) – mit dem gewöhnlich die Aufzählung
der Tierkreiszeichen beginnt – auch den *saggitarius* (=τοξότης,
Schütze) hervorhebt. Und noch überraschender ist der Schluß desselben lateinischen Satzes: »*sphaeram ipsam ante multo Atlas...*«
Was mag Plinius wohl dabei gedacht haben? Aus der Mythologie
ist Atlas als der Riese bekannt, der den Himmel, bzw. das kugelförmige Weltall auf den Schultern trägt. Aber was soll er mit der
Erkenntnis der Kugelform des Weltalls oder mit derjenigen der
Schiefe der Ekliptik zu tun haben?[59]

8. Die Zonen

Das Weltbild, das Anaximander bei der Bestimmung des Äquinoktiums mit Hilfe der Gnomon-Schatten spätestens um die Mitte
des 6. Jahrhunderts v. Chr. entworfen haben mag, wurde bald
weiterentwickelt. Wenn er nicht schon selber, vielleicht in einer
späteren Phase seines Denkens, anstatt vom Zylinder von der kugelförmigen Erde gesprochen hat, so haben nach ihm – wie mehrfach bezeugt – Pythagoras und Parmenides zweifellos für die Kugelform Stellung genommen[60]. »Tatsächlich ist die Kugelgestalt
der Erde – wie man bemerken konnte[61] – eine naheliegende Folge-

---

[58] Vgl. Anm. 49.

[59] Man wird unwillkürlich an den Farnese-Atlas (z. B. am Anfang von
C. A. E. Fanning, Planets, stars and galaxies. Boston 1963) erinnert – ein
Bildwerk aus der Zeit um 300 v. Chr.

[60] Diogenes Laertios schreibt über Pythagoras (8, 48): τὸν οὐρανὸν πρῶτον ὀνομάσαι κόσμον καὶ τὴν γῆν στρογγύλην, ὡς δὲ Θεόφραστος Παρ-
μενίδη. An einer weiteren, vermutlich auf Theophrast zurückgehenden
Stelle heißt es gleichfalls über Parmenides: πρῶτος δὲ οὗτος τὴν γῆν
ἀπέφαινε σφαιροειδῆ καὶ ἐν μέσῳ κεῖσθαι (9, 21). Als Lehre des Pythagoras erscheint die Kugelgestalt der Erde wiederum in den ›Hypomnemata‹.
Vgl. P. Tannery, Pour l'histoire de la science hellène. Paris 1887, S. 236.

[61] W. Burkert, Weisheit und Wissenschaft. Nürnberg 1962, S. 283.

rung aus der These, daß sie in der Mitte der Welt schwebe und ›wegen der Gleichheit‹ nicht nach der einen oder anderen Richtung falle – eine Lehre, die Parmenides aus Anaximander übernahm...«

Aber wichtiger als die bloße Stellungnahme für die Kugelform, war die Tatsache, daß nach der Überlieferung sowohl Pythagoras als auch Parmenides jene »größten Kreise«, die vermutlich schon Anaximander für die Himmelskugel erkannt hatte, auf die Erde übertrugen. Damit konnte jenes Weltbild, das ursrpünglich der Lösung eines Kalenderproblems, der Bestimmung von Tag- und Nachtgleiche diente, zum Ausgangspunkt und zur Grundlage der *mathematischen Geographie* werden. Bevor wir jedoch die antiken Belege über diesen Vorstoß der beiden ins Auge fassen, müssen wir auf einen anderen interessanten Bericht der sogenannten doxographischen Überlieferung aufmerksam machen, indem es heißt[62]: »Thales, Pythagoras und seine Schüler teilen die Kugel des vollen Himmels in *fünf* Kreise, die sie als *Zonen* benennen. Von diesen heißt der eine *arktischer Kreis (und) immersichtbare Zone*, dann kommt der *Sommerwende-Kreis*, der *Äquator*, der *Winterwende-Kreis*, der *antarktische Kreis (und) unsichtbare Zone*. Der zu den drei mittleren *schiefe Kreis*, der sog. *Zodiakus* geht mitten hindurch und berührt die mittleren drei. Der *Meridian* ist senkrecht auf alle diese Kreise, und er schneidet sie durch.«

Trotz der sprachlichen Ungenauigkeiten ist das Zitat als ganzes sinnvoll verständlich und lehrreich. Beginnen wir mit den Ungenauigkeiten.

1. Der erste Satz vermengt zunächst die beiden Begriffe Parallelkreise und Zonen, aber danach werden von den Zonen nur zwei mit Namen benannt: die immersichtbare (im Norden) und die immerunsichtbare (im Süden). Die übrigen Zonen – Streifen zwischen je zwei Parallelkreisen – haben hier keine Namen. Man hört nur von den fünf Kreisen; diese sind der arktische und der antarktische Kreis, die beiden Wendekreise und in der Mitte der Äquator. Zonen gibt es dagegen nach dieser Einteilung fünf oder sechs, je

---

[62] Aet. II 12, 1 (Doxographi Graeci, S. 340): Θαλῆς, Πυθαγόρας καὶ οἱ ἀπ' αὐτοῦ μεμερίσθαι τὴν τοῦ παντὸς οὐρανοῦ σφαῖραν εἰς κύκλους πέντε, οὕστινας προσαγορεύουσι ζώνας. καλεῖται δ' αὐτῶν ὁ μὲν ἀρκτικὸς καὶ ἀειφανής, ὁ δὲ θερινὸς τροπικός, ὁ δὲ ἰσημερινός, ὁ δὲ χειμερινὸς τροπικός, ὁ δὲ ἀνταρκτικός τε καὶ ἀφανής. λοξὸς δὲ τοῖς τρισὶ μέσοις ὁ καλούμενος ζωδιακὸς ὑποβέβληται παρεπιψαύων τῶν μέσων τριῶν. πάντας δὲ αὐτοὺς ὁ μεσημβρινὸς πρὸς ὀρθὰς ἀπὸ τῶν ἀρκτῶν ἐπὶ τὸ ἀντίξουν τέμνει.

nachdem, ob man den Streifen zwischen den beiden Wendekreisen als eine einzige Zone nimmt, oder ob man ihn durch den Äquator in zwei solche halbiert. (Man vergleiche dazu die Zoneneinteilung des Polybios bei Strabon C 97.)

2. Der »schiefe Kreis« (=Ekliptik) wird ohne nähere Erklärung dem »Zodiakus« gleichgesetzt. Falsch ist, daß dieser alle drei mittleren Kreise »berührt«. Denn *berührt* werden vom schiefen Kreis nur die beiden Wendekreise; der Äquator wird durch die Ekliptik *geschnitten*.

3. Ungenau ist auch die Behauptung, der Meridian stehe zu *allen* vorangehend genannten Kreisen *senkrecht*. Er steht nur zu den beiden arktischen Kreisen, den Wendekreisen und zum Äquator senkrecht; den schiefen Kreis schneidet der Meridian in einem stumpfen Winkel

Aber obwohl die Terminologie ungenau ist bzw. nicht exakt angewandt wird, war derjenige, der diese Worte einst niederschrieb, vollkommen im Bilde.

Ob die erwähnte Einteilung der Himmelskugel durch fünf Kreise in Zonen wirklich von Thales und Pythagoras stammt – wie es in der doxographischen Literatur behauptet wird –, ist für uns jetzt gleichgültig. Es handelt sich in den zitierten Worten zweifellos um dasselbe Weltbild, das von uns nach Vitruv für Anaximander rekonstruiert wurde. Von den fünf Kreisen am Himmel hat Anaximander, als er mit dem Gnomon das Äquinoktium bestimmte, allerdings nur drei gebraucht: den Äquator um den Durchmesser NAF und die beiden Wendekreise um die Durchmesser LG und KH herum (nach Abb. 4a, S. 84). Diese drei Kreise wurden wohl bald danach um den arktischen und den antarktischen Kreis zu nunmehr fünf Kreisen ergänzt. Der Unterschied zwischen den hinzugefügten zwei und den ursprünglichen drei Kreisen ist offenbar.

Der Äquator und die Wendekreise wurden nach den veränderlichen Bahnen der Sonne im Jahr bzw. nach den Mittagschatten des Gnomons an vier auffallenden Tagen des Jahres bestimmt. Anders ist der Ursprung des arktischen Kreises. Um diesen auszumachen, mußte man den Nachthimmel beobachten. Es fiel natürlich früh auf, daß manche Sternbilder – wie der Große Bär und auch andere hoch oben im Norden – nie unter den Horizont tauchen; sie ziehen ihre Bahn am Himmel um ein gemeinsames Zentrum herum, darum hat man sie als *immersichtbare Sterne* bezeichnet. Wohl erst zu einer Zeit, als »Äquator« und »Wendekreise« schon geläufige Begriffe waren, hat man als »arktischen Kreis« jenen auf das Himmelsgewölbe gedachten Kreis bezeichnet, der – parallel zu den

Wendekreisen und zum Äquator – die nördliche Kugelkappe des Himmels mit allen immersichtbaren Sternen von unten her begrenzt. Dieser Parallelkreis unterscheidet sich jedoch von den drei mittleren Kreisen in einem sehr wesentlichen Punkt.

Denn einerlei, an welchem Punkt der Erde die Wendekreise und der Äquator mit den Mittagschatten des Gnomons auch bestimmt wurden, der Bogen zwischen den Wendepunkten blieb immer unverändert derselbe. Darum mußte man den Eindruck haben, der Äquator und die Wendekreise stünden, einerlei von welchem Punkt der Erde aus betrachtet, immer an denselben Stellen des Himmels. Aber so war es nicht mit dem arktischen Kreis. Je weiter man nach Norden ging, um so größer wurde die Kalotte der Himmelskugel mit den immersichtbaren Sternen, ja, vom Nordpol aus betrachtet, müssen alle Sterne der nördlichen Kugelhälfte immersichbar sein. Von diesem Punkt aus, den man in der Antike natürlich nie erreicht hat, fällt der sogenannte »arktische Kreis« mit dem Äquator zusammen. Anders gesagt heißt dies auch: Der arktische Kreis der frühgriechischen Wissenschaft ist mit unserem »Polarkreis« nicht identisch.

Natürlich hat die spätere antike Wissenschaft auch die Entsprechung unseres Polarkreises gekannt, aber er hieß dann nach der astronomischen Terminologie nicht mehr »arktischer Kreis«, und es war auch nicht mehr das wichtigste an ihm, daß er die Grenze der nördlichen immersichtbaren Sterne bildete. Ptolemaios schreibt über seinen 33. Parallelkreis, den antiken »Polarkreis«, folgendermaßen[63]: »Wo der längste Tag 24 Äquinoktialstunden hat, dort hat der Parallelkreis vom Äquator 66° 8′40″ Abstand. Er ist der erste der *ringschattigen Parallelkreise*. Da nämlich dort zur Zeit der Sommerwende die Sonne nicht untergeht, so schlagen die Schatten der Gnomone, allerdings nur zu dieser Zeit, die Richtungen nach allen Seiten des Horizonts ein. Dort ist der Sommerwendekreis der immersichtbare (d. h. die Grenze der immersichtbaren Sterne im Norden), und der Winterwendekreis der immerunsichtbare Parallelkreis, weil beide auf entgegengesetzten Seiten, der eine von oben, der andere von unten, den Horizont in *einem* Punkt berühren. Der schiefe Kreis der Ekliptik fällt mit dem Horizont zusammen, wenn der Frühlingsnachtgleichenpunkt aufgeht...«

Doch kommen wir zurück zum doxographischen Bericht über die Himmelskreise. Woher wußte man im Altertum vom »antarktischen Kreis« und von den »immerunsichtbaren Sternen« an der

<hr>

[63] Almagest II 6 (Übersetzung nach Manitius 1912, S. 78 f.).

südlichen Hälfte der Himmelskugel? Stammen diese Kenntnisse etwa aus der unmittelbaren Beobachtung? Herodot erzählt zwar von Phöniziern, die, vom ägyptischen König Necho veranlaßt, schon zu Ende des 7. oder am Anfang des 6. Jahrhunderts v. Chr. Afrika vom Osten her kommend unten umsegelten, und, *während sie nach Westen fuhren, die Sonne auf der rechten Seite hatten*[64]. Das Gebiet, das sie erreichten, muß also südlich vom Winterwendekreis liegen. In der Tat liegt die südliche Spitze von Afrika bedeutend tiefer als $-30°$, und der Winterwendekreis liegt nach antiker Berechnung um $-24°$. So tief unten auf der Erdkugel muß man dann auch, wenn man nach Westen segelt, die Sonne auf der rechten Seite sehen. Es wäre also möglich gewesen, in solchen südlichen Gegenden Sterne um den Südpol herum kennenzulernen, die für die dort Lebenden »immersichtbar«, für die Griechen jedoch »immerunsichtbar« waren. Doch hat Herodot dem Bericht der Phönizier keinen Glauben geschenkt. Wahrscheinlich haben die Griechen zu einer so frühen Zeit das Wissen vom »antarktischen Kreis« und von den »immerunsichtbaren Sternen« der südlichen Kugelkappe des Himmels nicht aus unmittelbarer Erfahrung geschöpft, sondern eher aus der Theorie selbst erschlossen. (Herodot deutet tatsächlich an, er habe Leute gekannt, die den Bericht der Phönizier für zutreffend hielten. Diese müssen also die Theorie von der Kugelgestalt der Erde sowie von der Zoneneinteilung des Himmels und der Erde besser als Herodot gekannt haben.)

Aber beachtenswert ist der Bericht des »Vaters der Geschichte« auch noch von einem anderen Gesichtspunkt aus. Diejenigen, die von ihrem Erlebnis erzählten, müssen selbstverständlich auch bemerkt haben, daß die Mittagschatten in diesen Gebieten nicht nach Norden, sondern nach Süden fielen. Die Sonne auf der rechten Seite, wenn man nach Westen zugewandt ist, und der Mittagschatten nach Süden, das sind gleichwertige Beobachtungen. Herodots Bericht ist also ein Beleg auch dafür, daß die *Richtung des Mittagschattens* schon so früh, in archaischer Zeit, ein wichtiges Element der geographischen Orientierung gewesen ist. Wir werden später sehen, wie die frühgriechische Wissenschaft die Richtung des Schattens in der Zoneneinteilung der Erde benutzt hat.

Der doxographische Bericht redet also von *fünf* Kreisen am Himmel[65], die die Grenzen der Zonen bilden. Von jedem beliebi-

---

[64] Herodot IV, 42: ἔλεγον ἐμοὶ μὲν οὐ πιστά, ἄλλῳ δὲ δή τεῳ, ὡς περιπλέοντες τὴν Λιβύην τὸν ἥλιον ἔσχον ἐς τὰ δεξιά. Vgl. J. L. Dreyer, History of astronomy from Thales to Kepler. Boston 1953, S. 39.

[65] Siehe oben Anm. 62.

gen Punkt der Erde aus bleiben von den fünf nur *drei* Kreise immer dieselben: der Äquator und die beiden Tropenkreise. (Die übrigen zwei, der arktische und der antarktische Kreis, verändern sich je nachdem, von welchem Punkt der Erde aus der Nachthimmel beobachtet wird.) Zweifellos war allererste Vorbedingung und Ausgangspunkt der Zoneneinteilung die Erkenntnis des *Äquators* und seine »Fixierung«. Auf den Äquator bezogen, sind die Wendekreise Parallelen, auch heute werden noch die Breitenkreise vom Äquator ab (0°) nach Norden (+) und nach Süden zu (−) gezählt. Der griechische Name des Äquators (»taggleicher Kreis« = ἰσημε-ρινὸς κύκλος verrät auch, daß die Zoneneinteilung des Himmels historisch von einem Problem des Kalenders, von der Suche nach dem Äquinoktium ausgegangen war. Auch der Name »Zone« (= »Gürtel«) verweist auf das Gnomon-Weltbild des Anaximander. Die ältesten »Zonen« entstanden wohl dadurch, daß man in den Meridiankreis mit den Durchmessern des Äquators und der Wendekreise die beiden Streifen eintrug. (Nur in einem erweiterten Sinne desselben Wortes konnte dann auch die nördliche Kalotte der Himmelskugel mit den immersichtbaren Sternen als eine »Zone« bezeichnet werden.)

Der nächste Schritt der Entwicklung – nachdem die Lösung des Kalender-Problems zur Zonen-Einteilung des Himmels geführt hatte – bestand darin, daß dieselben Zonen als gültig auch für die Erdkugel erkannt wurden. Die Überlieferung, die diesen Ausbau der Theorie dem Pythagoras zuschreibt, hebt hervor, daß die offenbar *ältere* Einteilung des Himmels auf die Erde übertragen wurde[66]. Es ist ein oft wiederkehrendes Motiv der antiken einschlägigen Quellen, zu betonen, daß die fünf Zonen der Erde denjenigen des Himmels entsprechen. Viel später noch liest man bei Strabon[67]: »Fünf Zonen hat der Himmel, und *fünf* Zonen hat auch die Erde; und dieselben Namen haben die Zonen unten, wie die anderen oben... Einem jeden der himmlischen Kreise entspricht ein

[66] Plac. phil. III, 14 (H. Diels, Doxographi Graeci, S. 378): Πυθαγόρας τὴν γῆν ἀναλόγως τῇ τοῦ παντὸς οὐρανοῦ σφαίρᾳ διῃρῆσθαι εἰς πέντε ζώνας, ἀρκτικήν, ἀνταρκτικήν, θερινήν, χειμερινήν, ἰσημερινήν. – Vgl. Galenus (Ed. Kuhn), vol. XIX, S. 296 (Doxographi Graeci, S. 633). Plutarch, De oracul. def., S. 429 (F): ἐν δὲ τῷ παντὶ πέντε μὲν ζώνας ὁ περὶ γῆν τόπος, πέντε δὲ κύκλοις ὁ οὐρανὸς διώρισται, δυσὶν ἀρκτικοῖς καὶ δυσὶ τροπικοῖς καὶ μέσῳ τῷ ἰσημερινῷ, etc.

[67] Strabon C 111: Πεντάζωνον μὲν γὰρ ὑποθέσθαι δεῖ τὸν οὐρανόν, πεντάζωνον δὲ καὶ τὴν γῆν, ὁμωνύμως δὲ καὶ τὰς ζώνας τὰς κάτω ταῖς ἄνω. ὑποπίπτει δ' ἑκάστῳ τῶν οὐρανίων κύκλων ὁ ἐπὶ γῆς ὁμώνυμος αὐτῷ καὶ ἡ ζώνη δὲ ὡσαύτως τῇ ζώνῃ.

ebenso genannter Kreis darunter auf der Erde, und ebenso entspricht auch je eine (irdische) Zone einer himmlischen Zone darüber...«

Die Frage, ob die Projektion der Kreise des Himmelsgewölbes auf die Erde wirklich auf Pythagoras zurückzuführen sei, und nicht vielleicht eher auf Parmenides, wie es eine parallele antike Überlieferung will, ist für uns nicht besonders wichtig. Es handelt sich jedenfalls zweifellos um alte, archaische Errungenschaften der griechischen Wissenschaft, die als organische Weiterbildung jenes Weltbildes anmuten, das für Anaximander rekonstruiert wurde. Aber interessant ist der Bericht, der die irdische Zonenlehre dem Parmenides zuschreibt, deswegen, weil er etwas enthält, was in der anderen Überlieferung fehlt. Man liest bei Strabon[68]: »Poseidonios behauptet, daß der erste, der die Einteilung der fünf Zonen eingeführt hatte, Parmenides war. Doch hielt Parmenides die Breite der durchbrannten Zone für beinahe doppelt so groß, da diese auch über die beiden Wendekreise hinaus in die gemäßigten Zonen eingriffe...«

Die Einteilung in fünf Zonen durch Parmenides ist auch sonst belegt[69]. Aber wichtiger ist hier – was aus dem angeführten Zitat eindeutig hervorgeht –: Parmenides wollte die Wendekreise nicht als Grenzen zwischen zwei Zonen (nach Norden bzw. nach Süden) gelten lassen. Angedeutet wird auch jene andere Auffassung, die die heiße Zone zu beiden Seiten des Äquators zwischen die beiden Wendekreise einschließt, während sie die beiden gemäßigten Zonen (εὔκρατοι) durch je einen Wendekreis und durch den arktischen, bzw. antarktischen Kreis begrenzt. Strabon gibt diese Auffassung wieder unter dem Namen des späteren Aristoteles[70].

Es tauchte also, zusammen mit der Projektion der himmlischen Kreise auf die Erde, sogleich auch das Problem der »klimatischen« Verhältnisse, und damit die Frage nach der Bewohnbarkeit der einzelnen Gebiete für den Menschen auf. Parmenides hielt jenes

---

[68] Strabon C 94: Φησὶ δὴ ὁ Ποσειδώνιος τῆς εἰς πέντε ζώνας διαιρέσεως ἀρχηγὸν γενέσθαι Παρμενίδην· ἀλλ᾽ ἐκεῖνον μὲν σχεδόν τι διπλασίαν ἀποφαίνειν τὸ πλάτος τὴν διακεκαυμένην [τῆς μεταξὺ τῶν τροπικῶν] ὑποπίπτουσαν ἑκατέρων τῶν τροπικῶν εἰς τὸ ἐκτὸς καὶ πρὸς εὐκράτους.

[69] Andere Quellen dafür sind: Achill., Isag. 31 (67, 27M). Aet., III 11,4 (Doxographi Graeci, 377a 8). Euseb., Praep. Ev. XV 57,4. Galen, Hist. phil. (Ed. Kuhn) vol. XIX, S. 296 (Doxographi Graeci, S. 62, 377, 633).

[70] Strabon, C 94: Ἀριστοτέλη δὲ αὐτὴν [= die heiße Zone] καλεῖν τὴν μεταξὺ τῶν τροπικῶν, τὰς δὲ μεταξὺ τῶν τροπικῶν καὶ τῶν ἀρκτικῶν εὐκράτους...

Gebiet, das er als »durchbrannte Zone« (διακεκαυμένη) bezeichnete, für unbewohnbar wegen der Hitze[71]. (Die Ansichten der Alten darüber, welche Gebiete der Erdkugel bewohnt und welche unbewohnt waren, änderten sich mit der Erweiterung der geographischen Kenntnisse. Gewöhnlich beschränkte man die »Oikumene« auf einen Streifen der nördlichen Hemisphäre.)

Zusammenfassend wird die Zoneneinteilung der Erde im Werk des späteren Geminus geschildert[72]: »Die Oberfläche der Erde ist der Oberfläche einer Kugel gleich, und sie wird in *fünf* Zonen eingeteilt. Von diesen heißen die beiden um die Pole gelegenen, die von der Bahn der Sonne am weitesten entfernt liegen, die *kalten*; sie sind wegen der Kälte unbewohnbar. Begrenzt werden sie von den arktischen Kreisen. Die beiderseits anschließenden Zonen, die sich gegenseitig in ihrer Lage zur Bahn der Sonne entsprechen, heißen die *gemäßigten*. Begrenzt werden diese von den irdischen arktischen Kreisen, bzw. von den beiden Wendekreisen, so daß sie zwischen diesen liegen. Die noch übrigbleibende Zone, die in der Mitte zwischen den zuletzt genannten (also: zwischen den beiden Tropenkreisen) gerade unter der Bahn der Sonne liegt, wird die *heiße Zone* genannt. Diese wird vom irdischen Äquator, der unter dem kosmischen Äquator liegt, in zwei Hälften geteilt.«

Noch stärker wird die Parallelität des Himmels und der Erde vom Geographen Strabon hervorgehoben (C 111): »Nachdem der Äquator den ganzen Himmel in zwei gleiche Teile zerteilt, muß man notwendigerweise auch die Erde mit ihrem Äquator zweiteilen. Die eine der Halbkugeln – der himmlischen wie der irdischen – ist die nördliche, die andere die südliche. So ist es auch mit der heißen Zone, die durch den Äquator ebenfalls zweigeteilt wird: die eine ist die nördliche, die andere die südliche Hälfte dieser Zone; offenbar ist auch von den gemäßigten Zonen die eine nördlich, die andere südlich, je nachdem, auf welcher Halbkugel sie liegen. Die nördliche Halbkugel ist diejenige, auf der die gemäßigte Zone so gelegen ist: wenn man von Osten nach Westen schaut, hat man rechts den Pol, und links den Äquator, oder: wenn man nach Süden schaut, dann hat man rechts Westen und links Osten; auf der südlichen Halbkugel ist es umgekehrt. Offenbar leben wir also auf der einen Halbkugel, und zwar auf der nördlichen...

---

[71] Ebd.: ... διακεκαυμένην γὰρ λέγεσθαι τὸ ἀνοίκητον διὰ καῦμα ...
[72] Gemini, Elementa astronomiae. (Ed. Manutius) Leipzig 1898, S. 160ff.

9. Die Richtung des Mittagschattens

Es bleiben jedoch zwei interessante Fragen: Woran hat man die Projektionen der himmlischen Kreise auf die Erdoberfläche erkannt? Und, falls man diese Frage beantworten kann: Wann wurden die Projektionen der himmlischen Kreise auf die Erdkugel genau bestimmt?

Es sei vorausgeschickt, daß wir diese Fragen nur mit Vermutungen beantworten können. Beginnen wir mit der Wiederholung dessen, daß das Erkennen des Sommerwendekreises am Himmel den Griechen dadurch nahegelegt wurde, daß dieser Kreis die nördlichste Bahn der Sonne am längsten Tag des Jahres ist, wenn der Gnomon den kürzesten Mittagschatten wirft. Dementsprechend ist die südlichste Bahn der Sonne am kürzesten Tag des Jahres, wenn der Mittagschatten am längsten ist, der Winterwendekreis am Himmel.

Zur Beantwortung der Frage, wo der *irdische* Sommerwendekreis liege, führte wohl jene Beobachtung, daß, je südlicher man geht, um so kürzer auch der kürzeste Mittagschatten der Sommerwende wird. Es muß folglich im Süden auch einen Ort geben, wo der Mittagschatten eben am Tag der Sommerwende verschwindet. An diesem Ort steht die Sonne zur Zeit des Mittags senkrecht über dem Kopf des Beobachters, im Zenit; dort liegt ein Punkt des irdischen Sommerwendekreises.

Der Gelehrte der hellenistischen Zeit, Eratosthenes (zwischen 276-195 v. Chr.) wußte schon auf alle Fälle, daß Syene – Assuan im Süden Ägyptens – gerade unter dem Sommerwendekreis des Himmels liegt, denn hier verschwindet der Mittagschatten am Wendetag[73], hier mußte also der irdische Sommerwendekreis hindurchgehen. Damit ist noch nicht gesagt, daß Eratosthenes der erste gewesen wäre, der diese Tatsache erkannt hat.

Erreicht nun die Sonne über Syene ihre nördlichste Bahn des Jahres, so muß in den noch südlicheren Gegenden der Mittagschatten des Gnomons – zumindest für einige Zeit vor (und auch nach) der Sommerwende – nicht nach Norden, sondern gerade umgekehrt nach Süden gerichtet sein. Und da die Parallel-Bahnen der Sonne sich im Laufe eines Jahres zwischen den beiden Wendekreisen ununterbrochen hin- und herbewegen, müssen auch die Mittagschatten des Gnomons in den Gebieten zwischen den beiden irdischen Wendekreisen bald nach Norden, bald nach Süden fallen.

---

[73] Cleomedis, op. cit. I 10.

Das heißt: nach Norden zeigen die Schatten der Gnomone zur Mittagszeit in diesen Gebieten, wenn die Sonnenbahn südlich von ihnen verläuft, und nach Süden wenden sich dort die Schatten in den Monaten, wenn die Bahn der Sonne zum Norden strebt. Darum heißen die Bewohner dieser Gebiete bei Strabon »zweischattig« (ἀμφίσκιοι), da bei ihnen der Mittagschatten des Gnomons in der einen Jahreszeit nach Norden, in der anderen nach Süden fällt.

Einander entgegengesetzt sind die Richtungen der Mittagschatten in den beiden gemäßigten Zonen: in der auf der nördlichen Hemisphäre zeigen diese Schatten immer nach Norden, in der auf der südlichen Kugelhälfte dagegen immer nach Süden. Darum heißen bei Strabon (C 135) die Bewohner der beiden gemäßigten Zonen ἑτερόσκιοι, d. h.: solche, deren Mittagschatten einander *entgegengesetzt* sind.

Aber wußte man denn in der Antike schon von den Bewohnern einer gemäßigten Zone auf der südlichen Kugelhälfte? Ptolemaios im 2. Jahrhundert n. Chr. schreibt darüber[74]: »Daß es bewohnte Orte unter dem Äquator geben könne, hält man für möglich, weil dort eine sehr gemäßigte Jahrestemperatur herrschen muß. Denn die Sonne verweilt weder lange Zeit im Zenit, weil in der Nähe der Nachtgleichenpunkte die Veränderung der Deklination sehr rasch vor sich geht, weshalb der Sommer mild sein dürfte, noch hat sie bei den Wenden einen großen Zenitabstand, so daß sie auch keinen strengen Winter verursachen kann. – Welches aber die Orte sind, die bewohnt werden, das können wir erfahrungsgemäß nicht sagen; denn unbetreten sind sie bis zum heutigen Tag von den Menschen des zur Zeit bewohnten Gebietes der Erde, und was von ihnen erzählt wird, das möchte man wohl mehr für Dichtung als für Wahrheit halten...«

Die Schattenverhältnisse der südlichen Hemisphäre wurden also nicht – zumindest vorwiegend nicht – aus der Erfahrung geschildert, sondern auf Grund der Theorie erschlossen. Aber man konnte sich immerhin bei der Bildung der Begriffe ἀμφίσκιοι und ἑτερόσκιοι auf die Beobachtung berufen. Insofern war das Lokalisieren des Sommerwendekreises der nördlichen Halbkugel dort, wo der Mittagschatten an einem bestimmten Sommertag verschwindet, noch eine *empirische* Errungenschaft. Aber was den Ort des Äquators selbst und die dortigen Verhältnisse betrifft, so konnte man nur Schlüsse aus der Theorie anführen. Darum

---

[74] Almagest II 6. (Übersetzung nach Manitius, Bd. 1, 1912, S. 70).

schreibt Ptolemaios in seiner Schilderung der von Parallelkreis zu Parallelkreis auftretenden Verhältnisse[75]: »... nur der Äquator wird überall vom Horizont halbiert und macht infolgedessen die auf ihm verlaufenden Tage den Nächten für die sinnliche Wahrnehmung gleich, weil er zu den größten Kreisen gehört, während die übrigen Kreise (d. h. also: die parallelen Breitenkreise) vom Horizont in ungleiche Abschnitte geteilt werden.«

Dann heißt es im selben Zusammenhang noch, daß der direkt unter dem Äquator verlaufende Parallelkreis »zweischattig« (ἀμφίσκιος ist. »Zweimal kommt die Sonne für die unter diesem Parallelkreis liegenden Orte in den Schnittpunkten der Ekliptik mit dem Äquator[76] in den Zenit, so daß nur zu diesen Zeitpunkten die Gnomone zur Mittagstunde schattenlos werden. Während aber die Sonne den nördlichen Halbkreis der Ekliptik durchwandert, zeigen die Schatten der Gnomone nach Süden, durchwandert sie dagegen den südlichen Halbkreis, dann zeigen sie nach Norden.«

Das Beobachten der Schatten zur Mittagszeit führte also zur Bestimmung des irdischen Sommerwendekreises der nördlichen Halbkugel in der Umgebung von Syene; insofern waren die beiden Termini ἑτερόσκιοι und ἀμφίσκιοι empirischen Ursprungs. Doch die Bestimmung des irdischen Äquators und des Winterwendekreises auf der südlichen Kugelhälfte war schon eher ein Schluß aus der Theorie.

Noch mehr theoretischen Ursprungs war die örtliche Bestimmung jenes irdischen Parallelkreises, der unserem »Polarkreis« entspricht. In diesem Fall konnte man nicht den arktischen Kreis des Himmels auf die Erdkugel in der Mitte des Weltalls projizieren, denn der arktische Parallelkreis, als Grenze der immersichtbaren Sterne um den Nordpol herum, war gar nicht derselbe, wenn man von Athen oder von Alexandria aus beobachtete. Je weiter man nach Norden ging, um so mehr Sterne mußte man zu den immersichtbaren rechnen, und um so größer wurde jener Kreis, der diese Sterne begrenzte.

Eben diese letztere Beobachtung führte zu dem Schluß, der die Bestimmung jenes wichtigen Parallelkreises ermöglichte, mit dem man den früheren, unsicheren »arktischen Kreis« ersetzen konnte.

---

[75] Ebd., S. 69.
[76] Die »Schnittpunkte der Ekliptik mit dem Äquator« sind: der Frühlings- bzw. der Herbstpunkt oder – unter anderem Namen – die beiden Äquinoktien.

Je nördlicher der Beobachtungsort liegt, um so größer wird der Parallelkreis als Grenze der immersichtbaren Sterne. Es muß also auf der nördlichen Halbkugel offenbar Stellen geben, von denen aus gesehen die Grenze der immersichtbaren Sterne um den Nordpol herum mit dem Sommerwendekreis zusammenfällt. Da jedoch der Sommerwendekreis die Bahn der Sonne am Tag der Sommerwende ist, wird die Sonne dort, wo die Grenze der immersichtbaren Sterne mit dem Wendekreis zusammenfällt, mindestens an diesem einen Tag des Jahres *nicht* unter dem Horizont verschwinden; sie wird ihn umkreisen. Auch der Schatten des Gnomons wird an diesem Tag einen vollen Kreis beschreiben. Ptolemaios sagt über diesen Parallelkreis – wie oben schon zitiert[77]: »Er ist der erste der *ringsschattigen* Parallelkreise... Dort ist der Sommerwendekreis der immersichtbare...«

Der erste ringsschattige Parallelkreis auf der nördlichen Kugelhälfte muß also durch jene Stellen gehen, von denen aus gesehen der arktische Kreis der immersichtbaren Sterne mit dem Sommerwendekreis zusammenfällt, wo also der längste Tag des Jahres 24 Stunden dauert. Die Bestimmung dieses Parallelkreises ist von theoretischem Gesichtspunkt aus unanfechtbar, aber damit ist natürlich nicht gesagt, daß man dieses Gebiet in der Antike auch aus der Erfahrung kannte – abgesehen vielleicht von dem Massalioten Pytheas.

Das Gleichsetzen des »arktischen Kreises« mit dem »ersten ringsschattigen Parallelkreis« war unter den hellenistischen Gelehrten wohlbekannt. Auch Strabon erwähnt diese Tatsache, eben im Zusammenhang mit den drei Termini: ἀμφίσκιοι, ἑτερόσκιοι und περίσκιοι (=die ringsschattigen). Nachdem er vorausgeschickt hatte, daß der Mittagschatten des Gnomons in der gemäßigten Zone der nördlichen Hemisphäre nur nach Norden und in der ähnlichen gemäßigten Zone des Südens nur nach Süden gerichtet sei, fügte er hinzu: So ist es überall, wo der »arktische Kreis« kleiner als der Sommerwendekreis ist. Wo jedoch diese beiden zusammenfallen, dort beginnt das »ringsschattige« Gebiet[78].

Die Zoneneinteilung auf Grund der Richtung des Mittagschattens war ein wichtiges Problem der hellenistischen Wissenschaft. Man fragte sich z. B., als man die geographische Lage Indiens bestimmen wollte, ob dort »die Schatten umschlagen« (εἰ μεταπίπ-

[77] Vgl. Anm. 63.
[78] C 135–136.

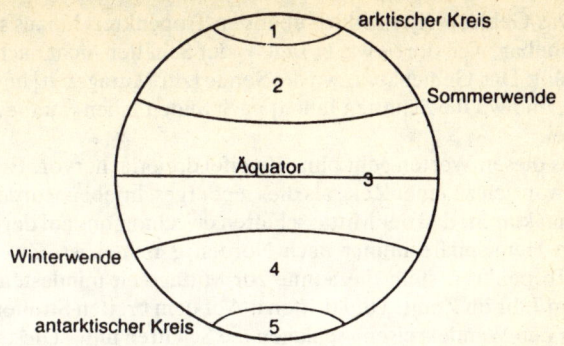

Abb. 7 Die fünf Zonen der Erde. Nach dieser Skizze wird die Zone 3 durch den Äquator halbiert. Darum rechnet man manchmal nicht 5, sondern 6 Zonen.

τουσιν σί σκιαί) oder nicht[79]. Auch Philon, der Admiral von König Ptolemaios I. (367-283 v. Chr.), vermerkte in seiner Reisebeschreibung über Äthiopien, er habe in Meroë beobachtet, daß die Sonne hier schon 45 Tage vor der Sommerwende im Zenit stünde; demnach dauere hier das »Umschlagen der Schatten« etwa drei Monate[80].

Wie alt mag wohl die Zoneneinteilung der Erde nach der Richtung des Mittagschattens sein? Man wird wohl zunächst an die hellenistische Wissenschaft denken, da man die drei wichtigsten einschlägigen Termini – ἀμφίσκιοι, ἑτερόσκιοι und περίσκιοι – aus einem Text vor Strabon kaum nachweisen kann. Aber dieser chronologische Schluß wäre doch voreilig. Dieselbe Einteilung der Erde nach Schattenrichtungen war auch schon in der voraristotelischen Wissenschaft der Griechen üblich. Dies geht z.B. aus einer Stelle der ›Meteorologica‹ hervor[81]. Aristoteles redet hier von bewohnbaren und unbewohnbaren Gebieten, wobei er sich derselben Einteilung der Erdkugel in fünf Zonen bedient – ohne daß er das Wort »Zonen« gebrauchte –, welche die doxographische Literatur dem Pythagoras und dem Parmenides zuschreibt. Als Grenzen des bewohnbaren Streifens auf der nördlichen Hemisphäre sieht er den Wendekreis und den Kreis der immersichtbaren Sterne

[79] Vgl. Strabon C 75–76.
[80] Ebd. C 77.
[81] II 5,362a 32 – b 30. Vgl. M. R. Cohen, I. R. Drabkin, Source book in greek science. Cambridge, Mass. 1958, S. 161 f.

an. Das Gebiet weiter südlich über den Tropenkreis hinaus sei unbewohnbar, weil dort – wie er sagt – »der Schatten nicht nach Norden fällt. Das Gebiet aber, wo die Sonne [zur Mittagszeit] im Zenit steht, und wo die Schatten [auch] nach Süden fallen«, unbewohnbar sei.

Aus diesen Worten geht ohne Zweifel dreierlei hervor. Erstens: Man war sich zu jener Zeit, als dies niedergeschrieben wurde, darüber im klaren, daß der Mittagschatten des Gnomons auf der nördlichen Hemisphäre immer nach Norden gerichtet ist. Zweitens: Am Tropenkreis steht die Sonne zur Mittagszeit mindestens einmal im Jahr im Zenit. Und drittens: Auf dem breiten Streifen zwischen den Wendekreisen »schlagen die Schatten um«. Dieses letztere Gebiet ist also nach der bei Strabon und Ptolemaios benutzten Terminologie: »zweischattig«. Es fehlt an dieser Stelle bei Aristoteles – obwohl er Strabons drei Termini nicht benutzt – eigentlich nur der Hinweis darauf, daß das unbewohnbare, kalte »arktische« Gebiet *ringsschattig* ist.

Jene Herodot-Stelle (IV 42), wonach die Phönizier auf ihrem südlichen Weg um Afrika herum nach Westen die Sonne auf der rechten Seite gesehen hatten, ist nur um etwa hundert Jahre älter als die eben erwähnte Aristoteles-Stelle.

10. Antipoden und Tageslänge

Die Lehre des Anaximander von der unbeweglich in der Mitte des Weltalls feststehenden Erde ergänzt durch die Erkenntnis, daß die Erde kugelförmig sein muß und daß sie in fünf natürliche Zonen eingeteilt werden kann, hat noch zu weiteren beachtenswerten Überlegungen geführt.

Man glaubte in dieser Sicht vor allem die Begriffe *oben* und *unten* schärfer ins Auge fassen zu müssen. Anaximander wollte die Unbeweglichkeit der Erde damit begründen, daß sie in der Mitte des mächtigen, kugelförmigen Weltalls – gleich weit entfernt von allem, rechts und links, oben und unten – keinen Grund hätte, sich in irgendeine bevorzugte Richtung zu bewegen; es gebe für sie keine bevorzugte Richtung. Weiter ging Platon im ›Timaios‹: Ist das All eine mächtige Kugel, so hat darin »unten« und »oben« keinen Sinn[82]. Versuchte jemand diese Kugel rundherum zu gehen, so

---

[82] Timaios 63a: τὸ μὲν γὰρ ὅλον ... σφαιροειδὲς ὄν, τόπον τινὰ κάτω, τὸν δὲ ἄνω λέγειν ἔχειν οὐκ ἔμφρονος ...

müßte er oft als *Gegenfüßler* (=ἀντίπους) denselben Platz bald als »unten« und bald als »oben« bezeichnen[83]. Hier begegnet man zum ersten Male[84] in den uns erhaltenen antiken Texten dem einst so kühnen Terminus der theoretischen Geographie der Griechen: ἀντίπους, der »Gegenfüßler«, der mit seiner Sohle der Sohle des Andern gegenübersteht.

Aufgetaucht war das antike Problem der Antipoden, und auch die selbstsichere Antwort darauf, offenbar infolge der Ansicht Anaximanders über die Stellung der Erde im Kosmos und der Erkenntnis der Kugelgestalt. Fällt die Erdkugel als Zentrum des Kosmos nicht hinunter ins Leere, dann werden auch die Lebewesen, die auf der unteren – oder nur von uns aus gesehen »unteren« – Hälfte der Kugel eventuell existieren, nicht herunterfallen, obwohl sie, wenigstens im Vergleich zu unserer Lage, mit dem Kopf herunterhängen und mit der Sohle aufwärts gerichtet stehen.

Mit der Kugelgestalt der Erde wurde auch die Frage unumgänglich, auf welchem Teil bzw. auf welchen Teilen der Kugeloberfläche denn die Wohnsitze der Menschen seien. Diese Frage hat sowohl die Geographen als auch die Astronomen lebhaft beschäftigt. Von den einschlägigen Werken ist zwar nicht viel erhalten geblieben, aber u. a. hat z. B. der Mathematiker und Astronom Theodosios vermutlich im 2. Jahrhundert v. Chr. ein Buch über die »Wohnsitze« verfaßt[85]. Das Werk beruht, wie man zeigen konnte[86], offenbar auf sehr alten Quellen.

Soviel konnte man leicht feststellen, daß Griechenland in die gemäßigte Zone der nördlichen Hemisphäre fällt. Eine Zeitlang versuchte man sogar, das gesamte bewohnte oder bewohnbare Gebiet, die »Oikumene«, auf die nördliche gemäßigte Zone zu beschränken. Auch bei Aristoteles begegnet man der Ansicht, im Prinzip seien beide gemäßigten Zonen bewohnbar – wobei die Frage offenbleibt, ob auch in der gemäßigten Zone des Südens

---

[83] Ebd. .... εἰ καὶ περὶ αὐτὸ πορεύοιτό τις ἐν κύκλῳ, πολλάκις ἂν στὰς ἀντίπους ταὐτόν αὐτοῦ κάτω καὶ ἄνω προσείποι.

[84] Man darf die Bemerkung bei Diogenes Laertios (III, 24) über Platon: πρῶτος ἐν φιλοσοφίᾳ ἀντίποδας ὠνόμασε wohl nur *cum grano salis* gelten lassen. Der Terminus wird vermutlich älter sein als Platon.

[85] Vgl. R. Fecht, Theodosii De habitationibus liber. De diebus et noctibus libri duo. (Abh. d. Ges d. Wissensch. Göttingen, Phil.-hist. Klasse, NF XIX, 4. Berlin 1927.)

[86] Fr. Hultsch, ›Astronomie‹ in: RE, Halbband 1896, Sp. 1828–1862, bes. Sp. 1834.

wirklich Menschen leben. Allerdings wären die Gegenden südlich des Sommerwendekreises (Syene) für den Menschen unerträglich heiß, während man nördlich des arktischen Kreises wegen der Kälte nicht leben könnte[87].

Mit der allmählichen Ausdehnung der geographischen Kenntnisse erweiterten sich dann sowohl die »Oikumene« wie überhaupt die erforschten Gebiete der Erdkugel. Ptolemaios schrieb im 2. Jahrhundert n. Chr. über die Grenzen der bekannten Erdgebiete schon in diesem Sinne[88]: Teilt man einen großen Kreis der Erde in 360 Grade (360°), so liegt die südliche Grenze der bekannten Teile beim Breitenkreis 16°25′ südlich des Äquators. (Der Parallelkreis durch Meroë liegt ebenso weit nördlich des Äquators wie der andere Breitenkreis – die Grenze – südlich des Äquators.) Die Nordgrenze bildet der Parallelkreis 63° nördlich des Äquators; dies ist der Breitenkreis durch Thule. So beträgt die gesamte Nord-Süd-Breite des bekannten Gebietes 79°25′, oder annähernd 80°.

In östlicher Richtung ist die Erde bis 119°30′ bekannt, vom Meridian von Alexandria am Äquator gerechnet. Die westliche Begrenzung liegt dagegen bei 60°30′ westlich des Meridians von Alexandria.[89]

Die ganze Ost-West-Länge der bekannten Teile der Erdkugel beträgt also 180°, d. h. einen Halbkreis.

Interessanter jedoch als dieser Bericht über die Grenzen der konkreten geographischen Kenntnisse sind die theoretischen Überlegungen der Alten: Wie verhalten sich die Bewohner der einzelnen Zonen – falls es von Menschen bewohnte Gebiete auch südlich vom Äquator wirklich gibt –, was ihre Zeitbetrachtung betrifft, infolge ihrer Lage zueinander? Überraschend ist, daß die Beobachtungen der antiken Gelehrten, erzielt ohne konkrete Erfahrung, bloß auf Grund der Theorie, wie man bald sehen wird, im Grunde völlig zutreffend sind. Man bedenke auch, daß die betreffenden Überlegungen in einem populärwissenschaftlichen Werk des Kleomedes überliefert wurden. Man weiß über diesen Verfasser eigentlich nichts. Selbst seine Lebenszeit konnte man nur deswegen etwa in das 1. Jahrhundert v. Chr. datieren, weil er keinen späteren Schriftsteller als Poseidonios (135–51 v. Chr.) erwähnt

[87] Vgl. oben Anm. 81.
[88] Ptolemaios, Geographica VII 5, 12–14.
[89] Wie man sieht, spielt in dieser antiken geographischen Berechnung der »Meridian über Alexandria« dieselbe Rolle wie für uns heute die »Länge von Greenwich«.

und andererseits den Ptolemaios (2. Jahrhundert n. Chr.) noch nicht zu kennen scheint. Das Werk selbst, die κυκλικὴ θεωρία[90], ist eine leicht lesbare Zusammenfassung von Kenntnissen, die der durchschnittlich Gebildete zu jener Zeit besessen haben mag.

Kleomedes beginnt nun seine Erörterungen, die hier zusammengefaßt werden, mit der fünffachen Zoneneinteilung, die vorhin schon behandelt wurde. Wie die Skizze (Abb. 7, S. 115) zeigt, sind seine erste und fünfte Zone die arktische und die antarktische Kugelkappe. Diese Gebiete gelten als unbewohnbar wegen der Kälte. Ebenso unberücksichtigt bleibt auch die breiteste, die dritte Zone zu beiden Seiten des Äquators bis zu den Wendekreisen – wegen der Hitze. In Betracht kommen nur die gemäßigten Zonen – die zweite und die vierte – auf der nördlichen und der südlichen Halbkugel. Einerlei, ob in diesen Zonen wirklich rund um die Erde Menschen leben, die Jahrestemperatur ist in diesen Gegenden jedenfalls so beschaffen, daß menschliches Leben hier überall möglich ist. Überlege man sich darum, wie die Menchen dieser beiden Zonen Tag und Nacht erleben.

Die Menschen der zweiten Zone auf jener Seite der Kugel, die dem Betrachter zugewandt ist, mögen etwa Tageslicht haben, während die Sonne diese Seite der Kugel beleuchtet. Hier ist hellichter Tag, während zur selben Zeit die hintere Seite der Kugel im Dunkeln liegt; dort ist Nacht. Dem Tag auf der einen Seite der Kugel entspricht die Nacht auf der anderen Seite, Mittag auf der vorderen Seite, Mitternacht auf der hinteren. Beginnt man die Zeitrechnung mit dem Aufgehen der Sonne auf der vorderen Seite, so gehört die Nacht der Rückseite noch dem vorigen Tag an. Die Menschen beider Seiten dieser Zone sind aufeinander bezogen, nach antiker Terminologie: ἄντωμοι, d. h. solche, »die mit den Schultern« (oder »mit den Rücken«) einander gegenüberstehen.

Anders verhält es sich in der vierten Zone. Die Menschen auf der Vorderseite der Kugel haben in dieser Zone zu derselben Zeit Tageslicht und Nacht, wie die anderen in der zweiten Zone. Aber es gibt dennoch einen wesentlichen Unterschied zwischen den beiden Zonen. Durchwandert die Sonne ihre tägliche Bahn über dem Sommerwendekreis oben, so verweilt sie in der Nähe der Menschen der zweiten Zone, darum haben diese Sommer. Zur gleichen Zeit ist sie von der vierten Zone am entferntesten; hier unten ist also Winter. In den beiden Zonen verlaufen die Jahreszeiten also

[90] Vgl. oben Anm. 19. Über Kleomedes siehe T. Heath, History of Greek mathematics. Oxford 1921, Bd. 2, S. 235–236.

einander entgegengesetzt. Herbst und Winter der vierten Zone entsprechen Frühling und Sommer der zweiten. Darum heißen die Bewohner dieser beiden Zonen – auf derselben vorderen oder hinteren Seite – aufeinander bezogen: ἄντοικοι, solche, »die einander gegenüber wohnen«[90a].

Und man kann schließlich auch noch die Bewohner der vorderen Seite der Kugel in der zweiten Zone mit denjenigen der hinteren Seite in der vierten Zone vergleichen. Die Menschen dieser beiden Gebiete stehen mit ihren Füßen einander gegenüber. Was für die einen – in der zweiten Zone der Vorderseite – »oben« ist, das muß für die anderen – in der vierten Zone auf der Rückseite – »unten« sein. Darum heißen diese – aufeinander bezogen – »Gegenfüßler« = ἀντίποδες. Sowohl die Tages- wie auch die Jahreszeiten sind bei ihnen einander entgegengesetzt. Die Sommertage der zweiten Zone sind Winternächte der vierten Zone, und vice versa. Da es aber – nach der Lehre des Anaximander – in der Mitte des Weltalls kein »oben« und kein »unten« gibt, fallen unsere Gegenfüßler ebensowenig ins Leere hinunter, wie auch die Erde selbst fest und unbeweglich auf ihrem »natürlichen Platz«[91] bleiben muß.

Das Problem der Antipoden war allerdings für die griechischen Gelehrten des Altertums eigentlich doch nur eine theoretische Frage, weil man ja – mangels konkreter Erfahrung – nicht imstande war zu entscheiden, ob die gemäßigte Zone der südlichen Hemisphäre wirklich bewohnt war. Sehr lehrreich ist von diesem Gesichtspunkt aus die folgende vorsichtige Erörterung des Geminus[91a]: »Wenn wir von der südlichen gemäßigten Zone und ihren Bewohnern sprechen und überdies von Gegenfüßlern in dersel-

---

[90a] Die umgekehrte Reihenfolge der Jahreszeiten (ἡ ἀντιπερίστασις τῶν ὡρῶν) in den beiden gemäßigten Zonen hat die Phantasie der antiken Naturforscher lebhaft beschäftigt. Darüber liest man in der unter dem Namen des Galenos erhaltenen Philosophiegeschichte (23; vgl. Aet., Placita IV, 1, S. 386 Diels ap. Plut. Placit, IV, 1, 287), Eudoxos habe von den ägyptischen Priestern erfahren, der Nil werde von dem im Sommer in Äthiopien unaufhörlich und heftig niederfallenden Regen gefüllt (288). Dies geschehe infolge der *umgekehrten Aufeinanderfolge der Jahreszeiten*; denn, wenn bei uns Bewohnern der Gegenden unter der Sommerwende *Sommer* herrsche, herrsche zu gleicher Zeit *Winter* bei den Gegenbewohnern (τοῖς ἀντοίκοις), unter dem Winterwendekreis etc. Die Zahlen 287 und 288 sind Nummern der Fragmente in: F. Lasserre, Die Fragmente des Eudoxos von Knidos. Berlin 1966, S. 100.
[91] Man vgl. über die »natürlichen Plätze« des *Schweren* und *Leichten*: Aristoteles, De caelo 308a 29–33.
[91a] Gemini Elementa astronomiae, S. 171 ff.

ben, so muß man diese Worte so verstehen, daß es, wenn wir auch keine Kunde von der südlichen Zone haben, noch davon, ob überhaupt Menschen in derselben wohnen, trotz alledem mit Rücksicht auf den sphärischen Bau des Weltalls, auf die Gestalt der Erde und auf die zwischen den Wendekreisen verlaufende Bahn der Sonne noch eine zweite nach Süden zu gelegene Zone geben muß, welche dasselbe gemäßigte Klima hat wie die nördliche Zone, in welcher wir wohnen. In dem gleichen Sinne reden wir auch von den Gegenfüßlern, nicht als ob durchaus uns diametral gegenüber Menschen wohnten, sondern in der Annahme, daß es uns diametral gegenüber auf der Erde einen Ort gibt, der bewohnbar ist.« Allerdings scheinen ernstzunehmende Wissenschaftler der Griechen die theoretische Möglichkeit von Antipoden nicht bezweifelt zu haben. Anders war es in Rom, wo man allem Anschein nach auch noch zur Zeit des älteren Plinius über die Antipoden gestritten hat[92]. Aber die meisten Römer hielten ja auch die Kugelgestalt der Erde für fraglich, und über die Antipoden hat man einige Jahrhunderte später nur noch gelacht[93].

Versucht man nun zu bestimmen, wann denn die Frage aufgetaucht ist, wie Tage und Nächte und die Jahreszeiten auf der vorderen und der Rückseite der Erde in den beiden gemäßigten Zonen aufeinander folgen, so findet man außer der schon erwähnten ›Timaios‹-Stelle bei Platon kaum noch einen Anhaltspunkt. Hier begegnet man allerdings dem wichtigen Terminus ἀντίπους, und daraus folgt, daß diese Frage die archaische Wissenschaft der Griechen schon beschäftigt hat. Überhaupt war das Problem der Zeit nicht bloß mit der Astronomie, sondern auch mit der theoretischen Geographie der Frühzeit auf das engste verflochten. Viele Aspekte der Gnomon-Beobachtungen bezeugen diese grundlegende Tatsache. Es sei hier – um eine bisher nur beiläufig berührte Seite des Fragenkomplexes hervorzuheben – an folgendes erinnert.

Man hat zweifellos frühzeitig beobachtet, daß die Länge des Lichttages nicht bloß von der Jahreszeit abhängt, insofern nämlich, als die Tage im Sommer länger und im Winter kürzer sind und es einen längsten Tag im Sommer und einen kürzesten in Winter gibt. Die Länge der Tage unterscheidet sich auch je nach dem geographischen Ort: je weiter man nach Norden geht – wenigstens in unserer Hemisphäre, um so länger sieht man die Sonne an Sommertagen, während im Süden der Unterschied der Tageslängen (nach

[92] Vgl. Plinius, Naturalis historia 2, 161–166.
[93] Vgl. Cohen/Drabkin, Source book, S. 159, Anm. 1.

Jahreszeit) kaum auffällt. Kleomedes behauptet allerdings, daß in der heißen, der »durchbrannten« Zone – also etwa zwischen den beiden Tropenkreisen – die Nächte des ganzen Jahres hindurch ebenso lang seien wie die Tage[94]. Überraschend ist diese nur annähernd richtige Beobachtung des populärwissenschaftlichen Verfassers, wenn man sie mit den Angaben des Ptolemaios vergleicht. Der nämlich betont, daß *nur* am Äquator alle Tage und Nächte gleich sind (Almag. II 6). Auf seinem zweiten Parallelkreis – vom Äquator 4°15′ entfernt – soll der längste Tag 12¼ und am Sommerwendekreis (Syene, 23°51′ vom Äquator) schon 13½ Äquinoktialstunden dauern.

Denn Ptolemaios gliedert seine 39 Breitenkreise – parallel dem Äquator – je nachdem, wie die Dauer des längsten Tages im Jahr auf ihnen mit der wachsenden Entfernung vom Äquator nach Norden Schritt um Schritt zunimmt. Vom zweiten Breitenkreis bis zum 25. – der letztere geht »über die südlichen Teile von Kleinbretannien« – nimmt die Zeitdauer des längsten Tages von einem Parallelkreis zum nächsten zuerst um eine halbe, dann um eine ganze Stunde, ja, weiter im Norden um noch längere Zeitspannen zu. Beachtet man dabei, daß auch die Gradunterschiede unter den Breitenkreisen des Ptolemaios keineswegs schablonenhaft aufeinanderfolgen, so fragt man sich unwillkürlich: Wie konnte man das Nacheinander der Breitenkreise, die Dauer des längsten Tages auf ihnen und die Entfernungen untereinander (in Graden) berechnen?

Natürlich entstammen derartige Angaben bei Ptolemaios vorwiegend *nicht* aus der Erfahrung. Die meisten dieser Angaben wurden von den Gelehrten der hellenistischen Zeit auf Grund der Theorie selbst – ohne Rücksicht auf die Möglichkeiten der damaligen Erfahrung – berechnet, und die Berechnungen erfolgten an Hand der Schattenbeobachtungen beim Gnomon. Einstweilen wollen wir nur auf folgendes hinweisen.

Faßt man die Abb. 4a noch einmal aufmerksam ins Auge, so sieht man sogleich, daß von den Durchmessern der beiden Wendekreise (LG und KH) unterschiedlich lange Segmente über und unter den Horizontdurchmesser (EAI) fallen! LS ist bedeutend länger als KU. Dieser Unterschied kommt daher, daß der Tagbogen des Sommerwendekreises – vom Punkt B (bzw. A) der Erdoberfläche aus betrachtet – größer ist als der Tagbogen des Winter-

---

[94] Cleomedis (Ziegler), S. 70: ἐν μὲν γὰρ τῇ διακεκαυμένῃ ἴσαι διὰ παντός αἱ νύκτες ταῖς ἡμέραις.

wendekreises – von dort aus gesehen. Man kann auf Grund dieser beiden Längen (LS und KU, nach Abb. 4a, S. 84), wenn die Mittagschatten BR und BT sorgfältig und genau registriert wurden, für jeden beliebigen Ort B der Erdoberfläche die Dauer seines längsten Tages berechnen.

Es fragt sich, wie alt die Berechnungen der längsten Tage des Jahres für die einzelnen Zonen in der griechischen Wissenschaft sein mögen. Erschwert wird die Antwort dadurch, daß man derartige Berechnungen erst für die hellenistische Zeit, mit großer Wahrscheinlichkeit rekonstruieren kann. Es gibt jedoch einzelne Angaben, die andere chronologische Schlüsse nahelegen. Man denke vor allem daran, wie Ptolemaios seine Schilderung der 39 Parallelkreise beschließt: »Wo die Erhebung des Pols die vollen 90° des Quadranten beträgt, dort gelangt der nördlich des Äquators liegende Halbkreis der Ekliptik in seiner ganzen Ausdehnung niemals *unter* den Horizont, und der südlich des Äquators gelegene in seiner ganzen Ausdehnung niemals *über* den Horizont. Infolgedessen gibt es hier Jahr für Jahr nur *einen* Tag und *eine* Nacht, die beide etwa *sechs Monate* dauern, und die ganze Zeit sind die Gnomone ringsschattig. Weitere Besonderheiten dieser höchsten Breite sind, daß erstens der nördliche Pol in den Zenit kommt, zweitens der Äquator die Stelle sowohl des immersichtbaren als auch des immerunsichtbaren Kreises einnimmt und außerdem auch noch die Stelle des Horizontes vertritt, was zur Folge hat, daß die nördlich des Äquator liegende Halbkugel beständig über und die südliche beständig unter dem Horizont bleibt.«

Alle Feststellungen dieses Zitates sind theoretischen Ursprungs; hinter keiner steht irgendeine konkrete empirische Erfahrung. Natürlich wußten die Griechen seit langem von Gebieten, wo die Nächte sehr lang bzw. sehr kurz sind. Schon in der Odyssee (X 82 ff.) hört man von dem märchenhaften Land der Lästrygonen, wo die Nacht – offenbar im Sommer – so kurz ist, daß der Hirt, der abends nach Hause kommt, den anderen, der zu derselben Zeit (aber schon frühmorgens!) hinauszieht, grüßen kann, und wo der Mann, der wenig Schlaf braucht, auch doppelten Lohn verdienen kann, als Rinderhirt in der einen Tageszeit, und als Hirt der Schafe in der anderen. »Denn nahe sind dort beieinander die Pfade des Tages und der Nacht«, wie es im Epos heißt[95].

Zweifellos steht hinter dieser märchenhaften Formulierung die Kunde von den »weißen Nächten« des Sommers hoch oben im

---

[95] Odyssee X, 86: ἐγγὺς γὰρ νυκτός τε καὶ ἤματός εἰσι κέλευθοι.

Norden. Aber diese Kunde führt an sich noch keineswegs zu jener Erkenntnis, daß am Pol das ganze Jahr nur aus einem einzigen Tag und einer einzigen Nacht bestehen muß. Ohne die Kenntnis von der Kugelgestalt der Erde und ohne die Berechnungen der längsten Tage im Jahr in den einzelnen Zonen (mit Hilfe des Gnomon-Weltbildes des *Anaximandros*) kommt man nicht auf den Gedanken des sechs Monate langen Tages und der sechsmonatigen Nacht danach.

Besonders deutlich wird der Zusammenhang von Erfahrung und Theorie auf diesem Gebiet, wenn man die populärwissenschaftlichen Erörterungen des Geminus liest (Gemini Elementa astronomiae. Ed. C. Manitius, S. 73–75), der seine Erklärungen über die Tageslänge im Norden gerade mit der eben zitierten Odyssee-Stelle verband: »Wenn nämlich der längste Tag in diesen Gegenden 23 Äquinoktialstunden hat, so bleibt für die Nacht nur die ganz kurze Zeit von einer Stunde übrig, so daß der Untergangspunkt dem Aufgangspunkt ganz nahe rücken muß, weil nur ein ganz kleiner unter dem Horizont verbleibender Bogen vom Sommerwendekreis abgeschnitten wird. Wenn also jemand, meint er (= der Odysseus des Epos), Tage von dieser Länge hinbringen könnte ohne zu schlafen, so würde er doppelten Lohn verdienen, ›diesen für Rinder, als Hirt weißschimmernder Schafe den anderen‹. Dann führt er den Grund an, der in das Gebiet der Mathematik fällt und mit der Lehre von der Kugel zusammenhängt« (εἶτα ἐπιφέρει τὴν αἰτίαν μαθηματικὴν οὖσαν καὶ σύμφωνον τῷ σφαιρικῷ λόγῳ...).

Ja, es lohnt sich, noch einige Partien derselben Erörterung hier anzuführen: »Wenn man noch weiter nach Norden wandert, so kommt der Sommerwendekreis ganz über die Erde zu liegen, so daß zur Zeit der Sommerwende der längste Tag in diesen Gegenden 24 Äquinoktialstunden lang wird...«

Völlig aus der Theorie – *ohne* unmittelbare, konkrete Erfahrung – entstammen dann die danach folgenden Behauptungen des Geminus über den ein, zwei ja noch mehr Monate langen Tag im Norden. Und am Schluß dieser Gedankenführung heißt es: »Wenn nämlich der Pol im Scheitelpunkt steht, müssen sowohl der Tag als auch die Nacht sechs Monate lang werden (τοῦ γὰρ πόλου κατὰ κορυφὴν ὑπάρχοντος ἑξαμηνιαίαν τὴν νύκτα καὶ τὴν ἡμέραν γίνεσθαι συμβαίνει). Denn drei Monate dauert es, bis die Sonne vom Äquator, welcher dort ja zugleich die Stelle des Horizontes einnimmt, zum Sommerwendekreis gelangt, und weitere drei Monate dauert es, bis sie vom Sommerwendekreis wieder hinab zum

Horizont sinkt; und diese ganze Zeit wird sie Parallelkreise über die Erde beschreiben.« (Ebd., S. 75)

Es heißt in der späteren Überlieferung, ein gewisser Bion von Abdera, der »Demokriteer«, sei der erste gewesen, der behauptete, daß es Wohnsitze auf der Erde gibt, wo Tag und Nacht *je sechs Monate lang* sind[96]. Da nun Demokritos um 460 v. Chr. herum geboren war, so mag sein Schüler, der sonst näher nicht bekannte »Demokriteer Bion«, seine beachtenswerte Lehre etwa am Ende des 5. Jahrhunderts vertreten haben. Aber diese Überlieferung ist doch wohl ein Irrtum. Bion kann nicht der älteste Vertreter dieser Lehre gewesen sein; es müssen andere vor ihm schon denselben Gedanken gefaßt haben.

Der Historiker Herodot, der etwa bis 425 v. Chr. gelebt haben mag, berichtet in seinem Werk auch über Gerüchte, die zu seiner Zeit über die entlegensten Gebiete der Welt umgingen. Hoch oben im Norden, weit entfernt, wo kaum jemand noch hingekommen war, noch über das Land der Skythen hinaus, lebten z. B. »kahlköpfige Menschen« (φαλακροί). Kein Mensch wisse wirklich, wie über diese hinaus die Welt aussehe[97]. Sehr hohe, unbesteigbare Berge verhinderten hier das Weiterkommen. Unglaubliche Dinge erzählten die »Kahlköpfigen«, wie etwa, daß in diesen Bergen »bockfüßige Menschen« lebten. Und käme man noch weiter als die Bockfüßigen, so gelange man zu Menschen, »die sechs Monate schlafen« – aber das glaube er überhaupt nicht mehr, beschließt Herodot seinen Wunderbericht[98].

Kein Zweifel, die »sechs Monate Schlaf« stehen in diesem naiven Bericht für die »sechs Monate Nacht«. Im 5. Jahrhundert v. Chr. – etwa hundert Jahre nachdem Anaximander mit dem Gnomon die Nachtgleiche bestimmt und mit den Schatten sein geometrisches Weltbild entworfen hatte – wußte man schon, daß am Nordpol der kugelförmigen Erde das Jahr nur aus einem sechsmonatigen Tag und aus einer einzigen ebenso langen Nacht besteht.

---

[96] Diogenes Laertios 4, 58: Βίων ... ᾿Αβδηρίτης ... οὗτος πρῶτος εἶπεν εἶναί τινας οἰκήσεις ἔνθα γίνεσθαι ἐξ μηνῶν τὴν νύκτα καὶ ἐξ τὴν ἡμέραν.

[97] Herodot IV, 25: τὸ δὲ τῶν φαλακρῶν κατύπερθε οὐδεὶς ἀτρεκέως οἶδε φράσαι ...

[98] Ebd.: ... οἰκέειν τὰ ὄρεα αἰγίποδας ἄνδρας, ὑπερβάντι δὲ τούτους ἀνθρώπους ἄλλους, οἳ τὴν ἐξάμηνον καθεύδουσι· τοῦτο δὲ οὐκ ἐνδέκομαι [τὴν] ἀρχήν.

11. Die ältesten Messungen

Die große Bedeutung jenes Gnomon-Weltbildes, das nach der Schilderung bei Vitruv sich für Anaximander rekonstruieren ließ, bestand u. a. darin, daß es wichtige Messungen ermöglichte. Es ist nicht leicht festzustellen, wann derartige Messungen, die hier zumindest angedeutet werden sollen, zum ersten Male versucht wurden. Aber es stehen uns immerhin einige Angaben zur Verfügung, die Vermutungen nahelegen.

Nach der versuchten Rekonstruktion soll schon Anaximander selber einen *Bogen* – den Bogen zwischen den Wendepunkten der Sonne, bzw. das Spiegelbild dieses Bogens zwischen den Mittagstrahlen der beiden Wendetage – halbiert haben. (Nur in Klammern sei hier jene andere, gelegentlich geäußerte Vermutung erwähnt, wonach Anaximander, anstatt den Bogen zu halbieren, einfach die Tage zwischen den beiden Solstitien – 180 bzw. 184 – halbiert, und auf diese Weise das Äquinoktium und seinen Mittagschatten gefunden hätte. Doch erwähnt der Suda-Bericht – s. v. ›Anaximander‹ – im engen Zusammenhang mit seinem Gnonom die γεωμετρίας ὑποτύπωσις. Dieser Hinweis auf die Geometrie spricht eher für die *geometrische* Rekonstruktion seiner Methode, also wohl für die Bogenhalbierung und nicht bloß für eine Arithmetik der Tage.)

Es wurde schon darauf hingewiesen, daß der halbe Bogen zwischen den Wendepunkten sogleich auch das Maß für die »Schiefe der Ekliptik« ist. Hat Anaximander dies selber erkannt – wie man nach den Plinius-Worten (Nat. hist. II 31) vermuten dürfte –, so wurde dadurch eine der ersten Quasi-Konstanten der Astronomie erkannt und mindestens als »halber Bogen« gemessen. (Es bleibt allerdings auch die andere Möglichkeit offen, daß vielleicht erst Oinopides von Chios im 5. Jahrhundert v. Chr. erkannt hat, daß das Halbieren des Bogens zwischen den Wendepunkten nicht bloß den Mittagschatten des Äquinoktiums, sondern auch die Schiefe der Ekliptik ergibt.)

Die Spuren eines anderen approximativen Messens – wohl auch in diesem Fall mit Hilfe des Gnomon-Weltbildes – verknüpfen sich mit dem Namen des Parmenídes. Ein bei Strabon (C 94) überlieferter Bericht wurde schon erwähnt, wonach Parmenides die Breite der sogenannten »durchbrannten» Zone für »beinahe das Doppelte hielt, da diese auch über die Tropenkreise hinüberschlüge«. Aus diesen Worten geht zwar keineswegs eindeutig hervor, wie breit denn die heiße Zone nach Parmenides sein sollte, aber man darf doch vermuten, daß er irgendeine Skizze der Welt-kugel – etwa wie unsere Abb. 4a – vor Augen hatte; sonst hätte er die Breiten der Zonen nicht abschätzen können. Auch er mag also Bogen-Größen untereinander verglichen haben.

Im Falle des Parmenides kann, nachdem er von »Zonen« gespro-chen hat, nur vermutet werden, daß er das Gnomon-Weltbild be-nutzte. Zweifellos wurde dieses Modell in einem anderen Fall be-nutzt, als nämlich das älteste Maß für die »Entfernung beider Pole voneinander« (= die Schiefe der Ekliptik) gefunden wurde. Im Be-richt des Proklos heißt es: [99] »Beschreibt man in den durch die Pole gehenden Kreis das Fünfzehneck, so erhält man den Abstand der Pole des Äquators und des Tierkreises voneinander.«

Der »durch die Pole gehende Kreis« ist selbstverständlich der Meridiankreis[100] unserer Abb. 4a. Der Proklos-Text bezieht sich zweifellos auf das Modell, das von uns nach Vitruv entworfen wurde. Gerade den fünfzehnten Teil des »Kreises über die beiden Pole« ließ Vitruv rechts und links von einem bestimmten Punkt des Umfangs aus abtragen, als er das Spiegelbild des vollen Bogens zwischen den Tropenkreisen bekommen wollte.

Der Kreisbogen, der zu einer Seite des regulären Fünfzehnecks gehört, entspricht einem Zentriwinkel von 24°. Beachtenswert ist diese Art des Messens vor allem deswegen, weil sie an die Zusam-mengehörigkeit eines *Bogens* und einer *Sehne* erinnert. Jene grie-chische Sehnentafel, die für uns im Werk des Ptolemaios erhalten blieb und die sozusagen die antike Form der Trigonometrie dar-stellt, besteht eben aus zusammengehörigen Bogen- und Sehnen-werten. Das Messen eines Bogens mit der Seite des Fünfzehnecks – als mit der dazugehörigen Sehne – scheint demnach einer jener ältesten Schritte gewesen zu sein, die später zur Aufstellung der Sehnentafel führten.

Die Fünfzehneckseite war nur das erste approximative Maß für jene Größe, die man mit ihr bestimmen wollte. Man ersieht dies aus dem folgenden: Wird die Entfernung beider Pole voneinander mit der Seite des Fünfzehnecks, also mit einem Zentriwinkel von 24° gemessen, dann mißt der volle Bogen zwischen den Wende-punkten das Doppelte davon, also 48°. Ptolemaios approximiert jedoch denselben Bogen zwischen den Wendepunkten mit den bei-den Werten 47°40′ und 47°45′, wobei er bemerkt, daß »ungefähr

[99] Vgl. oben Anm. 42.
[100] Anstatt des Ausdrucks »Pol des Tierkreises« sollte es genauer heißen »Pol jenes *schiefen* Kreises, der über die Zodia hindurchgeht«. Vgl. auch oben das Kapitel ›Kreise des Anaximander‹.

dasselbe Verhältnis auch Eratosthenes gefunden, und auch Hipparch zur Anwendung gebracht habe« (Almag. I 12). Auch diese beiden haben also schon das archaische Maß (Fünfzehneckseite bzw. 24°) verfeinert. Denn nimmt man die Hälfte des Mittelwertes der Ptolemäischen Approximation, so bekommt man für die Schiefe der Ekliptik nicht mehr 24° sondern nur 23°51′15″. (Heute gilt dafür als »fast unveränderlicher Winkel« 23°27′; man wußte in der Antike noch nicht, daß auch dieser Winkel sich verändert.)

Versucht man nun festzulegen, wann das erste Mal diese Art des Messens möglich wurde, so muß man von der Konstruktion des Fünfzehnecks als der unerläßlichen Vorbedingung ausgehen. Diese setzt ihrerseits die Konstruktion des Fünfecks voraus. Unter Hinweis auf den vermutlich altpythagoreischen Ursprung dieser Konstruktionen hat man versucht, eine antike Textstelle als Beleg dafür aufzufassen, daß Oinopides von Chios (zwischen 450 und 425 v. Chr.) jener antike Astronom war, der das alte Maß für die Ekliptikschiefe gefunden habe[101]. Diese Vermutung hat zweifellos einige Wahrscheinlichkeit für sich, aber völlig gesichert ist sie nicht. Denn die Quelle[102] besagt *nicht* ausdrücklich, das betreffende Maß sei durch Oinopides gefunden worden[103]. Es wird darin nur behauptet, daß er nach der Astronomiegeschichte des Aristoteles-Schülers Eudemos der wahre Entdecker der Ekliptikschiefe gewesen sei[104]. Anschließend an diese Aussage werden einige Angaben über andere astronomische Entdeckungen zurechtgerückt, und dann heißt es am Ende des zusammenhängenden Berichtes (in freier Übersetzung): »andere entdeckten dagegen, daß die Entfernung der beiden Achsen voneinander die Seite des Fünfzehnecks bzw. 24° beträgt.«[105] Man hat den Eindruck, als kehre der antike Berichterstatter damit zu Oinopides zurück und als wären seine Worte ein vager Hinweis auf diesen, aber völlig sicher ist das nicht.

[101] Vgl. K. v. Fritz, ›Oinopides‹ in: RE 34. Halbband 1937, Sp. 2258 ff.
[102] Theonis Smyrnaei Expositio rerum mathematicarum ad legendum Platonem utilium (Ed. H. Hiller). Leipzig 1878, S. 198, 9 ff. und 14 ff.
[103] Dies wurde besonders durch T. Heath, History of greek mathematics Bd. 1, S. 174 f. betont.
[104] Nach dem Plinius-Bericht (Naturalis historia 2, 31) hätte Anaximander die Schiefe erkannt. (Daß derselbe auch ein *Maß* für diese versucht hätte, wird nirgends gesagt.) Eine andere Stelle (Aetius, Placita II 12 2, vgl. Doxographi Graeci) schreibt dieselbe Entdeckung dem Pythagoras zu. Es werden also in der antiken Überlieferung insgesamt *drei* Entdecker genannt: Anaximander, Pythagoras und Oinopides von Chios. Es handelt sich auf alle Fälle um eine alte, archaische Erkenntnis.
[105] Vgl. auch Cohen/Drabkin, Source book, S. 94 f.

12. Wie groß ist die Erde?

Die älteste anspruchsvolle astronomische Messung mit Hilfe eines Bogens, von der wir wissen, ist das Maß für die Schiefe der Ekliptik – einerlei, ob man dies dem Oinopides zuschreiben darf oder nicht. Nur die mangelhafte Überlieferung ist schuld daran, daß wir nicht auch von anderen, ähnlichen Fällen aus der vorhellenistischen Zeit berichten können. Denn es gibt literarische Spuren, die zweifellos verraten, daß z. B. in Athen schon in vorplatonischer Zeit ernstzunehmende astronomische Messungsversuche unternommen wurden. Ja, wir besitzen von *einem* Instrument dieser Messungen auch ein mehr oder weniger zuverlässiges Bild. Es sei hier kurz an folgendes erinnert.

Im Jahre 423 v. Chr. wurde in Athen die Komödie des Aristophanes ›Die Wolken‹ zum ersten Male aufgeführt. Dieses Stück war gegen den Geist der Neuzeit in Athen und nicht bloß gegen die damals neue Strömung der sophistisch-rhetorischen Erziehung, sondern auch gegen die damaligen naturwissenschaftlichen Versuche gerichtet. Als Repräsentanten dieser Richtung stellte Aristophanes den Sokrates (469–399 v. Chr.) hin, wohl nur deswegen, weil dieser schon in seiner äußeren Erscheinung eine komische Figur darstellte, und weil unter den Philosophen seiner Zeit keiner bekannter und einflußreicher war als er. Darum erscheint nun Sokrates in dieser Komödie – im Gegensatz zu den Lehren, die er (mindestens laut Platon) zeitlebens vertrat – als ein grübelnder Naturphilosoph, der auf einer Schwebemaschine nach den Sternen guckt und die luftigen Gestalten der Wolken als die Götter seines Himmels anruft. Bei ihm sucht dann ein ungebildeter Landmann, Strepsiades, den die Vornehmheit seiner adeligen Frau und die kostspieligen Passionen seines Sohnes in Schulden gestürzt haben, Hilfe – in der Hoffnung, durch die Kunstgriffe der neuen Weisheit sich seiner Gläubiger zu entledigen, ohne die Schulden bezahlen zu müssen.

Uns interessiert vorläufig nur jene Szene dieser Komödie, in der geschildert wird, wie Vater und Sohn zusammen in der Denkerwerkstatt (Phrontisterion) des Sokrates erscheinen, und durch einen Schüler des Weisen belehrt werden, was hier alles betrieben wird. Sie verstehen zwar nichts bzw. mißverstehen alles – aber eben daraus entsteht die Komik der Situation. Erstaunt hört Strepsiades z. B., daß bei diesem Weisen unmittelbar nach der Astronomie auch *Geometrie* gelehrt wird. »Und wozu ist denn diese Wissenschaft nützlich?« (τοῦτ' οὖν τί ἐστι χρήσιμον), fragt er befremdet. »Um die Erde zu vermessen« (γῆν ἀναμετρῆσαι), heißt darauf die Antwort des Schülers. Der einfältige Landmann kann dabei nur an die sogenannten Kleruchien denken, bei denen nämlich Feldstücke, ursprünglich Besitz von Athens untreu gewordenen Verbündeten, vermessen und Athenern zugewiesen wurden. πότερα τὴν κληρουχικήν scil. γῆν ἀναμετρῆσαι – hieß die neue Frage des Strepsiades: »Vielleicht um die Erde für die Kleruchien zu vermessen?« Umsonst versucht der Schüler den Fragenden zu korrigieren: Nein, nein! Es handelt sich um die *ganze Erde:* οὐκ ἀλλὰ τὴν σύμπασαν. Der Tölpel bleibt bei seiner vorgefaßten Idee: Das wird aber erst recht eine gemeinnützige Wissenschaft! Wenn nämlich die ganze Erde vermessen und Athenern zugewiesen wird!

Einen Sinn hat diese komische Szene auf der Bühne nur dann, wenn das Publikum weiß, daß es unter den Zeitgenossen Leute gibt, die die *ganze* Erde zu vermessen, die Größe der Erdkugel zu bestimmen versuchen: eine überflüssige und wohl auch nicht mögliche Zielsetzung nach der Denkweise des Komikers. Diese Szene ist also ein Beleg dafür, daß man in Athen schon im 5. Jahrhundert v. Chr. wissenschaftliche Versuche angestellt hat, um die Größe der Erde durch Messung festzustellen. Wir werden diese Vermutung auf einem Umweg, durch den folgenden Exkurs, erhärten, d. h. wir fassen zunächst zwei verwandte Versuche aus hellenistischer Zeit ins Auge, und erst danach kommen wir auf die älteren Versuche des 5. Jahrhunderts zurück.

13. Exkurs: Poseidonios und Eratosthenes

Daß bei den Griechen schon »ziemlich frühzeitig« Versuche angestellt wurden, um die Größe der Erdkugel zu berechnen, ist längst bekannt. Es lassen sich Spuren solcher Versuche auch aus Aristoteles belegen. Man denke z. B. an jene Stelle im Werk ›De caelo‹ (297 b 30ff.), die besagt, aus der Beobachtung der Sterne ginge nicht nur die runde (genauer: kugelförmige) Gestalt der Erde hervor, sondern auch, daß sie gar nicht besonders groß sein könne. Man braucht ja nur ein wenig mehr nach Süden oder nach Norden zu gehen, schon wird der *Horizont* ein anderer, so daß die Veränderung der Sterne über dem Kopf sehr groß wird. Es gibt einige Sterne, die man in Ägypten und um Zypern herum sehen kann, die man jedoch in Gegenden mehr nach Norden zu nie zu sehen bekommt. Und es gibt wieder andere Sterne, die in den nördlicheren

Gegenden immersichtbar sind, aber in jenen anderen Gegenden (in Ägypten und um Zypern herum) unter dem Horizont verschwinden. Diese schnelle Veränderung des Horizontes, bzw. des Fixsternhimmels in nord-südlicher Richtung, wäre gar nicht möglich, wenn die Erde eine »sehr große Kugel« wäre, sagt Aristoteles[106]. Beschlossen wird dieser Gedankengang mit der Bemerkung, daß jene Mathematiker, die den Erdumfang zu berechnen versuchten, diesen etwa auf 400000 Stadien gesetzt hatten[107]. Es wäre kaum ergiebig, nach den vermutlichen Gründen für die mangelnde Exaktheit dieser Berechnung zu fragen. Es kommt hier sowieso mehr auf die *Methode* als auf die oft fraglichen Ergebnisse der Berechnungen an.

Aristoteles schließt aus der Tatsache, daß der *Horizont* sich ziemlich schnell verändert, wenn man nach Norden oder nach Süden geht, auf die mäßige Größe der Erde. Denn die Erde ist – nach jenem Weltbild, das zu seiner Zeit unter den Gelehrten schon seit etwa anderhalb Jahrhunderten bekannt und akzeptiert war – eine kleinere Kugel in der Mitte der mächtigen Himmelskugel. Die Himmelskugel wie auch die Erdkugel werden durch den Horizont halbiert[108]. Über dem Horizont ist die sichtbare und darunter die

---

[106] Ein anderes, weniger glückliches Argument des Aristoteles für die Kugelgestalt und auch für die mäßige Größe der Erde – das viel später die kühne Fahrt des Columbus nach Westen (um Indien zu suchen) ermutigte – ist der Hinweis darauf, daß die Herakles-Säulen (Gibraltar) im Westen und Indien im Osten wohl nahe beieinander sein müssen, also unmittelbare Nachbar-Landschaften, denn in beiden Gebieten gebe es ja Elefanten. Auffallend ist, daß Aristoteles – obwohl er eine viel zu kurze West-Ost-Entfernung zwischen Gibraltar und Indien annimmt – für die Länge eines größten irdischen Kreises dennoch eine viel zu große Zahl, nämlich 400000 Stadien, einsetzt. Es fällt auf – einerlei welches antike Stadienmaß auch zu Grunde gelegt wird –, daß die aus der Antike überlieferten Berechnungen eines größten irdischen Kreises, um so kleiner werden und den modernen Ergebnissen um so näher kommen, je späteren Ursprungs sie sind.

[107] Man liest, was das Stadium betrifft in Cohen/Drabkin (S. 150, Anm. 12): »the value of the stade (600 feet) varied with the various measurements of the foot. Lehmann-Haupt in the Real-Encyclopädie under ›Stadion‹ gives the history of some seven (!) such standards ...« Vgl. außerdem H. Prell, Die Stadienmaße des klassischen Altertums in ihren wechselseitigen Beziehungen. In: Wissenschaftliche Zeitschrift der Technischen Hochschule Dresden 6 (1956/57), S. 549–563 (als Manuskript gedruckt).

[108] Man vergesse nicht: Der *Horizont* eines Ortes liegt *rechtwinklig zum Lot*. Mit einer Wasserwaage gewinnt man den *scheinbaren* Horizont, während die Ebene des *wahren* Horizontes durch den Mittelpunkt der Erde geht. Beide unterscheiden sich, auf den Himmel projiziert, nicht wesentlich voneinander. Vgl. auch oben das Kapitel I, 4. über Vitruv.

unsichtbare Hälfte der Himmelskugel. Bei einer Bewegung nach Süden erhebt sich ein Teil der früher unsichtbaren unteren Hälfte der Himmelskugel über den Horizont, und gleichzeitig sinkt im Norden ein ebenso großer Teil der früher sichtbaren oberen Himmelshälfte unter den Horizont. Verraten wird die Veränderung des Horizontes durch jene Veränderung der Fixsternwelt über unserem Kopf, die im vorigen Aristoteles-Text angedeutet wurde.

Geht man auf der Erdoberfläche nach Norden oder nach Süden, so bewegt man sich einen *Meridian* entlang, denn zu jedem Punkt der Erdoberfläche gehört in Nord- und Südrichtung ein Meridian. Nachdem aber die Erde eine kleinere konzentrische Kugel in der mächtigen Himmelskugel ist, entspricht jedem irdischen ein himmlischer Meridian. Wie die Großkreise und Zonen des Himmels – Äquator, Wendekreis etc. – auf die konzentrische Kugel der Erde projiziert werden, so projiziert man jetzt einen irdischen Meridian auf das Himmelsgewölbe. Man bewegt sich – im Sinne des vorhin angedeuteten Aristotelischen Gedankens – einen irdischen Meridian entlang, beobachtet aber inzwischen den himmlischen Meridian. Die irdische Ortsveränderung spiegelt sich in diesem Fall auf der inneren Kugelfläche des Himmels.

Die Maße der Erdkugel sind also eigentlich am Himmel zu sehen. Diese Beobachtung liegt den griechischen Vermessungen der Erde zugrunde. Davon ausgehend versuchte viel später – im letzten Jahrhundert vor der Zeitwende – Poseidonios die Größe der Erde zu bestimmen. Er ging, wie im Werk des Kleomedes geschildert wird[109], folgendermaßen vor: Die Insel Rhodos und südlich von ihr die Stadt Alexandria in Ägypten liegen auf demselben Meridian, einer Projektion des entsprechenden himmlischen Meridians[110], d. h. an diesen beiden Stätten ist zur selben Zeit Mittag. Schematisch illustriert werden kann dies durch unsere Abb. 8 mit den beiden Buchstaben R und A an demselben Kreisbogen des Meridians. Den Horizont von Rhodos veranschaulicht nach Süden zu die gerade Linie RB senkrecht auf den Radius der Erde OR. Dagegen zeigt den Horizont in Alexandria die andere Gerade AC – senkrecht auf den dortigen Radius der Erde OA.

Es gibt nun einen besonders hellen Stern, den Canopus, den man

---

[109] Cleomedis (Ziegler) I, 10.
[110] In Wirklichkeit beträgt der Längenunterschied zwischen Rhodos und Alexandria mehr als 3°, d.h. in Rhodos ist um mehr als 12 Minuten später Mittag als in Alexandria. Die beiden Orte liegen also nur *annähernd* unter demselben himmlischen Meridian.

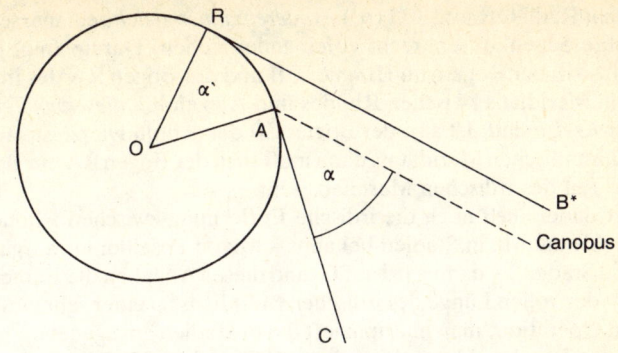

Abb. 8 Man erblickt von Rhodos aus (R) die Kulmination des Sternes Canopus gerade noch am Rand des Horizontes (RB). Von Alexandria aus (A) sieht man denselben Canopus in α Bogen-Höhe kulminieren. (Die Skizze zeigt nur schematisch diesen Winkel α, d. h. stark vergrößert.) Da nun α und α' gleich sind, muß man nur den Winkel *a* messen, d. h. wissen, der wievielte Teil des ganzen Kreisumfangs *a* ist; mit dieser Zahl die Stadien-Entfernung RA (Rhodos–Alexandria) multipliziert, ergibt den vollen Umfang eines größten irdischen Kreises.

im nördlichen Griechenland nie sieht, der aber bei seiner Kulmination am Rande des Horizontes von Rhodos aus (R) für eine sehr kurze Zeit gerade noch sichtbar wird. Geht man jedoch den Meridian von Rhodos-Alexandria entlang nach Süden, dann sieht man den Canopus über dem Horizont von Alexandria aus schon etwas höher kulminieren. Die Kulminationshöhe des Canopus ist nämlich in Alexandria – wie Poseidonios sich ausdrückte – um den achtundvierzigsten Teil eines größten himmlischen Kreises[111] ($\frac{360}{48} = 7°30'$) höher über dem Horizont. Es seien hier, bevor wir weitergehen, zwei Bemerkungen eingefügt.

1. In Abb. 8 ist mit gestrichelter Linie angedeutet, daß die Entfernung des Sternes Canopus von der Erde so groß ist, daß die geraden Linien von Rhodos und Alexandria aus zu diesem Stern als *Parallelen* gelten dürfen.

2. Abb. 8 zeigt auch, daß die beiden Winkel – der, den die beiden Horizonte miteinander bilden (α = 7°30'), und der zwischen den

[111] Als »größte Kreise« des Himmels gelten in der Populärwissenschaft des Kleomedes sowohl die Meridiane, wie auch der »Zodiakus« (letzterer anstatt des »schiefen Kreises«); auf die Erde bezogen sind der Äquator und ein beliebiger Meridian »größte Kreise«. (Die Erde gilt als eine vollständige Kugel).

beiden Radii OR und AO (α') – *untereinander gleich* sein müssen, da ihre Schenkel senkrecht aufeinander stehen. Daraus folgt jedoch, daß der Bogen am Himmel $\overset{\frown}{CB}$ und der Bogen $\overset{\frown}{RA}$ des irdischen Meridians zwischen Rhodos und Alexandria *dieselben Teile ihrer Kreise* sind. Ist also der Bogen $\overset{\frown}{CB}$ der achtundvierzigste Teil des himmlischen Meridians, dann muß auch der Bogen $\overset{\frown}{RA}$ ein gleicher Teil des irdischen Meridians sein.

Ist dabei auch noch die irdische Entfernung zwischen Rhodos und Alexandria in Stadien bekannt – wovon Poseidonios ausging (5000 Stadien) – dann wird auf Grund dieser Angaben die Berechnung der vollen Länge des irdischen Meridians zu einer sehr einfachen Operation: man multipliziert die in Stadien angegebene Entfernung Rhodos-Alexandria mit 48: 5000 mal 48. Und da die Erde als Kugel gedacht ist, läßt man die Länge eines Meridians auch als Länge des Äquators gelten.

Poseidonios hat also die Größe der Erde nach dem gleichen Verfahren berechnet, das auch im Aristoteles-Text geschildert wird. Man mißt den sichtbaren Unterschied der beiden Horizonte von Rhodos und Alexandria – einen Bogen jenes himmlischen Meridians, der durch beide Orte geht – in *Bruchteilen des Kreises* (in Winkelgraden), und dieses Winkelmaß gilt auch für den konzentrischen Bogen des irdischen Meridians. Schade nur, daß der spätere Gewährsmann, Kleomedes nicht berichtet, wie Poseidonios eigentlich die Kulminationshöhe des Canopus in Alexandria gemessen hat. In Rhodos brauchte er keine Kulmination zu messen, da hier der Canopus – nach der antiken Schilderung – bei seiner Kulmination nur eben am Rande des Horizontes sichtbar wird. Sein Erscheinen kann als Anfangspunkt des dortigen Meridians nach oben oder als Endpunkt des Meridianbogens von Alexandria gelten.

Kleomedes berichtet in demselben Zusammenhang auch über einen anderen, älteren Versuch, die Länge eines größten irdischen Kreises zu berechnen, über das Verfahren des Eratosthenes im 3. Jahrhundert v. Chr. Dieser befolgte dasselbe Prinzip, das Poseidonios anwandte: er maß einen Bogen am Himmel, und mit der Verhältniszahl, die er so gewann, multiplizierte er die bekannte Länge eines irdischen Bogen-Bruchteils. Ein Unterschied besteht nur darin, daß im Falle des Eratosthenes die Quelle sowohl das Instrument als auch die von der vorigen zum Teil abweichende Methode des Messens anschaulich schildert. Denn Eratosthenes hat bei seinem Verfahren eine spezielle Form jenes Schattenanzeigers, des Gnomons, benutzt, den wir bei der Rekonstruktion der Methode, wie Anaximander das Äquinoktium bestimmt haben mag, schon kennengelernt haben. Bevor wir jedoch das Instrument des Eratosthenes ins Auge fassen, wollen wir sehen, wie diese andere Meßmethode in der Quelle geschildert wird.

Kleomedes beginnt mit der Aufzählung jener fünf Überlegungen, die die Berechnung ermöglichten:

1. Syene (Assuan) und Alexandria liegen unter demselben Meridian. Wie später Poseidonios von Rhodos und Alexandria, so dachte nun Eratosthenes vor ihm von Alexandria und Syene, daß in diesen beiden Städten *zu gleicher Zeit* Mittag wäre. (Der Irrtum war im Fall des Eratosthenes etwas größer als später bei Poseidonios.)

2. Die Entfernung beider Städte voneinander betrug 5000 Stadien[112]. (Auch diese Angabe ist ziemlich ungenau und einer der Gründe, warum die Berechnung des Eratosthenes noch weniger exakt ist als das erwähnte des Poseidonios später. Aber es kommt hier sowieso nur auf die Methode an.)

3. Strahlen von verschiedenen Punkten der Sonne aus erreichen die verschiedenen Teile der Erde als *parallele Linien.* Diese Parallelen werden in unserer Abb. 9 durch kleine Pfeile angedeutet.

4. Eine Gerade, die gerade und parallele Linien schneidet, bildet *Wechselwinkel,* die untereinander gleich sind (in unserer Abb. 9 φ und φ'). Darauf kommen wir noch zurück.

5. Und schließlich: Kreisbogen, mit denen einander gleiche Winkel gemessen werden, sind einander »ähnlich«. Das heißt, der eine Kreisbogen ist ebensovielter Teil des eigenen Kreises, wie der andere Bogen Teil des zu ihm gehörigen Kreises ist – unabhängig davon, wie groß die Radien der beiden Kreise sind.

Nach diesen fünf Punkten bemerkt der alte Text, das Messen sei für Eratosthenes auch dadurch erleichtert worden, daß Syene unter dem Sommerwendekreis liegt. Die Sonne steht hier zu Mittag des Sommersolstitiums im Zenit, und der Gnomon wirft keinen Schatten. (Kleomedes bemerkt aus diesem Anlaß noch, daß dies in einem Umkreis von etwa 300 Stadien zu beobachten sei; so breit ist jener Streifen auf der Erdkugel in der Gegend von Syene, wo der Gnomon zur Zeit der Sommerwende keinen Mittagschatten hat. Das kommt daher, daß die Sonne ein großer Körper und kein bloß leuchtender Punkt ist.) Doch hat jener andere Gnomon, der unter

---

[112] Da es nicht bekannt ist, welches antike Stadiummaß angewendet wurde, beschränken wir uns hier auf den Vergleich der beiden Methoden.

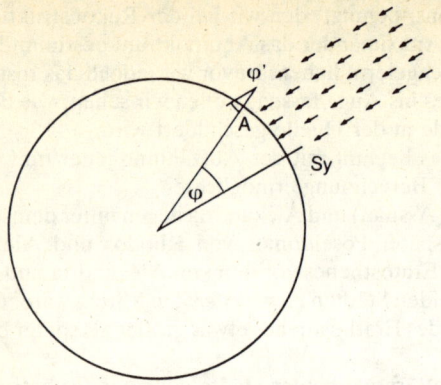

Abb. 9 Die Methode des Eratosthenes, die Länge eines irdischen Meridians zu messen, wenn die Entfernung Alexandria–Syene (A-Sy) in Stadien bekannt ist. Es genügt, zur Mittagszeit der Sonnenwende den Winkel φ' in Alexandria als einen Bruchteil des Kreisumfangs zu messen, da in Syene zu derselben Zeit der Schatten verschwindet, und $\varphi' = \varphi$.

demselben Himmelsmeridian in Alexandria steht, zu Mittag des Sommersolstitiums einen gewissen Schatten. Und da die beiden Gnomone sozusagen Fortsetzungen, Verlängerungen der zu ihnen gehörigen Radien der Erde sind, entstehen jene beiden Wechselwinkel, auf die uns die vorige Überlegung vorbeitet hat.

Abb. 9 zeigt uns (grob schematisch), daß jener Bogen des irdischen Meridians, der dem Winkel φ entspricht, gleichzeitig auch die Entfernung Alexandria-Syene (A und Sy) angibt. Die Schenkel seines Wechselwinkels (φ') sind dagegen der Gnomon bei A und der Sonnenstrahl, der den Schatten dieses Gnomons bewirkt. Man mißt diesen Wechselwinkel leicht mit dem Bogen eines Kreises, dessen Zentrum die Gnomonspitze ist. Und da nun Eratosthenes fand, daß der Bogen, der den Winkel φ' mißt, der *fünfzigste* Teil des eigenen kleinen Kreises ist, folgerte er, die in Stadien gemessene Entfernung Alexandria-Syene sei mit 50 zu multiplizieren, um die volle Länge des irdischen Meridians zu erhalten.

Eratosthenes hat jedoch in diesem Fall eine besondere Form des Gnomons benutzt. Man erkennt dies vor allem aus den Worten, die den *Schattenbogen* schildern, der als fünfzigster Teil des eigenen Kreises gemessen wurde. Es heißt bei Kleomedes (in möglichst genauer Paraphrase[113]: »…zieht man einen Bogen vom Ende des Gnomonschattens bis zum Fußpunkt des Gnomons bei jenem Horologium, das in Alexandria steht, so wird dieser Bogen *Abschnitt jener größten Kreise, die man in der skaphē ziehen kann*…«

Der senkrechte Stab wurde also in diesem Fall mit einer sog. *skaphē (σκάφη)* ergänzt. Stab (= Gnomon) und *skaphē* zusammen bilden das Horologium; *skaphē* heißt im Griechischen eigentlich: jeder »ausgehöhlte Körper, Gefäß«. Es war in diesem Fall eine ausgehöhlte Halb- bzw. Viertelkugel, deren Radius der Gnomon selber und deren Mittelpunkt die obere Gnomonspitze bildete. Offenbar wurde also das Instrument des Eratosthenes nach einem Plan konstruiert, dessen einfachere Variante wir schon kennengelernt haben.

Es wurde bei der Konstruktion des Vitruv hervorgehoben, daß die untere Hälfte jenes Kreises, der mit dem Gnomon als Radius und mit der Gnomonspitze als Zentrum geschlagen wurde – also der Halbkreis $\widehat{IB\dot{E}}$ nach Abb. 4a (S. 84) –, das umgekehrte Spiegelbild der oberen Hälfte des Kreises, des Himmelsgewölbes ist. (Deswegen konnte der Bogen $\widehat{HG}$ als Spiegelbild des Bogens zwischen den Wendepunkten $\widehat{LK}$ gelten.) Ebenso ist die *skaphē,* die ausgehöhlte Halb- bzw. Viertelkugel beim Horologium des Eratosthenes ein umgekehrtes Spiegelbild des ganzen Himmelsgewölbes, bzw. eines Viertels von ihm. Darum kann Kleomedes von »größten Kreisen in der *skaphē*« sprechen. Der Gnomonschatten in der *skaphē* ist das Spiegelbild eines Abschnitts des Meridiankreises am Himmel. Dabei entspricht das entfernte Ende des Schattens auf der inneren Wand der *skaphē* dem Ende des Meridianbogens über Alexandria selbst (wo der Mittagschatten beim Sommersolstitium gemessen wird), während das andere Ende des Schattenbogens beim Fußpunkt des Gonoms dem Ende des himmlischen Bogens über Syene entspricht, wo es zu derselben Zeit keinen Schatten gibt.

Der Gedanke der Spiegelung wird dadurch gleichsam verdeckt, daß Kleomedes (im Punkt 4) von Wechselwinkeln – φ und φ' – sprach. Die Erklärung ist zwar zutreffend, aber es lohnt sich doch, an jene drei Schritte zu erinnern, die zu dieser Methode führen:

a. Eratosthenes wollte eigentlich wissen, der wievielte Teil des

---

[113] In der lateinischen Übersetzung von H. Ziegler (vgl. oben Anm. 19), S. 98: »… si ducamus circumferentiam ab extrema gnomonis umbra ad ipsam basim gnomonis eius horologii, quod Alexandriae est, haec circumferentia segmentum erit maximi circuli eorum, qui in scaphe ducuntur, quoniam maximo circulo scaphe horologii subiecta est.«

irdischen Meridiankreises der Bogen zwischen Alexandria und Syene ist.

b. Nachdem er wußte, daß der *Meridianbogen des Himmels* über den beiden Städten ein ebensovielter Teil seines eigenen Kreises ist, beschloß er, von diesem letzteren Bogen auszugehen.

c. In Wirklichkeit hat er von diesem Himmelsbogen *das umgekehrte Spiegelbild in der skaphē* mit seinem Horologium in Alexandria gemessen.

Übereinstimmend sind also die Meßverfahren – dasjenige des Poseidonios und das des Eratosthenes – insofern, als beide einen Meridianbogen des Himmels messen und das Ergebnis auf den konzentrischen irdischen Meridianbogen übertragen. Es besteht jedoch ein interessanter Unterschied zwischen den beiden: Während Poseidonios über den Himmelsbogen allem Anschein nach unmittelbar feststellte, daß dieser der achtundvierzigste Teil des Zodiakuskreises sei, versuchte der ältere Eratosthenes mit Hilfe des Gnomonschattens ein umgekehrtes Spiegelbild des himmlischen Bogens zu messen.

14. *polos* und *pnigeus*

Es fragt sich nun, ob es möglich ist, daß Meßversuche wie die des Poseidonios und des Eratosthenes in Athen schon im 5. Jahrhundert v. Chr. durchgeführt wurden. Bisher konnte nur eine komische Szene aus den ›Wolken‹ des Aristophanes dafür namhaft gemacht werden. Gibt es auch andere Anzeichen, die dieselbe Vermutung erhärten?

Beginnen wir mit dem Instrument des Eratosthenes. In den vorigen Kapiteln war der Gnomon ein einfacher Stab, der in der horizontalen Ebene senkrecht aufgestellt wurde. Gewöhnlich scheint man in archaischer Zeit diese Form des Schattenzeigers benutzt zu haben. Deswegen konnte Oinopides von Chios – wie Proklos berichtet[114] – für den Begriff »senkrecht« den archaischen Ausdruck κατὰ γνώμονα, »nach dem Gnomon«, benutzen, »weil auch der Gnomon mit dem Horizont rechte Winkel bildet«. Der einfache Stab als Schattenzeiger wurde jedoch im Falle des Eratosthenes durch die *skaphē,* das umgekehrte Spiegelbild des Himmelsgewölbes, ergänzt. Man hat zunächst den Verdacht, diese Ergänzung des einfachen Stabes sei vielleicht das Ergebnis einer späteren Ent-

---

[114] Proclus. In Eucl. (F) 283. (Schönberger, S. 363).

wicklung, und es gab in der Tat eine antike Überlieferung, die diese Erfindung dem berühmten Astronomen von Samos, dem Aristarch zuschrieb[115]. Doch ist diese Überlieferung zweifellos ein Irrtum.

Die *skaphē* als Bestandteil des astronomischen Instrumentes, des Horologium, existierte unter anderem Namen schon früher, vor Aristarch von Samos. Man fasse nur jene, oben schon zitierte Herodot-Stelle noch einmal ins Auge, wonach die Griechen »den *polos,* den Gnomon und die zwölf Teile des Tages von den Babyloniern gelernt hätten«[116]. Umstritten war in den letzten Jahrzehnten aus diesem Zitat das Wort *polos.* Doch kann man den Zweifel leicht beseitigen.

Das Wort πόλος, aus dem Verbum πέλομαι, kann dreierlei bedeuten: 1. *Angelpunkt (= pivot),* um den sich ein Ding dreht, und daher Pol der Welt, Polarstern; 2. *Kreis,* den um diesen Punkt herum die Sonne oder ein Stern beschreibt; und darum auch 3. *Himmel, Himmelsgewölbe.* Diese letztere Bedeutung, wofür im Wörterbuch[117] auch Belegstellen aus der klassischen Literatur (Aischylos, Euripides etc.) genannt werden, sei besonders hervorgehoben, weil aus ihr sich jene Wortbedeutung unmittelbar ergibt, die uns hier interessiert: das astronomische Instrument – der *polos* neben dem Gnomon – hat eben deshalb diesen Namen erhalten, weil die hohle Halbkugel in diesem Fall – ebenso wie die *skaphē* des Eratosthenes – Gegenbild des Himmelsgewölbes ist.

Darum konnte A. Rehm anläßlich unserer Herodot-Stelle schon im Jahre 1913 schreiben[118], aus der Bezeichnung *polos* sei zu schließen, daß bereits bei den ältesten Horologien der Griechen der »Schattenfänger« *(skiothēras, hōrologion* oder *skiothērikon)* eine hohle Halbkugel das Gegenbild des Himmelsgewölbes war. Rehm hat für diese Wortbedeutung außer der Herodot-Stelle keine weiteren Belege angeführt, er verwies nur auf eine ältere Arbeit von E. Maaß[119]. Anstatt dessen erklärte er: »Die Grundidee der Erfindung ist also, *den Schatten eines Punktes in der Mitte einer hohlen Kugel, also den Schatten der Gnomonspitze an der Wand der Kugel zu beobachten;* zeichnete man den Weg, den die Spitze des Schat-

[115] Vitruv IX 8: »scaphen sive hemisphaerium Aristarchus Samius dicitur invenisse.«

[116] Siehe oben Anm. 13.

[117] A. Bailly, Dictionnaire Grec-Français, s. v. πόλος.

118. A. Rehm. ›Horologium‹ in: RE VIII, 1913, Sp. 2416–2433, besonders Sp. 2417.

[119] E. Maaß, Aratea. Philologische Untersuchungen XII. Berlin 1892.

tens an einem Sonnentag beschrieb, wirklich ein, so erhielt man eine Kurve, die fast genau einem Parallelkreis entsprach; es war das Abbild des Tagbogens der Sonne.«

Im gleichen Sinne hatte schon früher ein anderer Forscher, E. Ardaillon, in einem anderen Lexikon geschrieben[120]. Der *polos* war demnach eine hohle Halbkugel, auf einem offenen Platz horizontal angebracht und mit ihrem konkaven Teil dem Zenit zugewandt. In dieser Beschreibung wird, über die vorhin erwähnte hinausgehend, noch betont, daß die Spitze des Schattenzeiger-Stabes, deren Schatten auf der inneren Wand des Kugel-Viertels erscheint, mit dem Zentrum der Kugel zusammenfällt, und daß man im *polos* drei parallele Tageskurven der Sonne festgehalten hat – offenbar die beiden Tageskurven der Sonnenwenden und, als dritte zwischen diesen beiden, die Tageskurve des Äquinoktiums. Jene Zwölfteilung des Lichttages, die bei Herodot anläßlich des Gnomons erwähnt wird, sei eigentlich die Zwölfteilung der drei unterschiedlich langen Bogen der Tageskurven der Sonne bei den Wenden und beim Äquinoktium.

Selbstverständlich berücksichtigte diese Erklärung auch die einschlägigen archäologischen Funde, jene halbkugelförmigen Sonnenuhren, die wir aus hellenistischer Zeit besitzen. Handelte es sich bloß um die Sonnenuhren aus dieser verhältnismäßig späten Zeit, so könnte man gegen die Erklärung kaum etwas einwenden; ihre Gültigkeit wurde aber für die klassische Zeit angezweifelt – hauptsächlich deswegen, weil man sich fragte, ob es denn außer der Herodot-Stelle auch andere alte Belege dafür gebe, daß *polos* der Name eines astronomischen Instrumentes war?

In der modernen Literatur wird häufig ein Aristophanes-Fragment erwähnt, in dem das fragliche Wort denselben Sinn zu haben scheint: Aus seiner verlorenen Komödie ›Gerytades‹ ist der Vers überliefert[121]: πόλος τόδ’ ἐστιν εἶτα πόστην ὁ ἥλιος τέτραπται; Der Vers enthält also zwei Fragen: »Dies ist der *polos,* nicht wahr? Auf die wievielte (Linie) hat sich nun die Sonne gewandt?«

Das Fragment scheint mit der vorigen Worterklärung in Einklang zu sein. Es fragt sich nur, ob man dieses Zitat als »einzigen Beleg« für die gesuchte Wortbedeutung nehmen soll? Ob es nicht eine optische Täuschung ist? Schließlich werden die angeführten

---

[120] E. Ardaillon, ›Horologium‹ in Daremberg u. Saglio, Dictionnaire des antiquités grècques et romaines. 1900.
[121] Th. Kock, Comicorum Atticorum Fragmenta. 3 Bde, Leipzig 1880 bis 1888, Aristophanes fr. 163 (vgl. auch Kratinos. fr. 155).

Worte des Aristophanes von Julius Pollux, einem Grammatiker und Sophisten des 2. Jahrhunderts n. Chr. zitiert. Und der Gewährsmann selber versichert uns, das Wort πόλος heiße in diesem Zusammenhang dasselbe wie ὡρολόγιον. Auch dieser einzige Beleg aus Aristophanes ist also eigentlich ein Doppelbeleg.

Dasselbe gilt auch für ein zweites, später entdecktes Aristophanes-Fragment aus der ebenfalls verlorenen Komödie ›Daitaleis‹ (= Schmauser, aufgeführt 427 v. Chr.), das ebenfalls das Wort πόλος und in demselben Sinne benutzt[122]. In diesem Fall erklärt uns der andere Gewährsmann – jener Achilles, der im 2. bis 3. Jahrhundert n. Chr. eine Einführung zu den ›Phaenomena‹ des Aratos verfaßt hat –, das betreffende Wort bedeute bei Aristophanes dasselbe wie ἡλιοτρόπιον. Ja, es wird diesmal hervorgehoben, der Komiker im 5. Jahrhundert habe das Wort *polos* auch als Femininum benutzt. Durch diese grammatikalische Beobachtung wird die Glaubwürdigkeit der Quelle noch erhärtet.

Die zwei Aristophanes-Fragmente vermitteln so insgesamt vier Belege für die postulierte Bedeutung des Wortes *polos*. Einen fünften Beleg stellt uns jener Lukian im 2. Jahrhundert n. Chr. zur Verfügung, der in seinem ›Lexiphanes‹ (4) den affektiert attizisierenden Sprachgebraucht des Pollux verspottet. Diese Stelle erhärtet auch die Behauptung des anderen Gewährsmannes Achilles. Denn in der von Lukian verspotteten archaisierenden Redewendung ist das Wort *polos* in der Tat ein Femininum – wie auch in dem einen Aristophanes-Fragment. Es wird nun bei Lukian an der fraglichen Stelle die einfache Zeitbestimmung »es ist Mittag« in spitzfindiger Form ausgedrückt: καὶ γὰρ ὁ γνώμων σκιάζει μέσην τὴν πόλον = »auch der Gnomon beschattet schon die Mitte *der* Polos.« Die »Mitte der Polos« ist in dieser Redewendung offenbar dasselbe, wie in der *skaphē* des Eratosthenes der Meridian.

Man besitzt also – zusammen mit der Herodot-Stelle – nicht weniger als *sechs* antike Stellen, die einstimmig zeigen, daß nach dem griechischen Sprachgebrauch des 5. Jahrhunderts v. Chr. das aus der hellenistischen Zeit als *skaphē* bekannte Instrument als *polos* bezeichnet werden konnte.

Ja, wir können mindestens in einem Punkt auch noch über das bisher Gesagte hinausgehen. Es sah nämlich – nach dem, was bisher über den (oder die) *polos* erwähnt wurde – so aus, als hätte man

---

[122] Vgl. E. Maaß, Commentariorum in Aratum reliquiae. Berlin 1898, S. 25 ff.: Achill. Introd. in Arat. 62,3. Vgl. auch A. C. Cassio, Aristofane, Banchettanti, i frammenti. Pisa 1977, S. 72–73.

diesen Bestandteil des Horologiums hauptsächlich für die Bestimmung der Tageszeit, vielleicht sogar einfach für alltägliche Zwecke benutzt. Dagegen spricht unser zweites Aristophanes-Fragment – das aus den ›Daitaleis‹ – eher dafür, das Instrument habe für wissenschaftliche (astronomische) Zwecke gedient. Man beachte den Wortlaut:

πόλος τουτ᾽ ἐστὶν ἧ᾽ν Κολωνῷ
σκοποῦσι τὰ μετέωρα ταυ τί καὶ τά πλάγια ταυτί.

In dem ursprünglich leicht verdorbenen Text des Zitates hat U. v. Wilamowitz den Namen Κολωνός korrigiert, und dieser Korrektur hat Maaß zugestimmt[123]. Wilamowitz erinnerte nämlich an eine andere Aristophanische Komödie, an die ›Vögel‹ (aus dem Jahre 414), in der Meton, der Astronom, den Namen »Kolonos« prahlend erwähnt: er, Meton, wäre wohlbekannt in Hellas und in Kolonos (Vers 998). Verständlich wird diese durch Aristophanes verspottete Prahlerei erst dann, wenn man daran denkt, daß der Athener Meton im Jahre 432 auf der Pnyx – die zum Demos Kolonos gehörte – sein Heliotropion aufgestellt hatte[124]. Darauf scheint er besonders stolz gewesen zu sein. Wilamowitz hat nun eine ähnliche Anspielung auf dasselbe Heliotropion auch in den vorhin zitierten Worten aus den ›Daitaleis‹ vermutet. Diese Vermutung wird durch den zweiten Vers des Fragmentes erhärtet. Das ganze Zitat lautet ja: »Das ist nun die *polos,* mit der man in Kolonos beobachtet – die *meteora* hier, und die *plagia* dort.« Mögen hier die beiden Worte, die verraten, daß das Instrument nicht einfach zum Messen der Tageszeit, der Stunden bestimmt war, unübersetzt bleiben. Die μετέωρα sind Dinge hoch über der Erde, im Gegensatz zu denjenigen unter der Erde, den ὑπόγαια. Und daß auch die πλάγια in einem speziellen Sinne (astronomisch) zu verstehen sind, das ersieht man aus jener Stelle, an der Aristoteles erklärt, daß die πλάγια im Kosmos etwas anderes wären, nicht *oben* (ἄνω) und nicht *unten* (κάτω)[125].

Wir wissen also, daß die Wissenschaft der Griechen im 5. Jahrhundert nicht bloß die *einfache* Form des Gnomons gekannt hat, son-

[123] Maaß, Aratea, S. 13. Wilamowitz-Bibliographie 1892. Vgl. auch D. S. Robertson in: Classical Review 54 (1940), S. 180 ff.
[124] Über Meton s. Kubitschek in RE XV, Sp. 1458 ff.
[125] Aristoteles, De caelo 285 b 11 f.

dern daß es außerdem den Schattenzeiger, ergänzt durch den *polos,* das umgekehrte Spiegelbild des Himmelsgewölbes, gegeben hat. Der berühmte Astronom Meton scheint diese letztere Form des Gnomons benutzt zu haben. Wir wollen nun jene literarischen Belege ins Auge fassen, die allem Anschein nach Hinweise auf wissenschaftliche Versuche im Athen des 5. Jahrhunderts enthalten. Diese Versuche waren wohl die ersten Schritte zu Vermessungen der Erde (bzw. des Himmels), wie sie später von Eratosthenes und Poseidonios vorgenommen wurden.

Dem ersten Beleg begegnen wir in der Komödie ›Wolken‹ des Aristophanes. Als der Athener Strepsiades in diesem Stück sich mit seinem Sohn dem Haus des Sokrates nähert, fragt er (V. 92): »Siehst du die kleine Tür und das Häuschen dort?« »Ja, ich sehe«, entgegnete ihm der andere. »Und was ist denn damit, Vater?« Worauf Strepsiades erklärt:

ψυχῶν σοφῶν τοῦτ' ἐστὶ φροντιστήριον,
ἐνταῦθ' ἐνοικοῦσ' ἄνδρες, οἳ τὸν οὐρανὸν
λέγοντες ἀναπείθουσι ὡς ἔστιν πνιγεύς,
κ'ἄστιν περὶ ἡμᾶς οὗτος, ἡμεῖς δ'ἄνθράκες.

Weiser Seelen ist das die Denkerwerkstatt,
und darin wohnen Männer, die uns überzeugen,
daß der Himmel ein Kohlensticker (πνιγεύς) ist,
um uns herum, und wir darin brennende Kohlen.

Wie man sieht, wird in diesem Zitat das Wort *pnigeus* benutzt. Dafür findet man in ›Paulys Realenzyklopädie‹ die folgende Erklärung[126]: »Pnigeus... bezeichnet (1) der Grundbedeutung nach einen Kohlendecker, der dazu dient, glühende Kohlen zu ersticken, den man auch Kohlentöter nennen könnte...« Anschließend wird der Scholiast zu unserer Aristophanes-Stelle angeführt: κυρίως πνιγεύς ἔνθα ἄνθρακες ἔχονται καὶ πνίγονται... der zweite Teil der Erklärung, der nicht ganz überzeugt; »Er hatte die Form einer *Halbkugel,* denn nur so erklärt sich – vom Bilde nämlich, daß die Kohlen unter einem gewölbten Deckel liegen – die Übertragung (2) auf einen rings geschlossenen, *runden, ovalen Ofen mit Kuppelgewölbe...* Dieses Bild gebrauchte *Aristophanes,* um in Nachahmung des *Kratinos* den Himmel zu bezeichnen...«

Aber ist der zweite Teil dieser Erklärung einleuchtend? Zweifel-

---

[126] E. Schnuppe, Pnigeus in: RE 41. Halbband 1951, Sp. 1101–1103.

los war für die spöttische Namensübertragung – Himmel = Kohlentöter – entscheidend, daß der »Kohlentöter« eine Halbkugel war. Aber ist denn der Himmel *selbst* dem Kohlensticker ähnlich? Nicht eher der *polos,* das Instrument der Astronomen als umgekehrtes Spiegelbild des Himmelsgewölbes?

Ergänzt wird diese Erklärung durch die Bemerkung eines alten Schulkommentars[127] – gerade zu unserer Aristophanes-Stelle: »Es war eine stehende Stichelei gegen die Philosophen des 5. Jahrhunderts, daß nach ihnen das Himmelsgewölbe eine Art Deckel *(pnigeus)* über der Erde sei, wonach sich die Vergleichung der darunter befindlichen ἄνθρωποι (Menschen) mit ἄνθρακες (Kohlen) von selbst ergab. Diese Stichelei fand sich schon in *Kratinos'* πανόπται gegen *Hippon* etc.«

Nicht Aristophanes war also der erste, der den Sophisten (bzw. Sokrates) spöttisch vorhielt, nach ihnen sei das Himmelsgewölbe (bzw. das Instrument, das »Himmelsgewölbe«, *polos,* hieß) ein kugelförmiger »Kohlentöter«; das hatte schon Kratinos – verstorben etwa im Jahr 422 v. Chr. – dem Physiker der perikleischen Zeit, Hippon, vorgeworfen. Leider ist unsere Kenntnis über Hippon sehr mangelhaft, wir können den gegen ihn gerichteten Spott des Kratinos nicht näher beleuchten. Dennoch erweckt schon der Titel jenes verlorenen Stückes von Kratinos, aus dem Aristophanes das Motiv *(pnigeus)* übernommen hat, einen gewissen Verdacht. Dieses Stück hieß nämlich ›Panoptai‹ = »Die alles sehen« oder »Die alles erforschen«.

Aber kann man denn den Verdacht erhärten, daß für die beiden Komödiendichter der Anlaß, mit dem *pnigeus* ihren Spott zu treiben, das Instrument *polos* (= Himmelsgewölbe) und nicht der Himmel selbst war? Und hat man mit dem *polos – pnigeus* wirklich etwas *messen* wollen?

Die Antwort auf diese Fragen wird durch ein anderes Stück des Aristophanes nahegelegt. Es handelt sich um die ›Vögel‹, die im Jahre 414 aufgeführt wurden, und in denen auch der Astronom Meton auftrat.

Kaum haben, nach der Fabel dieses Stückes, die beiden Athener Euelpides und Pisthetairos ihre neue Stadt Wolkenkuckucksheim zwischen Himmel und Erde gegründet, als plötzlich ungeladene Gäste erscheinen, die sie kurzerhand vertreiben müssen. Zuerst kommen ein Dichter und ein Wahrsager, dann tritt als dritter die

---

[127] W. S. Teuffel (1887, S. 60), Schulkommentar zu Aristophanes' ›Wolken‹.

damals in Athen stadtbekannte Persönlichkeit, der Astronom Meton auf. Meton hat, wie es aus der Geschichte bekannt ist, seinen Vorschlag zur Korrektur des Kalenders im Jahre 432 gemacht. In der Komödie hat jedoch Meton eine andere Sorge, nicht den Kalender.

Kaum kündigt Meton seinen Einzug an, verraten die Empfangsworte des Atheners schon Mißtrauen (992–994): »Wieder ein neues Übel! Was willst du denn? Was ist dein Plan und deine Absicht? Wozu der prunkvolle Einzug?« – »Ich will euch die Luft vermessen und je nach Feldstücken zerteilen« (γεωμετρῆσαι βούλομαι τὸν ἀέρα ὑμίν διελεῖν τε κατὰ γύας), erwidert Meton. »Um Gottes willen, wer bist du denn, Mensch?« fragt der Athener. Und dann die stolze, schon erwähnte Antwort des Astronomen: »Wer ich bin? Nun ja, Meton, wohlbekannt in Hellas und in Kolonos.«

Diese Szene leitet jene Textstelle ein, die wohl als Beleg für ein astronomisches Instrument wie auch für einen aus der Überlieferung sonst nicht bekannten Meßversuch gelten darf. Es seien hier, um die Interpretation zu erleichtern, der Urtext wie auch seine Übersetzung wiedergegeben.

Nach der eben geschilderten Szene fragt wieder der Athener (998 f.): »Und sag mal, bitte, was ist denn das dort bei dir?« Diese Frage beleuchtet sogleich auch, warum der Athener vorhin von »prunkvollem Einzug« geredet hat (τίς ὁ κόθορνος τῆς ὁδῦ; 994). Der Darsteller des Meton erschien wohl mit irgendwelchen auffallenden Werkzeugen, mit Instrumenten auf der Bühne, die vermutlich auch die Zuschauer überraschten. Auf diese Instrumente bezogen sich die Worte des Atheners »prunkvoller Einzug«, über die möchte er jetzt Auskunft erhalten. Worauf Meton erklärt:

κανόνες ἀέρος.

αὐτίκα γὰρ ἀὴρ ἐστι τὴν ἰδέαν ὅλος
κατὰ πνιγέα μάλιστα. προσθεὶς οὖν ἐγὼ
τὸν κανόν᾽, ἄνωθεν τουτονὶ τὸν καμπύλον
ἐνθεὶς διαβήτην – μανθάνεις;

οὐ μανθάνω

ὀρθῷ μετρήσω κανόνι προστιθείς, ἵνα
ὁ κύκλος γένηταί σοι τετράγωνος κἀν μέσῳ
ἀγορά, φέρουσαι δ᾽ὦσιν εἰς αὐτὴν ὁδοὶ
ὀρθαὶ πρὸς αὐτὸ τὸ μέσον, ὥσπερ δ᾽ ἀστέρος
αὐτοῦ κυκλοτεροῦς ὄντος ὀρθαὶ πανταχῇ
ἀκτίνες ἀπολαμπωσιν.

ἄνθρωπος Θαλῆς.

Meton: »Das sind Meßstäbe für die Luft. Denn die Luft ist ja der Idee nach im Ganzen wie ein *pnigeus,* am meisten: Darum passe ich nun dazu den Stab, von oben diesen krummen Zirkel hinstellend – verstehst du?« Athener: »Nein, ich verstehe es nicht.« Meton: »Mit dem geraden Stab werde ich messen, daneben stellend, damit der Kreis viereckig sei, und in der Mitte ein Platz, führend zu ihm seien gerade Wege in die Mitte selbst, und wie von einem Stern, der kreisrund ist, gerade Strahlen sollen in jeder Richtung leuchten.« Athener: »Wahrlich, dieser Mensch ist ein *Thales...«*

Inwiefern darf man nun diese Worte des Meton aus einer Komödie ernstnehmen? Der Verfasser des Artikels ›Meton‹ in ›Paulys Realenzyklopädie‹ hat zu dieser Frage wie folgt Stellung genommen[128]: »Es kann der Versuch[129], ...durch Erklärung und Abbildungen die Pläne und Instrumente Metons als möglich und wirklich hinzustellen, *nicht zutreffen...* Der Dichter wäre wohl am meisten selbst überrascht, wenn er sähe, daß man alle seine Einfälle und Scherze ernstnehmen wolle. Übrigens würde es uns sehr wundern, wenn niemand auf den anscheinend nächstliegenden Gedanken gekommen sein sollte, daß Meton in den ›Vögeln‹ absolut nicht als der Kalenderverbesserer, sondern *als Phantast und stadtbekannter hohler Projektant auftritt.*« (Den letzten halben Satz habe ich selber hervorgehoben. Á. Sz.)

Im großen und ganzen hat dieser Verfasser wohl recht. Natürlich versteht kein Mensch die selbstsicheren und hochtrabenden Ausführungen der komischen Figur Meton – auch der Athener auf der Bühne hat ihn nicht verstanden –, und offenbar kam es selbst dem Dichter nicht darauf an, daß man einen Sinn in jene Worte hineinlege, die er als lächerlich und sinnlos hinstellen wollte. (So versteht er natürlich auch das »Viereckig-Machen des Kreises«.) Wir können aber fragen: Was mag es denn gewesen sein, was Aristophanes durch Handlung und Worte des Meton als etwas Sinnloses karikieren wollte?

Beginnen wir damit, daß sich die eben zitierte Erklärung mindestens in *einem* Punkte irrt. Denn wäre es möglich, daß der Dichter den Meton *nicht* als Astronomen, sondern als »Phantasten und hohlen Projektanten« hätte verspotten wollen? Dieser Annahme widerspricht die Art und Weise, wie sich Meton auf der Bühne vorstellt und wie er stolz auf Kolonos, den Ort seiner astronomischen

[128] Siehe oben Anm. 126.
[129] Hinweis auf einen Versuch von J. Svoronos in der Wiener Num. Zeitschrift 1922.

Tätigkeit (und vor allem des Horologiums) hinweist. Außerdem: Was wissen wir überhaupt von der wissenschaftlichen Tätigkeit des wahren Meton?

Er hat eine Kalenderreform vorgeschlagen. Dies wäre *ohne* vorangehende astronomische Beobachtungen gar nicht möglich gewesen. Und gehörte zu diesen Beobachtungen nicht gerade jenes Instrument, das bei Herodot den Namen »polos und Gnomon« hat, und das auch Meton selber auf der Pnyx aufgestellt hatte? Wird nicht eben solch ein Instrument in den aus dem Text des Aristophanes angeführten Worten karikiert? Die beiden Beschreibungen, die des wahren astronomischen Instrumentes und der phantastischen Bühnen-Werkzeuge der komischen Figur, stimmen auffallend überein.

Das astronomische Instrument, das in den übrigen, späteren Texten *hōrologion, hōroskopion* oder *hēliotropion* heißt, hatte zwei Bestandteile, die auch Herodot (II 109) hervorhebt. Der eine Teil war die konkave Halbkugel – *polos* oder *skaphē* genannt; er diente zum Auffangen der Schatten, darum hieß er auch *skiothēras* oder *skiothērikon;* Aristophanes bezeichnete ihn spöttisch als *pnigeus* (= Kohlensticker). Der andere Teil war der Stab, dessen Schatten beobachtet wurde, *gnōmōn,* oder im obigen Text einfach: *kanōn* (= Stock).

Im wirklichen Instrument stand der Stab unmittelbar in der konkaven Halbkugel, und zwar so, daß seine Spitze gerade das Zentrum jener *Kugel* bildete, die als Ergänzung zu der Halb- oder Viertelkugel gedacht wurde. Man hat den Eindruck, daß eine ähnliche Einrichtung durch die zitierten Aristophanes-Worte angedeutet wird. Meton will den *Stab* dem *pnigeus* »zupassen«, und er will »den Zirkel von oben hineinstellen«. Es würde wohl zu weit führen, wollte man auch noch zu beleuchten versuchen, was die »Quadrierung des Kreises« mit der Operation zu tun hat. Kein Zweifel, die Zuschauer haben diesen Hinweis als einen Fingerzeig auf das Lächerlich-Unmögliche verstanden, und gerade das war die Absicht des Dichters.

Man vergesse auch die folgenden Einzelheiten nicht. Stimmt es überhaupt, was die komische Figur, Meton, behauptet, daß die Luft (ἀήρ) im großen und ganzen dem Kohlensticker ähnlich ist? Nach dem Scholiasten ist der Himmel, und nicht die Luft, wie ein *pnigeus.* Denn ursprünglich hat man den *polos* als ein Spiegelbild des Himmels und nicht als eines der Luft aufgefaßt. Im Aristophanischen Stück ist die Luft deswegen an die Stelle des Himmels getreten, weil Wolkenkuckucksheim nach der Fabel nicht auf Erden und nicht im Himmel, sondern zwischen den beiden liegt. Meton will aber nicht bloß die neue Stadt, sondern die *Luft selbst* vermessen, so als wollte man in der realen Welt anstatt der wirklichen Stadt die Maße der ganzen Erde feststellen, und das Instrument dazu ist das Spiegelbild des Himmelsgewölbes *(pnigeus)*. Stadtbild und Weltbild gehen in diesem phantastischen Plan ineinander über.

Es sei in diesem Zusammenhang auch noch daran erinnert, daß selbst jene »geraden Strahlen«, die im phantastisch unmöglichen Plan des Meton »von der Mitte aus in jede Richtung leuchtend« – wie die Straßen einer Stadt von der *agora* ausgehen – ihr konkretes Vorbild wohl in einem echten Horologium hatten. Denn hat man die drei Tageskurven der Sonne in der *skaphē* (bei den Wenden und beim Äquinoktium) zwölfgeteilt, dann bekam man die »Stunden des Tages«. Die Teilungspunkte der drei Kurven – verbunden mit dem Fußpunkt des Gnomons – ergaben lauter Meridian-Bögen in der *skaphē*, die symbolisch die ganze Welt in zwölf Kugelsegmente teilten. Eben diese Meridian-Bögen waren wohl jene »geraden Strahlen von der Mitte aus«, von denen Meton auf der Bühne redet. Das Zwölfteilen des Tages war gleichzeitig auch ein Zwölfteilen der Welt und des umgekehrten Spiegelbildes vom Himmelsgewölbe in der *skaphē*.

Die Szene in den ›Vögeln‹ ist demnach ebenso ein Hinweis auf den Versuch der zeitgenössischen Wissenschaft, die Größe der Erde zu vermessen, wie jene Worte in den ›Wolken‹, die unmißverständlich das *Vermessen der ganzen Erde* als eine Aufgabe der *Geometrie* bestimmen. Erwähnt also Aristoteles (De caelo 298 a 15 ff.) im nächsten Jahrhundert die Ergebnisse jener Mathematiker, die die Größe der Erdkugel bestimmen wollten, so kann dies nicht nur ein Hinweis auf seine älteren Zeitgenossen Eudoxos und Kallippos sein[130], sondern ebenso auch eine Berufung auf ältere, ähnliche Versuche schon im 5. Jahrhundert.

---

[130] Vgl. O. Longo, Aristotele, De caelo, Introduzione, testo critico e note. Florenz 1961, S. 336. Wie ich später bemerkte, war die Vermutung, in Athen seien auch im 5. Jahrhundert v. Chr. schon Versuche angestellt worden, die Größe der Erde zu vermessen, in der Forschung – wenn auch etwas unsicher – schon früher aufgetaucht. F. Gisinger hat z. B. in seinem Artikel ›Geographie‹ (RE Suppl. IV, 1924, Sp. 521–685) in diesem Zusammenhang auch auf Aristophanes, Wolken 201 ff. hingewiesen.

II. Die geographische Breite

1. Die Parallelkreise

Im ersten Teil dieses Buches wurde mehrmals hervorgehoben, wie einerseits Erkenntnisse und Spekulationen über Gestalt und Lage der Erde im Weltall, und andererseits Probleme der Zeitrechnung (Äquinoktium und Jahreszeiten) in der historischen Entwicklung der griechischen Wissenschaft eng miteinander verknüpft waren. Die Suche nach dem exakten Datum der Tag- und Nachtgleiche – das sich mit seinem Mittagschatten bestimmen ließ – ergab am Gnomon-Weltbild (Abb. 4a) sogleich auch den himmlischen Äquator und seine Projektion auf die Erde. Mit der Veränderung des Mittagschattens ließ sich nicht nur der Wechsel der Jahreszeiten zwischen den beiden Sonnenwenden messen, sondern die Mittagschatten ermöglichten auch die Bestimmung der beiden Wendekreise, zuerst am Himmel und danach auf der Erde. Diese Erkenntnisse waren auch dann möglich, wenn man den Mittagschatten des Gnomons immer nur an demselben Ort in seiner zeitlichen Veränderung während des Jahres untersuchte. Um geographische Begriffe wie »Äquator«, »Wendekreis« und »Zonen« konzipieren zu können, brauchte man nicht die Veränderungen des Mittagschattens auch infolge der Ortsveränderung zu prüfen.

Wann hat man jene Tatsache erkannt, über die sich der Römer Vitruv im letzten Jahrhundert vor der Zeitwende wunderte: »Es ist eine erstaunliche Einrichtung der göttlichen Vernunft, daß der äquinoktiale Mittagschatten immer ein anderer ist, je nachdem, wo er gemessen wird, in Athen, Alexandria, Rom, Placentia oder an irgendeinem anderen Ort der Erde«?[1] Vermutlich ist diese Erkenntnis – und besonders das Registrieren der unterschiedlichen Verhältniszahlen von Gnomon und Länge seines Mittagschattens je nach Städten und geographischen Gebieten – späteren Ursprungs als das bloße Bestimmen des Äquinoktiums und die ältesten Entwürfe des Gnomon-Weltbildes.

---

[1] Vgl. den lateinischen Text in Anm. 36 – zusammen mit Anm. 37 – Teil I dieses Buches.

Zweifellos wurden derartige Angaben – Gnomon und die Länge des Mittagschattens – im 4. Jahrhundert v. Chr., im Zeitalter des Aristoteles, z. B. für Massalia (Marseille), schon benutzt. Der Ursprung dieser wissenschaftlichen Praxis ist wohl noch in der voraristotelischen Wissenschaft zu suchen. Denn auch Aristoteles weiß schon, daß der Mittagschatten des Gnomons nur in der gemäßigten Zone der nördlichen Kugelhälfte nach Norden gerichtet ist; in der heißen Zone fällt derselbe Mittagschatten (mindestens zeitweise) in die entgegengesetzte Richtung[2]. Als praktische Voraussetzung dieser Erkenntnis darf die Beobachtung gelten, daß, je weiter man nach Süden geht, die Mittagschatten desselben Tages um so kürzer werden. Diese Erfahrung, die sich mit der Kugelgestalt der Erde und mit der jährlichen Bahn der Sonne zwischen den beiden Wendekreisen sogleich erklären ließ, mag der Anlaß dazu gewesen sein, daß man auch das zahlenmäßige Verhältnis des Gnomons und seines Mittagschattens beachtete. Wir wollen hier zunächst sehen, wie dieses Verhältnis in der späteren, hellenistischen Wissenschaft benutzt wurde.

Der berühmte Astronom des 2. vorchristlichen Jahrhunderts, Hipparchos von Nikaia (ca. 190–120), hat einen kritischen Kommentar zum Werk des Aratos (315–240 v. Chr.) ›Phainomena‹ verfaßt. Da das Lehrgedicht des Aratos eigentlich das Werk des Eudoxos (408–350 v. Chr.) in Hexametern wiederholt, und, wie Hipparch mehrmals betont, für die Irrtümer darin nicht Aratos, sondern Eudoxos selber verantwortlich ist[3], bekommt man durch den Kommentar des Hipparch einen interessanten Einblick auch in das alte, verlorene Werk des Eudoxos. Aus diesem Kommentar stammt das

---

[2] Vgl. Aristoteles, Meteorologica II 5,362 a 32–b 30.
[3] Manitius 1894 27: In unmittelbarer Fortsetzung des oben gleich anzuführenden Teils: »Allerdings hat Aratos eine selbständige bestimmte Ansicht über derartige Verhältnisse in seinem Werk nicht vorgebracht, sondern ist auch hierin dem Eudoxos gefolgt.« Ebd., S. 7: »Freilich verdient Aratos vielleicht keinen Tadel, selbst wenn er in manchen Fällen falsche Angaben macht; hat er doch seine ›Himmelserscheinungen‹ im engen Anschluß an die Darstellung des Eudoxos geschrieben, durchaus nicht nach selbständigen Beobachtungen oder gar unter prunkender Ankündigung, der Himmelskunde eine streng wissenschaftliche Behandlung angedeihen zu lassen.« Oder auch ebd., S. 9: »Daß sich Aratos an des Eudoxos Darstellung der Himmelserscheinungen eng angeschlossen hat, kann man aus vielen Stellen erkennen, wenn man mit seinen Versen Punkt für Punkt den Wortlaut des Eudoxos vergleicht.«

folgende Zitat[4]: »Zunächst scheint mir Aratos über die geographische Breite (τὸ ἔγκλιμα τοῦ κόσμου) im Irrtum zu sein, wenn er meint, in den Gegenden von Griechenland habe sie zur Folge, daß der längste Tag zum kürzesten im Verhältnis von 5:3 stehe. Er sagt nämlich über den Sommerwendekreis:

> Wenn du den Umfang desselben in acht Abschnitte zerteilst,
> Drehen sich fünf dann über der Erde am Himmelsgewölbe,
> Drei in der unteren Hälfte[5].

Darüber ist man sich jedenfalls einig, daß in Griechenland der Schattenzeiger zum Mittagschatten der Tag- und Nachtgleichen im Verhältnis von 4:3 steht. Folglich hat dort der längste Tag eine Dauer von etwa 14³/₅ Stunden, während die Polhöhe ungefähr 37° beträgt. Wo aber der längste Tag zum kürzesten im Verhältnis von 5:3 steht, dort hat der längste Tag eine Dauer von 15 Stunden, während die Polhöhe (τὸ ἔξαρμα τοῦ πόλου) ungefähr 41° beträgt. Demnach ist klar, daß in Griechenland das letztgenannte Verhältnis des längsten Tages zum kürzesten unmöglich stattfinden, sondern vielmehr nur für den Hellespont gelten kann.«

Um dieses Zitat besser zu verstehen, müssen wir einige darin berührte Begriffe schärfer ins Auge fassen. Wie man sieht, rügt Hipparch einen Fehler in der Darstellung des Aratos-Eudoxos, nämlich

---

[4] Manitius 1894 26. Der griechische Text lautet: Πρῶτον μὲν οὖν ὁ Ἄρατος ἀγνοεῖν μοι δοκεῖ τὸ ἔγκλιμα τοῦ κόσμου νομίζων τοῖς περὶ τὴν Ἑλλάδα τόποις τοιοῦτον εἶναι, ὥστε τὴν μεγίστην ἡμέραν λόγον ἔχειν πρὸς τὴν ἐλαχίστην τὸν αὐτόν, ὃν ἔχει τὰ ε΄ πρὸς τὰ γ΄· λέγει γὰρ ἐπὶ τοῦ θερινοῦ τροπικοῦ.

> τοῦ μέν, ὅσον τε μάλιστα, δι᾽ ὀκτὼ μετρηθέντος
> πέντε μὲν ἔνδια στρέφεται, καὶ ὑπέρτερα γαίης,
> τὰ τρία δ᾽ ἐν περάτῃ.

συμφωνεῖται δή, διότι ἐν μὲν τοῖς περὶ τὴν Ἑλλάδα τόποις ὁ γνώμων λόγον ἔχει πρὸς τὴν ἰσημερινὴν σκιάν, ὃν ἔχει τὰ δ΄ πρὸς τὰ γ΄, ἐκεῖ δὴ τοίνυν ἡ μεγίστη ἡμέρα ἐστὶν ὡρῶν ἰσημερινῶν ιδ΄ καὶ τριῶν ἔγγιστα πεμπτημορίων, τὸ δὲ ἔξαρμα τοῦ πόλου μοιρῶν λζ΄ ὡς ἔγγιστα. ὅπου δὲ ἡ μεγίστη ἡμέρα λόγον ἔχει πρὸς τὴν ἐλαχίστην, ὃν ἔχει τά ε΄ πρὸς τὰ γ΄, ἐκεῖ ἡ μὲν μεγίστη ἡμέρα ἐστὶν ὡρῶν ιε΄, τὸ δὲ ἔξαρμα τοῦ πόλου μοιρῶν μα΄ ὡς ἔγγιστα. δῆλον τοίνυν ὅτι οὐ δυνατὸν ἐν τοῖς περὶ τὴν Ἑλλάδα (τόποις) τὸν προειρημένον εἶναι λόγον τῆς μεγίστης ἡμέρας πρὸς τὴν ἐλαχίστην, ἀλλὰ μᾶλλον ἐν τοῖς περὶ τὸν Ἑλλήσποντον τόποις.

[5] Das Aratos-Zitat in Ciceros lateinischer Übersetzung:

> Hunc *octo* in partes divisum noscere circum
> si potes, invenies supero convertier orbe
> *quinque* pari spatio, partes *tres* esse relictas
> tempore nocturno, quas vis inferna frequentet.
>
> (Arati Phaenomena a Cicerone in latinum conversa, 516–519)

die ungenaue Bestimmung der für Griechenland gültigen *geographischen Breite*. Unter geographischer Breite verstehen wir den für den jeweiligen Ort bezeichnenden *Parallelkreis* nördlich (+) oder südlich (−) vom Äquator. Die beiden Parallelkreise, die in der Entfaltung der theoretischen Geographie wohl »am frühesten« erkannt wurden, waren offenbar die Wendekreise. Vermutlich waren diese beiden ursprünglich auch die Grenzen der Parallelkreise, da die Sonne nie einen Kreis nördlicher oder südlicher als die Wenden zu beschreiben scheint. Man dachte nämlich, daß die Sonne (genauer: das Zentrum der Sonne) am Tag der Nachtgleiche mit ihrer Bahn einen Kreis beschreibt, den himmlischen Äquator, und darunter verläuft sein irdisches Gegenbild. An den übrigen Tagen des Jahres soll sie im großen und ganzen jeweils einen Parallelkreis zum Äquator beschreiben. Unter den himmlischen Parallelkreisen liegen ihre irdischen Entsprechungen, die Breitenkreise, die auf unserer Kugelhälfte an einem beliebigen Meridian vom Äquator (0°) bis zum Nordpol (90°) in Graden gezählt werden.

Die Breitengrade bezeichnen also die Entfernung oder den *Abstand* je eines Parallelkreises an einem Meridian vom Äquator. Darum wird dieser Begriff (geographische Breite) bei Ptolemaios in seinem Kapitel ›Feststellung der von Parallel zu Parallel eintretenden charakteristischen Kennzeichen‹ (Almag. II 6) stereotyp mit den Worten umschrieben: ...ἀπέχει δὲ οὗτος (scil. παράλληλος) τοῦ ἰσημερινοῦ μοίρας = »er hat vom Äquator soundsoviel Grad Abstand«.

Anstatt der Umschreibung »Abstand vom Äquator« – die später anscheinend stereotyp wurde – gebraucht das vorige Hipparch-Zitat einen anderen, wohl älteren Ausdruck für den Begriff »geographische Breite«, das Wort ἔγκλιμα, oder manchmal einfach κλίμα = »Neigung«, »Biegung des Himmelsgewölbes«. Auch dieses Wort verrät, daß man unter geographischer Breite ursprünglich nicht die »Krümmung der Kugelfläche der Erde«, sondern die entsprechende »Biegung des Himmels« verstand. (Das mag auch zur Bedeutungsentwicklung des Wortes: Klima = »Biegung des Himmels« → »mittlerer Zustand der Witterung« beigetragen haben.)

Man sieht diese Biegung des Himmelsgewölbes[6] an unserer Abb. 10 als den Bogen ẐN, das Maß des Winkels ZAN, die Entfer-

---

[6] Der Zenit ist in diesem Fall die Projektion jenes irdischen Punktes auf den Himmel, an dem der Beobachter steht. Darum ist der Bogen ẐN der Abstand des Zenitpunktes vom himmlischen Äquator; dasselbe Bogenmaß gilt auf der Erdoberfläche für den Abstand des Beobachters vom irdischen Äquator (B̂F).

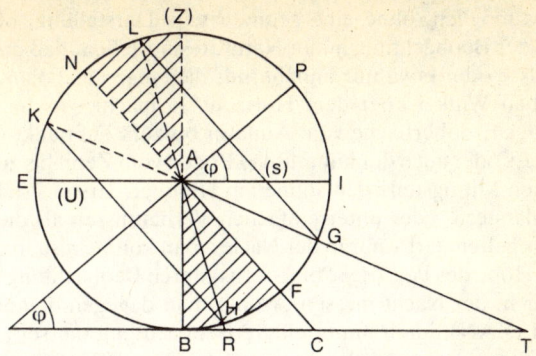

Abb. 10   NAF ist der Durchmesser des Äquators. Der Betrachter steht im Punkt B, bzw. symbolisch im Punkt A, wo die Gnomonspitze die punktmäßig kleine Erdkugel vertritt; Z ist sein Zenitpunkt am Himmel. Der Bogen $\overset{\frown}{ZN}$ ist das ἔγϰλιμα, die *declinatio caeli* jenes Punktes, in dem der Gnomon steht; gleich ist diesem der andere Bogen $\overset{\frown}{BF}$, der Abstand vom Äquator, die geographische Breite des Punktes B.

nung des Zenitpunktes vom Äquator, oder als Spiegelbild desselben himmlischen Bogens unten als Bogen $\overset{\frown}{BF}$ = Abstand des Gnomon-Fußpunktes vom Punkt F des symbolischen Äquators den Meridian entlang. Man sieht, daß auch in diesem Fall der himmlische Bogen $\overset{\frown}{ZN}$ sich am einfachsten durch sein Spiegelbild $\overset{\frown}{BF}$ messen läßt; so war es auch beim Messen der Schiefe der Ekliptik: den himmlischen Bogen $\overset{\frown}{LN}$ hat sein Spiegelbild $\overset{\frown}{HF}$ vertreten (die letzteren waren Bogen zur Seite des regulären Fünfzehnecks).

Im letzten Teil des vorigen Hipparch-Zitates erscheint jedoch auch zweimal als Synonym des Begriffes »geographische Breite« (= ἔγϰλιμα) der Ausruck »die Polhöhe« (= τὸ ἔξαρμα τοῦ πόλου). Hipparch benutzt diese beiden Bezeichnungen als gleichwertig. Und doch sind das griechische ϰλίμα und die Polhöhe ursprünglich verschiedene Begriffe. Denn die Polhöhe ist in Abb. 10 der Bogen $\overset{\frown}{PI}$, die Höhe des Pols über dem Horizont, das Maß des Winkels φ.

Natürlich sind die beiden Bogen $\overset{\frown}{ZN}$ und $\overset{\frown}{PI}$, als Maße der Winkel ZAN und PAI untereinander gleich, der eine kann als »Synonym« des anderen gelten, nachdem die Schenkel der beiden Winkel senkrecht aufeinander stehen. (PA steht auf NA und IA auf ZA senkrecht, nach Abb. 10.) Aber man fragt sich auch: Wie wurde diese einfache Gleichheit einst wohl erkannt?

Ist es möglich, ohne eine geometrische Darstellung, bloß auf Grund der Beobachtung in der Natur, festzustellen, daß die Höhe des Pols – oder etwa nur annähernd: diejenige des Polarsterns – denselben Winkel über dem Horizont ausmacht wie die Krümmung der Erdoberfläche vom Äquator bis zum Fußpunkt des Beobachters oder auch der himmlische Bogen vom Zenit bis zur äquinoktialen Mittagstelle der Sonne am Himmel? Erstens sieht man den Polarstern – der unter einfachen Verhältnissen als die Stelle des Pols gelten darf – nur in der Nacht; man könnte also in der Natur die Höhe des Pols (des Polarsterns) durch Beobachtung eigentlich nur in der Nacht messen. Wollte man dagegen den anderen Winkel (ZAN) durch unmittelbare Beobachtung messen, so war dies nur tagsüber möglich; aber auch dann müßte man außer dem Zenitpunkt des Beobachters auch die Mittagstelle der Sonne zur Zeit des Äquinoktiums am Himmel – vom Beoachtungsort aus – fixieren: eine kaum lösbare Aufgabe *ohne* geometrische Darstellung. Die Existenz der beiden Winkel kann man also in der Natur durch einfache Beobachtung nicht gleichzeitig feststellen. Noch weniger kann man darauf kommen, daß diese beiden Winkel gleich sind. Es sieht demnach so aus, als ob eine so einfache Tatsache wie die Gleichheit der Polhöhe und der geographischen Breite erst auf Grund einer geometrischen Darstellung (auf Grund des Gnomon-Weltbildes) erkannt werden konnte[6a].

Hipparch rügt nun im angeführten Zitat die ungenaue Bestimmung der geographischen Breite für Griechenland durch Aratos-Eudoxos. Jene Breite, die sich aus der Angabe des kommentierten Werkes ergibt, sei nicht für Hellas, eher für die Gebiete am Hellespont gültig. Der Unterschied in den beiden Bestimmungen beträgt vier Breitengrade: nach Hipparch soll Griechenland etwa um 37° Breite liegen, während aus der anderen Angabe 41° folgt.

[6a] Es sei hier kurz auch an jenen interessanten Zusammenhang erinnert, dessen Erkenntnis ohne jene geometrische Darstellung des Weltalls, die auf Anaximander zurückgeht (γεωμετρίας ὑποτύπωσις), wohl kaum möglich gewesen wäre. Man liest im Kommentar des Hipparch zu Aratos-Eudoxos: »Der immersichtbare Kreis ist in der Umgebung von Athen und überhaupt da, wo der Schattenanzeiger zum Mittagschatten der Tag- und Nachtgleichen in dem Verhältnis von 4:3 steht, vom Pol etwa 37° entfernt. (Manitius 1894, S. 34–35: ὁ .... ἀεὶ φανερὸς κύκλος ἐν τοῖς περὶ Ἀθήνας τόποις καὶ ὅπου ὁ γνώμων ἐπίτριτός ἐστι τῆς ἰσημερινῆς σκιᾶς, ἀπὸ τοῦ πόλου ἀπέχει περὶ μοίρας λζ´ (= 37°). Hätte man diesen einfachen Zusammenhang bloß auf Grund unmittelbarer Beobachtung des Himmelsgewölbes jemals erkannt? Ist für diese Erkenntnis die geometrische Darstellung des Weltalls (mit anderen Worten: das Gnomon-Weltbild) nicht unerläßlich?

Interessanter jedoch als der Beobachtungsfehler bzw. seine Korrektur ist für uns die Methode der Breiten-Bestimmung, die aus dem Text des Hipparch eindeutig hervorgeht. Er sagt nämlich, wenn die kritisierte Breiten-Bestimmung zuträfe, dann müßte in Griechenland das Verhältnis des längsten Tages im Jahr zum kürzesten wie 5:3 sein. Er zitiert aus dem Aratos-Text die Stelle, nach der dieses Verhältnis sich ergibt: Wenn man den Sommerwendekreis – also die Sonnenbahn am längsten Tag des Jahres – in acht gleiche Abschnitte aufteilt, dann fallen 5/8 des Kreises auf den Teil *über* der Erde und 3/8 auf den anderen Teil *unter* der Erde.

Bevor man weitergeht, beachte man die leichte, eigentlich nur scheinbare Inkonsequenz des Textes. Hipparch spricht dreimal nacheinander vom Verhältnis des längsten Tages zum kürzesten. Die Aratos-Stelle bezieht sich dagegen auf einen einzigen, den längsten Tag des Jahres und auf die danach folgende kürzeste Nacht. Nur der Sommerwendekreis wird im Verhältnis 5:3 zweigeteilt, wobei fünf Achtel auf den Tag und drei Achtel auf die Nacht fallen. Vom kürzesten Tag ist dabei gar nicht die Rede. Wir wollen auf die Frage, warum anstatt der kürzesten Nacht, die doch ursprünglich mit dem längsten Tag zusammen gemessen wurde, der kürzeste *Tag* genannt wird, hier noch nicht eingehen. Es genüge zunächst der bloße Hinweis darauf, daß ursprünglich der Sommerwendekreis einfach zweigeteilt wurde – darum das Verhältnis »längster Tag : kürzeste Nacht« –, und daß in der Antike die Länge der kürzesten Nacht im Juni der des kürzesten Tages im Dezember gleichgesetzt wurde, obwohl diese Gleichsetzung nur theoretisch einigermaßen berechtigt, praktisch aber unzutreffend ist[7].

---

[7] Vgl. O. Neugebauer, The exact sciences in antiquity. 2. Aufl. Providence 1957, S. 158: »The shortest night is assumed to be equal in length to the shortest day. This convenient assumption of exact symmetry was always made in ancient astronomy. Actually, however, atmospheric influences make the sun visible longer than it would be the case with a mathematical horizon. Consequently the shortest daylight is *longer* than the shortest night.« Ein Blick auf Abb. 10 kann uns sogleich davon überzeugen, wieso man in der Antike denken konnte, daß die Dauer der kürzesten Nacht an irgendeinem Ort der Erde derjenigen des kürzesten Tages daselbst gleich sein müßte. Nach dieser Abbildung ist LG der Durchmesser des Sommerwendekreises, der Bahn der Sonne am längsten Tag des Jahres. Ebenso ist KH der Durchmesser des Winterwendekreises, der Sonnenbahn am kürzesten Tag des Jahres. Beide Durchmesser werden jedoch durch den Horizont-Durchmesser EAI zweigeteilt. Das Segment LS gehört zum Tagbogen, und das Segment SG zum Nachtbogen der Sonne am Sommerwendetag; und ebenso gehört KU zum Tagbogen und UH zum Nachtbogen des

Es ist noch interessanter, daß Hipparch sich mit dem bloßen Verhältnis des längsten zum kürzesten Tag (5:3) eigentlich nicht begnügt. Er stellt fest, daß, wo dieses Verhältnis gilt, der längste Tag 15 Stunden lang sein muß. In Griechenland sei dagegen der längste Tag des Jahres nur 14³/₅ Stunden lang. Das Bestimmen der geographischen Breite mit ähnlichen Angaben des längsten Tages ist auch aus späterer Zeit in dieser Form bekannt. Man liest z. B. bei Ptolemaios – in dem schon öfters zitierten Kapitel II 6 des ›Almagest‹ – über die einander folgenden Breitenkreise, wo der längste Tag 15, 15¹/₄, 15¹/₂ etc. Äquinoktialstunden lang ist.

Man kann nun versuchen die Schritte in der Entfaltung der Methode, mit der Dauer des längsten Tages die geographische Breite zu bestimmen, einstweilen folgendermaßen zu rekonstruieren:

1. Möglicherweise begnügte sich Eudoxos noch mit der einfachen Zweiteilung des Sommerwendekreises im betreffenden Gebiet. Daraus ergab sich das Verhältnis von längstem Tag zur kürzesten Nacht, in unserem Fall 5:3.

2. Später trat im selben Verhältnis an die Stelle der kürzesten Nacht der kürzeste *Tag*. Wodurch dieser leichte Wechsel nahegelegt wurde, wollen wir erst später untersuchen.

3. Zur Zeit des Ptolemaios genügte, wenn man einen Parallelkreis charakterisieren wollte, die Dauer des längsten Tages daselbst in Äquinoktialstunden; die kürzeste Nacht oder der kürzeste Tag bzw. eine Verhältniszahl wie bei Aratos (5:3) wurde nicht mehr erwähnt.

Die Zweiteilung des Sommerwendekreises, um die geographische Breite eines Gebietes zu erhalten, ist aus der populärwissenschaftlichen Literatur der Antike wohlbekannt. Geminos schreibt z. B., wie in Rhodos der Sommerwendekreis durch den Horizont zweigeteilt wird[8]. Teilt man den vollen Wendekreis in 48 gleiche

Winterwendetages. Doch sind die beiden Segmente SG und KU offenbar gleich. Darum *müßten* auch die kürzeste Nacht des Jahres und daselbst der kürzeste Tag gleich lang sein. Gerade diese Tatsache wird bei Geminus (Gemini Elementa astronomiae. Manitius, 1894, S. 52, 21–23) mit den folgenden Worten erklärt: δι' ἣν αἰτίαν ἡ μεγίστη ἡμέρα ἴση ἐστὶ τῇ μεγίστῃ νυκτί, καὶ ἡ ἐλαχίστη ἡμέρα ἴση ἐστὶ τῇ ἐλαχίστῃ νυκτί.

[8] Gemini Elementa astronomiae (Manitius, 1894, S. 52): ἐν δὲ τῷ κατὰ Ῥόδον ὁρίζοντι ὁ θερινὸς τροπικὸς κύκλος ὑπὸ τοῦ ὁρίζοντος τέμνεται οὕτως, ὥστε τοῦ ὅλου κύκλου διῃρημένου εἰς μέρη μη′ (= 48), τὰ μὲν κθ′ (= 29) ὑπὲρ τὸν ὁρίζοντα ἀπολαμβάνεσθαι, τὰ δὲ ιθ′ (= 19) ὑπὸ γῆν. ἐκ δὲ τῆς διαιρέσεως ταύτης ἀκολουθεῖ τὴν μεγίστην ἡμέραν ἐν Ῥόδῳ γίνεσθαι ὡρῶν ἰσημερινῶν ιδ′ς (= 14½), τὴν δὲ νύκτα ὡρῶν ἰσημερινῶν θ′ς (= 9½).

Teile, so sagt er, dann fallen davon 29 über den Horizont und 19 darunter. Daraus folgt, daß dort der längste Tag aus 14^1/$_2$ und die kürzeste Nacht aus 9^1/$_2$ Äquinoktialstunden besteht. – Bei Ptolemaios wird dieselbe Breite von Rhodos – sein »elfter Parallel« (Almag. II 6) – nur mit dem längsten Tag von 14^1/$_2$ Äquinoktialstunden charakterisiert.

Es geht aus den beiden Berichten – dem des Aratos bei Hipparch und dem des Geminos – eindeutig hervor, daß man die Dauer des längsten Tages und der darauffolgenden kürzesten Nacht auf dem Wege der Zweiteilung des Sommerwendekreises durch den Horizont feststellte. Diese Quellen sagen aber gar nichts darüber, wie man eigentlich wahrnehmen konnte, daß der betreffende Kreis durch den Horizont in dem einen Fall im Verhältnis 5:3, und in dem anderen als 29:19 zerlegt wird. Nicht das Zerlegen des Kreisumfangs in 8 oder in 48 gleiche Teile ist das Problem – eine solche Operation läßt sich ziemlich leicht vornehmen –, die Frage ist vielmehr: Woher wußte man, wieviele Achtel, bzw. wieviele 48stel Teile sind *über,* und wieviele davon *unter* dem Horizont zu denken. Auf diese Frage wollen wir im Kapitel ›Die Methode des Eudoxos‹ noch näher eingehen. Hier wollen wir zunächst die Kritik des Hipparch an Aratos-Eudoxos in ihren weiteren Teilen in Augenschein nehmen.

Es ist auffallend, mit welchem Argument Hipparch seine Kritik beginnt. Er beruft sich vor allem auf das bekannte Längenverhältnis des Gnomons zu seinem äquinoktialen Mittagschatten in Griechenland: »Darüber ist man sich jedenfalls einig, daß in den Gegenden von Griechenland der Schattenzeiger zum Mittagschatten der Tag- und Nachtgleichen im Verhältnis von 4:3 steht.« Nicht das irrtümliche Zweiteilen des Sommerwendekreises in Griechenland wird also unmittelbar angegriffen; statt dessen wird eine bekannte und allgemein anerkannte Tatsache als Ausgangspunkt der weiteren Argumentation genommen: Aus der äquinoktialen Verhältniszahl des Gnomons in Griechenland folgt für Hipparch das übrige, wie der nächste Satz besagt: »Folglich hat dort der längste Tag eine Dauer von 14^3/$_5$ Stunden, während die Polhöhe ungefähr 37° beträgt...«

Man hat demnach den Eindruck, daß die Methode des Aratos-Eudoxos und die des Hipparch gar nicht dieselbe war. Denn bisher sah es so aus, daß Eudoxos irgendwie nur den Sommerwendekreis in Griechenland zweigeteilt hatte; das ergab für ihn das Verhältnis des längsten Tages zur kürzesten Nacht; das mag seine Bestimmung der geographischen Breite (ἔγκλιμα) für Griechenland gewesen sein. Dagegen ging Hipparch von Angaben des Gnomons und seines Schattens aus. Für ihn war die Zeitdauer des längsten Tages eine *Konsequenz* der auf anderem Wege berechneten geographischen Breite. Der Text teilt sogleich auch in Winkelgraden jenes ἔγκλιμα mit, das aus dem Gnomon-Verhältnis berechnet wurde: »ungefähr 37°«.

Man erhält hier also drei verschiedene, aber miteinander eng zusammenhängende Angaben: 1. das Verhältnis des Gnomons und seines äquinoktialen Mittagsschattens, 4:3; 2. den längsten Tag des Jahres daselbst, 14³/₅ Stunden; 3. die Winkelgrade der geographischen Breite, 37°. Hipparch scheint die beiden letzteren aus der ersten Angabe berechnet zu haben.

Allerdings werden im zweiten Teil seiner Kritik von den eben genannten drei Angaben nur zwei – die 2. und 3. – berücksichtigt. Er sagt nämlich, daß dort, wo das Zeitdauer-Verhältnis des Aratos (5:3) gilt, der längste Tag 15 Stunden hat und die Polhöhe 41° beträgt. Das Gnomon-Verhältnis für dieses andere Gebiet wird diesmal nicht genannt.

Aber hat man es hier nicht mit zwei verschiedenen Methoden zu tun? Was kann man aus dem Gnomon-Verhältnis, und was aus der Zeitdauer des längsten Tages berechnen? Oder genauer formuliert: Zu welcher Art von Berechnungen hat man diese beiden Angaben *ursprünglich* benutzt? Bevor wir versuchen, diese Fragen zu beantworten, betrachten wir zunächst, wozu der Gnomon und das Gnomon-Verhältnis, bzw. die Zeitdauer des längsten Tages in dem verhältnismäßig späten Werk des Ptolemaios benutzt werden.

Ein Kapitel im ›Almagest‹ (II 3) heißt: ›Wie sich aus der Dauer des längsten Tages die Polhöhe bestimmen läßt und umgekehrt.‹ Auffallend ist an diesem Kapitel nicht bloß, daß das in ihm behandelte Rechenverfahren ziemlich kompliziert ist, sondern noch mehr, daß aus dem Text des Ptolemaios gar nicht hervorgeht, wie eigentlich im Altertum die genaue Zeitdauer des längsten Tages in irgendeinem Gebiet festgestellt wurde.

Noch überraschender ist ein späteres Kapitel (II 5): ›Wie aus gegebenen Größen das Verhältnis des Gnomons zu den an Nachtgleichen und Wenden zur Mittagstunde beobachteten Schatten bestimmt wird.‹ Bei diesem letzteren Fall verwundert besonders, was alles im voraus bekannt sein muß, um das empfohlene Rechenverfahren ausführen zu können. Es soll, wie der Text des Ptolemaios vorausschickt, erstens der Bogen zwischen den Wendekreisen[9],

---

[9] Das Doppelte der Ekliptikschiefe, also nach der älteren Astronomie 48°; Ptolemaios benutzt anstatt dieses Maßes den mittleren Wert zwischen 47° 40′ und 47° 45′.

und zweitens die Polhöhe (bzw. die geographische Breite) bekannt sein, außerdem soll der Gnomon 60 Längeneinheiten betragen. Im Besitz all dieser Angaben und mit Hilfe der Sehnentafel des Ptolemaios kann man dann berechnen, wie lang der Mittagschatten des Gnomons beim Äquinoktium und an den beiden Wendetagen wird.

Man fragt sich, wozu eigentlich diese Längen nötig sind. Denn ursprünglich hat man die Schattenlängen offenbar zur Zeitbestimmung benutzt. Der täglich kürzeste Schatten des Stabes war das Zeichen für Mittag, und der kürzeste Mittagschatten des Jahres zeigte die Sommerwende an, der längste Mittagschatten (im Dezember) die Winterwende. Man konnte mit der Länge des Mittagschattens auch die Äquinoktien, den Beginn des Frühlings und des Herbstes bestimmen. Aber wenn alle diese Daten schon bekannt sind, wozu soll man auch noch berechnen, in welchem Verhältnis an diesen Tagen die Länge des Mittagschattens zur Länge des Gnomons stehen wird?

Kein Zweifel, diese Berechnungen waren für Ptolemaios nur noch routinemäßig lösbare Schulübungen. Er betont auch, sowohl anläßlich der Berechnung der Polhöhe aus der Dauer des längsten Tages (Almag. II 3), als auch bei den Gnomon-Berechnungen, daß die von ihm ausgeführten Operationen auch umgekehrt möglich seien. Er selber beginnt in seinem Überblick der Charakterzüge der einzelnen Parallelkreise (II 6) mit der Dauer des längsten Tages, denn gerade die wachsende Dauer der Tageslänge ließ sich als leichte Schablone vom Äquator bis zum Nordpol am einfachsten aufzählen. Zu den Tageslängen berechnete er dann sowohl die geographische Breite (den Abstand vom Äquator) als auch die Schattenlängen jenes Gnomons, der für ihn immer 60 Einheiten lang war.

Lehrreich wird – eben unter dem Gesichtspunkt der Schablone – mindestens ein Beispiel von Ptolemaios mit seinem großen Vorbild, Hipparch, zu vergleichen.

Strabon schreibt einmal (C 134), offenbar in Anlehnung an Hipparch: »Fährt man mit dem Schiff in den Pontus (das Schwarze Meer) hinein und legt man noch einen Weg von 1400 Stadien nach Norden zurück, so wird dort der längste Tag des Jahres $15\frac{1}{2}$ Äquinoktialstunden haben; diese Gegend ist vom Nordpol und vom Äquator gleich weit entfernt.«

Die Gegend, die vom Nordpol und vom Äquator gleich weit entfernt ist, liegt um den Breitengrad 45°. Das heißt auch, daß der Bogen BF unserer Abb. 10 (S. 153) das Maß eines Winkels von 45°

sein wird. In diesem Fall wird jedoch das Dreieck ABC nicht bloß rechtwinklig, sondern auch gleichseitig; der äquinoktiale Mittagschatten wird ebenso lang wie der Gnomon selbst. Man vergleiche diese Schlüsse mit den Worten des Ptolemaios anläßlich seines fünfzehnten Parallels in ›Almagest‹ II 6: »Der fünfzehnte Parallel ist derjenige, auf welchem der längste Tag 15¹/₂ Äquinoktialstunden hat. Er hat vom Äquator 45°1′ Abstand und geht mitten durch den Pontus. Dort ist in dem Maße, in welchem der Gnomon 60ᵖ beträgt... der Mittagschatten der Nachtgleiche gleich 60ᵖ...«

Zu der Dauer des längsten Tages mit 15¹/₂ Äquinoktialstunden muß also die geographische Breite *um eine Minute mehr als 45°* betragen.

Das Verfahren des Ptolemaios – der aus der Zeitdauer des längsten Tages die Polhöhe (geographische Breite) gewinnt, und zu diesem Ergebnis alle drei Mittagschatten des Gnomons (der beiden Wenden und des Äquinoktiums) berechnet – ist also auf keinen Fall das ursprüngliche. Versucht man die historische Entwicklung der Methode zu rekonstruieren, so muß man sich mit Vermutungen begnügen. Immerhin hat das folgende Schema in drei Schritten einige Wahrscheinlichkeit für sich:

1. Ursprünglich hat man das ἔγκλιμα eines Ortes wohl damit charakterisiert, in welchem Verhältnis dort der Horizont den Sommerwendekreis in Tag- und Nachtbogen zerlegt. Denn je nördlicher man geht, um so größer wird der Tagbogen dieses Wendekreises. Diese Stufe der Entwicklung ist – im Sinne des hier behandelten Hipparch-Kommentars – für Eudoxos auf alle Fälle gesichert.

2. Auf einer weiteren Stufe der Entwicklung hat man den Abstand vom Äquator – den Bogen $\widehat{BF}$ der Abb. 10 – aus dem Verhältnis des Gnomons und seines Mittagschattens (also etwa AB:BC nach derselben Abbildung) berechnet. Zweifellos hat man diese Stufe der Entwicklung, wenn nicht früher, so schon bald nach Eudoxos, zur Zeit des Pytheas von Massalia, erreicht.

3. Wohl erst später hat man auch solche Operationen auszuführen gelernt, die bei Ptolemaios (in Almag. II 5) besprochen werden: ›Wie sich aus der Dauer des längsten Tages die Polhöhe bestimmen läßt...‹ Denn diese Berechnungen sind bedeutend komplizierter.

Behandeln wir im folgenden zunächst die Berechnung der geographischen Breite aus dem Verhältnis des Gnomons zu seinem äquinoktialen Mittagschatten.

2. Wie hat Hipparch gerechnet?

»Darüber ist man sich jedenfalls einig, daß in den Gegenden von Griechenland der Schattenzeiger zum Mittagschatten der Tag- und Nachtgleichen im Verhältnis von 4:3 steht...« hieß das grundlegende Argument von Hipparch gegen Aratos. Aus dieser Angabe hat er nicht nur die Dauer des längsten Tages abgeleitet, die von derjenigen des Aratos abweicht, sondern auch die geographische Breite von Griechenland: »ungefähr 37°«.

Offenbar hatte also Hipparch eine Skizze vor sich wie unsere Abb. 10. Bekannt war ihm aus dem Dreieck ABC das Verhältnis der Katheten, AB:BC, 4:3; daraus bekam er für $\widehat{BF}$ den Bogen ungefähr 37°«.

Wollte man nur nachweisen, daß die Berechnung richtig war, so könnte man in einer modernen Tafel von Winkelfunktionen Kotangens 4:3 nachschlagen, und man bekäme: 36°52′. Hipparch hatte also recht: »ungefähr 37°«[10].

Aber Hipparch besaß noch keine Sinus-, Kosinus-, Tangens- und Kotangens-Tafeln; er konnte die Kotangens-Werte nicht nachschlagen, wie unsereiner heutzutage, er konnte nur Sehnentafeln benutzen, die sich von unseren Winkelfunktionen im Prinzip allerdings nicht unterscheiden. Es fragt sich nur, wie »entwickelt« oder wie »primitiv« seine Tafeln waren. Überliefert ist im antiken Schrifttum nur soviel, daß Hipparch schon Sehnentafeln in 12 Büchern zusammengestellt hatte[11]. Aus diesem wortkargen Bericht wollte man schließen, die Sehnentafeln des Hipparch seien wohl ebenso gewesen wie diejenigen des Ptolemaios 250 bis 280 Jahre später, die sich im ›Almagest‹ I 11 finden. Andere betonten dagegen, wir müßten uns davor in acht nehmen, durch die antike Überlieferung nicht irregeführt zu werden: die Sehnentafeln des Hipparch waren wohl noch viel primitiver als die bei Ptolemaios.

Man kann jedoch – statt nur zu vermuten – Angaben und Ergebnisse des Hipparch auf die Probe stellen. Das heißt, man versucht, aus dem Verhältnis des Gnomons zu seinem äquinoktialen Mittagschatten (4:3) das ἔγκλιμα (die Polhöhe) zu berechnen, und zwar so, daß man dabei die ptolemäischen Sehnentafeln benutzt und nur solche Rechenverfahren anwendet, die in der Antike tatsächlich in

---

[10] So wird Hipparch z. B. in Manitius, 1894, S. 291 gerechtfertigt.
[11] A. Rome, Commentaires de Pappus et de Théon d'Alexandrie sur l'Almageste. Città del Vaticano 1936, Bd. 2, S. 451.

Gebrauch waren. Auf diese Weise wird nicht bloß das Ergebnis des Hipparch kontrolliert, auch die Vermutungen über seine Tafeln werden greifbarer.

Es stimmt zwar, daß wir kein Muster der antiken Berechnung besitzen, das wir unmittelbar auf diese Probe anwenden könnten. Aber wir können doch das Rechenverfahren des Kapitels II 5 im ›Almagest‹ umkehren: anstatt aus gegebener Polhöhe und Gnomonlänge den Schatten zu berechnen, können wir mit derselben Methode aus den gegebenen Größen – Gnomon und Schatten – das ἔγκλιμα gewinnen.

In diesem Kapitel schildern wir zunächst provisorisch den Grundgedanken der Sehnentafeln und zeigen die einfachsten Schritte ihrer Zusammenstellung (1.); dann fragen wir, wie Ptolemaios seine Tafeln zur Lösung einer einfachen Aufgabe benutzt hat (2.) und wie Hipparch dieselbe Methode umgekehrt angewendet haben mag (3.).

1. Die Sehnentafeln im Werk des Ptolemaios (Almag. I 11) zeigen, wie in einem Kreis mit dem Anwachsen der Bogen von Grad zu Grad – bzw. von Halbgrad zu Halbgrad – auch die zu ihnen gehörigen Sehnen länger werden. Der volle Kreisumfang wurde in 360 Grade – bzw. 720 Halbgrade – und die größte Sehne im Kreis, der Durchmesser, in 120 Längeneinheiten *(partes)* geteilt. So war die Feststellung, daß zum größten Kreisbogen (dem Halbkreis) jene Sehne gehört, die mit 120 ^{P} (Längeneinheit) gemessen wird (180°... 120^P), der Ausgangspunkt der Sehnentafel.

Danach hat man reguläre Polygone in den Kreis einbeschrieben – die den Kreisumfang in so viele Bogen teilen, wie der jeweilige Polygon Seiten hat – und berechnet, wie lang die Polygonseiten, als Sehnen des Kreises, in den Einheiten des Kreisdurchmessers sind. Leicht konnte man z. B. erkennen, wie lang jene Sehne wird, die zum Kreisbogen von 60° gehört. Dieser Bogen ist genau der sechste Teil des vollen Kreisumfangs (360°), und die dazugehörige Sehne ist eine Seite des regelmäßigen Sechsecks im Kreis. Da nun die Sechseckseite gleich dem Radius des Kreises ist, gehört in der Tabelle des Ptolemaios – dessen Kreis einen Durchmesser (2r) von 120^P Einheiten hat – zum Bogen von 60° eine 60^P lange Sehne (60°... 60^P).

Mit dem Radius des Kreises wird auch die zum Kreisbogen von 90° gehörige Sehne berechnet. Dieser Kreisbogen entspricht einem Viertelkreis, und die Sehne, die die Endpunkte eines Viertelkreises verbindet, kann als Hypotenuse eines solchen rechtwinkligen Dreiecks gelten, dessen beide Katheten zwei Radien des Kreises, also je 60^P Längeneinheiten, sind. Darum wird die gesuchte Sehne – die Hypotenuse des gleichseitigen rechtwinkligen Dreiecks – nach dem pythagoreischen Lehrsatz:

$\sqrt{2 \times 60^2} = 60 \times \sqrt{2} = 84, \ldots^P$. Man kann also in die Tabelle eintragen: 90° ... 84, ...^{P}, wenn man sich einstweilen mit ganzen Zahlen begnügt[12].

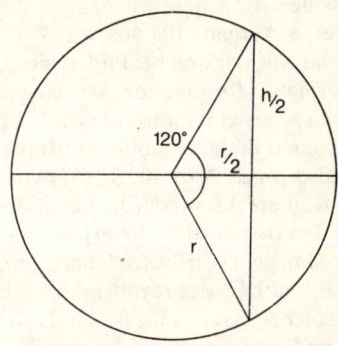

Abb. 11 Man kann die Länge der Sehne h zum Bogen von 120° (Seite des regelmäßigen Dreiecks im Kreis) mit dem Radius des Kreises (r) folgendermaßen ausdrücken: im Sinne des Pythagoreischen Lehrsatzes gilt: $\frac{h^2}{4} + \frac{r^2}{4} = r^2$, woraus $h^2 + r^2 = 4r^2$ bzw. $h^2 = 3r^2$, das heißt: $h = r\sqrt{3}$.

Ebenso wird – wieder nach dem pythagoreischen Lehrsatz – die Seite des in den Kreis eingeschriebenen gleichseitigen Dreiecks (h, nach Abb. 11), die Sehne also, die einen Bogen von 120° unterspannt, ins Quadrat erhoben, dem dreifachen Quadrat des Radius gleich. Denn

$(\frac{h}{2})^2 = r^2 - \frac{r^2}{4} = \frac{3}{4}r^2$, also $h^2 = 3 \times r^2$;
und darum $h = r \times \sqrt{3}$, bzw. $h = 60 \times \sqrt{3}$,
und darum 120° ... 103, ...^{P}

[12] Ptolemaios benutzt in seiner Tafel Sexagesimalbrüche. Uns genügen in diesem Zusammenhang auch die approximativen ganzen Zahlen.

Die vier einfachsten Werte in der Sehnentafel sind also:

$$60° \ldots \ 60^p$$
$$90° \ldots \ 84, \ldots^p$$
$$120° \ldots 103, \ldots^p$$
$$180° \ldots 120^p$$

Anstatt nun weiter zu verfolgen, wie Ptolemaios seine Sehnentafel vervollständigt, wollen wir sehen, wie bei ihm diese Tafel zur Lösung einer konkreten Aufgabe benutzt wird.

2. Man könnte die eine der drei bei Ptolemaios gestellten Aufgaben etwa folgendermaßen formulieren: Wie lang wird der äquinoktiale Mittagschatten jenes Gnomons, dessen Länge 60^p Einheiten beträgt, in Rhodos, wo die geographische Breite 36° ist?

Gegeben sind also (nach Abb. 10, S. 153) vom rechtwinkligen Dreieck ABC die Kathete AB = 60^p (die Länge des Gnomons) und jener Winkel, der den Bogen $\overset{\frown}{BF}$ = 36° ergibt; gesucht wird die andere Kathete BC. Man geht von diesen Überlegungen aus: Die beiden Katheten (AB und BC) des rechtwinkligen Dreiecks können Sehnen in einem solchen Kreis sein, dessen Durchmesser die Hypotenuse AC ist (im Sinne eines Thales-Satzes). Die gesuchte Kathete – die Sehne BC – liegt einem solchen Winkel gegenüber, dessen Maß der Bogen $\overset{\frown}{BF}$ (= 36°) ist. Wollen wir auf diesen Kreis und auf dieses rechtwinklige Dreieck die Sehnentafel des Ptolemaios anwenden, so müssen zwei Tatsachen berücksichtigt werden.

Der Winkel zum Bogen $\overset{\frown}{BF}$ ist in jenem Kreis, den wir uns um das rechtwinklige Dreieck ABC denken, ein *Peripheriewinkel*. Doch liegen jene Sehnen, deren Längen – im Verhältnis zum Durchmesser von 120^p – in der Sehnentafel des Ptolemaios berechnet vorliegen, *Zentriwinkeln* gegenüber. Darum wird man den wichtigen Euklidischen Satz Elem. III 20 nicht vergessen dürfen: »Im Kreis ist jeder Zentriwinkel das *Doppelte* des auf demselben Bogen stehenden Peripheriewinkels.« Das heißt also, die Sehne BC, die uns interessiert, gehört nicht zu einem Bogen von 36°, sondern zu dem Doppelten von ihm, zu einem Bogen von 72°. Dasselbe gilt natürlich auch für den anderen spitzen Winkel des rechtwinkligen Dreiecks bei C; dieser hat als Peripheriewinkel 54°, aber die ihm gegenüberliegende Kathete (AB) ist eine Sehne zum Bogen von 108° Zentriwinkel.

Man muß außerdem im Auge behalten, daß die Sehnentafel für einen Kreis gilt, dessen Durchmesser in 120^p Längeneinheiten geteilt wurde. Doch hat in unserem Fall der Durchmesser AC (mit anderen Worten: die Hypotenuse des rechtwinkligen Dreiecks ABC) eine *andere Länge*. Unser rechtwinkliges Dreieck ABC ist nur *ähnlich* jenem anderen, dessen Kathetenlängen wir in der Sehnentafel des Ptolemaios nachschlagen können.

Wir können also einstweilen nur herausbekommen, welche Sehnenlängen den beiden Bogen von 108° und 72° Zentriwinkeln entsprechen. Man findet bei Ptolemaios die Angaben 108°...97,...ᵖ, und in dem anderen Fall 72°...70,...ᵖ. Dann sagt man, daß das Verhältnis dieser beiden Längen (97:70) dasselbe sein muß wie 60:BC, da das rechtwinklige Dreieck (ABC nach Abb. 10) jenem anderen, das man in den Kreis der ptolemäischen Sehnentafeln einschreiben könnte, ähnlich ist; also 97:70 = 60:BC. Aus dieser Proportion bekommt man dann:

$$BC = \frac{70 \times 60}{97} = 43, \ldots$$

Jene Berechnung, die in dem authentischen Text des Ptolemaios (Almag. II 5) vorliegt, ist etwas genauer als die hier eben vorgeführte, weil der antike Gelehrte auch einige Bruchteile der Sehnenlängen in Sechzigsteln berücksichtigte. Doch genügt für unsere Zwecke auch die gröbere Approximation in ganzen Zahlen. Auch so schon ist die hier skizzierte Berechnung genauer als die andere, die in der antiken Populärwissenschaft üblich war. Man denke nämlich an folgendes.

Der Römer Vitruv erwähnt – in demselben Zusammenhang, in dem er sich darüber wundert, daß der Gnomon je nach geographischen Einheiten in einem anderen Verhältnis zu seinem äquinoktialen Mittagschatten steht –, daß der Mittagschatten eines 7 Einheiten langen Gnomons auf Rhodos – diese Insel liegt gerade unter der nördlichsten Breite von 36° – bei Tag- und Nachtgleiche 5 Einheiten lang ist[13]. Dieses Verhältnis (7:5) hat nun Ptolemaios – auch wenn man bloß die ganzen Zahlen berücksichtigt – mit 60:43 etwas genauer angegeben. In der Tat sind die beiden Verhältnisse nahezu gleich: $7:5 \approx 60:43$. (Das Produkt der inneren Glieder dieser Proportion macht 300 – $5 \times 60 = 300$ – und das der äußeren Glieder 301 aus – $7 \times 43 = 301$. Ptolemaios berechnet nun – mit derselben Methode, die eben gezeigt wurde – auch die Schattenlängen der

---

[13] Vitruv IX 7, 1. Siehe den Text in Anm. 38 zum Teil I dieses Buches. Es heißt dann in der Fortsetzung des Zitates: »Itemque Athenis quae magnae sunt gnomonis partes quattuor, umbrae sunt tres, *ad VII Rhodo V,* ad XI Tarentum IX, ad quinque Alexandriae tres, etc.«

beiden Solstitien. Dann beschließt er das Kapitel mit zwei interessanten Bemerkungen.

Einerseits betont er, daß die Berechnungen auch umgekehrt möglich seien. Man könne auch aus dem Verhältnis des Gnomons zu seinen Schattenlängen sowohl die Schiefe der Ekliptik (bzw. den ganzen Bogen zwischen den Wendekreisen) als auch die geographische Breite (die Polhöhe) und die Winkel den Sonnwendschatten gegenüber in allen drei Fällen, der beiden Wenden und des Äquinoktiums berechnen.

Andererseits weist Ptolemaios darauf hin, daß die *unmittelbare Beobachtung* der berechneten Sehnenlängen in Wirklichkeit nicht leicht ist. So kann man den exakten Zeitpunkt der Tag- und Nachtgleichen kaum mit voller Sicherheit feststellen, auch sieht man beim Wintersolstitium nicht scharf genug die äußersten Endpunkte der Schatten. Die zweite Bemerkung zeigt, daß man sich der mangelnden Präzision der Gnomon-Messungen schon zur Zeit des Ptolemaios durchaus bewußt war. Aber lehrreicher ist für uns hier die andere Bemerkung; denn wir wollen im nächsten Schritt untersuchen, wie Hipparch beinahe drei Jahrhunderte früher, *vor* Ptolemaios also, die umgekehrte Berechnung ausgeführt haben mag.

3. Wie mag nun Hipparch aus dem Verhältnis des Gnomons zu seinem äquinoktialen Mittagschatten (4:3) die geographische Breite (das ἔγκλιμα) berechnet haben? Besaß er im 2. Jahrhundert v. Chr. Sehnentafeln wie diejenigen im Werk des Ptolemaios oder solche, in denen die Bogen nach Halbgraden und die dazugehörigen Sehnen mindestens bis auf Sechzigstel berechnet waren, dann wird er die Aufgabe folgendermaßen gelöst haben.

Jenes rechtwinklige Dreieck, dessen beide Katheten 4 und 3 Einheiten lang sind, hat einen 5 Einheiten langen Durchmesser; denn 3, 4 und 5 sind die einfachsten pythagoreischen Zahlen, da $3^2 + 4^2 = 5^2$ sind. Auf dieses rechtwinklige Dreieck kann man die Sehnentafel des Ptolemaios nicht unmittelbar anwenden, nachdem die Tafel für einen Kreis berechnet wurde, dessen Durchmesser – die Hypotenuse des rechtwinkligen Dreiecks, das man in den Halbkreis des Ptolemaios einschreiben kann – 120ᵖ beträgt. Unser kleines Dreieck mit den Seiten 3, 4 und 5 müßte eben 24mal so groß sein, damit seine Hypotenuse dem Durchmesser des Kreises mit den Sehnen gleich sei: 24 × 5 = 120. Auch jene Kathete also, die die Länge des Mittagschattens vertritt (BC, nach Abb. 10, S. 153), müßte nicht 3, sondern 24mal so groß, also 24 × 3 = 72 Einheiten lang sein.

Will man nun wissen, wie groß in einem solchen rechtwinkligen Dreieck der Winkel gegenüber der Kathete BC wird, dann muß man auf Grund der Sehnentafel vor allem feststellen, ein wie großer *Zentriwinkel* zu jener Sehne gehört, die *etwa* 72^p lang ist. Man findet in der Tafel des Ptolemaios in der Tat keine Sehne, die genau 72^p lang ist. Es gibt darin nur drei Längen, die sich von unserem Wert nicht allzusehr unterscheiden:

> 71^p und 47 Sechzigstel
> 72^p und 13 Sechzigstel
> 72^p und 38 Sechzigstel

Von diesen dreien dürfte man den *mittleren* Wert für den gesuchten nehmen. Neben dieser Sehnenlänge findet man den Zentriwinkel von 74°. Halbiert man diesen Winkel, so bekommt man den Peripheriewinkel von 37°. Die geographische Breite, die zum äquinoktialen Gnomon-Verhältnis 4:3 gehört, ist also *ungefähr 37°*.

Man findet in der Tat *genau* diese Formulierung im Text des Hipparch. Denn er behauptet, daß in Griechenland, wo der Schattenzeiger zum Mittagschatten der Tag- und Nachtgleichen im Verhältnis von 4:3 steht, die Polhöhe (= geographische Breite) *ungefähr* (ὡς ἔγγιστα) 37° beträgt.

Man wird nun im Sinne der versuchten Rekonstruktion der Rechenmethode des Hipparch vermuten dürfen, daß er wohl ebensolche oder sehr ähnliche Sehnentafeln benutzt hat wie diejenigen bei Ptolemaios (Almag. I 11). Die Tatsache, daß er ausdrücklich betont, die in Graden berechnete geographische Breite (Polhöhe) für Griechenland sei nur ein approximativer Wert[14], legt sogar den Verdacht nahe, daß zu seiner Zeit wohl auch schon genauere Berechnungen dafür bekannt waren. Erhärtet wird dieser Verdacht durch die folgende Überlegung.

Das Gnomon-Verhältnis 4:3, aus dem Hipparch die geographische Breite nur im allgemeinen *für Griechenland* berechnet hatte, gilt nach Vitruv als das in Athen gemessene Verhältnis[15]. Aber die Breitengrad-Bestimmung, die sich daraus ergibt, ist nach modernen Maßstäben für Athen eine nur ziemlich grobe Annäherung; es sollte beinahe um einen vollen Grad mehr sein[16]. Doch bekannt ist

---

[14] Hipparch betont daselbst, daß auch die andere geographische Breite (41°), die man aus der anderen Dauer des längstens Tages (15 Stunden) berechnen kann, ebenfalls nur ein *approximativer* Wert ist.

[15] Siehe oben Anm. 13.

[16] Vgl. J. Soubiran, Vitruve, De l'achitecture. Paris 1969, S. 216: »La latitude d'Athènes est de 37°38′ (donnée extraite de H. Fullard & H. C. Darby, University Atlas,[8] London 1958, index) …«

aus der Antike für Athen auch eine andere Verhältniszahl, die eine etwas bessere Approximation ergibt: 21:16[17]. (Offenbar erhielt man dieses andere Verhältnis, indem man das Fünffache von 4:3 um die Einheit vermehrte: $[(5 \times 4) + 1] : [(5 \times 3) + 1]$.) Und man bekommt in der Tat aus diesem Verhältnis des Gnomons zu seinem äquinoktialen Mittagschatten die Breite 37°15′.

Vergleicht man dieses Ergebnis für Athen mit dem Überblick bei Ptolemaios (Almag. II 6), so sieht man, daß bei ihm Rhodos – viel südlicher als Athen – auf Breitengrad 36°, Smyrna dagegen – nördlicher als Athen – auf Breitengrad 38°35′ angesetzt wird. Hipparch scheint also einerseits in der Tat das richtige getroffen zu haben, als er das griechische Gebiet *ungefähr* auf 37° Breite setzte, und es gab zu seiner Zeit aller Wahrscheinlichkeit nach auch genauere Bestimmungen der Breiten.

3. Messen und Berechnen von Bogen

Wir haben bereits daran erinnert, wie Hipparch, der Astronom von Nikaia im 2. Jahrhundert v. Chr., aus dem Verhältnis des Gnomons zu seinem Mittagschatten die geographische Breite eines Gebietes berechnet haben mag. Gegeben waren für ihn zwei Geraden, der Gnomon und sein Schatten, und daraus hat er einen Bogen des Meridians bestimmt. Zweifellos waren auch andere vor ihm schon imstande, derartige Berechnungen durchzuführen. Später werden wir Spuren von älteren, ähnlichen Operationen eingehender behandeln. Hier möchten wir zunächst darauf hinweisen, daß als Vorgeschichte dieser Art von Berechnung eines Bogens wohl eine einfachere Art von Messung eines Bogens gelten darf.

Nach der oben bereits versuchten Rekonstruktion hat Anaximander den Mittagschatten des Äquinoktiums dadurch gefunden, daß er einen Bogen des Meridiankreises, und zwar den zwischen den beiden Wendepunkten, halbierte. Einerseits bekam er auf diese Weise sowohl den Mittagstrahl der Tag- und Nachtgleiche als auch den Äquator, andererseits wurde dadurch der halbierte Bogen in den Vordergrund des Interesses gerückt. Als man später die Hälfte dieses Bogens, die Schiefe der Ekliptik, mit der Seite des regulären Fünfzehnecks zu messen versuchte, wurde diese Operation unmittelbar am Meridiankreis selbst vorgenommen. Man brauchte dazu nur mit dem Gnomon als Radius und mit der Gno-

---

[17] Plinius, Naturalis historia 6, 215.

monspitze als Zentrum den Kreis des Meridians zu schlagen und in diesen das Fünfzehneck einzuschreiben.

Daß die Fünfzehneckseite als Maß nur eine Annäherung ist, spielt für uns jetzt gar keine Rolle. Beachtenswert ist aber, daß in diesem Fall – der zu einer der ältesten naturwissenschaftlichen Konstanten geführt hat – ein Bogen mit der dazugehörigen Sehne gemessen wurde. Dabei zeigte der betreffende Bogen nicht bloß die Schiefe der Ekliptik an, sondern auch den Abstand beider Parallelkreise der Wenden nördlich und südlich vom Äquator, die geographische Breite der Tropen. Das ἔγκλιμα wurde dabei – in diesem wohl ältesten Fall der Bestimmung – nicht mit der Methode berechnet, mit der später Hipparch in seiner Kritik gegen Aratos gearbeitet hat, sondern unmittelbar am Meridiankreis selbst gemessen.

Dasselbe unmittelbare Messen des Bogens am Kreisumfang, dessen Teil er ist, charakterisiert auch die anderen Versuche, das Maß eines größten Kreises vom Himmel oder von der Erde zu bestimmen. Dem Ursprung nach ist dieses Verfahren zweifellos älter als die Bestimmung eines krummen Bogens aus zwei geraden Segmenten. Poseidonios, der die Höhe der Kulmination des Sternes Canopus über Alexandria als den 48sten Teil eines größten himmlischen Kreises bestimmte, scheint in dieser Hinsicht ein Nachzügler gewesen zu sein. Obgleich viel jünger als Eratosthenes, scheint seine Messung des himmlischen Bogens – oder wohl eher sein Abschätzen dieses Bogens zum vollen Kreis – ursprünglicher, unmittelbarer gewesen zu sein als das Verfahren des Eratosthenes. Dieser hat anstatt eines ähnlichen himmlischen Bogens – der Projektion des irdischen Pendants – sein Spiegelbild in der *skaphē* gemessen.

Der Vergleich der beiden Methoden – der des Eratosthenes und der anderen, die oben bei der Hipparch-Kritik besprochen wurde – führt auch zu der Frage, warum eigentlich der einfache Gnomon, der in der horizontalen Ebene senkrecht aufgestellte Stab, durch den *polos* oder die *skaphē* ergänzt wurde. Auf einer älteren, ursprünglicheren Stufe war wohl nur der kürzere oder längere Schatten des Stabes von Interesse; das Vergehen der Zeit konnte man am Länger-Werden der Schatten wahrnehmen. (Wie man in der Odyssee 2, 388 liest: »Die Sonne ist untergegangen, und schattig wurden alle Straßen.«) Dann kam man jedoch dahinter, daß der Schatten des Stabes als *gerade ausgestrecktes Spiegelbild eines Bogens am Himmelsgewölbe* aufgefaßt werden kann. Gerade diese Entdeckung mag Anaximander die Bestimmung des äquinoktialen

Mittagschattens ermöglicht haben. Von nun an war nicht mehr der Schatten selbst interessant, sondern das, wovon der Schatten Spiegelbild war. Und weil der Schatten immer Spiegelbild eines Himmels-Bogens war, hat man – um das Spiegelbild des Bogens am Himmel bequemer messen zu können – den Gnomon durch den *polos* oder die *skaphē*, das umgekehrte Spiegelbild des Himmels, ergänzt.

Wir wissen leider nicht, wann das geschah. Nach einer Herodot-Stelle (II 109) und nach jenen Aristophanes-Stellen, die in einem früheren Kapitel besprochen wurden, scheint der *polos* schon im 5. Jahrhundert v. Chr. in Gebrauch gewesen zu sein. Der *polos* hat übrigens dazu beigetragen, daß der Gnomon zur Sonnenuhr im engeren Sinne des Wortes wurde: die zwölf Teile in der Halbkugel entsprechen den zwölf Teilen des Himmels und den zwölf Teilen des Tages, den Stunden.

Für die weitere Entwicklung der Astronomie – und auch für diejenige der Mathematik – war der einfache Gnomon jedoch wichtiger, als seine durch den *polos* ergänzte Form. Man hätte Sehnentafeln und die Trigonometrie wohl nicht entwickelt, wäre der einfache Gnomon völlig verdrängt worden. Man brauchte ja die Sehnentafeln, weil man den Bogen, anstatt ihn selbst unmittelbar zu *messen,* aus dem Verhältnis der beiden geraden Strecken (Stab und Schatten) *berechnen* mußte.

4. Der Parallelkreis von Pytheas

Hipparch spricht in seiner Kritik des Aratos-Eudoxos mit solcher Selbstverständlichkeit über die Tatsache, daß aus dem Verhältnis des Schattenzeigers zum Mittagschatten der Tag- und Nachtgleichen (4 : 3) die geographische Breite von »ungefähr 37°« folgt, daß man unwillkürlich Verdacht schöpft, ob derartige Berechnungen nicht auch *vor* Hipparch schon längst wohlbekannt und routinemäßig ausgeführt wurden. Wie bekannt, ist uns die wissenschaftliche Literatur der Antike – genauer: diejenige der hellenistischen und vorhellenistischen Periode – nur mangelhaft und sehr fragmentarisch überliefert. Deswegen kann man die eben gestellte Frage nicht leicht beantworten. Aber wir besitzen doch mindestens *ein* antikes Zeugnis einer solchen Berechnung, die noch in vorhellenistischer Zeit, im 4. Jahrhundert v. Chr. ausgeführt wurde. Die Angabe ist zwar ziemlich spät, erst bei Strabon (64 v. Chr. – 14 n. Chr.) und auch bei ihm verzerrt überliefert, aber sie läßt sich mit großer Wahrscheinlichkeit zurechtstellen. Dies soll im folgenden versucht werden.

Der Geograph Strabon, der den Namen des Pytheas[18] mehrmals erwähnt, war diesem Reisenden aus Massalia gegenüber sehr mißtrauisch. Er betonte bei jeder sich bietenden Gelegenheit, Pytheas sei ein skrupelloser Lügner (vgl. C 63 und C 104), der alle irreführe, die sich auf ihn verließen. Er warf auch dem Gelehrten Eratosthenes vor (C 104), daß dieser die Märchen des Pytheas für bare Münze nehme.

Es fällt jedoch auf, daß Strabon dennoch die astronomischen und mathematischen Kenntnisse des Pytheas anerkennen mußte. So schrieb er z. B. einmal (C 201), die Schilderungen des Pytheas – was die Himmelserscheinungen und die Berichte mathematischer Art über ein bestimmtes Gebiet betreffen – entsprächen mehr oder weniger den Tatsachen. Doch er betonte ein anderes Mal, die astronomischen und mathematischen Kenntnisse des Pytheas hätten nur den Vorwand für seine Lügen gebildet (C 295). Fassen wir im folgenden einen konkreten Bericht des Strabon über Pytheas genauer ins Auge, da durch ihn sowohl die eigene Methode des Geographen, wie auch die Kenntnisse des Pytheas in ein überraschend scharfes Licht gestellt werden.

Strabon schreibt einmal in einem hypothetischen Nebensatz (C 71): »Wenn derselbe Parallelkreis über Byzantion (Istanbul) und Massalia hinübergeht, wie Hipparchos – im Vertrauen auf Pytheas – behauptete...« Wie man sieht, enthält sich Strabon in diesem Fall des Urteils, er distanziert sich nur von seiner Quelle. Diese Quelle soll – im Sinne des angeführten Zitats – der große Astronom Hipparch selber gewesen sein, der seine Aussage im Vertrauen auf Pytheas gemacht hätte. In der Tat scheinen auch zwei andere Stellen – die bald zitiert werden – die Vermutung zu erhärten, daß Hipparch die Quelle des Geographen war. Es bleibe vorläufig dahingestellt, inwiefern eine solche Vermutung stichhaltig ist. Richten wir unsere Aufmerksamkeit einstweilen darauf, was das vorige Zitat über Pytheas besagt.

Den zitierten Worten zufolge hat schon Pytheas im 4. Jahrhundert v. Chr. mit Parallelkreisen gearbeitet. Nicht erst der Astronom Hipparch im 2. Jahrhundert und auch nicht Eratosthenes im

---

[18] Pytheas von Massalia (Marseille), berühmter Reisender des Altertums, lebte im 4. Jahrhundert v. Chr.; seine Reisen fielen vermutlich noch in die Zeit vor 330 v. Chr. Vgl. F. Gisinger in: RE, 47. Halbband, 1963, Sp. 314–366.

3. Jahrhundert waren also die Bahnbrecher der mathematischen Geographie, bereits ihr Vorgänger Pytheas im 4. Jahrhundert hat die Erdkugel mit Parallelkreisen ausgestattet. Diese Feststellung ist auch in sich beachtenswert genug.

Für das 5. Jahrhundert ließ sich nur die Kenntnis der Parallelkreise und Zonen im allgemeinen wahrscheinlich machen (Äquator, Wendekreise, arktischer und antarktischer Kreis). Gemessen wurde damals – was den Abstand dieser Kreise voneinander betrifft vermutlich nur die Entfernung beider Wendekreise vom Äquator – je 24° – bzw. die Seite des regulären Fünfzehnecks. In der ersten Hälfte des 4. Jahrhunderts hat dann Eudoxos das ἔγκλιμα mit dem Verhältnis des Tag- und Nachtbogens vom Sommerwendekreis charakterisiert. (Ob er auch darüber hinausging, wissen wir zur Zeit nicht.) Doch hat laut Strabon einige Jahrzehnte später, etwa im zweiten Drittel des 4. Jahrhunderts, Pytheas auch schon den Parallelkreis von Massalia, also die geographische Breite dieser Stadt, bestimmt. Die Entwicklung scheint also sehr schnell verlaufen zu sein. (Oder gab es solche Versuche, wie einer hier für Pytheas gleich nachgewiesen wird, auch früher schon, ohne daß wir davon wußten?)

Wie konnte nun Hipparch auf den Gedanken kommen, das Byzantion auf demselben Parallelkreis läge wie Massalia? Strabon behauptet an zwei Stellen seines Werkes (C 63 und C 115), Hipparch habe in Byzantion dasselbe Verhältnis des Gnomons zu seinem Mittagschatten gemessen, wie vor ihm Pytheas für Massalia. Aus zwei Gründen sei dieser Bericht hier mit Nachdruck hervorgehoben. *Erstens,* weil daraus folgt, daß Pytheas den Parallelkreis von Massalia offenbar auf Grund eines Gnomon-Verhältnisses bestimmt hat. Er wird also mit der Verhältniszahl des Gnomons und seines Schattens Operationen durchgeführt haben, wie sie vorhin für Hipparch nachgewiesen wurden. *Zweitens* – dieselbe Tatsache, von einer anderen Seite her gesehen – muß Strabons Bericht auch deswegen hervorgehoben werden, weil durch ihn die Vermutung naheliegt, daß Pytheas das in Massalia gemessene Gnomon-Verhältnis in *Breitengrade* umrechnen mußte. Denn man kann das ἔγκλιμα ja auch durch das Verhältnis des längsten Tages und der kürzesten Nacht zur Sommerwende unmittelbar charakterisieren: je größer der Abstand vom Äquator, um so länger der Tag und um so kürzer die Nacht. Man muß eine solche Verhältniszahl von Tag und Nacht *nicht* unbedingt in Breitengrade umrechnen, um auch ihren geographischen Sinn zu verstehen. Dagegen besagen Verhältniszahlen von Gnomon – und – Schatten, wie z. B. 4:3 für

Athen, 9:8 für Rom oder 7:5 für Rhodos, an sich kaum etwas. Diese Verhältnisse muß man in Breitengrade umrechnen, dann erst zeigen sie wirklich den Abstand des betreffenden Parallelkreises vom Äquator an. Ja, wahrscheinlich begann man diese anderen Verhältnisse erst zu registrieren, als man schon wußte, wie diese Zahlen in *Bogen* umzurechnen sind[19].

Nach den Strabon-Stellen hat also Pytheas in Massalia den Gnomon und seinen Mittagschatten gemessen und auf Grund dieser Messungen festgestellt, welcher Parallelkreis durch Massalia verläuft. Und da später Hipparch in Byzantion dasselbe Verhältnis gemessen habe, soll er daraus geschlossen haben, der Parallelkreis über Massalia und Byzantion sei derselbe. Ob Pytheas aber richtig gemessen hat – darauf bezieht sich die eingangs angedeutete Zurückhaltung Strabons (C 71). Es sei allerdings hervorgehoben, daß die Meßergebnisse an den beiden wichtigen Stellen – C 63 und C 115 – weder für Byzantion noch für Massalia genannt werden.

Es gibt jedoch noch eine weitere Strabon-Stelle, die mit den bisher erwähnten zweifellos zusammenhängt. Da nun eben diese Stelle im folgenden ausführlicher interpretiert werden soll, sei hier zunächst der gesamte Text (C 134) wiedergegeben: »In der Gegend von Byzantion hat der längste Tag des Jahres 15 1/4 Äquinoktialstunden, und das Verhältnis des Gnomons zu seinem Mittagschatten zur Zeit der Sommerwende macht 120:(42 − 1/5) aus. Diese Gegend ist von jenem Parallelkreis, der die Insel Rhodos in der Mitte durchschneidet, 4900 Stadien und vom Äquator 30300 Stadien entfernt. Fährt man dagegen mit dem Schiff in den Pontus hinein und legt man einen Weg von 1400 Stadien nach Norden zurück, so wird dort der längste Tag des Jahres 15 1/2 Äquinoktialstunden haben; diese Gegend liegt vom Nordpol und vom Äquator gleich weit entfernt...«

Wie man sieht, werden diesmal weder Hipparch noch Pytheas erwähnt. Auch von Massalia redet Strabon nicht mehr. Er charakterisiert nur sehr ausführlich die geographische Breite von Byzantion. Denkt man jedoch in diesem Zitat bloß an das Verhältnis des

[19] *Nicht* diese Auffassung vertrat A. Rehm (Artikel ›Horologium‹ in: RE VIII, Sp. 2420 ff.); er schrieb über die »vollständige Tabelle des Hipparchos«, die »Angaben über die Schattenlängen des Gnomons« enthielt, folgendes: »Mit Hilfe einer solchen Tabelle konnte jeder Reisende die geographische Breite seines Aufenthaltsortes so genau bestimmen, als es damals überhaupt möglich war.« Ob aber der antike Durchschnittsreisende wirklich auch nur eine Ahnung davon hatte, wie solche Tabellen zu benutzen sind? Es scheint, daß Strabon z. B. gar keine Ahnung davon hatte.

Gnomons und seines Mittagschattens – 120 : (42 – 1/5) – und vergißt man auch nicht, was an den beiden anderen Stellen (C 63 und C 115) gesagt wurde, daß nämlich Hipparch in Byzantion dasselbe Verhältnis gemessen hätte wie Pytheas in Massalia, so wird klar, daß Strabon der Ansicht war, Hipparch habe dieses Verhältnis in Byzantion gemessen; und da Hipparch dasselbe Verhältnis auch bei Pytheas (für Massalia!) vorgefunden hat, habe er, Hipparch, gedacht, daß Byzantion auf demselben Parallelkreis läge wie Massalia. Da jedoch Strabon – im Gegensatz zu Hipparch – sich nicht gern auf Pytheas verließ, redete er lieber nur von Byzantion, wo Hipparch gemessen habe. – Ob das alles zutrifft, wollen wir später sehen.

Wir beginnen die Interpretation des Textes damit, daß wir ihn mit einem Passus bei Ptolemaios, vergleichen. Ein aufs Geratewohl gewählter Parallelkreis wird in Ptolemaios' Werk ›Almagest‹ (II 6) folgendermaßen geschildert: »Der zehnte Parallel ist derjenige, auf welchem der längste Tag 14 1/4 Äquinoktialstunden hat. Er hat vom Äquator 33°18′ Abstand und geht mitten durch Phönizien. Dort ist in dem Maße, in welchem der Gnomon 60^p beträgt, der Sommerwendschatten gleich 10^p, der Nachtgleichschatten gleich 39 1/2^p, der Winterwendschatten gleich 39^{p}5′.«

Es werden also in der Schilderung des Parallelkreises die folgenden Tatsachen registriert:

1. die Zeitdauer des längsten Tages;

2. der Abstand vom Äquator in Winkelgraden;

3. das geographische Gebiet, durch das der Parallelkreis hindurchgeht (»mitten durch Phönizien«); und schließlich

4. das Verhältnis der Gnomonschatten an vier Tagen des Jahres.

Dieser stereotype Aufbau wird bei Ptolemaios in der Schilderung aller Parallelkreise beibehalten. Man begegnet – mit nicht wesentlichen Abweichungen – denselben charakteristischen Merkmalen der Parallelen auch im vorigen Strabon-Zitat. Der Abstand vom Äquator wird z. B. bei Strabon nicht in Winkelgraden, sondern in Stadien angegeben; außerdem wird bei ihm nicht bloß der Abstand vom Äquator, sondern auch derjenige von Rhodos hervorgehoben. (Rhodos hat überhaupt in der Astronomie und der Geographie der hellenistischen Zeit eine hervorragende Rolle gespielt.) Dagegen wird von den drei Gnomonschatten des Jahres im Falle von Byzantion durch Strabon nur der Mittagschatten bei Sommerwende erwähnt.

Aber trotz dieser kleineren Abweichungen erinnert Strabons Text so sehr an Ptolemaios, daß man unausweichlich an eine gemeinsame Quelle denken muß. Auch der nächste Parallel, dessen Schilderung Strabon damit beginnt, daß dort der längste Tag schon um eine Viertelstunde länger ist (15^1/$_2$ Äquinoktialstunden), erinnert daran, daß Ptolemaios ähnlich die aufeinanderfolgenden Parallelen der gemäßigten Zone vor allem dadurch charakterisiert, daß bei jedem Schritt nach Norden der längste Tag an jedem Parallelkreis um eine Viertelstunde zunimmt. Offenbar hat Strabon den Passus, der oben zitiert wurde, aus einem astronomisch-geographischen Werk der hellenistischen Zeit übernommen.

Beachtenswert ist der zitierte Strabon-Text auch deswegen, weil er nicht weniger als *fünf* verschiedene Kontrollen ermöglicht. Wir werden diese Kontrollen eine nach der anderen im nächsten Kapitel ins Auge fassen, wobei wir die für uns wichtigste Angabe – das erwähnte Verhältnis des Gnomons zu seinem Mittagschatten – zuletzt behandeln.

5. Kontrollmöglichkeiten im Strabon-Text

Es ist interessant zu beobachten, daß der Geograph Strabon »Winkelgrade« in seinem Text möglichst nicht benutzt. Das war für ihn offenbar »allzu mathematisch«. Lieber rechnet er die Winkelgrade – wie man bald sehen wird – nach dem Vorbild des Hipparch in Stadien um. Für uns bestehen die Kontrollmöglichkeiten – die hier erwähnt werden sollen – eben darin, daß wir Strabons Angaben in Winkelgrade umrechnen, bzw. zeigen, daß dieselben Umrechnungen offenbar auch in der Antike üblich waren. Beginnen wir damit, daß Strabon sagt:

1. »In der Gegend von Byzantion hat der längste Tag des Jahres 15^1/$_4$ Äquinoktialstunden...« Offenbar über denselben Parallelkreis liest man bei Ptolemaios im Kapitel, das die 39 Parallelkreise vom Äquator bis zum Nordpol aufzählt (Almag. II 6): »Der vierzehnte Parallel ist derjenige, auf welchem der längste Tag 15^1/$_4$ Äquinoktialstunden hat. Er hat vom Äquator 43°4′ Abstand...« – Ptolemaios hat also die Dauer des längsten Tages in den Abstand vom Äquator umgerechnet: der betreffende Parallelkreis ist vom Äquator einen Meridian entlang etwa 43° entfernt.

2. Ebenso interessant ist auch die andere Kontrollmöglichkeit bei Strabon: »diese Gegend ist von jenem Parallelkreis, der die Insel Rhodos in der Mitte durchschneidet, 4900 Stadien entfernt...« Strabon selber berichtet in einem anderen Zusammenhang, daß nach der Umrechnung des Hipparch 1° den Meridian entlang 700

Stadien ausmacht[20]. Demnach machen 4900 Stadien genau 7° aus. Um so viele Grade mehr nach Norden zu soll Byzantion über Rhodos liegen. Man vergleiche diese Angabe mit der Behauptung von Ptolemaios[21], die geographische Breite von Rhodos sei 36°. Addiert man die beiden Zahlen (36° + 7°), so bekommt man wieder 43° für Byzantion.

3. Aber beinahe dasselbe besagt auch die dritte Kontrollmöglichkeit: die Gegend von Byzantion wäre »vom Äquator 30 300 Stadien entfernt«, behauptet Strabon. Dividiert man diese Zahl durch 700 – im Sinne der Stadien-Umrechnung des Hipparch – so bekommt man 43 2/7°. Die betreffende Gegend läge also etwas höher als der Breitengrad 43°.

4. »Fährt man dagegen mit dem Schiff in den Pontus hinein und legt man einen Weg von 1400 Stadien nach Norden zurück, so wird dort der längste Tag des Jahres 15 1/2 Äquinoktialstunden haben; diese Gegend ist schon vom Nordpol und vom Äquator gleich weit entfernt...« In der Tat entsprechen die 1400 Stadien – nach der Umrechnung des Hipparch – 2° den Meridian entlang. Der Ort, der vom Nordpol (90°) und vom Äquator (0°) in gleicher Entfernung liegt, muß um 45° herum liegen. Byzantion müßte demnach den Parrallelkreis des 43sten Grades haben, wenn nur 2 Grade fehlen, damit sein Ort gerade in der Mitte zwischen Äquator und Nordpol liege. Aber hier hat der längste Tag des Jahres – nach Strabon – schon eine Dauer von 15 1/2 Äquinoktialstunden. Es lohnt sich wieder der Vergleich mit dem Text des Ptolemaios (II 6): »Der fünfzehnte Parallel ist derjenige, auf welchem der längste Tag 15 1/2 Äquinoktialstunden hat. Er hat vom Äquator 45°1' Abstand und geht mitten durch den *Pontus*...« – Strabon und Ptolemaios folgen offenbar derselben gemeinsamen Quelle. (Da diese Quelle im Falle des Ptolemaios – wie man schon längst vermutet hat – Hipparch war, würde man denselben Hipparch auch für die Quelle von Strabon halten. Aber ob die Zusammenhänge wirklich so einfach sind, wollen wir später fragen.)

5. Die bisherigen vier Fälle führten allesamt zu dem Ergebnis, daß Byzantion um den Breitengrad 43° – oder nur ein wenig höher, mehr nach Norden zu – liegt. Doch wurde der Abstand vom Äquator – in Winkelgraden gerechnet – nur in einem der vier Fälle auf Grund der Dauer des längsten Tages bestimmt. In den anderen drei Fällen haben wir selber die Stadien-Maße (einen Meridian

[20] C 132.
[21] Almagest II 2.

entlang) in Breitengrade umgerechnet. Denn offenbar hat Strabon, oder seine Quelle, die erwähnten Stadien-Maße aus vorher berechneten Breitengraden – nach dem Schlüssel des Hipparch (1° = 700 Stadien einen Meridian entlang) – gewonnen. Sonst hätte man nicht einmal schätzungsweise sagen können, wieviel Stadien entfernt der betreffende Ort – Byzantion – von Rhodos oder gar vom Äquator liegen könnte.

Ein größeres Interesse beansprucht dagegen die fünfte Kontrollmöglichkeit, die Berechnung des Parallelkreises aus einem Gnomon-Verhältnis. Hier redet Strabon zwar nur von Byzantion, wo Hipparch das Gnomon-Verhältnis gemessen haben soll, aber nach anderen Strabon-Stellen (C 63 und C 115) hätte auch Pytheas schon in Massalia dasselbe Verhältnis gemessen. Zu welcher geographischen Breite führt nun die Berechnung, wenn das Verhältnis des Gnomons zu seinem Mittagschatten bei *Sommerwende* 120 : (42 − ¹/₅) beträgt? (Wir geben im folgenden dieses Verhältnis in der heute üblichen Form wieder: 120 : 41,8.) Wir versuchen, die Berechnung der geographischen Breite aus diesem Gnomon-Verhältnis nach derselben Arbeitshypothese, die wir schon einmal – bei der Rekonstruktion der Methode des Hipparch – angewendet haben. Das heißt, wir benutzen wiederum die uns erst viel später überlieferten Sehnentafeln des Ptolemaios.

Auf unsere Skizze (Abb. 10, S. 153) angewandt, macht also der Gnomon AB = 120, und sein Mittagschatten bei Sommerwende BR = 41,8 Längeneinheiten aus. Mit diesen Angaben berechnet man vor allem die Hypotenuse AR des rechtwinkligen Dreiecks ABR; diese wird im Sinne des Pythagoreischen Lehrsatzes:

$$AR = \sqrt{120^2 + 41{,}8^2} = \sqrt{16147{,}24} \approx 127$$

Man denke sich dann das rechtwinklige Dreieck ABR – im Sinne des Thales-Satzes – in einen Kreis eingeschrieben, wobei die Hypotenuse AR Durchmesser und die beiden Katheten (AB und BR) Sehnen des Kreises sind. Uns interessiert nun jener Bogen des Kreises, der zur Sehne BR gehört[22]. Darum müssen wir vor allem feststellen – bevor wir den Bogen zu dieser Sehne (BR) in der Tafel

---

[22] Es ist zu beachten: Den Kreis, dessen Durchmesser AR (aus Abb. 10), und in dem AB sowie BR Sehnen sind, zeigt die Abb. 10 *nicht*. Zur Berechnung des Bogens benutzt man *nicht* den Meridiankreis. Man sieht zwar an diesem Meridiankreis den Bogen B͡R, den man berechnen will, aber man gewinnt ihn aus einem anderen Kreis.

des Ptolemaios aussuchen –, wie groß dieselbe Sehne (BR) in jenem Kreis des Ptolemaios wäre, für den die zusammengehörigen Bogen- und Sehnenwerte im voraus berechnet wurden. Der Kreis der Ptolemäischen Sehnentafel hat einen Durchmessser von 120^p (Längeneinheiten), während der Durchmesser jenes anderen Kreises, den wir uns um das rechtwinklige Dreieck ABR denken, etwas größer ist (127). Doch entspricht das Verhältnis der beiden Durchmesser (Hypotenusen) – 120:127 – demjenigen der beiden Sehnen (Katheten): x:41,8. Darum bekommt man aus der Proportion 120:127 = x:41,8 die gesuchte Sehnenlänge:

$$x = \frac{120 \times 41,8}{127} = 39,49\ldots \text{ bzw. } 39 \frac{29}{60}^{23}$$

Sucht man nun in der Tafel des Ptolemaios eine Sehnenlänge, die dem gefundenen Wert (39$^{29/60p}$) am nächsten kommt, so findet man die Sehne˙39$^{33/60p}$ und daneben den Bogen 38$^{1/2}$°. Dieser Bogen entspricht jedoch einem *Zentriwinkel*, während in unserem Fall der Bogen$\overset{\frown}{BR}$ in dem um das rechtwinklige Dreieck ABR gedachten Kreis zu einem *Peripheriewinkel* gehört. Darum muß man den erhaltenen Wert 38$^{1/2}$° – im Sinne des Euklidischen Satzes Elem. III 20 – noch halbieren: $\overset{\frown}{BH}$ = 19$^{1/4}$°. Addiert man zu diesem letzteren noch den altertümlichen Wert der Ekliptik-Schiefe, $\overset{\frown}{HF}$ = 24°, so bekommt man die zum Punkt B gehörige geographische Breite: $\overset{\frown}{BF}$ = 43$^{1/4}$°.

Alle fünf Kontollmöglichkeiten stimmen also überein: das untersuchte Gebiet soll um den Breitengrad 43° oder nur ein wenig höher liegen. Aber liegt Byzantion tatsächlich auf dieser Breite? Keineswegs – es liegt mindestens zwei volle Grande südlicher, bei 41°. Man hat es hier also – wie schon längst bemerkt wurde – mit einem Fehler zu tun[24]. Fünf umständliche, man möchte sagen über-

[23] Ptolemaios rechnet in Sechzigsteln. Deswegen muß man den Dezimalbruch 0,49 in Sechzigstel umrechnen.
[24] Es ist bezeichnend, wie dieser Fehler in der früheren Literatur behandelt wurde. T. Heath (Aristarchus of Samos. Oxford 1913, S. 131–132) schrieb z. B. folgendes: »According to Strabo Hipparchus said that the same ratio of the gnomon to the shadow as Pytheas found at Massalia held good at Byzantium also, whence, relying on Pytheas' accuracy, he inferred that the two places were on the same parallel latitude. As however, Marseilles is 2° further north than Byzantium, it is clear that there must have been an appreciable error of calculation somewhere.«

zogene Kontrollen, die in fast völliger Übereinstimmung zum gleichen Ergebnis führen – aber es ist *nicht* die geographische Breite von Byzantion.

6. Ein Fehler von Hipparch?

Strabon behauptet, daß Hipparch es war, der das Verhältnis des Gnomons zu seinem Mittagschatten bei Sommerwende in Byzantion gemessen hat (C 63 und C 115), und nachdem dieser gesehen habe, daß vor ihm schon Pytheas dasselbe Verhältnis in Massalia gemessen hatte, sei er zu dem Schluß gekommen, daß Byzantion und Massalia auf demselben Parallelkreis lägen (C 71). Aber es könnte sein, daß Pytheas falsch gemessen hat, und dann wäre auch der Schluß von Hipparch voreilig gewesen; er hätte einen Fehler begangen, indem er Pytheas allzu sehr vertraute. So meint es Strabon – aber hat er recht?

Einstweilen sieht es so aus, als hätte nicht Pytheas, sondern Hipparch den Fehler begangen. Das Gnomon-Verhältnis, das er angeblich in Byzantion gemessen hat, kann unmöglich richtig sein; es führt zu einer irrtümlichen Bestimmung der Breite.

Aber stimmt es denn, was Strabon behauptet, daß Hipparch in Byzantion das besagte Gnomon-Verhältnis gemessen hat? Wir sind in der Lage, Strabons Behauptung durch Hipparch selbst widerlegen zu können. Hipparch muß nämlich gewußt haben, daß Byzantion in unmittelbarer Nähe von 41° Breite liegt. Gerade in jenem Teil des Aratos-Kommentars, der oben schon behandelt wurde, erwähnt Hipparch die Gegend, wo der längste Tag des Jahres 15 Äquinoktialstunden hat und die Polhöhe »ungefähr 41°« beträgt. Und diese Verhältnisse gelten – nach den eigenen Worten des Hipparch – »für die Gegenden am *Hellespont*«[25]. Derjenige aber, der die geographische Breite des Hellesponts so genau bestimmt, der wird Byzantion unmöglich auf den 43° Parallelkreis verlegen. Man kann darüber hinaus feststellen, daß die richtige Parallelen-Bestimmung des Hipparch für den Hellespont – die natürlich auch für Byzantion gilt – durch Ptolemaios mit einer unbedeutenden Korrektur übernommen wurde; bei ihm liest man (Almag. II 6): »Der dreizehnte Parallel ist derjenige, auf welchem der längste Tag 15 Äquinoktialstunden hat. Er hat vom Äquator 40°56′ (!) Abstand und geht durch den Hellespont...«

[25] Den griechischen Text siehe oben in Anm. 4.

Für den Irrtum, daß Byzantion auf dem Breitengrad 43° liege, scheint also doch nicht Hipparch verantwortlich zu sein. Woher der Irrtum kommt, wollen wir später untersuchen. Hier fragen wir zunächst, ob es sich dabei nicht einfach um eine Verwechslung handelt, ob jene Breiten-Bestimmung, die Strabon mit so viel Kontrollen erhärten wollte, anstatt für Byzantion nicht eher für Massalia gilt. Gegen diese Vermutung scheint zunächst der folgende Zusatz bei Strabon zu sprechen: »Fährt man mit dem Schiff in den Pontus hinein und legt man einen Weg von 1400 Stadien nach Norden zurück, so wird dort der längste Tag des Jahres 15½ Äquinoktialstunden haben; diese Gegend ist vom Nordpol und vom Äquator gleich weit entfernt...« Diese Behauptung hat ja nur dann einen Sinn, wenn man an Byzantion denkt; bei Massalia würde man nicht von einer Weiterfahrt in den Pontus hinein sprechen. Wir werden auf diese eben wiederholte »Zutat« bei Strabon noch zurückkommen müssen.

Aber abgesehen von dem Hinweis auf den Pontus passen sowohl die Breiten-Bestimmung wie auch die Kontrollen bei Strabon ausgezeichnet auf Massalia. Massalia liegt ja um den 43. Breitengrad. Es liegt also nahe anzunehmen, die fragliche Gnomon-Messung, die Grundlage der Berechnung, die nach Strabon (z. B. C 71) auch dem Hipparch bekannt war, stamme unmittelbar von Pytheas, dem Reisenden des 4. Jahrhunderts. Bevor wir die Frage stellen, wie der auf Byzantion bezügliche Irrtum wohl entstanden sein mag, untersuchen wir, ob es nicht auch sonst Anhaltspunkte dafür gibt, daß Pytheas es war, der im 4. Jahrhundert v. Chr. die geographische Breite von Massalia so genau berechnet hatte.

Beginnen wir damit, daß nicht allein der Polyhistor Eratosthenes im 3. Jahrhundert sich auf Pytheas verlassen hat – wie dies von Strabon tadelnd erwähnt wird (C 104) –, sondern daß auch Hipparch mit den astronomisch-geographischen Berechnungen des Pytheas weitgehend einverstanden war. In einer gegen den großen Mathematiker Eudoxos gerichteten Kritik schrieb er z. B.[26]: »Was den nördlichen Pol anbelangt, so befindet sich Eudoxos in einem Irrtum, wenn er sagt: ›es gibt einen Stern, der immer an derselben Stelle bleibt. Dieser Stern ist der Pol der Welt.‹ Am Pol steht nämlich *kein* Stern, sondern dort ist ein leerer Raum, in dessen Nähe drei Sterne (x, λ Drac. und β Ursi min.[27]) stehen, mit denen der

[26] Manitius, 1894, S. 31.
[27] Eingefügt vom Übersetzer und Herausgeber des griechischen Textes, C. Manitius.

Punkt am Pol ungefähr die Figur eines Vierecks bildet, eine Behauptung, die auch *Pytheas* von Massalia aufstellt.«

Die Gnomon-Messung des Pytheas – seine Bestimmung des Parallelkreises über Massalia – steht also im besten Einklang damit, daß er auch die Stelle des Weltpols besser berechnen konnte[28] als die volkstümliche Praxis, wonach der Polarstern diese Stelle bezeichnete. Es ist auch charakteristisch, daß der große Mathematiker Eudoxos in der ersten Hälfte des 4. Jahrhunderts – einige Jahrzehnte vor Pytheas – sich noch mit der gröberen Bestimmung begnügte, während Pytheas – vielleicht ein Schüler des *Eudoxos*[29] – in der Genauigkeit der Berechnung über seinen Meister schon hinausging. Ja, es scheint, daß Hipparch die Berechnungen des Pytheas nicht nur hochgeschätzt hat, sondern diese auch gelegentlich übernahm. Eben um einen solchen Fall handelt es sich bei der Berechnung des Parallelkreises über Massalia, wie aus dem folgenden hervorgeht.

Es wurde vorhin schon erwähnt, daß Ptolemaios in seinem schon öfters zitierten Kapitel II 6 des ›Almagest‹ mehrmals zweifellos die Angaben seines Vorgängers Hipparch übernommen hat. Ein Anlaß zu dieser Vermutung ist z. B. der Vergleich des »vierzehnten« und »fünfzehnten« Parallels des Ptolemaios mit dem Strabon-Text in C 134. Was den »dreizehnten Parallel« bei Ptolemaios betrifft, so wird der im Jugendwerk des Hipparch – mit denselben Kennzeichen wie bei Ptolemaios! – als »der Parallel durch den *Hellespont*« erwähnt. Und fassen wir jetzt von diesen drei jenen »vierzehnten Parallel« noch einmal ins Auge, von dem auch bei Strabon die Rede ist (die Stelle wurde oben zum Teil schon zitiert). Über ihn schreibt Ptolemaios: »Der vierzehnte Parallel ist derjenige, auf welchem der längste Tag $15\frac{1}{4}$ Äquinoktialstunden hat. Er hat vom Äquator 43°4′ Abstand und geht durch *Massalia*...« Hier wird also für den fraglichen Parallelkreis vollkommen richtig nur Massalia genannt, und nicht, wie bei Strabon, Massalia *und* Byzantion oder gar Byzantion allein.

[28] Wir vergessen natürlich nicht, daß auch der Nordpol im Altertum nicht an derselben Stelle unter den Sternen lag wie heute. Doch war die Stelle des Pols für Eudoxos und Pytheas – da der zeitliche Abstand dieser beiden voneinander kaum einige Jahrzehnte betragen kann – zweifellos dieselbe. Pytheas hat also in der Tat einen Beobachtungsfehler des Eudoxos – bzw. die volkstümliche Auffassung, die Eudoxos noch übernommen hatte –, offenbar auf Grund von Berechnungen, korrigiert.

[29] Vgl. F. Gisinger in: RE, 47. Halbband, 1963, S. 316: »Pytheas war von Eudoxos gewiß angeregt, ... wenn er nicht gar aus seiner Schule hervorging.«

Ja, man begegnet bei Ptolemaios auch dem fast gleichen Gnomon-Verhältnis, das bei Strabon irrtümlich auf Byzantion bezogen war. Nach Strabon soll an diesem Prallel das Verhältnis des Gnomons zu seinem Mittagschatten bei Sommerwende $120 : (42 - 1/5)$ bzw., nach unserer Schreibweise, $120 : 41,8$ betragen; bei Ptolemaios: »dort ist in dem Maße, in welchem der Gnomon 60^p beträgt, der Sommerwendschatten $20^p\ 50/60$ gleich...«; der Gnomon ist nämlich bei Ptolemaios immer 60^p lang. Aber man braucht nur das Ptolemäische Verhältnis als Dezimalbruch verdoppeln, und man sieht sogleich, wie nahe seine Zahlen dem ursprünglichen Verhältnis von Pytheas kommen: $120 : 41,66$ anstatt $120 : 41,8$. (Der Unterschied macht also nur $0,14$ aus. Ebenso schreibt Ptolemaios auch beim »dreizehnten Parallel«: $40°56'$, während Hipparch von »ungefähr $41°$« sprach.)

Es gibt außerdem noch ein anderes Anzeichen, das ebenfalls für den älteren Ursprung der behandelten Parallelkreis-Bestimmung zu sprechen scheint. Denn nach Strabon hat man in diesem Fall den Gnomon und seinen Mittagschatten bei *Sommerwende* gemessen. Hipparch maß jedoch in solchen Fällen gewöhnlich nicht den Sommerwendschatten, sondern den Mittagschatten des Gnomons beim *Äquinoktium*[30]. Auch Vitruv registriert aus einem ähnlichen Anlaß den äquinoktialen Mittagschatten des Gnomons[31]. Dies war die gewöhnliche Praxis. Hat Pytheas demnach den *Sommerwend*schatten gemessen, so war dies vermutlich die ältere Praxis. Denn das Messen des Sommerwendschattens ist ja einfacher, sozusagen ursprünglicher als dasjenige des äquinoktialen Mittagschattens; letzterer wurde auch nicht so sehr gemessen als *berechnet*.

Nach dem, was bisher dargestellt wurde, stammt also der sog. »vierzehnte Parallel« im Text des Ptolemaios über das verlorene Werk des Hipparch hindurch von *Pytheas von Massalia*. Aber wie entstand der Irrtum, der Parallelkreis von Massalia sei derselbe wie der von Byzantion?

---

[30] Z. B. Manitius, 1894, S. 26–27.
[31] Vgl. oben Anm. 13.

7. Ein lehrreicher Irrtum

Das schon öfters zitierte Kapitel bei Ptolemaios (Almag. II 6: ›Feststellung der von Parallel zu Parallel eintretenden charakteristischen Kennzeichen‹) bemerkt jedesmal, nachdem die Entfernung eines Parallelkreises vom Äquator in Winkelgraden mitgeteilt wurde, welches geographische Gebiet der betreffende Parallel durchzieht, z. B. die Insel Rhodos, den Hellespont, oder den Pontus. Zweifellos hat man in diesen Gebieten den Gnomon und seinen Schatten irgendwann einmal zu wissenschaftlichen Zwecken gemessen.

Lehrreich sind also für uns die 39 Parallelkreise des Ptolemaios u. a. auch deswegen, weil man aus dieser Liste ersieht, auf welchen Gebieten griechische Astronomen und Geographen Gnomon-Messungen vorgenommen haben. Seit welcher Zeit solche Angaben systematisch gesammelt wurden, wissen wir leider nicht. Allerdings waren Arbeiten dieser Art in frühhellenistischer Zeit schon in vollem Gange. Strabon z. B. beruft sich einmal (C 77) auf einen gewissen Philon – vermutlich auf den Admiral von König Ptolemaios I. (367–287) –, der ein Werk über seinen Schiffsweg nach Äthiopien geschrieben hatte. In diesem habe Philon behauptet, in Meroë – südlich von Ägypten – stehe die Sonne 45 Tage *vor* der Sommerwende im Zenit; ja, Philon habe auch die hiesigen Verhältniszahlen des Gnomons – bei Sonnenwenden wie bei der Tag- und Nachtgleiche – registriert; und Eratosthenes stimme in dieser Hinsicht mit Philon beinahe überein. Es sieht demnach so aus, als ob Eratosthenes die Angaben des Philon – vielleicht mit einigen Korrekturen – übernehmen konnte. War es eine einzige Angabe, die er auf diese Weise dem älteren Forscher zu verdanken hatte, oder hat auch Philon schon eine ähnliche Liste der »charakteristischen Kennzeichen« zusammengestellt wie Ptolemaios? Leider erlaubt uns die Überlieferung in dieser Hinsicht nur Vermutungen, aber wir wissen jedenfalls, daß eben dem Ort Meroë – wo Philon seine Gnomon-Messungen vorgenommen hatte – auch in der späteren Überlieferung eine bedeutende Rolle zufiel. Das zeigt der Vergleich von zwei Strabon-Stellen.

Man liest einmal bei Strabon (C 132), Hipparch habe die Abweichungen in den Himmelserscheinungen vom Äquator bis hinauf zum Nordpol registriert. Im wesentlichen war dies offenbar eine Schilderung wie diejenige bei Ptolemaios (Almag. II 6). Nur scheint Hipparch ausführlicher als Ptolemaios gewesen zu sein – wenn man Strabon glauben darf; denn Hipparch soll die Parallelkreise von Grad zu Grad – wie Strabon sagt: jeweils nach 700 Stadien – aufgenommen haben. Außerdem hatte Hipparch denselben Meridian wie Ptolemaios – denjenigen von Meroë – vor Augen. Der Meridian von Meroë hat auch in der Zeit *vor* Hipparch schon diese Rolle gespielt. Strabon hebt bei einer anderen Gelegenheit (C 62) hervor, Hipparch habe auf dem Meridian Meroë-Alexandria-Borysthenes dieselben Entfernungen aufgenommen wie Eratosthenes, als der die Erscheinungen, die man von Ort zu Ort beobachten kann, registrierte; ja, Hipparch habe auch behauptet, die Angaben, die er bei Eratosthenes vorgefunden hatte, würden von der Wirklichkeit kaum abweichen.

Es bleibe dahingestellt, inwiefern der antike Meridian Meroë-Alexandria-Borysthenes auch den heutigen Ansprüchen gerecht werden könnte. Allerdings fiel diesem – von Eratosthenes, Hipparch und Strabon bis zu Ptolemaios – eine ähnliche Rolle zu wie bei uns dem Meridian von Greenwich. An diesem zählte man die Parallelkreise vom Äquator bis zum Nordpol, und von diesem Meridian ab rechnete man auch die Entfernungen nach Osten und nach Westen in Winkelgraden.[32] Man fragt sich darum, ob nicht auch schon Philon mit einem »Meridian von Meroë« gearbeitet hat; war er doch nach unserem Wissen der erste, der in Meroë Gnomon-Messungen vorgenommen hat.

Aufschlußreich ist für uns dieser antike Meridian auch vom Gesichtspunkt des Pytheas von Massalia. Man beachte nur, durch welche Orte folgende neun Parallelen gehen! Wir beginnen mit dem sog. »siebenten Parallel« durch Syene:

7. Syene
8. Ptolemais in Thebais
9. Das Unterland von Ägypten (eigentlich: Alexandria[33])
10. Phönizien
11. Rhodos
12. Smyrna
13. der Hellespont

[32] Vgl. die Anmerkungen 88 und 89 zum Teil I dieses Buches.
[33] Ursprünglich stand beim »neunten Parallel« offenbar Alexandria. Auch Vitruv (IX, 7,1) erwähnt das äquinoktiale Gnomon-Verhältnis für Alexandria (5:3), und nicht im allgemeinen für »das Unterland von Ägypten«. Da man jedoch später erkannte, daß aus der Dauer der »14 Äquinoktialstunden« nicht genau das angegebene Gnomon-Verhältnis folgt und auch die sonstigen Angaben auf Alexandria nur ungenau passen, hat man den Namen der Stadt mit dem breiteren Begriff »das Unterland von Ägypten« ersetzt. So fiel die Ungenauigkeit weniger auf.

14. – –

15. der Pontus

Denselben Meridian hätten diese Orte eigentlich nur dann, wenn
an allen zum selben Zeitpunkt Mittag wäre. Das ist aber nur annähernd der Fall. Dennoch ist nicht zu verkennen, daß man bei der
Zusammenstellung dieser Orte bestrebt war, möglichst eine gerade Süd-Nord-Linie zu erhalten. Es gibt unter den aufgezählten
Orten auch zwei, die einst als Mittelpunkte der hellenistischen
Wissenschaft galten: Alexandria (bzw. das Unterland von Ägypten) und Rhodos. Es ist verständlich, daß die hellenistische Wissenschaft gerade den Meridian dieser Orte ausgewählt hat.

Der Name des »vierzehnten Parallels« wurde jedoch ausgelas-
sen, weil er gar nicht in die Reihe hineinpaßt: Massalia. Offenbar
stammen die Angaben für Massalia aus einer anderen Überlieferung: nach der vorausgeschickten Erklärung von Pytheas von Massalia, dem Reisenden des 4. Jahrhunderts v. Chr.

Und darin steckt wohl auch der Ursprung für die irrtümliche Behauptung, Massalia und Byzantion lägen auf demselben Parallel.
Jemand wollte vermutlich den aus der Reihe herausfallenden Namen Massalia durch einen anderen ersetzen, der zum Meridian
Meroë-Alexandria-Borysthenes besser passen würde; so verfiel er
auf Byzantion, das – nach der irrtümlichen Vermutung – auf demselben Parallel liegen könnte wie Massalia. Das Bestreben, an-
stelle Massalias Byzantion in die Reihe jener Orte einzufügen, die
den Meridian entlang genannt werden, ging bei Strabon bzw. bei
seiner Quelle so weit, daß unmittelbar nach dem Aufzählen der
charakteristischen Kennzeichen des fraglichen Parallels, auch
noch der nächste Parallel in dieser Form genannt wurde (C 134):
»Fährt man dagegen mit dem Schiff in den Pontus hinein, und legt
man einen Weg von 1400 Stadien nach Norden zurück.« Man redet
in diesem Zusammenhang nur dann vom Pontus, wenn man unmittelbar vorher keinen Sprung nach Westen, auf Massalia zu gemacht
hat.

Aber der Urheber des auf Byzantion bezüglichen Irrtums war
nicht Hipparch; teils deswegen nicht, weil Hipparch den Parallel
des Hellespontes, in der nächsten Nähe von Byzantion, richtig bestimmt hatte; und teils auch deswegen nicht, weil die richtige Tradition, die seit Pytheas für den betreffenden Parallel (für den sog.
»vierzehnten«) nur Massalia namhaft machte, bei Ptolemaios – offenbar nach dem Vorbild von Hipparch – beibehalten wurde. Der
vermutliche Urheber des Irrtums mag eher irgend jemand aus dem
Kreise des Hipparch gewesen sein, ein Astronom oder Geograph,

der die Angaben des Hipparch sonst unverändert übernahm. Darum konnte Strabon glauben, daß er dem Hipparch folgte und daß Hipparch es war, der Byzantion auf den Parallel von Massalia gesetzt hatte.

Strabons Mißtrauen gegenüber der Vorstellung, Massalia und Byzantion hätten denselben Parallelkreis (C 71), war also nicht völlig unbegründet. Nur hat er in seiner Voreingenommenheit gegen Pytheas einen noch größeren, beinahe dreifachen Fehler begangen. Er wollte für den Irrtum, den er nur vermuten konnte, den Pytheas verantwortlich machen, wo dieser doch damit gar nichts zu tun hatte. (Pytheas hatte das Gnomon-Verhältnis in Massalia tadellos gemessen und daraus den Parallel offenbar auch richtig berechnet.) Ebenso unbegründet hat Strabon Hipparch des allzu großen Vertrauens zu Pytheas verdächtigt. Und noch verfehlter war es, das Verhältnis $120:(42 - 1/5)$ als das Meßergebnis für Byzantion hinzustellen.

Es lohnt sich, hier noch darauf hinzuweisen, daß die Bestimmung des sog. »vierzehnten Parallels« bei Ptolemaios wohl nicht die einzige solche Angabe ist, die auf den bedeutenden Wissenschaftler des 4. Jahrhunderts zurückgeht. Der Einfluß des Pytheas auf das Kapitel II 6 des ›Almagest‹ scheint auch sonst nachweisbar zu sein. Man findet nördlich vom »neunzehnten Parallel« mehrere Ortsnamen, die wohl auf die Reisen des Pytheas hinweisen. Wie etwa ein halbes Jahrhundert später Philon, der Admiral des Ptolemaios I. auf seiner Fahrt nach Äthiopien im Süden, so mag vor ihm Pytheas schon auf seiner Reise nach Norden Gnomon-Angaben gesammelt haben.

Das wichtigste Ergebnis dieses Kapitels ist, daß schon im 4. Jahrhundert v. Chr. ein Zeitgenosse des Aristoteles, der Reisende Pytheas von Massalia auf Grund des Gnomonschattens imstande war, die geographische Breite seiner Heimatstadt, d. h. den Abstand des Parallelkreises über Massalia vom Äquator in Winkelgraden zu bestimmen. Ein überraschendes Ergebnis ist zudem der Nachweis, daß man die Sehnentafeln des Ptolemaios in jenen Berechnungen anwenden kann, die vermutlich schon Pytheas – mehrere Jahrhunderte vor Ptolemaios – ausführen mußte. Denn es ist kaum zu bezweifeln, daß Pytheas das überlieferte Gnomon-Verhältnis zur Bogenberechnung benützte. Die Verhältniszahlen (120 und 41,8) besagen an sich kaum etwas über jenen Bogen, den Pytheas aus ihnen gewinnen mußte, um vom Parallelkreis Massalias sprechen zu können. Er mußte dieselben Zahlen als Längenmaße zweier, rechtwinklig aufeinander stehender *Sehnen* in einem Halbkreis auffassen, und er mußte jenen *Bogen* suchen, der zu einer dieser Sehnen gehört. Zwei Jahrhunderte später hat Hipparch eine derartige Aufgabe zweifellos mit Sehnentafeln gelöst. Ob auch zur Zeit des Pytheas Sehnentafeln schon existierten wissen wir nicht. Aber man kann zusammengehörige Sehnen und Bogen auch *ohne* im voraus zusammengestellte Tafeln berechnen.

8. Die Methode des Eudoxos

Es wurde in den bisherigen Abschnitten dieses Kapitels gezeigt, wie der Parallelkreis über Massalia aus dem Verhältnis des Gnomons zu seinem Mittagschatten bei Sommerwende durch Pytheas schon im 4. Jahrhundert v. Chr. überraschend genau berechnet werden konnte. Es ist wohl möglich, daß Pytheas mit Massalia gar nicht so einzigartg war, allerdings kennen wir zur Zeit keinen zweiten Fall, der sich damit vergleichen ließe.

Überraschend an dem Fall Pytheas ist aber nicht bloß die Tatsache, daß seine Berechnung – die sich mit großer Wahrscheinlichkeit rekonstruieren ließ – zu einem so gut wie exakten Ergebnis in Bezug auf die geographische Breite von Massalia führte, sondern noch mehr die *Methode*, die nicht dieselbe ist, wie die des Eudoxos. Pytheas hat den Abstand des Parallelkreises über Massalia vom Äquator aus dem Verhältnis von Gnomon und Schatten berechnet. Das war auch die Methode des Hipparch in seiner Kritik an Aratos-Eudoxos. Darum konnte er schreiben: »In den Gegenden von Griechenland steht der Schattenzeiger zum Mittagschatten der Tag- und Nachtgleichen im Verhältnis von 4:3... und die Polhöhe beträgt dort ungefähr 37°« (vgl. Manitius 1894, 27).

Die Methode des Eudoxos war eine andere, als er die »geographische Breite« des griechischen Gebietes (das dortige ἔγκλιμα) charakterisierte. Im Aratos-Zitat über den Sommerwendekreis (ἐπὶ τοῦ θερινοῦ τροπικοῦ) heißt es: »Wenn du den Umfang desselben in *acht* Abschnitte aufteilst, dann drehen sich *fünf* über der Erde am Himmelsgewölbe, *drei* in der unteren Hälfte.«[34] Er glaubte also feststellen zu können, daß in Griechenland fünf Achtel des Sommerwendekreises über der Erde sichtbar sind, und drei Achtel unter dem Horizont bleiben. Man wird später sehen, daß auch dieses Zweiteilen des Tropenkreises offenbar mit Gnomon-

---

[34] Den griechischen Text des Zitates siehe oben in Anm. 4.

Beobachtungen verbunden war. Aber die Methode ist selbstverständlich eine andere, als die Bestimmung des Abstandes vom
Äquator aus einem Verhältnis des Gnomons zu seinem Mittagschatten.

Die Aufgabe dieses Abschnitts ist es, die Methode des Eudoxos
zu beleuchten, d. h. eine Antwort auf die Frage zu suchen, wie er
das Verhältnis der Dauer des längsten Tages zur kürzesten Nacht
bestimmen konnte. Denn darin bestand ja die Zweiteilung des
Sommerwendekreises. Aber vorher wollen wir sehen, wie diese
Zweiteilung des Sommerwendekreises, das über Aratos auf Eudoxos zurückgeht, in der späteren hellenistischen Wissenschaft weiterentwickelt bzw. angewendet wurde.

Es wurde schon darauf hingewiesen, daß der Sommerwendekreis ursprünglich offenbar zu dem Zweck zweigeteilt wurde, um
das Verhältnis des längsten Tages zur kürzesten *Nacht* bestimmen
zu können. Später trat an die Stelle dieses Verhältnisses – aus einem Grunde, der später noch erklärt wird – das Verhältnis »längster Tag – kürzester *Tag;* und noch später sprach man nur von der
Dauer des längsten Tages in *Äquinoktialstunden.* (Vgl. oben S. 160.
Eine andere Seite derselben Entwicklung soll hier noch hervorgehoben werden.)

Es ist bezeichnend, daß das Aratos-Zitat nur von den zwei Teilen des Tropenkreises spricht, woraus dann das Verhältnis der beiden Zeitlängen zueinander hervorgeht, aber *Tagesstunden* werden
dabei nicht erwähnt. Nur der Kommentator Hipparch erklärt:
»Wo der längste Tag zum kürzesten im Verhältnis von 5:3 steht,
dort hat der längste Tag eine Dauer von 15 Stunden.«

Ausführlicher als Aratos ist Geminus, wenn er die geographi-
sche Breite von Rhodos charakterisiert[35]: »Bezeichnend ist für die
Breite[36] von Rhodos, daß dort der Sommerwendekreis durch den
Horizont im Verhältnis von 29:19 in zwei Teile zerschnitten wird.
Aus diesem Verhältnis folgt, daß in Rhodos der längste Tag 14½
und die (kürzeste) Nacht 9½ Äquinoktialstunden lang ist.«

[35] Vgl. oben Anm. 8.
[36] Es gab in der antiken Fachliteratur zahlreiche Ausdrücke für die »geographische Breite«, z. B. κλίμα, ἔγκλιμα, »Parallelkreis« (vom Äquator ab
gerechnet), »Abstand vom Äquator« (in Breitengraden), »Polhöhe« (τὸ
ἔξαμα τοῦ πόλου), oder auch einfach ὁρίζων. Darum wird dieses Wort im
ersten Satz des vorigen Geminus-Zitates (Anm. 8) hintereinander in zwei
verwandten Bedeutungen gebraucht: ἐν τῷ κατὰ Ῥόδον ὁρίζοντι ὁ θερινὸς
τροπικὸς κύκλος ὑπὸ ὁρίζοντος τέμνεται κτλ.

Beachtenswert ist an dieser Umrechnung in Tagesstunden folgendes: Gewöhnlich hat man in der Antike sowohl den Tag wie auch die Nacht immer in je 12 Stunden geteilt. Dabei wurden die Stunden des Tages von der Winterwende bis zur Sommerwende von Tag zu Tag immer länger und verkürzten sich umgekehrt von der Sommerwende bis zur Winterwende fortwährend. Das waren die sog. *Stunden je nach Jahreszeiten* (ὧραι καιρικαί). Aratos und Geminus haben jedoch anders gerechnet; sie haben den vollen Kreis der Sommerwende in 24 gleiche Stunden aufgeteilt. Das waren die Äquinoktialstunden (ὧραι ἰσημεριναί), weil bei Tag- und Nachtgleiche der Tag wie die Nacht aus je 12 solchen Stunden besteht. (Auch unsere immer gleichlangen Stunden sind nach antiker Auffassung Äquinoktialstunden.) Aratos und Geminus haben also die Dauer des Tages und der Nacht mit 15 (bzw. 14$\frac{1}{2}$) und 9 (bzw. 9$\frac{1}{2}$) Äquinoktialstunden bestimmt, weil das Verhältnis der beiden Bogen des Tropenkreises an diesem Tag in Griechenland und auf Rhodos nach ihrer Messung 5:3 bzw. 29:19 ist.

Lehrreich sind die beiden Texte auch deswegen, weil aus ihnen eindeutig hervorgeht, daß das Messen der Dauer des längsten Tages auf eine *Zweiteilung des Sommerwendekreises* zurückgeht. Es gibt nämlich zahlreiche antike Texte, aus denen man dies nicht mehr herauslesen kann. Hypsikles, ein Astronom des 2. Jahrhunderts v. Chr., beginnt z. B. die Behandlung der geographischen Breite von Ägypten mit den folgenden Worten: »Es werde die Breite von Alexandria in Ägypten angenommen (τὸ ἐν Ἀλεξανδρείᾳ κλίμα), wo der längste Tag zum kürzesten das Verhältnis hat wie 7:5 . . .«[37] Von einer Zweiteilung des Tropenkreises spricht er nicht mehr so klar und eindeutig wie Aratos und Geminus.

Die hellenistische Wissenschaft hatte nun zwei Möglichkeiten, um die geographische Breite eines Gebietes zu bestimmen: entweder teilte man in dem betreffenden Gebiet den Sommerwendekreis in Tag- und Nachtbogen und bestimmte daraus die Dauer des längsten Tages in Äquinoktialstunden, oder man registrierte das Verhältnis des Gnomons zu seinem Mittagschatten (beim Äquinoktium oder zur Sommerwende) und berechnete daraus den Meri-

---

[37] Hypsikles, Die Aufgangszeiten der Gestirne. Hrsg. u. übersetzt von F. de Falco und M. Krause. Mit einer Einführung von O. Neugebauer. (Abh. d. Akad. der Wiss. zu Göttingen. Phil.-Hist. Kl., 3. Folge, 64) Göttingen 1966. Deutscher Text auf S. 48; griechisch S. 36: ὑποκείσθω δὴ τὸ ἐν Ἀλεξανδρείᾳ πρὸς Αἴγυπτον κλίμα, ἐν ᾧ ἡ μακροτάτη ἡμέρα πρὸς τὴν βραχυτάτην λόγον ἔχει ὃν ζʹ πρὸς εʹ κτλ.

dianbogen vom Äquator bis zum Beobachtungsort. Darum liest man einmal bei Strabon (C 71), Hipparch habe behauptet, es sei nicht möglich zu entscheiden, ob die Berge zwischen Kilikien und Indien wirklich auf demselben Parallelkreis lägen, da von diesen Gebieten weder das Verhältnis der Dauer des längsten Tages zu der des kürzesten, noch das Verhältnis des Gnomons zu seiner Schattenlänge bekannt sei.

Es wurde auch irgendwann, offenbar noch vor Hipparch, zur Gewohnheit, die geographische Breite nach beiden Methoden berechnet anzugeben. Man beachte z.B. die folgende Strabon-Stelle[38]: »In der Gegend südlich von Rom, aber nördlich von Neapel hat der längste Tag des Jahres 15 Äquinoktialstunden; dieser Parallelkreis ist 7000 Stadien nördlich von demjenigen, der in Ägypten über Alexandria verläuft, und 28800 Stadien vom Äquator, 3400 Stadien von Rhodos entfernt...«

Es handelt sich in diesem Zitat an erster Stelle offenbar um denselben Parallelkreis, der auch in der Kritik des Hipparch gegen Aratos-Eudoxos erwähnt wird. Die 15 Äquinoktialstunden wurden ja gewonnen, indem man den Sommerwendekreis im Verhältnis 5:3 zweigeteilt hatte. Aber wie kam Strabon zu seinen süd-nördlichen Stadien-Entfernungen? Es handelt sich ja im Zitat offenbar bloß um süd-nördliche Abstände. Die Methode läßt sich zweifellos rekonstruieren. Man liest bei Strabon selbst, unter Berufung auf Hipparch[39]: »Teilt man einen größten Kreis der Erde in 360 Abschnitte (Grade), so wird ein Abschnitt 700 Stadien gleich.«

Offenbar wurden also die Abstände des vorigen Zitates zunächst in Bogengraden bestimmt, und diese hat Strabon in Stadien umgerechnet. Derselben Methode sind wir auch bei der Behandlung des Pytheas-Problems schon begegnet. Der Unterschied besteht nur darin, daß in jenem anderen Fall Strabons Angaben – abgesehen vom Byzantion-Irrtum – überraschend konsequent waren. (Man konnte bei den Kontrollen kaum wesentliche Abweichungen feststellen.) Dagegen sind Strabons Angaben im vorliegenden Fall weniger stimmig. Das fragliche Gebiet (»südlich von Rom und nördlich von Neapel«) soll z.B. nach der einen Angabe höher als 41° liegen, wenn sein Abstand vom Äquator 28800 Stadien ausmacht. Das könnte man noch akzeptieren, da Neapel auch nach heutiger Messung die Breite 40°52′ hat. Aber diesen Breitengrad erhält man aus den beiden anderen Stadien-Angaben oben nicht.

[38] C 134.
[39] C 132.

Wichtiger ist es jedoch für uns, hier festzustellen, daß Strabons Angaben in Stadien offenbar Umrechnungen von Breitengraden darstellen, und daß diese Breitengrade aus je einem Gnomon-und-Schatten-Verhältnis gewonnen wurden. Auch der folgende Gedankengang spricht für diese Vermutung.

Strabon folgte in dieser Beziehung – wie er dies selber öfters betonte – einem Werk des Hipparch. Aber auf Hipparch geht auch bei Ptolemaios das Kapitel II 6 im ›Almagest‹ zurück. Und hier begegnet man demselben Schema wie bei Strabon. Bei jedem Parallel wird zuerst die Dauer des längsten Tages in Äquinoktialstunden genannt; dann folgt sein Abstand vom Äquator in Breitengraden. (Diesen letzteren hat Strabon in Stadien umgerechnet.) An dritter Stelle steht bei Ptolemaios die Nennung jenes geographischen Gebietes, über das der fragliche Parallelkreis läuft. (Der Geograph hat diese dritte Angabe bei Ptolemaios verständlicherweise vorausgeschickt; ihm kam es ja vor allem auf jene geographischen Einheiten an, die er konkret beschreiben wollte.) Und schließlich werden bei Ptolemaios an letzter Stelle noch die drei Gnomonschatten – die der beiden Wenden und des Äquinoktiums – registriert. Diese Angabe wurde bei Strabon nur gelegentlich und bloß nebenbei erwähnt. Mit den Schattenverhältnissen konnte der Geograph ebensowenig etwas anfangen wie mit den Breitengraden. Das alte Schema, das von Ptolemaios so weitgehend beibehalten wurde, daß er sogar *drei* Schattenlängen des Gnomons berücksichtigte, wo auch eine einzige genügt hätte, wurde also von Strabon gemäß den Ansprüchen des Geographen modifiziert.

Wir werden später auf das historische Problem jenes Kapitels noch zurückkommen, das bei Ptolemaios den Titel hat: ›Feststellung der von Parallel zu Parallel eintretenden Kennzeichen‹ (Almag. II 6). Hier wollen wir zunächst ein anderes Problem beleuchten: Wie konnte man in der Antike die Zeitdauer-Verhältnisse des Tages und der Nacht überhaupt messen?

Soviel weiß man schon, daß Tag- und Nachtbogen des Sommerwendekreises durch den *Horizont* getrennt werden. Aber es sei sogleich hinzugefügt, daß man das zahlenmäßige Verhältnis des Tag- und Nachtbogens der Sonne durch unmittelbare Beobachtung kaum hätte feststellen können – ganz unabhängig davon, wie genau oder ungenau das festgestellte Verhältnis sein mochte. Es ist fraglich, ob überhaupt der Gedanke einer solchen Zweiteilung und des Verhältnisses der beiden Teile zueinander auftauchen konnte, solange man nur Himmel und Erde, Horizont und Sonne in der Natur selbst unmittelbar beobachtete. Zufällig besitzen wir einen antiken Text, der mindestens einen authentischen Hinweis darauf enthält, wie man die fraglichen Zeitdauer-Verhältnisse berechnen konnte. Es ist jener Hypsikles-Text aus dem 2. Jahrhundert v. Chr., der zum Teil oben schon zitiert wurde. »Es werde die geographische Breite von Alexandria angenommen, wo der längste Tag zum kürzesten das Verhältnis hat wie 7:5« – hieß es im obigen Zitat[40]. Und dann liest man in unmittelbarer Fortsetzung dieser Worte: »daß es sich so verhält, haben wir gezeigt durch Benutzung der von den Gnomonen am Mittag der Wenden geworfenen Schatten« (ὅτι γὰρ οὕτως ἔχει ἐδείξαμεν χρώμενοι ταῖς ἀπὸ τῶν γνωμόνων γιγνομέναις τροπικαῖς μεσημβριναῖς σκιαῖς).

Überraschend ist an diesen Worten, daß nach Hypsikles auch das Verhältnis der Dauer des längsten zu der des kürzesten Tages im Jahr mit den Gnomon-Schatten bestimmt wird. Nach unseren bisherigen Beispielen hat die mathematische Geographie von dem Mittagschatten des Gnomons einen anderen Gebrauch gemacht. Registriert wurde das Verhältnis des Gnomons zu seinem äquinoktialen Mittagschatten – im zitierten Vitruv-Text (IX 7,1) und ebenso im Kommentar des Hipparch (Manitius 1894 27) –, weil man daraus den Abstand des gegebenen Ortes vom Äquator – den Bogen $\widehat{BF}$ nach Abb. 10 (S. 153) – unmittelbar berechnen konnte. Ebenso konnte man aus dem Verhältnis des Gnomons zu seinem Mittagschatten auch bei Sommerwende die geographische Breite von Massalia in zwei Schritten berechnen. Der Unterschied gegenüber den vorhin genannten Fällen bestand nur darin, daß wenn der Mittagschatten bei Sommerwende gegeben war, erst der Bogen $\widehat{BH}$ (nach Abb. 10) berechnet werden konnte und zum Ergebnis noch die Ekliptik-Schiefe (der Bogen $\widehat{HF}$) addiert werden mußte. Aber wie erhält man aus den Gnomon-Schatten auch noch das Verhältnis des längsten zum kürzesten Tag im Jahr?

Das angeführte Hypsikles-Zitat redet eindeutig von den Mittagschatten der beiden Wenden. Auch der Rekonstruktionsversuch, wie Anaximander den Mittagschatten des Äquinoktiums bestimmt haben mochte, mußte von diesen beiden Schatten BR und BT (Abb. 10) ausgehen. Es wird sich lohnen, dieselbe symbolische Weltbild-Darstellung, die uns schon mehrmals als Ausgangspunkt von Betrachtungen gedient hat, hier von einer neuen Seite her wieder heranzuziehen.

Überlegt man sich, wie das Schema der Abb. 10 konstruiert

---

[40] Vgl. oben Anm. 37.

wurde, so sieht man gleich, daß für das ganze Modell der kürzeste und der längste Mittagschatten, BR und BT, ausschlaggebend waren. Das Ende des kürzesten Mittagschattens, der Punkt R bestimmt – zusammen mit der Gnomonspitze A – die beiden Schnittpunkte des Meridiankreises: H und L. Ebenso bestimmen der Endpunkt des Mittagschattens der Winterwende (T) und die Gnomonspitze (A) die beiden anderen Schnittpunkte des Meridiankreises: G und K. Verbindet man dagegen die Punkte K und H, bzw. L und G, so bekommt man die Durchmesser der beiden Wendekreise: KH und LG.

Man sieht an der Skizze sogleich auch, daß die Durchmesser der beiden Wendekreise, LG und KH, vom Durchmesser des Horizontes EAI in zwei ungleiche Abschnitte – LS und SG, bzw. KU und UH – geteilt werden. Die beiden Durchmesser (LG und KH) vertreten in dieser Darstellung nicht bloß die zu ihnen gehörigen Wendekreise, d. h. die scheinbaren Sonnenbahnen an den Wendetagen, sondern auch die Tage und Nächte dieser beiden wichtigen Daten des Kalenders. Die dicker ausgezogenen Segmente (LS und KU) der beiden Durchmesser befinden sich in der oberen Hälfte des Meridiankreises – der symbolischen Weltkugel –, *über* jener Linie EAI, die ihrerseits den Horizontkreis vertritt. Das heißt also: die dicker ausgezogenen Segmente LS und KU entsprechen den Tagbogen der beiden Wendekreise (Abb. 4a, S. 84). Natürlich ist dabei LS länger als SG und KU kürzer als UH; der Tag der Sommerwende ist der längste Tag des Jahres, und umgekehrt: der Tag der Winterwende – dessen Tagbogen durch das Segment KU vertreten wird – ist der kürzeste Tag des Jahres *(bruma)*.

Es wäre müßig, hier noch zu beweisen, daß der Abschnitt SG vom Durchmesser des Sommerwendekreises (LG) unter dem Horizont ebenso lang ist wie der Abschnitt KU, ein Teil vom Durchmesser des Winterwendekreises über dem Horizont-Durchmesser. Eben die »Symmetrie« dessen, wie in der Gnomon-Darstellung die Durchmesser der beiden Wendekreise durch den Horizont-Durchmesser geschnitten werden, hat jene Vermutung veranlaßt, daß der kürzeste Tag zur Zeit der Winterwende ebenso lang sein muß wie die kürzeste Nacht zur Zeit der Sommerwende. Man wird später sehen, wie diese bequeme, aber eigentlich doch *irrtümliche* Vermutung Berechnungen auf Grund der Dauer des längsten und kürzesten Tages ermöglichte.

Das Verhältnis der beiden Segmente zueinander – also LS : SG (oder LS : KU) – darf aber keinesfalls so aufgefaßt werden, als ob es sich um das Verhältnis des längsten Tages zum kürzesten an ir-

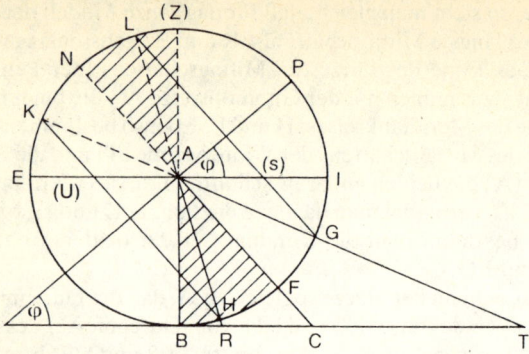

Abb. 10 NAF ist der Durchmesser des Äquators. Der Betrachter steht im Punkt B, bzw. symbolisch im Punkt A, wo die Gnomonspitze die punktmäßig kleine Erdkugel vertritt; Z ist sein Zenitpunkt am Himmel. Der Bogen ẐN ist das ἔγκλιμα, die *declinatio caeli* jenes Punktes, in dem der Gnomon steht; gleich ist diesem der andere Bogen B̂F, der Abstand vom Äquator, die geographische Breite des Punktes B.

gendeinem Ort der Erde handelte. Eudoxos hat *nicht* diese oder ähnliche Segmente seiner Gnomon-Darstellung als 5:3 gemessen und damit die geographische Breite von Griechenland bestimmt.

Das Aratos-Zitat im Text des Hipparch spricht eindeutig vom Zerteilen des Sommerwende-*kreises*. Dagegen veranschaulicht unsere Abb. 10 (bloß schematisch!) das Zerteilen der *Durchmesser* (LG und KH) der beiden Wendekreise. Zwar zerschneidet der Durchmesser des Horizontkreises (EAI) die Durchmesser der Wendekreise ebenso in ungleiche Abschnitte wie der Horizont-*kreis* selber die Wende*kreise*, aber das Verhältnis der ungleichen Abschnitte der Durchmesser ist nicht dasselbe wie das Verhältnis der so entstandenen Kreisbogen. Die ungleichen Durchmesser-Abschnitte *ermöglichen* nur die Berechnung der betreffenden Kreisbogen. Wir müssen jetzt zu rekonstruieren versuchen, wie man eine solche Berechnung ausgeführt haben mag.

Fassen wir zunächst jenen Sommerwendekreis ins Auge, von dem die Abb. 10, das antike »Gnomon-Weltbild«, nur den Durchmesser LG zeigt. (Man vgl. zum folgenden die Abb. 12.) Zerteilt man diesen Kreis (auf irgendeinem vorläufig nicht bekannten Wege) im Verhältnis von 5:3 – wie Hipparch dies von Aratos-Eudoxos behauptet und seine Behauptung mit einem Zitat belegt –,

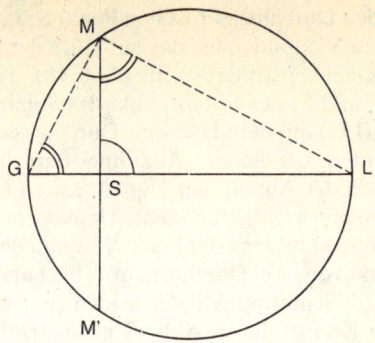

Abb. 12 Teilt man den Kreisumfang in zwei Bogen, $\overset{\frown}{MLM'}$ und $\overset{\frown}{M'GM}$, deren Verhältnis 5 : 3 ist, so wird auch der Durchmesser LG in zwei Abschnitte, LS und SG, zerlegt. Man beachte, daß LS : SM = SM : SG ist. Auf Grund dieser Überlegung kann man die im Gedanken schon vorweggenommene Konstruktion umkehren. Sind nämlich nach Abb. 10 der Durchmesser des Sommerwendekreises LG und sein Schnittpunkt S gegeben, so kann man daraus MM' (= 2 SM), die Sehne zum Nachtbogen berechnen: MM' = $2\sqrt{LS \times SG}$.

dann bekommt man eine schematische Skizze wie unsere Abb. 12. Die rechte Seite dieser Abbildung zeigt jenen Teil des Sommerwendekreises, der im Sinne der Abb. 10 über dem Horizont (d. h. über dem Kreis des Durchmessers EAI) liegt, und die linke Seite zeigt dagegen den anderen Teil *unter* dem Horizont. Der größere Bogen $\overset{\frown}{MLM'}$ habe also 5 Achtel und der kleinere $\overset{\frown}{M'GM}$ 3 Achtel des vollen Kreisumfangs. Man denkt sich also, daß die Sonne am Tag der Sommerwende im Punkt M aufgeht. Zu Mittag erreicht sie ihre Kulmination in Punkt L. (Man sieht diesen Punkt L auch in der Abb. 10 als einen Punkt des Meridiankreises. Der Bogen $\overset{\frown}{ML}$ ist die halbe Bahn der Sonne am Tag der Sommerwende, von Sonnenaufgang bis Mittag. Dagegen ist der Bogen $\overset{\frown}{LM'}$ die andere Hälfte des Tagbogens der Sonne, am Nachmittag der Sommerwende). Es sei also hier noch einmal betont: Nach Abb. 12 geht die Sonne am Tag der Sommerwende frühmorgens in Punkt M auf; in L ist ihr Mittagstand, und abends verschwindet sie im Punkt M' unter dem Horizont. $\overset{\frown}{M'GM}$ ist der zum selben Tag gehörige *Nachtbogen* der Sonne.

Wie Abb. 12 zeigt, zerteilt die Strecke MM' – mit der wir den vollen Kreis in zwei Bogen von 5 Achteln und 3 Achteln des vollen Kreisumfangs zerschnitten haben – nicht nur den Kreisumfang,

195

sondern auch den Durchmesser LG im Punkt S. Ja, geht man von jenem »Gnomon-Weltbild« aus, das mit Hilfe der Mittagschatten der beiden Wenden konstruiert wurde (Abb. 10), dann ist zunächst eben nur der Punkt S, der Schnittpunkt des Sommerwendekreis-Durchmessers (LG) mit dem Horizont-Durchmesser (EAI, in der früheren Abbildung), gegeben. Allerdings darf man dabei nicht vergessen, daß in der Abb. 10 der Durchmesser LG eigentlich für den ganzen Sommerwendekreis steht. Dementsprechend vertritt in dieser früheren Abbildung der Punkt S – symbolisch – nicht bloß den Schnittpunkt von zwei Durchmessern (EAI und LG), sondern auch zwei andere Schnittpunkte der beiden zu diesen Durchmessern gehörigen Kreise, die in Abb. 10 nicht sichtbar sind. Eben diese, in der früheren Abbildung nicht sichtbren Schnittpunkte der beiden Kreise erscheinen in der Abb. 12 als M und M′, als Punkte des Sonnenaufgangs und Sonnenuntergangs.

Man überlege sich nun folgendes: Wenn der Punkt S des Durchmessers LG gegeben ist – wie in Abb. 12 –, wie könnte man zu diesem Punkt sowohl den Punkt M des Kreisumfangs wie auch das Streckensegment SM konstruieren? Die Antwort liegt auf der Hand. SM steht senkrecht auf den Durchmesser LG, ja, dieselbe Strecke (SM) ist auch – im Sinne des Satzes Euklid, Elem. VI 13 – die *Mittlere Proportionale* zu den beiden Abschnitten des Durchmessers: LS und SG. Noch weiter führt uns die Beobachtung, daß das Doppelte der Strecke SM, also das Segment MM′ eine *Sehne* ist; sie ist die Sehne zum *Bogen* $\overset{\frown}{\text{M′GM}}$[40a], und über den letzteren wurde vorhin schon festgestellt, daß er der *Nachtbogen* der Sonne am Tag der Sommerwende ist.

Haben nun Hypsikles und Eudoxos mit Hilfe der Mittagschatten des Gnomons an den Wendetagen in Alexandria bzw. in Griechenland etwas konstruiert wie unsere Abb. 10, so erhielten sie dadurch zugleich die beiden Segmente des Sommerwendekreis-Durchmessers (LG), also die Abschnitte LS und SG. Verdoppelten sie die Mittlere Proportionale zu diesen beiden Segmenten, so bekamen sie die *Sehne* zum Nachtbogen am Tag der Sommerwende (MM′).

Hypsikles hat jedoch nach eigenen Worten mit Hilfe der Mit-

[40a] Die Sehne MM′ gehört selbstverständlich nicht bloß zum Nachtbogen $\overset{\frown}{\text{M′GM}}$, sondern auch zum größeren Tagbogen der Sonne $\overset{\frown}{\text{MLM′}}$. Wir betonen jedoch die Zugehörigkeit derselben Sehne zum *kleineren Bogen* $\overset{\frown}{\text{M′GM}}$ deswegen, weil in der Praxis der griechischen Astronomie die Zusammengehörigkeit von Sehnen und Bogen nur bis zum Halbkreis (180°) interessant war. Der andere Bogen, der größer als 180° ist, galt als »Ergänzung« des kleineren.

tagschatten des Gnomons an den Wenden nicht bloß die Sehne zum Nachtbogen der Sonne (am Tag der Sommerwende), sondern auch das »Verhältnis des längsten Tages zum kürzesten« berechnet. Es waren dazu noch *zwei Schritte,* über das Feststellen der Sehne (MM′) zum Nachtbogen ($\overset{\frown}{M'GM}$) hinaus, nötig.

Vor allem konnte der Sommerwendekreis der Sonne in 24 gleiche Teile geteilt werden. Diese 24 Teile entsprachen 24 Äquinoktialstunden. Es fragte sich dann, wieviele von den Äquinoktialstunden auf den Bogen $\overset{\frown}{MLM'}$ über dem Horizont und wieviele auf den anderen Bogen $\overset{\frown}{M'GM}$ unter dem Horizont fallen. Es mußte also festgestellt werden, wie groß der zu der berechneten Sehne (MM′) gehörige Bogen $\overset{\frown}{M'GM}$ ist. Dieser Bogen und der übrige Kreisumfang ergaben dann das gesuchte Verhältnis, also für Hypsikles in Alexandria 7 : 5[40b].

Wie die Größenverhältnisse von Bogen und Sehnen eines Kreises berechnet werden, darüber orientiert uns Ptolemaios in der Einleitung zu den Sehnentafeln (Almag. I 10). Besitzt man eine vollständige Sehnentafel, nach zunehmenden Graden (bzw. nach Halbgraden) des Halbkreises geordnet, also von 1° bis 180°, dann ist es ziemlich einfach, die Größe jenes Bogens auszusuchen, der zur gegebenen Sehne (in unserem Fall zu MM′) gehört. Man darf nur nicht vergessen – nachdem in der ptolemäischen Sehnentafel der Durchmesser (LG) 120ᵖ Längeneinheit hat –, die zweifellos *kleinere* Sehne MM′ in dieselben Einheiten umzurechnen. Zu dieser Sehnengröße sucht man in der Tafel den entsprechenden Bogen.

Was nun Hypsikles betrifft, so ist es in der Tat sehr wahrschein-

---

[40b] Man beachte, daß, obwohl zur Sehne MM′ im Sinne der astronomischen Praxis zunächst der kleinere Bogen (im Verhältnis der beiden Zeitspannen für den Tag und die Nacht) berechnet wird, dennoch die größere Zahl (7), die tatsächlich für den längsten Tag gilt, vorausgeschickt wird. Auch daraus ersieht man, daß der Ausgangspunkt der Berechnung ursprünglich der *längste Tag des Jahres* war, an dem der Mittagschatten am kürzesten ist. Diesen Tag konnte man praktisch am leichtesten finden. Wurde nun auf Grund der *Sehne zum Nachtbogen* – d. h. also auf Grund des Doppelten der Mittleren Proportionale zu den beiden Durchmesser-Abschnitten, LS und SG nach Abb. 12 – festgestellt, den wievielten Teil des gesamten Kreisumfanges der Bogen M′GM ausmacht, dann bekam man das Verhältnis des Nachtbogens zum übrigen Teil des Kreisumfangs. Nach diesem Verhältnis hat man die 24 Äquinoktialstunden des vollen Tages zweigeteilt, indem man auf jede Stunde 15 Zeitgrade fallen ließ. So hat man die Dauer des längstens Tages je nach geographischen Einheiten in Äquinoktialstunden mit Hilfe des Gnomon-Weltbildes berechnet.

lich, daß er schon vollständige Sehnentafeln benutzt hat. Er war ja nur einige Jahrzehnte *vor* Hipparch tätig. Daß Hipparch ebensolche Sehnentafeln besaß wie Ptolemaios, kann nach dem, was dargestellt wurde, kaum mehr bezweifelt werden. Außerdem: Die einschlägigen Behauptungen bei Hipparch verraten durch ihre Formulierungen, daß das Benutzen der Sehnentafeln zu seiner Zeit unter den griechischen Astronomen schon eine ältere Tradition sein mußte. (Die Tatsache dagegen, daß auch Pytheas von Massalia schon im 4. Jahrhundert v. Chr. *Berechnungen* von Sehnen und Bogen gekannt haben muß, setzt nicht unbedingt auch die Existenz von Sehnentafeln voraus.) Andererseits kannte Hypsikles auch jene fortlaufende Numerierung der Winkelgrade (von 1° bis 180° im Halbkreis), die den äußeren Rahmen der Ptolemäischen Sehnentafeln bildet. Es ist also naheliegend zu vermuten, daß Hypsikles schon Sehnentafeln besessen hat.

Nicht so einfach ist dieses Problem, wenn man an Eudoxos denkt. Denn zweifellos mußte Eudoxos berechnen können, wie groß der Bogen $\overset{\frown}{M'GM}$ ist, der zur Sehne MM′ gehört. Nur mit dieser Kenntnis konnte er behaupten, daß die zwei Teile des Sommerwendekreises in Griechenland über und unter dem Horizont das Verhältnis von 5:3 haben – einerlei, wie wenig präzis diese Messung nach Hipparch war. Denkt man an die geometrischen Operationen (bei Ptolemaios im ›Almagest‹ I 10), die zu dieser Berechnung nötig waren, so kann man dies alles dem Eudoxos wohl zutrauen. Zwar ist der sog. Ptolemäische Lehrsatz für uns erst im ›Almagest‹ – und zwar gerade im Zusammenhang mit der Sehnenberechnung – überliefert, aber im Grunde ist auch dieser Satz ebenso elementar wie die übrigen Lehrsätze der Sehnenberechnung. Dies alles war wohl schon im 4. Jahrhundert den griechischen Mathematikern bekannt. Eudoxos mag also imstande gewesen sein, Sehnen und Bogen zu berechnen. Es ist eine andere Frage, ob er auch Sehnentafeln besaß.

Denn die Sehnentafeln, so wie sie bei Ptolemaios überliefert sind, gehen nicht bloß von der Einteilung des Halbkreises in 180 Grade aus, sondern auch – was ebenso wichtig ist – von der fortlaufenden Numerierung dieser Grade. Es ist nicht wahrscheinlich, daß man Sehnentafeln zu einer Zeit zusammengestellt hätte, als die Numerierung der Grade noch nicht allgemein üblich war. Spuren einer solchen Numerierung der Winkelgrade hat man für Eudoxos bisher nicht nachweisen können.

9. Sehnen und Bogen

Das vorige Kapitel hat zu dem doppelten Ergebnis geführt, daß einerseits Eudoxos einen Bogen zu einer Sehne berechnen mußte, es aber andrerseits doch unwahrscheinlich ist, daß er Sehnentafeln besessen hat. Die wichtigsten Argumente für dieses doppelte Ergebnis seien hier zunächst wiederholt.

1. Nach dem Aratos-Zitat[41] hat Eudoxos den Tag- und Nachtbogen des Sommerwendekreises mit dem Verhältnis von 5 : 3 charakterisiert. Ein Vergleich mit dem Text des Geminus[42] und mit dem des Hypsikles[43] zeigte, daß diese Methode für die Bestimmung der geographischen Breite eines Gebietes auch in der späteren hellenistischen Wissenschaft üblich war.

2. Der Text des Hypsikles bezeugt auch, daß das Zweiteilen des Sommerwendekreises an jenem »Gnomon-Weltbild« vorgenommen wurde, das von uns nach Vitruv[44] entworfen wurde und dessen Gebrauch schon durch Anaximander vermutet werden konnte.

3. Das von Eudoxos, Hypsikles und Geminus benutzte Gnomon-Weltbild stellt in den Gebieten, wo Gnomon und sein Mittagschatten bei Sommerwende gemessen werden, nur den Durchmesser des Tropenkreises bzw. jene zwei Abschnitte dieses Durchmessers zur Verfügung, die dann entstehen, wenn der Durchmesser des Sommerwendekreises vom Durchmesser des Horizontes geschnitten wird (die Segmente LS und SG der Abb. 10).

4. Die beiden Abschnitte des Durchmessers vom Sommerwendekreis (LS und SG) ermöglichen es zwar, jene zwei Bogen zu berechnen, in die der Tropenkreis selber durch den Horizontkreis geschnitten wird $\overset{\frown}{M'GM}$ und $\overset{\frown}{MLM'}$, Abb. 12), aber nur so, daß man zunächst jene Sehne (MM') berechnet, welche die beiden Kreisbogen voneinander trennt; diese Sehne ist das Doppelte der Mittleren Proportionale zu LS und SG.

Diese Überlegungen sprechen also dafür, daß Eudoxos den Bogen $\overset{\frown}{M'GM}$ zur Sehne MM' irgendwie berechnet haben mag. Er maß diesen Bogen mit »drei Achteln« des vollen Kreisumfangs, also 135°. (Allerdings fand Hipparch dieses Ergebnis später nicht mehr befriedigend.)

---

[41] Siehe oben Anm. 4.
[42] Anm. 8.
[43] Vgl. oben die Anm. 36 und 37.
[44] Vgl. die Vitruv-Kapitel in diesem Buch, S. 77 ff.

Aber es ist dennoch unwahrscheinlich, daß Eudoxos zu dieser vermutlichen Berechnung das praktische Hilfsmittel der Sehnentafel benutzt hätte. Die beiden Vorbedingungen zur Zusammenstellung dieses Hilfsmittels sind nämlich, daß man einerseits den Kreisumfang in fortlaufend gezählte Grade (360°) einteilt und andererseits auch den Durchmesser des Kreises in Längeneinheiten *(partes)* mißt, deren Anzahl (120 bei Ptolemaios) im voraus ein für alle Male festgelegt wird.

Eudoxos scheint dagegen – selbst wenn er die Einteilung des Kreises gekannt haben mag – von der fortlaufenden Zählung der Bogengrade keinen Gebrauch gemacht zu haben. Er teilte den Tropenkreis einmal in acht und ein anderes Mal in 19 gleiche Teile[45], anstatt von 135° und von etwa 133° zu sprechen. Noch weniger hat er wohl »gerade Längeneinheiten« *(partes)* zur Messung des Durchmessers eingeführt.

Aber jene Methode das κλιμα zu bestimmen, die sich für Eudoxos rekonstruieren ließ, ist dennoch beachtenswert, wenn man versucht, sich die Etappen jenes Prozesses zu vergegenwärtigen, der schließlich zur Anlage einer Sehnentafel geführt hat. Diese Etappen sind, bündig zusammengefaßt, die folgenden:

Ein *Bogen* des Meridiankreises wurde auch schon in den Vordergrund des Interesses gerückt, als man den Mittagschatten des Äquinoktiums zwischen den beiden Schatten der Wenden bestimmen wollte (Anaximander im 6. Jahrhundert v. Chr.). Einen anderen Bogen – d. h. einen Bruchteil des Meridiankreises – hat man gemessen, als man den Umfang des größten irdischen Kreises in Stadien bestimmen wollte (möglicherweise schon Meton im 5. Jahrhundert, und zweifellos Eratosthenes im 3. sowie Poseidonios im letzten Jahrhundert vor der Zeitwende). Mit der *Sehne* hat man den *Bogen* (24°) auch damals gemessen, als man für die »Schiefe der Ekliptik« (anders gesagt, für die »Entfernung beider Pole voneinander«) die Seite des regulären Fünfzehnecks im Kreis als Maß angeben wollte (Oinopides von Chios oder irgendein anderer Astronom im 5. Jahrhundert).

Noch einen Schritt weiter führt uns – gegenüber den eben angedeuteten älteren Ansätzen – die Methode des Eudoxos. Auch er wollte einen *Bogen* – d. h. den Nachtbogen des Sommerwendekrei-

---

[45] Es ist aus Hipparch (Manitius, 1894, S. 28–29) bekannt, daß Eudoxos anstatt des Verhältnisses von 5:3 in einer anderen Schrift mit dem Verhältnis von 12:7 seinen Versuch gemacht hat. Die beiden Verhältnisse sind nahezu gleich.

ses und damit auch die dazugehörige Ergänzung, den Tagbogen –
messen. Dabei mußte er vom *Durchmesser* des fraglichen Kreises
bzw. von den beiden Abschnitten dieses Durchmessers ausgehen.
Das Doppelte der Mittleren Proportionale zu diesen beiden Abschnitten ergab jene *Sehne,* zu der der *Bogen* berechnet werden
mußte.

In der hier rekonstruierten »Methode des Eudoxos« stecken also
nicht weniger als *drei* solcher unerläßlich nötigen Elemente, die für
die Anlage von Sehnentafeln – vermutlich bald nach Eudoxos – er-
forderlich sind. Diese drei Elemente sind:

1. Der *Bogen,* der als ein Bruchteil des vollen Kreisumfangs gemessen werden soll, und zwar der Nachtbogen der Sommerwende
($\widehat{M'GM}$ nach Abb. 12, S. 195). Eudoxos hat diesen Bogen – nach
den Zitaten bei Hipparch[46] – als »drei Achtel«, bzw. »sieben Neun-
zehntel« des Kreises bestimmt. Später hat man den »Bruchteil des
Kreisumfangs« in Bogengraden ausgedrückt.

2. Um den gesuchten *Bogen* zu berechnen, mußte man vor der
dazugehörigen *Sehne* ausgehen (MM′).

3. In der Sehnenberechnung – so wie sie im viel späteren Werk
des Ptolemaios vorliegt – wird der Bogen als ein Bruchteil des vollen Kreisumfangs und die Sehne als ein Bruchteil der größten
Sehne im Kreis, des Durchmessers, gemessen. Auch dies war in
der Berechnung des Eudoxos sozusagen schon vorbereitet: Er hat
– nach der versuchten Rekonstruktion – die fragliche Sehne als das
Doppelte der Mittleren Proportionale zu den beiden Durchmesser-Abschnitten (LS und SG nach Abb. 12) erhalten. Der Gedanke, daß das Verhältnis *aller* Sehnen zum Durchmesser (als
seine Bruchteile) gemessen werden solle, wurde wohl auch durch
die beiden einfachen und offenbar sehr alten Erfahrungen nahegelegt, daß (1) der Durchmesser die größte Sehne im Kreis und (2)
der halbe Durchmesser, eine besonders auffallende Sehne, eine
Seite des Sechsecks, eines der am häufigsten benutzten regulären
Polygone im Kreis ist.

Es fehlte also – um eine Sehnentafel zusammenstellen zu können – nur noch das fortlaufende Zählen der Bruchteile des Kreisumfangs (es fehlten also nur die Bogengrade, gezählt von 1° bis
360°) und die ebenfalls fortlaufend gezählten 120 Längeneinheiten
(partes) des Durchmessers.

Die Methode des Eudoxos scheint gewissermaßen auch jene andere Messung eines Bogens – unter Heranziehen des Durchmes-

---

[46] Die beiden Zitate bei Manitius, 1894, S. 26–27, bzw. S. 28–29.

sers – vorbereitet zu haben, die durch Pytheas vorgenommen wurde, als er aus dem Verhältnis des Gnomons zu seinem Mittagschatten bei Sonnenwende (120:41,8) die Entfernung des Parallels über Massalia vom Äquator als einen Bogen des Meridiankreises berechnete. Allerdings mußte Pytheas aus den beiden Sehnen als Katheten (Gnomon und sein Mittagschatten, die für ihn von vornherein gegeben waren) zunächst den Durchmesser jenes Kreises erhalten, dessen gesuchter Bogen zu der einen Sehne (Kathete) gehört, während für Eudoxos umgekehrt der Durchmesser des Tropenkreises gegeben war und aus dessen beiden Abschnitten, als erster Schritt der Vorbereitung, die Sehne des Nachtbogens berechnet werden mußte.

Am Ende des zweiten Teils unserer Untersuchungen sollen einige Ergebnisse als Leitmotive dieser Betrachtungen mit Nachdruck hervorgehoben werden.

1. Es hat sich gezeigt, daß der im Grunde *irrtümliche* Gedanke, wonach die Erde unbeweglich im Zentrum der mächtigen Himmelskugel steht, für die weitere Entfaltung der Wissenschaft entscheidend wichtig war.

2. Das geometrische Modell des Ptolemäischen Weltbildes der Antike ist einem Problem des Kalenders, der *Zeitrechnung,* zu verdanken. Indem man den Mittagschatten der Äquinoktien – zweier wichtiger Zeitpunkte des Jahres – suchte, erhielt man jenes geometrische Weltbild, an dem wichtige Begriffe der Astronomie und Geographie konkret aufgezeigt werden konnten wie Meridian, Horizont, Äquator, Tropenkreis, Ekliptik, Weltpol, Achse etc. Mit dem Äquinoktium erhielt man sogleich den Äquator am Himmel und auf der Erde.

3. Die *Tropenkreise* waren die ältesten himmlischen und irdischen *Parallelkreise.* Man hat zwar beobachtet, daß auch die Bahnen der Fixsterne am Himmel parallele Kreise sind, aber nicht diese wurden in der Frühgeschichte der Geographie auf die kugelförmige Erde in der Mitte des Weltalls projiziert, sondern die täglichen Parallelbahnen der Sonne im Jahr zwischen den beiden Tropenkreisen.

4. Die älteste bekannte geometrische Messung der Astronomie war die Feststellung, daß die »Entfernung beider Pole voneinander« (die »Schiefe der Ekliptik«) mindestens annähernd der Seite des regelmäßigen Fünfzehnecks im Kreis (24°) entspricht. Diese Messung ergab für die mathematische Geographie auch den Abstand beider Tropenkreise nördlich und südlich vom Äquator.

5. Es ergaben sich, als man auch die Entfernungen der übrigen Parallelkreise vom Äquator – theoretisch zwischen den beiden Tropenkreisen, praktisch besonders in der gemäßigten Zone, nördlich des Sommerwendekreises (also nördlich von Syene im Süden Ägyptens) – messen wollte, zwei Möglichkeiten.

Auf der einen Seite wußte man seit undenkbarer Zeit, daß im Sommer die Tage länger als im Winter sind und daß die Sommertage sogar um so länger werden, je weiter man nach Norden geht. Man konnte dieses alte, empirische Wissen leicht mit jener Beobachtung in Einklang bringen, daß, je nördlicher das Gnomon-Weltbild (Abb. 10, S. 194) entworfen wird, um so länger der Abschnitt des Durchmessers vom Sommerwendekreis *über dem Horizont* (LS der Abb. 10) wird. Es empfahl sich also, den Abstand vom Äquator (den Parallelkreis in nördlicher Richtung) mit dem Verhältnis der Dauer des längsten Tages zu derjenigen der kürzesten Nacht zu charakterisieren.

Offenbar hat man ursprünglich bei dieser Methode das Verhältnis des Tag- und Nachtbogens der Sommerwende gemessen. Später wurde dasselbe Verhältnis in Äquinoktialstunden umgerechnet; noch später begnügte man sich mit der Angabe der Dauer des längsten Tages in Äquinoktialstunden. Belegt ist diese Art der Messung in Texten von Hipparch über Aratos bis auf Eudoxos. In Wirklichkeit müssen jedoch diese Überlegungen älter als Eudoxos sein. Denn die Kenntnis der »sechs Monate Tag und sechs Monate Nacht«[47] am Nordpol läßt sich schon für das 5. Jahrhundert nachweisen (Bion von Abdera und Herodot). Dabei verrät die Hervorhebung der »sechs Monate« den Ursprung des Gedankens in jener theoretischen Rechnung, deren Grundlage das geometrische Weltbild-Modell war, das auch zur Zweiteilung des Sommerwendekreises in Tag- und Nachtbogen Anlaß gegeben hatte. (In Wirklichkeit ist am Nordpol das Tageslicht länger und ist die Nacht kürzer als jeweils sechs Monate.)

Es gab *auf der anderen Seite* auch eine exaktere Möglichkeit, den Abstand des Parallelkreises vom Äquator zu berechnen. Hat man nämlich den Gnomon und seinen Mittagschatten beim Äquinoktium als zwei aufeinander senkrecht stehende Sehnen in einem Kreis aufgefaßt, dann ließ sich zunächst – im Sinne des Pythagorei-

---

[47] Man begegnet dem Gedanken *semestris dies et nox* auch später öfters in der geographischen Literatur, z. B. bei Plinius (zitiert nach K. E. Georges, Lateinisch-Deutsches Wörterbuch. Leipzig 1889 s. v. *semestris*) oder bei Mela I, 12, 13; III, 36 etc.

schen Lehrsatzes – die Hypotenuse, der Durchmesser eines Kreises, berechnen. Jener Bogen dieses Kreises, dessen eine Sehne der Mittagschatten des Gnomons war, ergab den Abstand des Meßortes vom Äquator den Meridian entlang. Diese andere Art der Berechnung des Parallelkreises ist für Pytheas von Massalia im 4. Jahrhundert v. Chr. belegt; der Unterschied besteht bloß darin, daß Pytheas statt des Mittagschattens bei Tag- und Nachtgleiche denjenigen bei Sommerwende registrierte. Überraschend ist die Berechnung des Parallelkreises des Pytheas, als der älteste bekannte Fall in seiner Art, vor allem wegen der auffallenden Genauigkeit des Ergebnisses.

III. Die Polhöhe

1. »Enklima« und Polhöhe

Es wurde schon mehrmals darauf hingewiesen, daß es in der wissenschaftlichen Literatur der Antike mehrere gleichwertige Bezeichnungen gegeben hat für das, was wir gewöhnlich »geographische Breite« nennen[1]. Ja, es gab – über den bloß terminologischen Unterschied hinaus – auch einen wesentlichen begrifflichen Unterschied solcher Bezeichnungen: wie einerseits ἔγκλιμα (= κλίμα) »Biegung des Himmelsgewölbes« oder »Abstand vom Äquator« (ἀπέχει... τοῦ ἰσημερινοῦ, z. B. bei Ptolemaios) und andererseits »Polhöhe« (τὸ ἔξαρμα τοῦ πόλου). Hipparch benutzt zwar in seiner Kritik an Aratos-Eudoxos die beiden Begriffe als Synonyme[2], aber sie bezeichnen in Wirklichkeit doch zwei, ja sogar drei verschiedene Bogen, die untereinander gleich sind.

Die »Biegung des Himmelsgewölbes« ist auf der Abb. 10 der Bogen $\widehat{ZN}$ zwischen dem Zenit (Z) und dem Schnittpunkt des Meridians mit dem Äquatorkreis (N) am Himmel. Unter »Abstand vom Äquator« versteht man jedoch, auf die Erde bezogen, den Bogen $\widehat{BF}$, also den Bogen zwischen dem Punkt (B), wo die Schatten gemessen werden, und dem Schnittpunkt des Meridians mit dem Äquator (F). Gleich sind diese Bogen ($\widehat{ZN}$ und $\widehat{BF}$) untereinander, weil sie zu Scheitelwinkeln (ZAN und BAF) gehören. Die Polhöhe ist dagegen – nach Abb. 10 (S. 194) – der Bogen $\widehat{PI}$, die in Bogen gemessene Höhe des Pols über dem Horizont. Dieser letztere Bogen ($\widehat{PI}$) ist den beiden anderen ($\widehat{ZN}$ und $\widehat{BF}$) deswegen gleich, weil die Schenkel seines Winkels auf die Schenkel der beiden anderen Winkel senkrecht stehen: die Weltachse PQ steht auf dem Äquator NAF und der Horizont-Durchmesser EAI auf der Zenit-Nadir-Linie ZAB senkrecht.

Es handelt sich jedoch – einerlei, welchen von den drei untereinander gleichen Bogen ($\widehat{ZN}$, $\widehat{BF}$ oder $\widehat{PI}$) man berücksichtigt haben mag – immer um einen Bruchteil des Meridiankreises. Man hat in zwei Fällen ($\widehat{ZN}$ und $\widehat{BF}$) die »geographische Breite« am Meridian vom Äquator ab, und im dritten Fall ($\widehat{PI}$) die Höhe des Pols über dem Horizont ebenfalls am Meridian gemessen. Auch heute wird

---

[1] Vgl. z. B. Anm. 36 zum Teil II dieses Buches.
[2] Manitius, 1894, S. 26.

die Breite vom Äquator ab nördlich (+) und südlich (−) bis zu den Polen (90°) in Breitengraden an einem Meridian gemessen.

Man hat es jedoch mit einer anderen Art des Messens zu tun, wenn die geographische Breite eines Ortes (das ἔγκλιμα im Hipparchos-Text[3]) durch den dortigen längsten Tag des Jahres charakterisiert wird. Wohl denkt man auch in diesem Fall an den südlichen oder nördlichen Abstand des Ortes vom Äquator – je mehr man sich in nördlicher Richtung vom Äquator entfernt, um so auffallender wird die unterschiedliche Dauer zwischen Tageslicht und Nacht der beiden Wenden –, aber die geographische Breite wird in diesem Fall doch nicht an einem Meridiankreis gemessen. Wie das Aratos-Zitat im Hipparchos-Text zeigt, wird diesmal der Tropenkreis der Sommerwende durch den Horizont geteilt, und so bekommt man auf diesem Umweg den Tag- und Nachtbogen der Sonne zur Zeit der Sommerwende.

Es ist möglich, daß die griechischen Gelehrten in älterer Zeit sich mit dieser Bestimmung der geographischen Breite begnügten. Eudoxos mag z. B. – auf dem Wege, der vorhin rekonstruiert wurde – bloß den Kreis der Sommerwende im Verhältnis 5:3 (oder ein anderes Mal im Verhältnis 12:7) zweigeteilt haben. Es ist nicht bekannt, ob er mit der Berechnung über dieses Ergebnis hinausging. Das Verhältnis der beiden Bogen zueinander war für ihn selbstverständlich auch das Verhältnis des längsten Tages zur kürzesten Nacht, jene Breite also, über die man bei Ptolemaios (Almag. II 6) liest: »Der dreizehnte Parallel ist derjenige, auf dem der längste Tag 15 Äquinoktialstunden hat… er geht durch den Hellespont…«

Irgendwann jedoch – zweifellos noch in der Zeit *vor* Hipparch – begnügten sich die griechischen Astronomen und Geographen nicht mehr damit zu wissen, daß die Dauer des längsten Tages die geographische Breite eines Ortes an sich kennzeichnet; sie bemühten sich vielmehr, die Berechnung über diese Angabe hinaus weiterzuführen. So liest man bei Hipparch wörtlich[4]: »Wo der längste Tag zum kürzesten in dem Verhältnis von 5:3 steht, dort hat der längste Tag 15 Stunden, und die Polhöhe beträgt ungefähr 41°.«

Hipparch hat also das Verhältnis des Aratos-Eudoxos (5:3) nicht bloß in Äquinoktialstunden des längsten Tages am fraglichen

---

[3] Siehe die vorangehende Anmerkung.

[4] ὅπου δὲ ἡ μεγίστη ἡμέρα λόγον ἔχει πρὸς τὴν ἐλαχίστην ὅν ἔχει τὰ ε΄ πρὸς τὰ γ΄, ἐκεῖ ἡ μὲν μεγίστη ἡμέρα ἐστίν ὡρῶν ιε΄, τὸ δὲ ἔξαρμα τοῦ πόλου μοιρῶν μα΄ ὡς ἔγγιστα.

Ort übersetzt, sondern daraus sogleich auch die Polhöhe daselbst in Bogengraden (»ungefähr 41°«) berechnet.

Der Text des Hipparch gibt zwar keine Auskunft darüber, wie diese Berechnung ausgeführt wurde, aber es gibt ein Kapitel im Werk des Ptolemaios (Almag. II 3) mit der Überschrift ›Wie sich aus der Dauer des längsten Tages die Polhöhe bestimmten läßt und umgekehrt.‹ Man beachte, daß nach diesem Satz aus der Dauer des längsten Tages die *Polhöhe – nicht* die »Biegung des Himmelsgewölbes« ($\check{\varepsilon}\gamma\varkappa\lambda\iota\mu\alpha$, $\widehat{ZN}$ nach Abb. 10) und auch *nicht* »der Abstand vom Äquator« ($\widehat{BF}$) – berechnet wird. Zweifellos sind alle drei betreffenden Bogen ($\widehat{ZN}$, $\widehat{BF}$ und $\widehat{PI}$) untereinander gleich. Außerdem betont der Titel selber, daß die Berechnung *auch umgekehrt möglich ist.* Dennoch ist der Hinweis des Textes darauf, daß aus den Äquinoktialstunden des Sommerwende-Tages die Polhöhe berechnet wird, historisch aufschlußreich. Man überlege sich nämlich folgendes:

Bei Ptolemaios werden zwar die Verhältnisse des Gnomons zu seinen drei wichtigen Mittagschatten nur noch traditionsgemäß bei den einzelnen Parallelkreisen, d.h. also bei solchen geographischen Breiten berechnet (Almag. II 6), die nach den zunehmenden Längen des Sommerwendetages registriert wurden, aber interessant sind diese Schattenlängen eines Gnomons – dessen Länge ein für alle Mal im voraus festgelegt ist (60^p) – für die Astronomie oder Geographie eigentlich nicht mehr. Ursprünglich hat man diese Verhältnisse – Gnomon und sein Mittagschatten – nach geographischen Einheiten registriert, um aus den Verhältnissen je einen Bogen (die geographische Breite) zu berechnen. Das ergibt sich nicht bloß aus dem Text des Hipparch, sondern ebenso aus zahlreichen Stellen bei Strabon. Dagegen wird bei Ptolemaios die geographische Breite des betreffenden Parallels zuerst mit der Länge des Sommerwendetages in Äquinoktialstunden bezeichnet. Dann erhält man den Abstand des Parallels vom Äquator in Bogengraden. An dritter Stelle wird das geographische Gebiet genannt, das der betreffende Parallelkreis durchzieht. Und zuallerletzt werden auch noch die *Längen der Mittagschatten* von einem Gnomon mit bekannter Länge in dem betreffenden Gebiet an vier wichtigen Tagen des Jahres berechnet.

Schematisch illustriert werden kann das Verhältnis des Gnomons zu einem äquinoktialen Mittagschatten an unserer Abb. 10 (S. 194) durch die beiden Strecken AB und BC, also AB : BC. Daraus berechnet man zunächst die Hypotenuse AC und dann in einem Kreis, dessen Durchmesser AC ist, den Bogen, der zur Sehne

BC gehört. Zur Sehne BC gehört jedoch ein Bogen, der in dem anderen, im Meridiankreis der Abb. 10, dem Bogen B̂F entspricht. Aus dem Verhältnis des Gnomons zu seinem Mittagschatten wird also die »geographische Breite« als *Abstand des Punktes B vom Äquator den Meridian entlang* berechnet.

Dagegen kann man – im Sinne jenes Ptolemaios-Kapitels Almag. II 3, dessen Titel vorhin zitiert wurde – *nicht* die »Biegung des Himmelsgewölbes« und auch *nicht* den »Abstand vom Äquator«, sondern die *Polhöhe* bekommen.

Man könnte also versuchen, die einzelnen Schritte, in denen sich die Berechnung der geographischen Breite weiterentwickelte, folgendermaßen zu rekonstruieren.

1. Schon zu jener Zeit, als an dem Gnonom-Weltbild des Anaximander die ältesten »Parallelen« zum Äquator, die *Wendekreise*, erkannt wurden, muß man gemerkt haben, daß der Tag der Sommerwende nicht bloß der längste Tag des Jahres ist, sondern daß auch die Länge dieses Tages in dem Maße zunimmt, in dem man nordwärts geht. Daraus ergab sich die Möglichkeit, die geographische Breite, den Abstand vom Äquator, mit der Dauer des längsten Tages im Jahr bzw. mit der Aufteilung des Tropenkreises in Tag- und Nachtbogen zu charakterisieren.

2. Unabhängig von dieser Art der Berechnung erkannte man wohl etwas später, daß der Abstand vom Äquator sich aus dem Gnomon und seinem äquinoktialen Mittagschatten in Bogengraden berechnen läßt. Denn faßt man den äquinoktialen Schatten als Sehne in jenem Kreis auf, dessen Durchmesser der gedachte Sonnenstrahl von der Gnomonspitze bis zum Ende des Schattens ist, dann ist der Bogen, der zur betreffenden Sehne gehört, der gesuchte Abstand vom Äquator. Zweifellos ist diese Art der Berechnung einfacher und ihr Ergebnis (das Bogenmaß des Abstandes vom Äquator) wohl auch anschaulicher, als das vermutlich spätere Berechnen der Polhöhe aus der Dauer des längsten Tages in Äquinoktialstunden.

Ergänzend sei noch hinzugefügt: Wir wissen über die zeitliche Folge dieser beiden Erkenntnisse kaum etwas. Die Tatsache, daß die Kennzeichnung des ἔγκλιμα durch die Zweiteilung des Tropenkreises frühestens für Eudoxos – in der ersten Hälfte des 4. Jahrhunderts – und daß die Berechnung des Abstandes vom Äquator aus dem Verhältnis des Gnomons zu seinem Mittagschatten erst für Pytheas – einige Jahrzehnte später – bezeugt ist, kann auch bloßer Zufall sein.

3. Die dritte Möglichkeit, die Polhöhe aus der Dauer des läng-

sten Tages in Äquinoktialstunden zu berechnen, ist viel komplizierter als die beiden anderen Verfahren. Besonders interessant ist diese dritte Methode für uns nicht bloß deswegen, weil Hipparch sie im 2. Jahrhundert v. Chr. zweifellos schon gekannt hat (sonst hätte er nicht schreiben können: »wo der längste Tag eine Dauer von 15 Stunden hat, dort beträgt die Polhöhe 41°«[5]). Wesentlicher ist sie deswegen, weil sie die kugelgeometrischen Sätze, die nach unserer Rechenart für diese Operation notwendig sind, in geistvoller Weise auf Sätze der ebenen Geometrie zurückführt. Wie die Sehnentafeln der ptolemäischen Astronomie die bündige Form der griechischen Trigonometrie sind, so gewährt die antike Methode, die Polhöhe aus der Dauer des längsten Tages zu gewinnen, sozusagen einen Einblick in eine Art von »sphärischer Trigonometrie der Alten«. Deswegen werden wir im folgenden diese Methode, wie sie bei Ptolemaios geschildert wird, eingehender besprechen.

2. Die Fortbildung des Gnomon-Weltbildes

Es fiel in unseren bisherigen Untersuchungen jenem Gnomon-Weltbild eine entscheidende Rolle zu, das sich nach einer Schilderung des Vitruv für Anaximander rekonstruieren ließ. Dieses Weltbild ist ein einfaches Schema, gebildet aus einem einzigen Kreis und aus einigen geraden Strecken (Schatten, symbolischen Sonnenstrahlen etc.). Der Kreis, der mit dem Gnomon als Radius und mit der Gnomonspitze als Zentrum geschlagen wird, ist der Kreis des Weltmeridians und symbolisch zugleich auch eine Darstellung der *Himmelskugel*. Anstatt der übrigen Großkreise zeigt das Gnomon-Weltbild bloß ihre Durchmesser. Nach Abb. 10 ist z. B. die Strecke EAI nicht bloß der Durchmesser des Horizonts, sie vertritt auch den Horizont*kreis*. Ebenso ist NAF (ein Teil des Mittagstrahls beim Äquinoktium) nicht bloß Durchmesser des Äquators, sondern auch der *Äquator* selber, und LG sowie KH, die Durchmesser der Tropenkreise, vertreten auch die zu ihnen gehörenden Kreise.

Zweifellos wurde dasselbe Schema – in einer etwas weiterentwickelten Form – auch zur Berechnung der Polhöhe aus der Dauer des längsten Tages benutzt. Wir wollen hier zunächst verstehen, wie jene Form der Darstellung entstanden ist, die dann der weiteren Berechnung zugrundegelegt wurde.

[5] Siehe die vorangehende Anmerkung.

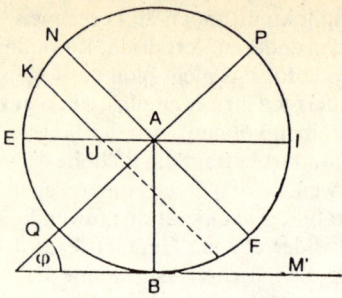

Abb. 13a Als erster Schritt der Umgestaltung des Gnomon-Weltbildes:
Der Durchmesser des Sommerwendekreises wird fortgelassen, es werden
nur seine beiden Schnittpunkte am Meridiankreis angedeutet. Auch ein
Teil des Winterwendekreis-Durchmessers wird nur gestrichelt ausgezogen:
unter dem Horizont-Durchmesser EAI.

Man fasse das schon wohlbekannte, aber hier etwas vereinfachte
Gnomon-Weltbild noch einmal ins Auge (Abb. 13a). Es ist eine
Wiederholung der bisherigen Abbildung (z. B. der Abb. 10) unter
Weglassung einiger Bestandteile, die nicht mehr gebraucht werden. Der Gnomon selbst (AB der neuen Darstellung 13a) wird nur
noch als Radius des Meriankreises benutzt, wobei die Gnomonspitze (A) – wie gewöhnlich – das Zentrum des Kreises ist. Von den
drei Schatten berücksichtigen wir diesmal nur das Ende des äquinoktialen Schattens (Punkt M), aber auch dies nur, damit es zusammen mit der Gnomonspitze (A) die Richtung des äquinoktialen Mittagstrahls ergibt. NAF ist also der Durchmesser des *himmlischen Äquators*. Die waagerechte Linie EAI ist der Durchmesser
des Horizonts. Der Durchmesser des Sommerwendekreises – LG
in der Abb. 10 – wurde diesmal fortgelassen; nur seine Berührungs-
punkte – oben mit dem »sichtbaren« und unten mit dem »unsichtbaren« Abschnitt des Meridiankreises – wurden angedeutet. Auch
vom Durchmesser des Winterwendekreises wurde nur der »sichtbare« Teil über dem Horizont (KU) ausgezogen; sein »unsichtba-
rer« Teil – der zum Nachtbogen des Winterwendekreises gehört –
wurde nur als gestrichelte Linie unter dem Horizont angedeutet.
Und zum Schluß haben wir in Punkt A der Gnomonspitze die
Senkrechte auf den Äquator-Durchmesser gestellt; so erhielten
wir die *Weltachse* PQ. (Dabei sieht man auch, daß der Bogen
BF – die Entfernung des Punktes B vom Äquator den Meridian

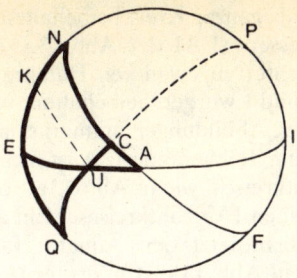

Abb. 13b Weitere Schritte der Umgestaltung: Anstatt des Durchmessers sieht man den Halbkreis des Äquators: $\widehat{NAF}$, und ebenso den Halbkreis des Horizonts: $\widehat{EAI}$; aus dem Großkreis, dessen Durchmesser die Achse PQ ist, wird nur der Bogen $\widehat{QC}$ (ein Quadrant) ausgezogen. $\widehat{UK}$ ist der halbe Tagbogen der Sonne zur Zeit der Winterwende, vom Sonnenaufgang in U bis zum Mittag in K.

entlang – ebenso groß ist wie der Bogen $\widehat{PI}$, die Polhöhe, gemessen auch als Winkel φ.)

Man beachte vor allem die Ökonomie der Darstellung. Der Durchmesser des Sommerwendekreises – LG nach Abb. 10 – konnte fortgelassen werden, nachdem seine beiden Abschnitte (allerdings in umgekehrter Reihenfolge) den Abschnitten des Winterwendekreis-Durchmessers gleich sind. Der Abschnitt SG (der Abb. 10) unter dem Horizont, der zum Nachtbogen des Tropenkreises im Sommer gehört, ist ebenso lang wie KU (der Abb. 13a), der Abschnitt des anderen Tropenkreis-Durchmessers über dem Horizont, der den kürzesten Tagbogen der Sonne *(bruma)* vertritt.

Vergleicht man nun mit diesem Gnomon-Weltbild seine weiterentwickelte Variante (Abb. 13b)[6], so fällt vor allem auf, daß der Gnomon selber nun gar nicht mehr gebraucht wird. Der Meridian

---

[6] Abb. 13b ist eine Wiederholung jener, die man in der deutschen Übersetzung des Ptolemäischen Werkes (Manitius, 1912, Bd. 1, S. 60) findet. Nur die Buchstaben wurden in unserer Abbildung verändert, um den Zusammenhang mit dem Gnomon-Weltbild nach Vitruv-Anaximander hervorzuheben. Weniger brauchbar wäre für unsere Zwecke die Abbildung in der griechischen Textausgabe des Ptolemaios von J. L. Heiberg, 1898, S. 90. Zum Problem der Abbildungen vgl. man die Worte von Manitius (1912, Bd. 1, S. XXIII): »Hinsichtlich der Figuren, die Heiberg mit etwas zu großer Treue, vielfach in ungenauer Zeichnung, ja oft in fehlerhafter Gestalt aus den Handschriften in seine Ausgabe herübergenommen hat, erschien es angezeigt, manche Abänderungen vorzunehmen.«

wird unverändert als ganzer Kreis beibehalten. Aber anstatt des Horizont-Durchmessers (EAI der Abb. 13a) sieht man diesmal seinen dem Betrachter zugewandten Halbkreis EÁÌ. (Die drei Buchstaben E, A und I wurden beibehalten, um auf den Zusammenhang der beiden Abbildungen aufmerksam zu machen. Aber ihr Sinn hat sich zum Teil verändert: A ist nicht mehr der Mittelpunkt des Horizontkreises, wie in Abb. 13a, sondern nur Halbierungspunkt des halben Horizontkreises.) Ein anderer Halbkreis, NÁF, veranschaulicht jetzt den Äquator (anstatt nur seinen Durchmesser wie auf Abb. 13a). Ein dritter Halbkreis wäre noch jener, der – anstatt der Weltachse PQ – die beiden Pole (den Nordpol P und den Südpol Q) miteinander verbinden könnte; aber von diesem letzteren haben wir nur ein Stück, vom Südpol (Q) bis zu seinem Schnittpunkt mit dem Äquator in Punkt C, ausgezogen. Der Rest des dritten Halbkreises wurde nur gestrichelt und ebenso auch jenes Stück des Winterwendekreises (KÛ), das in der vorigen Abbildung dem Segmentstück KU des Winterwendekreis-Durchmessers entsprechen würde. Das letztere kleine gestrichelte Segment ist natürlich *parallel* zum Kreis des Äquators, denn die Bahn der Sonne scheint auch am Tag der Winterwende, am kürzesten Tag des Jahres, parallel zu ihrer Bahn an Tag- und Nachtgleichen (also zum Äquator) zu sein. Am Tag der Winterwende geht die Sonne in Punkt U des Horizonts auf; sie wird morgens an diesem Punkt sichtbar. Mittag ist an diesem kürzesten Tag des Jahres dann, wenn die Sonne vom Punkt U aus den Meridiankreis in K erreicht zu haben scheint.

Faßt man nun die dicker ausgezogenen Teile der Abb. 13b aufmerksam ins Auge, so fällt auf, daß alle vier Bogen NÂ, ÉÂ, NÔQ und QÔC – je einen Viertelkreis (also je 90°) ausmachen. Man überlege sich im einzelnen: NÂ, die Hälfte des Äquator-Halbkreises, ist natürlich ein Viertelkreis, ebenso auch ÉÂ, die Hälfte des Horizont-Halbkreises. Je ein Viertelkreis (ein Quadrant, also je 90°) sind auf dieselbe Weise auch NÔQ, der Meridianbogen, und QÔC, der Bogen jenes größten Kreises (eines Kolurs), dessen Durchmesser die auf den Äquator senkrechte Achse ist. (Man vergesse nicht, daß die Abb. 13b eigentlich eine Kugel veranschaulichen soll, und die vier Quadranten nur der zweidimensionalen Darstellung wegen unterschiedlich lang gezeichnet werden mußten.)

Diese einfache Darstellung ermöglicht die Bemessung einiger Bogenteile, z. B. vom Bogen CÛU. Denkt man sich die Punkte C und U durch je einen Radius mit dem Zentrum der Kugel verbunden, dann ist $\overset{\frown}{CU}$ das Bogenmaß eines wichtigen Winkels. C ist nämlich ein Punkt des Äquators (und eines anderen größten Kreises über die beiden Pole P und Q); dagegen ist U ein Punkt des Wendekreises (und auch des Kreises über die beiden Pole). Demnach ist der Bogen $\overset{\frown}{CU}$ das Maß der Entfernung eines Wendekreises vom Äquator einen (auf den letzteren senkrechten) größten Kreis der Weltkugel entlang. Dieser Bogen hat also dasselbe Maß wie die »Schiefe der Ekliptik« oder, anders gesagt, die »Entfernung beider Pole voneinander«. Die ältere griechische Astronomie hat diesen Bogen mit der Seite des regelmäßigen Fünfzehnecks im Kreis mit 24° gemessen. Ptolemaios hat dafür den Wert 23°51′20″ angegeben[7]. Dementsprechend ist der Bogen QU 90° − 24° = 66° oder nach der anderen Messung der Ekliptik-Schiefe 90° − 23°51′20′ = 66°8′40″.

Über diese einfachen Feststellungen hinaus ist auch noch eine andere interessante Messung möglich, wenn die Dauer des längsten Tages in Stunden (und in ihren Bruchteilen) gegeben ist. Denn: Am Tag der Nachtgleiche wird die Sonne morgens im Punkt A des Horizontes sichtbar. Da dieser Lichttag genau zwölf Stunden lang ist, wird die Sonne zwölf Stunden später drüben, auf der hinteren (an unserer Darstellung *nicht* sichtbaren) Seite des Horizonts, untergehen. Die Darstellung zeigt nur den Mittagspunkt der Sonne N. Diesen Punkt erreicht die Sonne genau sechs Stunden später, nachdem ihr Aufgang in Punkt A sichtbar wurde. Den Viertelkreis des Äquators ($\overset{\frown}{NA}$ = 90°) legt die Sonne in sechs Äquinoktialstunden hinter sich; einer Äquinoktialstunde entsprechen also 15° (sog. Zeitgrade) ihrer himmlischen Bahn. Am Tag der Winterwende geht jedoch die Sonne in Punkt U des Horizonts auf. An diesem Tag braucht sie auch nicht sechs Stunden, um ihre Mittagsstelle dort zu erreichen, wo nach der schematischen Darstellung die gestrichelte Linie von U aufwärts in K aufhört. Die gestrichelte Linie $\overset{\frown}{UK}$ ist die Hälfte des Tagbogens der Sonne zur Winterwende. Eben dieser Bogen ($\overset{\frown}{UK}$) ermöglicht uns zu berechnen, wieviel Grade der Bogen $\overset{\frown}{NC}$ des Äquatorkreises ausmacht. Dazu braucht man nur die folgenden zwei Dinge zu berücksichtigen:

1. Die Punkte, die auf unserer schematischen Darstellung (Abb. 13b, S. 211) mit den Buchstaben U und C bezeichnet sind, liegen auf demselben Deklinationskreis, d. h. auf demselben größten Kreis um die Weltachse. Und da »sich die Drehung der Sphäre um

[7] Vgl. Almagest I 12 und II 2 (Manitius, 1912, Bd. 1, S. 41–45 und S. 61).

die Pole des Äquators vollzieht, ist es klar, daß diese Punkte (C und U) *gleichzeitig in den Meridian gelangen werden*«[8].

2. Bezieht man nun dieselbe schematische Darstellung auf einen Ort der Erde, auf dem der längste Tag – wie nach der schon öfter zitierten Aratos-Eudoxos-Stelle – z. B. 15 Äquinoktialstunden hat, dann muß dort die kürzeste Nacht (und nach antiker Auffassung auch der kürzeste Tag) neun Stunden lang sein. Der kürzeste Tag hat also dort von Sonnenaufgang bis Mittag viereinhalb Stunden. Darum entspricht auf der schematischen Darstellung (Abb. 13b) die gestrichelte Linie von U aufwärts bis zum Meridiankreis in Punkt K viereinhalb Äquinoktialstunden. Derselben Zeitspanne entspricht auf dem Äquator der Bogen $\widehat{NC}$. Und da *eine* Äquinoktialstunde 15° der Sonnenbahn (auf dem Äquator) ausmacht, muß die Sonne in *viereinhalb Stunden* 4,5 mal 15° = 67°30′ auf dem Äquator zurücklegen. An dem untersuchten Ort – wo also der längste Tag des Jahres 15 Stunden hat – kann vom Äquator-Viertel $\widehat{NA}$ (= 90°) das Bogensegment $\widehat{NC}$ nur 67°30′ sein. Folglich wird das andere, das übrigbleibende Bogensegment (aus dem Quadranten) $\widehat{CA}$ 22°30′ ausmachen.

Halten wir an dieser Stelle für eine kurze Zeit inne. Mit dem bisher Gesagten erklären sich manche Einzelheiten, die früher zwar erwähnt wurden, aber ohne Erklärung bleiben mußten. Man versteht vor allem den Vorteil, daß der längste Tag des Jahres – bzw. der Sommerwendekreis als Bahn der Sonne – in 24 gleiche Teile (Äquinoktialstunden, anstatt Stunden je nach Jahreszeiten) geteilt wurde. Auf diese Weise konnten die Stunden der kürzesten Nacht (bzw. des kürzesten Tages), der Bogen $\widehat{KU}$ der Abb. 13b nicht bloß auf den Äquator projiziert werden – als Bogen $\widehat{NC}$ –, sondern dieser konnte auch in *Zeitgrade* des Äquators umgerechnet werden.

Es leuchtet auch ein, warum anstatt des Verhältnisses »längster Tag – kürzeste *Nacht*«, das sich aus der Zweiteilung des Sommerwendekreises durch den Horizont unmittelbar ergibt, das andere Verhältnis »längster Tag – kürzester *Tag*« in den Vordergrund des Interesses gerückt wurde. Der Bogen $\widehat{KU}$ der Abb. 13b – mit dem man im weiteren rechnete – vertritt die Hälfte des kürzesten Tages, von dem man annahm, daß er so lang wie die kürzeste Nacht dauere. Man hat also eigentlich nicht mehr mit den Äquinoktial-

---

[8] Ptolemaios, Almagest II 2: ἐπεὶ τοίνυν ἡ τῆς σφαίρας στροφὴ περὶ τοὺς τοῦ ἰσημερινοῦ πόλους, φανερόν, ὅτι ἐν τῷ αὐτῷ χρόνῳ τό τε Η σημεῖον (bei uns U) καὶ τὸ Θ (bei uns C) κατὰ τὸν ... μεσημβρινὸν ἔσται, (Manitius, 1912, S. 60).

stunden des längsten Tages oder mit denjenigen der kürzesten Nacht, sondern mit der Dauer des kürzesten *Tages* gerechnet. Es fragt sich indes, warum man dann immer noch von der Dauer des längsten und nicht von der des kürzesten Tages sprach? Das Festhalten an einer teilweise schon überholten Tradition erklärt sich wohl zum Teil damit, daß man gerade den kürzesten Mittagschatten des längsten Tages im Jahr am zuverlässigsten messen konnte, und zum Teil damit, daß man auf einer früheren Stufe der Entwicklung den Abstand vom Äquator mit der allmählichen Zunahme der Tageslänge bei Sommerwende charakterisierte. Die Stunden der kürzesten Nacht, bzw. nach antiker Annahme auch diejenigen des kürzesten Tages, ließen sich aus den Äquinoktialstunden des längsten Tages durch einfache Subtraktion berechnen.

Offenbar hängt also jener Wechsel – daß man nicht mehr einfach vom Verhältnis des Tag- und Nachtbogens der Sonnenbahn zur Zeit der Sommerwende sprach, sondern statt dessen die Äquinoktialstunden des *kürzesten Tages* in den Vordergrund des Interesses rückte – mit der Umgestaltung des Gnomon-Weltbildes zusammen. Man begnügte sich nicht mehr mit jenem schematischen Weltbild des Anaximander, das außer dem einzigen Meridiankreis die übrigen astronomischen Kreise (Äquator, Horizont, Wendekreis, Kolur) und ihre Bruchteile, die Bogen, durch ihre Durchmesser und Sehnen vertreten ließ. Anstatt der geraden Strecken – Durchmesser und Sehnen – wurden Kreise und Bogen eingeführt. Nötig war diese Umgestaltung – wie wir bald sehen werden –, weil man aus der Dauer des längsten Tages die Polhöhe in Graden berechnen wollte.

3. Besondere Aufmerksamkeit verdient der Bogen $\overset{\frown}{EQ}$. Denkt man nämlich einerseits an jenen *Durchmesser* des Horizontkreises, dessen beide Endpunkte E und I sind, und andererseits an jene *Achse* der Welt (PQ), die sich beide im Zentrum der Kugel schneiden, so wird klar, daß der Bogen $\overset{\frown}{EQ}$ jenen Winkel den Meridiankreis entlang mißt, dessen beide Schenkel ein Horizont-Radius und die Hälfte der Weltachse bilden, und dessen Spitze das Zentrum der Kugel ist. Der Winkel, den die Weltachse mit dem Horizont bildet, ist die *Polhöhe*. (Man vergleiche, um dies zu verstehen, die beiden Abbildungen 13a und b. Auf beiden messen die Bogen $\overset{\frown}{PI}$ und $\overset{\frown}{EQ}$ untereinander gleiche Scheitelwinkel, und über den Bogen $\overset{\frown}{PI}$ wurde schon mehrmals gesagt, daß er das Maß der Polhöhe ist.)

Fassen wir nun die Abb. 14 – die dicker ausgezogenen Teile der Abb. 13b – ins Auge. Wir sehen da einen Teil der Kugeloberflä-

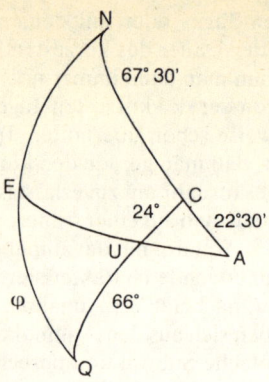

Abb. 14
Vier Quadranten: N͡A (vom Äquator), E͡A (vom Horizontkreis), N͡Q (vom Meridian) und Q͡C (von einem Großkreis über die beiden Pole hindurch). Bogen C͡U ist die Schiefe der Ekliptik, nach archaischem Maß: 24°; darum bleibt für Q͡U aus dem Quadranten 66° übrig. Das Maß 67°30′ für den Bogen N͡C gilt natürlich nur dort, wo die kürzeste Nacht (bzw. nach antiker Denkweise auch der kürzeste Tag) 9 Äquinoktialstunden hat (siehe den Text).

che mit Bogen größter Kreise. In die beiden Bogen N͡A und N͡Q sind die beiden anderen E͡A und Q͡C derart hineingezogen, daß sie sich in Punkt U schneiden. Dadurch entstehen insgesamt acht Bogenteile, von denen einige von vornherein bekannt sind und andere sich aus den bekannten berechnen lassen. Es lohnt sich, diese Größen auch im einzelnen noch einmal zu überprüfen.

Der Bogen N͡A ist der Äquator-Quadrant, 90°, der scheinbare Weg der Sonne am Himmelsgewölbe in sechs Stunden; so entsprechen einer Äquinoktialstunde 15°. Dieser Quadrant besteht aus den beiden Teilbogen N͡C und C͡A. Die Bogengrade des Teilbogens N͡C konnten berechnet werden, weil dieser Bogen in Äquinoktialstunden dem Viertel des kürzesten Tages – dort, wo das Gnomon-Weltbild aufgenommen wurde – entspricht. Dagegen hat man den anderen Bogenteil C͡A durch einfache Subtraktion gewonnen: 90° – N͡C. Für den Bogen N͡A sind also sowohl die beiden Teilbogen (N͡C, C͡A) wie auch ihre Summe bekannt.

Ähnliches gilt auch für den Quadranten des Deklinationskreises Q͡C und seine beiden Teile. Der eine Teilbogen C͡U ist die seit langem bekannte Ekliptikschiefe (λόξωσις, oder »die Entfernung beider Pole voneinander«[9]), während man den anderen Teilbogen $\overarc{QU}$ dadurch bekommt, daß man aus der vollen Summe des Quadranten ($\overarc{QC} = 90°$) den $\overarc{CU}$ subtrahiert: $\overarc{QU} = 90° - \overarc{CU}$.

Nicht so ist es im Falle des Meridian-Quadranten $\overarc{NQ}$. Wir wissen zwar, daß die Summe der Polhöhe ($\overarc{EQ}$) und des anderen Meridianbogens $\overarc{NE}$ 90° ausmacht, aber die Größen der beiden Bogen für sich ($\overarc{EQ}$ und $\overarc{NE}$) sind nicht bekannt.

Ebenso unbekannt sind auch die beiden Teilbogen des Horizont-Quadranten $\overarc{EA}$ ($= 90°$). Wir kennen nur die Summe der beiden Bogen $\overarc{EU} + \overarc{AU} = 90°$. Übrigens wird von diesen beiden der Bogen $\overarc{UA}$ bei Ptolemaios »der zwischen Äquator und Ekliptik liegende Horizontalbogen« genannt, wozu der moderne Übersetzer Manitius bemerkt, die moderne Astronomie nenne diesen Bogen – je nachdem, ob er im östlichen oder im westlichen Horizont liegt – die Morgen- und Abendweite der Sonne[10].

Am Ende dieses Kapitels sei noch vorausgeschickt: Wir wollen eigentlich die *Polhöhe,* also den Meridianbogen $\overarc{EQ}$ berechnen. Dies wird auf einem längeren Umweg erreicht. Vor allem müssen wir den »zwischen Äquator und Ekliptik liegenden Horizontbogen« (die »Morgenweite der Sonne« $\overarc{AU}$) kennen. Diesen gewinnen wir, indem wir zunächst den Bogen $\overarc{EU}$ aus den bekannten Angaben der beiden Quadranten des Äquators ($\overarc{NC} + \overarc{CA}$) und des Deklinationskreises ($\overarc{QU} + \overarc{CU}$) berechnen. Dann subtrahiereen wir den schon bekannten Bogen $\overarc{EU}$ von $\overarc{EA}$ ($= 90°$). Erst wenn wir diese beiden Bogenteile ($\overarc{EU}$ und $\overarc{AU}$) kennen, können wir an die Berechnung der *Polhöhe* ($\overarc{EQ}$) herantreten.

Wir sehen, daß die geplante Berechnung eigentlich aus drei aufeinanderfolgenden Schritten besteht:

1. Die Berechnung des Bogens $\overarc{EU}$.

2. Das errechnete $\overarc{EU}$, subtrahiert aus dem Bogen $\overarc{EA}$, ergibt den Bogen $\overarc{AU}$.

---

[9] Wir wollen in den Berechnungen dieses Buches – der Einfachheit halber – für die Ekliptikschiefe nur den archaischen Wert (24°, Seite des regulären Fünfzehnecks im Kreis) berücksichtigen. Auch in der Antike hat man oft, selbst in der Zeit, in der der genauere Wert schon bekannt war, an dem einfachen alten Maß noch festgehalten. Ptolemaios erwähnt z. B. (Almagest I 12), nachdem er für den zwischen den Wendepunkten liegenden Bogen die Extremwerte 47°40′ und 47°45′ angegeben hatte, daß auch Eratosthenes und Hipparch dieses Maß benutzt hatten. Demnach hätte Hipparch für die Schiefe der Ekliptik das Maß 23°51′15″ gekannt. Dennoch liest man einmal bei ihm (Manitius, 1894, S. 96/97): »der Sommerwendekreis ist nahezu 24° nördlich des Äquators.«

[10] Almagest II 2; vgl. Manitius, 1912, S. 60.

3. Erst wenn wir die Bogenteile $\overset{\frown}{EU}$ und $\overset{\frown}{AU}$ kennen, können wir die Polhöhe $\overset{\frown}{EQ}$ berechnen.

Aber auch diese Berechnungen müssen durch einige geometrische Betrachtungen vorbereitet werden.

3. Regula sex quantitatum

Man findet die geometrischen Erörterungen, die unter anderem zur Berechnung der Polhöhe aus der Dauer des längsten (bzw. kürzesten) Tages nötig sind, unter der Überschrift ›Einige den sphärischen Demonstrationen vorauszuschickende Lehrsätze‹[11] in einem besonderen Kapitel bei Ptolemaios zusammengefaßt. Und da der Astronom Menelaos[12] – ein Zeitgenosse von Plutarch (etwa 46–120 n. Chr.) – der früheste antike Schriftsteller ist, aus dessen Werk die ausführliche Behandlung dieser Sätze nachgewiesen werden kann, schreibt man ihm gewöhnlich diese geometrischen Erkenntnisse zu. Dies gilt vor allem für jene wichtigen Sätze, an die unsere Kapitelüberschrift erinnert. Die sechs Größen, deren Regel das wichtigste Anliegen sowohl des Menelaos wie auch des erwähnten ptolemäischen Kapitels ist, sind die sechs Bogenteile unserer Abb. 14.

Es ist fraglich, ob diese Sätze wirklich dem Menelaos zuzuschreiben sind[13]. »Ob Menelaos der Erfinder der nach ihm benannten Fundamentaltheoreme ist, oder ob schon Hipparchos dieselben kannte, läßt sich nicht mehr endgültig entscheiden, wenn auch das letztere sehr wahrscheinlich ist.«[14]

Aber anstatt dieses historische Problem hier in Angriff zu nehmen, wollen wir einstweilen von den bei Ptolemaios (Almag. I 13) zusammengefaßten Sätzen nur jene fünf kurz erörtern, die für uns unmittelbar wichtig sind.

Die Aufgabe ist eine Berechnung von Bogen. Anstatt der Bogen

[11] Almagest I 13: προλαμβανόμενα εἰς τὰς σφαιρικὰς δείξεις. Vgl. Manitius 1912, S. 45 ff.
[12] Über Menelaos siehe T. Heath, A history of greek mathematics. Oxford 1921. Bd. 2, S. 260 ff.
[13] A. v. Braunmühl, Vorlesungen über die Geschichte der Trigonometrie. Leipzig 1900. Bd. 1, S. 17.
[14] A. v. Braunmühl, ebd., Anm. 1, verweist auf J. B. J. Delambre, Histoire de l'astronomie ancienne. Paris 1817. Bd. 1, S. 245, der dieser Ansicht war. Ja, er schreibt sogar in derselben Anmerkung: »M. Chasles, Geschichte der Geometrie, deutsch von Sohncke 1839. 299, glaubt sogar, daß der Satz [des Menelaos] schon in den Porismen des Euklid gestanden habe.«

selbst sucht man zunächst die zu ihnen gehörigen Sehnen. Da die Sehnentafeln damals, als derartige Berechnungen zum ersten Male durchgeführt wurden, schon zusammengestellt vorlagen, brauchte man die Bogen zu den gefundenen Sehnen nicht mehr zu berechnen; man konnte sie in den Tafeln nachschlagen, die auch für uns – mindestens bei Ptolemaios – zur Verfügung stehen.

Man findet im Werk des antiken Kommentators von Ptolemaios, bei Theon von Alexandria[15], vor dem ptolemäischen Kapitel Almagest I 13 ein Lemma, das Euklids Definition im Buch VI der ›Elemente‹[16] erklärt: »*Zusammengesetztes Verhältnis* heißt das Produkt zweier Verhältnisse«. Also ac : bd ist ein zusammengesetztes Verhältnis aus a : b und c : d. Hält man Theons anschließende Erklärungen für authentisch, so gehören diese zweifellos zum Kapitel ›Almagest‹ I 13[17]. Denn in der Tat spielt das »zusammengesetzte Verhältnis« in den Sätzen, die Ptolemaios im betreffenden Kapitel behandelt, eine wesentliche Rolle.

Um die Formeln zu finden, die das Berechnen der Bogen $\widehat{AU}$ (Horizontbogen zwischen Äquator und Ekliptik) und $\widehat{EQ}$ (Polhöhe) ermöglichen, schickt Ptolemaios zunächst zwei analoge Fälle mit solchen Streckensegmenten der Ebene voraus, die offenbar einem Ausschnitt des weiterentwickelten Gnomon-Weltbildes (unserer Abb. 14, S. 216) entnommen sind. Verbindet man nämlich die Punkte der Abb. 14: N und A, N und Q bzw. A und E, Q und C durch Geraden miteinander, so erinnert die neue Figur (Abb. 15) zweifellos an die vorige (Abb. 14). Man hat zunächst den Eindruck, als wären die Streckensegmente der Abb. 15 Sehnen zu den entsprechenden Bogen der Abb. 14.

Man beachte jedoch die wesentlichen Unterschiede der beiden Abbildungen, z. B. die Punkte E und C der Abb. 14. Dieselben Buchstaben (E′ und C′) bezeichnen auf Abb. 15 die Endpunkte der Strecken AE′ und QC′, jedoch *nicht* auch Punkte der Bogen $\widehat{NQ}$ und $\widehat{NA}$ aus der Abb. 14. Auf Abb. 14 bezogen, sind die Punkte E′ und C′ der Abb. 15 nur zwei Punkte der Sehnen unter den beiden Bogen $\widehat{NQ}$ und $\widehat{NA}$. Dennoch kann Ptolemaios diese nur »analoge Figur« (Abb. 15) für seinen ersten vorbereitenden Satz benutzen.

[15] A. Rome, Théon d'Alexandrie. Commentaire sur les livres 1 et 2 de l'Almageste. Città del Vaticano 1936, Bd. 2, S. 532 ff.

[16] Eucl., Elem. VI def. 5: λόγος ἐκ λόγων συγκεῖσθαι λέγεται, ὅταν αἱ τῶν λόγων πηλικότητες πολλαπλασιασθεῖσαι ποιῶσί τινα.

[17] A. Rome, Théon d'Alexandrie, a. a. O.

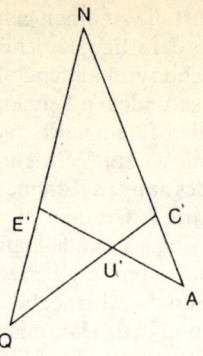

Abb. 15 Eine der Abb. 14 ähnliche Figur mit geraden Streckensegmenten, wobei jedoch nur NA und NQ Sehnen unter den entsprechenden Bogen sind.

(I.) Von den Streckensegmenten der Abb. 15 gelten NA und NC' sowie QU' und U'C' als bekannt. Zu berechnen ist eigentlich AU. Und zwar so, daß man zunächst E'U' berechnet und dann das Ergebnis von der ganzen bekannten Strecke AE' subtrahiert.

Wir führen von C' aus das zu AE' parallele Hilfssegment k gestrichelt ein (Abb. 16). Es fällt bei aufmerksamer Betrachtung sogleich auf, daß infolge der Parallele k auf einmal zwei ähnliche Dreiecke entstanden sind, in denen demselben Segment k zwei verschiedene Rollen zufallen. Auf der einen Seite sind jene beiden Dreiecke ähnlich, deren gemeinsame Spitzen in N zusammenfallen. Die gegenüberliegende Grundseite des kleineren Dreiecks ist in diesem Fall k, und die Parallele AE' ist Grundseite des größeren, dem vorigen ähnlichen Dreiecks. Doch ähnlich sind auch die beiden anderen Dreiecke, deren gemeinsame Spitzen in Q zusammenfallen. Bei diesen letzteren hat das kleinere Dreieck die Grundseite E'U', und das größere die Grundseite k.

Wir gehen zunächst von der Ähnlichkeit jener beiden Dreiecke aus, deren Spitzen in N zusammenfallen. In diesen ist das Verhältnis der beiden entsprechenden Seiten NA und NC' gleich dem Verhältnis der beiden Grundseiten AE' und k:

$$\frac{NA}{NC'} = \frac{AE'}{k}$$

Die rechte Seite mit dem Hilfsfaktor E'U' multipliziert, ergibt:

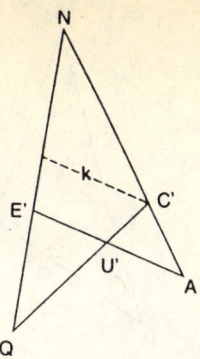

Abb. 16 Die Hilfslinie k hat eine doppelte Funktion: sie ist die Grundseite jenes kleineren Dreiecks, das dem größeren Dreieck NE′A ähnlich ist; aber gleichzeitig ist die Strecke k auch die Grundseite jenes anderen größeren Dreiecks, das dem kleineren E′QU′ ähnlich ist.

$$\frac{NA}{NC'} = \frac{AE'}{k} \cdot \frac{E'U'}{E'U'} \text{ bzw. umgeordnet:}$$

$$\frac{NA}{NC'} = \frac{AE'}{E'U'} \cdot \frac{E'U'}{k} \tag{a.}$$

Um auf der rechten Seite den Faktor $\frac{E'U'}{k}$ durch einen günstigeren ersetzen zu können, machen wir jetzt Gebrauch von der Ähnlichkeit jener beiden anderen Dreiecke, deren Spitzen in Q zusammenfallen; auch in diesen ist das Verhältnis der beiden entsprechenden Seiten QU′ und QC′ gleich dem Verhältnis der beiden Grundseiten (E′U′ und k). Diesmal beginnen wir jedoch mit dem Verhältnis der beiden Grundlagen ($\frac{E'U'}{k}$), nachdem wir eben den Faktor $\frac{E'U'}{k}$ in der obigen Gleichung (a.) durch einen günstigeren ersetzen wollen. Darum schreiben wir:

$$\frac{E'U'}{k} = \frac{QU'}{QC'}$$

Wir schreiben diesen Wert von $\frac{E'U'}{k}$ in die Gleichung (a.), und bekommen:

$$\frac{NA}{NC'} = \frac{AE'}{E'U'} \cdot \frac{QU'}{QC'} \tag{A.}$$

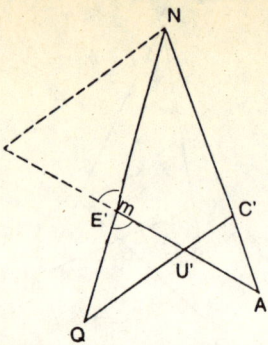

Abb. 17 Mit den gestrichelten Linien bekommt man nicht nur ein größeres ähnliches Dreieck zu dem kleineren Dreieck U'AC', sondern auch jene beiden anderen ähnlichen Dreiecke, die mit den kenntlich gemachten Scheitelwinkeln hervorgehoben wurden.

Ptolemaios wird nun nach der Analogie dieser Gleichung (A.) zunächst den Bogen $\widehat{EU}$ (Abb. 14) und dann mit Subtraktion aus $\widehat{AE}$ auch den Horizontbogen zwischen Äquator und Ekliptik ($\widehat{AU}$) berechnen. Darum sei der eben geschilderte Gedankengang hier sogleich weitergeführt.

Faßt man die Gleichung (A.) aufmerksam ins Auge, so entdeckt man, daß von den darin genannten Größen eigentlich nur das Verhältnis $\frac{AE'}{E'U'}$ unbekannt ist. (Es wurde ja vorausgeschickt, daß NA, NC', QU' und QC' als bekannt gelten sollen.) Darum ist die folgende Umordnung der Gleichung (A.) möglich:

$$\frac{E'U'}{AE'} = \frac{NC'}{NA} \cdot \frac{QU'}{QC'}$$

Noch weiter vereinfachen kann man diese Gleichung, wenn man daran denkt, daß die Strecken AE' und QC' untereinander gleich sind. Denn diese Strecken entsprechen Sehnen unter Quadranten gleicher Großkreise. Darum kann man die letztere Gleichung auch so schreiben:

$$E'U' = \frac{NC' \cdot QU'}{NA}$$

(Subtrahiert man danach E'U' aus AE, so bekommt man auch AU'.)

222

(II.) Der zweite analoge Fall, den Ptolemaios daselbst (Almag. I 13) vorausschickt, zeigt, wie man die Strecke E′Q (der Abb. 15) berechnen kann, nachdem AU′ und E′U′ schon bekannt sind. Wieder bedient man sich einer Hilfskonstruktion (Abb. 17). Vom Punkt N aus zieht man die Parallele (gestrichelt) zu QC′ und verlängert (ebenfalls gestrichelt) die Strecke AE′, um das mit m (und Klammer) bezeichnete Streckensegment zu bekommen. Auch jetzt hat man zwei ähnliche Dreiecke erhalten. Auf der einen Seite fallen die Spitzen von zwei ähnlichen Dreiecken im Punkt A zusammen. Das kleinere Dreieck hat die Grundseite C′U′ der Spitze im Punkt A gegenüber; die Grundlage des größeren ist dagegen das parallele Hilfssegment, das von N aus gestrichelt gezogen wurde.

Aus diesen beiden ähnlichen Dreiecken bekommt man die Proportion:

$$\frac{AC'}{NC'} = \frac{AU'}{m}$$

Die rechte Seite mit dem Hilfsfaktor E′U′ multipliziert, ergibt:

$$\frac{AC'}{NC'} = \frac{AU'}{m} \cdot \frac{E'U'}{E'U'} \quad \text{bzw. umgeordnet:} \tag{b.}$$

$$\frac{AC'}{NC'} = \frac{AU'}{E'U'} \cdot \frac{E'U'}{m}$$

Um auf der rechten Seite den Faktor $\frac{E'U'}{m}$ durch einen günstigeren ersetzen zu können, fassen wir jetzt die beiden anderen ähnlichen Dreiecke ins Auge: das eine ist E′QU′, das andere jenes, das beim Punkt E den kenntlich gemachten Scheitelwinkel zum vorigen hat. Aus diesen beiden Dreiecken gilt die Proportion:

$$\frac{E'U'}{m} = \frac{E'Q}{NQ}$$

Wir schreiben diesen Wert von $\frac{E'U'}{m}$ in die Gleichung (b.) und bekommen:

$$\frac{AC'}{NC'} = \frac{AU'}{E'U'} \cdot \frac{E'Q}{NQ} \tag{B.}$$

Ptolemaios wird später diesen zweiten analogen Fall (B.) zur Berechnung des Bogens $\widehat{E'Q}$ (Polhöhe, Abb. 14, S. 216) benutzen. Es sei jedoch hier – über den Text des Almagest (I 13) hinausgehend – die eben gewonnene Gleichung (B.) sogleich weiterentwickelt. Es fällt vor allem auf, daß – nachdem AU' und E'U' soeben schon berechnet wurden – nur noch die gesuchte Strecke E'Q unbekannt ist. Darum kann man die Gleichung (B.) auch folgendermaßen umordnen:

$$\frac{E'Q}{NQ} = \frac{AC'}{NC'} \cdot \frac{E'U'}{AU'}$$

Wir schreiben auf der rechten Seite den vorhin schon gewonnenen Wert von E'U' hinein, so bekommen wir:

$$\frac{E'Q}{NQ} = \frac{AC'}{NC' \cdot AU'} \cdot \frac{NC' \cdot QU'}{NA}$$

Auf der rechten Seite wird oben und unten NC' fortgelassen; man weiß außerdem, daß NQ = NA ist. Darum heißt die endgültige Form:

$$EQ = \frac{AC' \cdot QU'}{AU}$$

Vergleicht man nun die Gleichungen (A.) und (B.) miteinander – die beiden analogen Fälle, mit denen Ptolemaios die Berechnung der Polhöhe aus der Dauer des Wendetages vorbereitet –, so fällt zunächst die Methode auf. In beiden Fällen wird – infolge des Multiplizierens mit einem Hilfsfaktor – ein »zusammengesetztes Verhältnis« eingeführt, und dadurch wird die unbekannte Größe aus bekannten gewonnen. Darum wird also in Theons Erklärung die Euklidische Definition des »zusammengesetzten Verhältnisses« dem ganzen Kapitel im ›Almagest‹ (I 13) vorausgeschickt[18].

Es wurde jedoch in diesen Fällen mit *Strecken* gearbeitet, die nur zum Teil auch *Sehnen* sind. Die beiden Strecken NA und NQ sind z. B. auch Sehnen unter den Bogen $\widehat{NA}$ und $\widehat{NQ}$ (vgl. Abb. 14 und 15, S. 216 und 220); aber nicht so die beiden Teilstrecken AC' und NC'. Wie könnte man nun das Verhältnis dieser beiden Strecken $\frac{AC'}{NC'}$ mit der ganzen Strecke (Sehne) unter dem Bogen $\widehat{NA}$ verbin-

[18] Siehe oben die Anmerkungen 15 und 16.

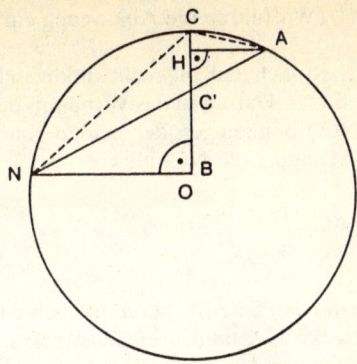

Abb. 18 Nachdem die beiden rechtwinkligen Dreiecke – deren rechte
Winkel kenntlich gemacht wurden – ähnlich sind, ist das Verhältnis ihrer
Hypotenusen (AC′ : NC′) dem Verhältnis ihrer Katheten (AH : NB) gleich.
Doch ist AH die Hälfte der Sehne unter dem Doppelten des Bogens $\overset{\frown}{AC}$
(½ s 2b $\overset{\frown}{AC}$) und NB ist die Hälfte der Sehne unter dem Doppelten des Bogens $\overset{\frown}{NC}$ (½ s 2b $\overset{\frown}{NC}$), darum kann man schreiben AC′ : NC′ = s 2b $\overset{\frown}{AC}$: s
2b $\overset{\frown}{NC}$.

den? Diese Frage beantwortet der III. vorbereitende Satz im Almagest I 13.

(III.) Abb. 18 sei eine Wiederholung des vollen Äquatorkreises,
etwa aus der Abb. 13b, wobei diese natürlich nur schematisch den
Halbkreis des Äquators veranschaulicht. Auch die drei Punkte N,
C und A am Kreisumfang (Abb. 18) seien dieselben wie N, C und A
nach Abb. 13b, (S. 211). Verbindet man die Punkte N und A der
Abb. 18, so bekommt man die Sehne NA unter dem Bogen $\overset{\frown}{NA}$.
Als jedoch oben im vorbereitenden Satz (B.) das Verhältnis $\frac{AC′}{NC′}$
aufgestellt wurde, waren *nicht* die gestrichelt kenntlich gemachten
Sehnen AC und NC der Abb. 18 gemeint, sondern die beiden
Strecken AC′ und NC′ derselben Abbildung. Die Verbindung mit
den Bogen $\overset{\frown}{AC}$, $\overset{\frown}{NC}$ wird folgendermaßen hergestellt.

Man verbindet den Punkt C mit dem Mittelpunkt des Kreises O
(der sogleich auch Mittelpunkt der Kugel ist). Der Radius OC teilt
die Sehne NA in die zwei Abschnitte AC′ und NC′. Man fälle von
den Punkten A und N die Senkrechten AH und NB auf den Radius
OC. Was ist nun das Streckensegment AH nach dieser Konstruktion? Offenbar *die Hälfte jener Sehne, die das Doppelte des Bogens*

225

$\widehat{AC}$ *unterspannt*[19]. (Wir führen die Abkürzung ein: $\frac{1}{2}$ s2b $\widehat{AC}$, bzw. $\frac{1}{2}$ s2b $\widehat{NC}$.)

Man sieht sogleich auch, daß die rechtwinkligen Dreiecke AHC' und NBC' ähnlich sind. Darum ist das Verhältnis der beiden Hypotenusen (AC', NC') demjenigen der beiden Katheten (AH und NB, bzw. $\frac{1}{2}$ s2b $\widehat{AC}$ und $\frac{1}{2}$ s2b $\widehat{NC}$) gleich:

$$\frac{AC'}{NC'} = \frac{s2b\,AC}{s2b\,NC}$$

(IV.) Im vorbereitenden Satz (A.) kommt auch das Verhältnis einer größeren Strecke NA und ihrer Teilstrecken vor: $\frac{NA}{NC}$. Nach Abb. 14 und 15 kann von den beiden Strecken nur NA Sehne unter dem Quadranten (90°) sein. Um auch dieses Verhältnis auf ein Verhältnis von *zwei Sehnen* zurückzuführen, ziehen wir (Abb. 19) einen Kreis mit den drei Punkten N, C und A, wobei jeder der beiden Bogen $\widehat{NC}$ und $\widehat{NA}$ *kleiner als ein Halbkreis ist*[20].

Wir ziehen vom Punkt N den Kreisdurchmesser und verlängern ihn nach links zu, bis er die Verlängerung der Strecke AC in Punkt E schneidet. Dann fällen wir von C und A die Senkrechten CL und AM auf den Kreisdurchmesser. Es entstehen auf diese Weise zwei ähnliche Dreiecke: AEM und CEL. Darum gilt die Proportion:

$$\frac{AE}{CE} = \frac{AM}{CL}$$

Doch ist AM $=\frac{1}{2}$ s 2b $\widehat{NA}$, und CL $=\frac{1}{2}$ s 2b $\widehat{NC}$, und darum:

$$\frac{AE}{CE} = \frac{s\,2b\widehat{NA}}{s\,2b\widehat{NC}}$$

[19] Im Wortlaut des Ptolemaios (Almagest I 13): ἡμίσεια ... τῆς ὑπὸ τὴν διπλῆν τῆς ΓΗ. (Wir benutzen andere Buchstaben als Ptolemaios, um auch dadurch zu betonen, daß es sich um dasselbe Schema handelt, das wir vorwiegend aus dem Vitruv-Text übernommen hatten. Nur in jenen Fällen wurden neue Buchstaben eingeführt, in denen Vitruv keine benutzt hatte.)
[20] Die Bogen müssen kleiner als ein Halbkreis sein, da in der griechischen Trigonometrie der größte Bogen der Halbkreis, und die größte Sehne der Durchmesser ist. (In unserem konkreten Fall ist der größere Bogen $\widehat{NA}$ ein Quadrant = 90°.)

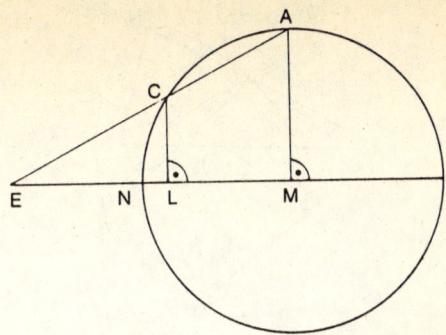

Abb. 19 Um das Verhältnis der Sehnen unter den Bogen $\stackrel{\frown}{NA}$ und $\stackrel{\frown}{NC}$ zu berechnen, verlängert man die Strecke AC bis zum Schnittpunkt in E. Es entstehen auf diese Weise zwei ähnliche Dreiecke: AEM und CEL; aus diesen AE:CE = AM:CL. Doch ist AM die Hälfte des Doppelten der Sehne unter dem Bogen $\stackrel{\frown}{NA}$ (½ s 2b $\stackrel{\frown}{NA}$), und CL ist die Hälfte des Doppelten der Sehne unter dem Bogen $\stackrel{\frown}{NC}$ (½ s 2b $\stackrel{\frown}{NC}$). Darum gilt: AE:CE = s 2b $\stackrel{\frown}{NA}$: s 2b $\stackrel{\frown}{NC}$.

(V.) Etwas komplizierter ist die Beweisführung des fünften Satzes aus dem Kapitel ›Almagest‹ I 13, der zur Berechnung der Polhöhe aus der Dauer des Wendetages unerläßlich ist. Es soll gezeigt werden, daß der vorbereitende Satz (B.):

$$\frac{AC'}{NC'} = \frac{AU'}{E'U'} \cdot \frac{E'Q}{NQ} \, ,$$

der nach Abb. 17, (S. 222) vorhin für Strecken in der Ebene aufgestellt und bewiesen wurde, auch für *Sehnen* (der Abb. 14, S. 216) in der folgenden Form gültig ist:

$$\frac{s\,2b\,\stackrel{\frown}{AC}}{s\,2b\,\stackrel{\frown}{NC}} = \frac{s\,2b\,\stackrel{\frown}{AU}}{s\,2b\,\stackrel{\frown}{EU}} \cdot \frac{s\,2b\,\stackrel{\frown}{EQ}}{s\,2b\,\stackrel{\frown}{NQ}}$$

vorausgesetzt daß $\stackrel{\frown}{AC}$, $\stackrel{\frown}{NC}$, $\stackrel{\frown}{AU}$, $\stackrel{\frown}{EU}$, sowie $\stackrel{\frown}{EQ}$ und $\stackrel{\frown}{NQ}$ Bogen größter Kreise auf der Kugelfläche sind.

Es seien nach Abb. 20 in die zwei Bogen größter Kreise auf der Kugeloberfläche $\stackrel{\frown}{NQ}$ und $\stackrel{\frown}{NA}$ die beiden anderen $\stackrel{\frown}{QC}$ und $\stackrel{\frown}{AE}$ mit

227

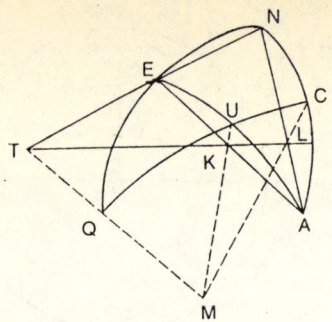

Abb. 20 Man beachte die Quadranten (90°) auf der Kugeloberfläche, einerseits $\stackrel{\frown}{NQ}$, $\stackrel{\frown}{NA}$, und andrerseits $\stackrel{\frown}{EA}$, $\stackrel{\frown}{QC}$. $\stackrel{\frown}{EA}$ und $\stackrel{\frown}{QC}$ schneiden sich in Punkt U auf der Kugeloberfläche. M ist Mittelpunkt der Kugel und darum auch Mittelpunkt jener Großkreise auf der Kugeloberfläche, deren Bogen die genannten Quadranten sind. Die gestrichelten Linien (QM, UM und CM) sind also untereinander gleiche Radien der Kugel. Die Verlängerung der Sehne NE schneidet die Verlängerung des Radius MQ in Punkt T. Punkt L ist der Schnittpunkt der Sehne NA mit dem Radius MC, und K ist der Schnittpunkt der Sehne EA mit dem Radius MU. Die Punkte L, K und T sind in der Ebene des Kreises, dessen Bogen $\stackrel{\frown}{QC}$ ist; doch gehören dieselben drei Punkte auch zur Ebene des Dreiecks EAN. Drei Punkte können nur dann zu zwei verschiedenen Ebenen gehören, wenn sie auf der geraden Schnittlinie (TKL) der beiden Ebenen liegen.

dem Schnittpunkt in U hineingezogen[21]. (Alle diese Bogen sollen kleiner als ein Halbkreis sein, und dasselbe Verhältnis sei bei allen diesen Figuren vorausgesetzt[22].)

Man verbinde die drei Schnittpunkte des Bogens $\stackrel{\frown}{QC}$: Q – U und C –, die also alle Punkte eines Großkreises auf der Kugeloberfläche sind –, mit dem Mittelpunkt der Kugel M. Auf diese Weise entstehen die gestrichelten Strecken der Abb. 20: MC, MU und MQ (untereinander gleiche Radien der Kugel). Die Sehne NE soll verlängert werden, bis sie die Verlängerung der gestrichelten Strecke

---

[21] Ein wenig anders gezeichnet wurden diesmal die von den früheren Abbildungen (13b und 14) schon wohlbekannten vier Bogen: $\stackrel{\frown}{NA}$, $\stackrel{\frown}{NQ}$, $\stackrel{\frown}{EA}$ sowie $\stackrel{\frown}{QC}$ sowie ihre drei Schnittpunkte in E, U und C, damit man dem Gedankengang auch anschaulich leichter folgen kann. Aber es handelt sich auch in diesem Fall selbstverständlich um dasselbe grundlegende Schema: vier Quadranten auf der Kugeloberfläche.

[22] Ptolemaios: ἔστω δὲ ἑκάστη αὐτῶν (scil. περιφερείων) ἐλάσσων ἡμικυκλίου· τὸ δὲ αὐτὸ καὶ ἐπὶ πασῶν τῶν καταγραφῶν ὑπακουέσθω.

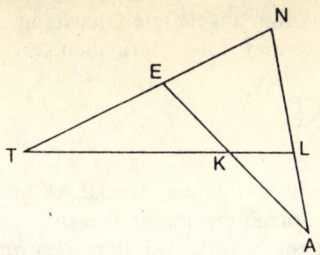

Abb. 21 Eine Wiederholung der geraden Strecken NT, NA, TL und EA aus der Abb. 20. Man vergleiche diese Figuren zunächst mit den beiden Abb. 15 und 16 und mit den dort behandelten Ableitungen. (Danach kommt man zur Abb. 20 zurück.)

MQ im Punkt T schneidet. Auch die Sehnen EA und NA sollen gezogen werden; von diesen letzteren schneidet EA die gestrichelte Strecke MU im Punkt K und die Sehne NA schneidet die andere gestrichelte Strecke MC in L.

Fassen wir nun die drei Punkte L, K und T ins Auge. Alle drei liegen in der Ebene jenes Kreises, dessen Bogen QC ist; MC, MU und MQ sind Radien desselben Kreises. Doch liegen dieselben drei Punkte (L, K und T) auch in der anderen Ebene des Dreiecks EAN. Nachdem nun L, K und T zugleich in zwei verschiedenen Ebenen liegen, *müssen sie auf derselben Geraden liegen.*

Die gerade Linie TKL bildet nun zusammen mit den beiden Sehnen NA und EA sowie mit der Strecke NT, die ihrerseits eine Verlängerung der Sehne NE ist, eine Figur aus Strecken in derselben Ebene, die – der Anschaulichkeit wegen – als Abb. 21 neben Abb. 20 gestellt ist. In die Geraden TN und NA sind die beiden sich in K kreuzenden Geraden TL und AE hineingezogen. Es ist im Grunde dieselbe Figur wie Abb. 15, (S. 220). (Es soll uns nicht irreführen, daß in der Abb. 21 die drei neuen Buchstaben L, K und T – anstatt C, U und Q der Abb. 15 – eingeführt werden mußten. Die Bezeichnungen in Abb. 21 und Abb. 15 entsprechen einander so:

AL _____ AC′   EK _____ E′U′
NL _____ NC′   ET _____ E′Q
AK _____ AU′   NT _____ NQ.)

So kann man die vorhin abgeleitete Gleichung (B.) $\frac{AC'}{NC'} = \frac{AU'}{E'U'} \cdot \frac{E'Q}{NQ'}$, auf Abb. 21 angewendet, folgendermaßen schreiben:

$$\frac{AL}{NL} = \frac{AK}{EK} \cdot \frac{ET}{NT} \qquad (y)$$

Fassen wir nun nach Abb. 20 die Strecke AL ins Auge. Sie ist ein Teil der Sehne NA, die ihrerseits den Bogen $\overset{\frown}{NA}$ unterspannt. C ist ein Punkt des Bogens $\overset{\frown}{NA}$, der mit dem Zentrum der Kugel (M) verbunden wurde. Der Radius MC teilt die Sehne NA im Punkt L. Darum steht der Teil AL der Sehne NA zum anderen Teil NL derselben Sehne im selben Verhältnis wie *die Hälfte der Sehne unter dem Doppelten des Bogens $\overset{\frown}{AC}$ zur Hälfte der Sehne unter dem Doppelten des Bogens $\overset{\frown}{NC}$*, also:

$$\frac{AL}{NL} = \frac{s\,2b\,\overset{\frown}{AC}}{s\,2b\,\overset{\frown}{NC}}$$

wie dies oben im Punkt (III.) und an Abb. 18 schon dargestellt wurde.

Ähnliches gilt auch für AK, das ein Teil der Sehne AE unter dem Bogen $\overset{\frown}{AE}$ ist. Der Bogen $\overset{\frown}{AE}$ wurde im Punkt U geteilt; dieser Punkt mit dem Zentrum der Kugel verbunden ergab den Radius MU, der die Sehne AE im Punkt K schneidet. Darum gilt die Gleichung:

$$\frac{AK}{EK} = \frac{s\,2b\,\overset{\frown}{AU}}{s\,2b\,\overset{\frown}{EU}}$$

Beachtet man dagegen das Verhältnis $\frac{ET}{NT}$ (der Abb. 21), so sieht man, daß nach Abb. 20 ET die Verlängerung der Sehne NE ist. Der Bogen $\overset{\frown}{NE}$ über der dazugehörigen Sehne ist ein Stück des Kreisumfangs mit dem Zentrum M, wobei beide Bogen $\overset{\frown}{NE}$ und $\overset{\frown}{NQ}$ kleiner als der Halbkreis sind[23]. Darum gilt – im Sinne des vorhin dargestellten vorbereitenden Satzes (IV.) – die Gleichung:

$$\frac{ET}{NT} = \frac{s\,2b\,\overset{\frown}{EQ}}{s\,2b\,\overset{\frown}{NQ}}$$

---

[23] Genauer: der größere Bogen $\overset{\frown}{NQ}$ ist gerade ein Quadrant: 90°.

Man kann also im Sinne der eben aufgezählten drei Gleichungen das obige (y) in der folgenden Form schreiben:

$$\frac{s\,2b\,\widehat{AC}}{s\,2b\,\widehat{NC}} = \frac{s\,2b\,\widehat{AU}}{s\,2b\,\widehat{EU}} \cdot \frac{s\,2b\,\widehat{EQ}}{s\,2b\,\widehat{NQ}}$$

Damit ist erwiesen, daß man den Satz (B.) – der ursprünglich für eine ebene Figur aufgestellt wurde (»wenn in zwei Geraden zwei andere sich kreuzende Geraden hineingezogen sind …«) – in der weiterentwickelten Form auf Sehnen und Bogen der Großkreise der Kugeloberfläche anwenden kann.

Es wäre zum Schluß noch zu zeigen, daß eine ähnliche Fortbildung auch des für eine ebene Figur gültigen Satzes (A.):

$$\frac{NA}{NC} = \frac{AE}{EU} \cdot \frac{QU}{QC}$$

zwecks Anwendung auf Bogen und Sehnen der Kugel möglich ist. Aber statt des ausführlichen Beweises auch dieser These, beschließt Ptolemaios seine hierbezüglichen Erörterungen mit der summarischen Feststellung:

»Ganz auf demselben Wege und genau wie an der geradlinigen ebenen Figur wird der Beweis geführt für

$$\frac{s\,2b\,\widehat{NA}}{s\,2b\,\widehat{NC}} = \frac{s\,2b\,\widehat{AE}}{s\,2b\,\widehat{EU}} \cdot \frac{s\,2b\,\widehat{QU}}{s\,2b\,\widehat{QC}}^{24}$$

Es sei am Ende dieser Darstellung der fünf wichtigsten Sätze aus dem Kapitel Almagest I 13 hier noch kurz zusammengefaßt, wie die beiden weitergebildeten Formeln auf den Seiten 221 und 224 zur Berechnung erst des Horizontbogens zwischen Äquator und Ekliptik ($\widehat{AU}$), und dann zur Berechnung der Polhöhe ($\widehat{EQ}$) selbst benutzt werden. Die beiden Formeln heißen also:

$$s\,2b\,\widehat{EU} = \frac{s\,2b\,\widehat{NC}\cdot s\,2b\,\widehat{QU}}{s\,2b\,\widehat{NA}} \quad \text{und} \quad s\,2b\,\widehat{EQ} = \frac{s\,2b\,\widehat{AC}\cdot s\,2b\,\widehat{QU}}{s\,2b\,\widehat{AU}}^{25}$$

[24] Die deutsche Übersetzung nach Manitius 1912, S. 50f. (Die Buchstaben-Bezeichnungen in der Formel wurden sinngemäß verändert.)

[25] Die letztere Formel wurde oben (S. 224) eigentlich nur für die *ebene* Figur abgeleitet. Akzeptiert man jedoch die Behauptung des Ptolemaios, die oben zitiert wurde (s. die vorangehende Anmerkung), so erfolgt daraus auch die für s 2b $\widehat{EQ}$ zitierte einfachere Formel.

Da $\overset{\frown}{EU}$ (nach Abb. 13b) $90° - \overset{\frown}{AU}$ ist, muß man zunächst die beiden Sehnen unter den Bogen $\overset{\frown}{EU}$ und $\overset{\frown}{AU}$ berechnen. $\overset{\frown}{NC}$ bekommt man, indem man die Hälfte der Äquinoktialstunden des kürzesten Tages mit 15° multipliziert. $\overset{\frown}{AC} = 90° - \overset{\frown}{NC}$. $\overset{\frown}{QU} = 90° -$ »Ekliptikschiefe«, und 2b $\overset{\frown}{NA} = 180°$.

4. Die Berechnung der Polhöhe durch Hipparch

Es wurde im vorangehenden Kapitel erwähnt, daß der verdienstvolle Historiker der Astronomie, J. B. L. Delambre, nach seinem 1817 veröffentlichten Werk[26] der Ansicht war, auch Hipparch im 2. Jahrhundert v. Chr. hätte jene grundlegenden Theoreme des Menelaos (etwa 46–120 n. Chr.), die oben geschildert wurden, schon gekannt. Der französische Astronom stand mit dieser Ansicht in der ersten Hälfte des vorigen Jahrhunderts nicht allein; andere wollten diese Erkenntnisse auf noch früher datieren. Allerdings wurden die Vertreter dieser Ansicht zu Anfang unseres Jahrhunderts schon etwas unsicher. A. v. Braunmühl (1900) wollte zwar die Möglichkeit dieser Datierung nicht ausschließen, aber er betonte doch, es ließe sich nicht mehr endgültig entscheiden, ob auch Hippokrates die fraglichen Theoreme schon gekannt hätte. Diese Skepsis wurde dann mit der Zeit zur vorherrschenden Meinung in der Geschichte der alten Wissenschaft. In den fünfziger Jahren dieses Jahrhunderts schrieb man schon: »Wir wissen nicht, ob Hipparch selbst der Erfinder der Trigonometrie ist und ob er nur mit ebenen Dreiecken oder auch mit sphärischen Dreiecken arbeitete, denn seine Schriften sind größtenteils verlorengegangen. Wir müssen also die älteste Geschichte der ebenen und sphärischen Trigonometrie aus den Werken des Menelaos und Ptolemaios holen.« Der Gedanke, daß die sog. »Menelaos-Theoreme« eventuell auch älter sein könnten als Hipparch selber, tauchte gar nicht mehr auf.

Beachtenswert ist dieser Richtungswandel in den chronologischen Ansichten der antiken Wissenschaftsgeschichte deswegen, weil die Fortschritte Hand in Hand mit einer anderen Tendenz erzielt wurden. Je besser man die altorientalischen Ursprünge der Mathematik und der Astronomie kennenlernte – ein an sich erfreulicher Vorstoß der historischen Forschung –, um so mehr suchte man in diesen Vorläufern jene Quellen zu erblicken, aus denen die

[26] Siehe oben Anm. 14.

Griechen geschöpft haben sollen. Und die griechischen Errungenschaften ließen sich um so leichter mit dem angeblichen vorgriechischen Erbe verknüpfen, je weniger man sich um die exakte Chronologie der griechischen und der altorientalischen Erkenntnisse kümmerte, und je jünger die griechische Wissenschaft erschien.

Aber ohne auf die Frage, wieweit diese beiden Tendenzen der historischen Forschung geschadet haben mögen, einzugehen, sei hier betont: Man kann in unserem konkreten Fall zweifellos nachweisen, daß die sogenannten *Menelaos-Theoreme* dem Hipparch *bekannt sein mußten*; sie entstammen aller Wahrscheinlichkeit nach aus einer noch älteren Zeit *vor* Hipparch.

Der Text des Hipparch, seine Kritik an Aratos-Eudoxos, der uns erhalten geblieben ist, enthält zwar keinen Hinweis auf jene Formeln (»Menelaos-Theoreme«), die im vorigen Kapitel geschildert wurden, aber man liest darin doch solche Behauptungen wie (erstens): »Wo der längste Tag eine Dauer von 14³/₅ Stunden hat, dort beträgt die Polhöhe ungefähr 37°«, und (zweitens): »Wo der längste Tag eine Dauer von 15 Stunden hat, dort beträgt die Polhöhe 41°.«[27]

Diese beiden Behauptungen genügten an sich schon, um den Schluß nahezulegen, daß Hipparch irgendwie imstande war, aus der Dauer des Wendetages die Polhöhe in Breitengraden zu ermitteln. Besonders beachtenswert ist dabei das letzte Zitat. Denn man begegnet dieser Feststellung – worauf oben in einem anderen Zusammenhang schon hingewiesen wurde – auch bei Ptolemaios. Man liest ja bei diesem: »Der dreizehnte Parallel ist derjenige, auf welchem der längste Tag 15 Äquinoktialstunden hat. Er hat vom Äquator 40°56′ Abstand...«[28]

Zwar benutzt Ptolemaios hier den Ausdruck »Abstand vom Äquator«, während der Hipparch-Text in beiden Fällen »Polhöhe« (τὸ ἔξαρμα τοῦ πόλου) sagt. Aber einerseits waren die beiden Ausdrücke seit dem ersten Entwerfen des Gnomon-Weltbildes offenbar Synonyme, und andererseits darf man nach dem eindeutigen Wortgebrauch des Hipparch mindestens versuchsweise vermuten, daß durch ihn die beiden Begriffe (»Dauer des Wendetages« und »Polhöhe«) in der Tat in ihrer ursprünglichen und organischen Zusammengehörigkeit benutzt wurden. Denn man kann aus der Dauer des längsten Tages im Jahr wirklich die Polhöhe – die Höhe des Pols *über dem Horizont* in Breitengraden – und *nicht* den Abstand vom Äquator den Meridian entlang berechnen.

[27] Manitius 1894, S. 26–27.
[28] Manitius 1912, Bd. 1, S. 75.

Wir wollen nun auch diese Berechnung des Hipparch kontrollieren, indem wir einerseits jene beiden Formeln anwenden, die sich oben für die Gewinnung des Horizontbogens zwischen Äquator und Ekliptik ($\overset{\frown}{EU}$) und für die der Polhöhe ($\overset{\frown}{EQ}$) ergaben (S. 231), andererseits benutzen wir auch die Sehnentafeln des Ptolemaios. Unsere Voraussetzung ist also, daß alle diese Kenntnisse dem Hipparch schon zur Verfügung standen. Wir gehen jedoch, was die Genauigkeit betrifft, für die *Sehnen* nicht über die Sechzigstel der Durchmesser-Einheit *(pars)* und bei den *Bogen* nicht über die Halbgrade (30′) hinaus. Denn auch Hipparch begnügte sich – in den Fällen, die wir kontrollieren wollen – mit der Approximation[29]. Ebenso begnügen wir uns, was die »Schiefe der Ekliptik« betrifft, mit dem alten traditionellen Maß: 24°30[30]. (Darum wird in diesen Berechnungen $\overset{\frown}{QU} = 66°$.)

Die beiden Formeln, um die Polhöhe aus der Dauer des längsten Tages in zwei Schritten zu berechnen, heißen also:

$$s\,2b\overset{\frown}{EU} = \frac{s\,2b\overset{\frown}{NC}\cdot s\,2b\overset{\frown}{QU}}{s\,2b\overset{\frown}{NA}} \quad \text{und} \quad s\,2b\overset{\frown}{EQ} = \frac{s\,2b\overset{\frown}{AC}\cdot s\,2b\overset{\frown}{QU}}{s\,2b\overset{\frown}{AU}}$$

Hat der längste Tag 15 Äquinoktialstunden, so wird $\overset{\frown}{NC} = 4,5 \cdot 15°$ = 67°30′. Die Größen auf der rechten Seite der Formel für $s\,2b\overset{\frown}{EU}$ – zusammen mit den Sehnen-Werten der ptolemäischen Tafel lauten also:

$$
\begin{aligned}
s\,2b\;67°30′ &= sb\;135°\ldots\;110^{\text{p}}\tfrac{51}{60} &&= \tfrac{6651}{60}\\
s\,2b\;66° &= sb\;132°\ldots\;109^{\tfrac{37}{60}} &&= \tfrac{6577}{60}\\
s\,2b\;90° &= sb\;180°\ldots\;120^{\text{p}} &&= 120\cdot 60
\end{aligned}
$$

Und darum : $s\,2b\;\overset{\frown}{EU} = \frac{6651\cdot 6577}{3600\,\cdot\,120}\cdot 101,25 = 101^{\text{p}}\tfrac{15}{60}$

Man findet in der Tafel des Ptolemaios nicht genau die zuletzt genannte Sehnengröße ($101^{\text{p}}\tfrac{15}{60}$), sondern nur die Approximation: $101^{\text{p}}\tfrac{12}{60}$ und daneben den entsprechenden Bogen: 115°. Da dies das Doppelte des gesuchten Bogens ist, beträgt unser $\overset{\frown}{EU} = 57°30′$ und darum der Horizontbogen zwischen Äquator und Ekliptik: $\overset{\frown}{AU} = \overset{\frown}{AE} - \overset{\frown}{EU}$, 90°– 57°30′ = 32°30′.

[29] Der griechische Text benutzt in beiden Fällen den Ausdruck ὡς ἔγγιστα = »ungefähr«. Man wird also *nicht* entscheiden können, ob die Sehnentafeln des Hipparch auch eine größere Genauigkeit über die Halbgrade hinaus erstrebten. Im Zeitmessen begnügte sich Hipparch mit solchen Bruchteilen, wie 14³/₅ Stunden, anstatt 14 Stunden und 36 Minuten.

[30] Vgl. oben Anm. 9.

Nachdem wir den Horizontbogen zwischen Äquator und Eklip-tik ($\widehat{AU}$ = 32°30′) kennen, können wir nun auch die Polhöhe ($\widehat{EQ}$) berechnen. (Wir müssen uns nur noch daran erinnern, daß im gegebenen Fall $\widehat{AC}$ = 90° − 67°30′, also 22°30′ ist.) Die beiden für die nächste Berechnung nötigen und bisher noch nicht benutz-ten Größen sind also:

$$s\ 2b\ \widehat{AC} = s\ 2b\ 22°30′ = sb\ 45° \dots 45^{p\frac{55}{60}} = \frac{2755}{60}$$
$$s\ 2b\ \widehat{AU} = s\ 2b\ 32°30′ = sb\ 65° \dots 64^{p\frac{28}{60}} = \frac{3868}{60}$$

Darum heißt die Formel:

$$s\,2b\widehat{EQ} = \frac{s\,2b\widehat{AC}\cdot s\,2b\widehat{QU}}{s\,2b\widehat{AU}} = \frac{sb\,45°\cdot sb\,132°}{sb\,65°} = \frac{2755\cdot 6577}{3868\cdot 60}$$
$$= 78{,}07 = 78^{p\frac{4}{60}}$$

Man findet diese Sehnenlänge bei Ptolemaios wieder nicht. Die nächstkleinere heißt $77^{p\frac{56}{60}}$ neben dem Bogen von 81°, und die nächstgrößere $78^{p\frac{19}{60}}$ neben 81°30′. Zwischen diese beiden Werte − 81° und 81°30′ − fällt also das Doppelte des Bogens $\widehat{EQ}$, und so muß die Polhöhe, die Hälfte des gefundenen Bogens *größer* als 40°30′, aber *kleiner* als 40°45′ sein.

Vergleicht man diese Approximation mit dem Text des Hipp-arch (»Die Polhöhe beträgt ungefähr 41°«), so ist unser Ergebnis befriedigend genug, zum Zeichen dessen, daß auch Hipparch mit denselben Formeln und mit einer sehr ähnlichen Sehnentafel ge-rechnet haben mag. Der entsprechende Wert im Text des Ptole-maios (Almagest II 6: 40°56′) weicht von unserem deswegen ab, weil Ptolemaios erstens einen genaueren Wert für die »Ekliptik-schiefe« benutzte, und zweitens, weil er auch kleinere Bruchteile als unsere Sechzigstel berücksichtigte.

Zur Ergänzung sei noch erwähnt, daß auch der Herausgeber des Hipparch-Textes, C. Manitius, in seinem Kommentar die betref-fende Polhöhe aus der Dauer des längsten Tages (15 Stunden) be-rechnet hat[31]. Er kam zu dem Ergebnis 40°40′, was mit dem unsri-gen gut übereinstimmt. Manitius hat jedoch *nicht* die antike Art der Berechnung rekonstruiert, sondern er verwies auf die zweifel-los viel bequemeren, aber in einer historischen Untersuchung doch anachronistischen cos- und tg-Werte.

Derselbe Hipparch-Text in der Kritik an Aratos-Eudoxos er-

[31] Manitius 1894, S. 291 f.

möglicht auch eine andere Kontrolle seiner Berechnungen. Denn Hipparch hat nicht nur jene Angabe für die Dauer des längsten Tages in Griechenland (15 Äquinoktialstunden), die sich aus dem Gedicht des Aratos ergibt, abgelehnt, sondern auch eine andere – nach seinem eigenen Urteil richtige – mitgeteilt: In Griechenland soll das Verhältnis des Gnomons zu seinem äquinoktialen Mittagschatten wie 4:3 sein, und der längste Tag dauert dort 14³/5 Stunden, während die Polhöhe, wie er sagt, »ungefähr 37° beträgt«. Es wurde oben schon gezeigt, wie man aus dem Verhältnis des Gnomons zu seinem äquinoktialen Schatten (4:3) den »Abstand vom Äquator« (37°) berechnen kann. Jetzt wollen wir sehen, wie man dasselbe Egebnis für die Polhöhe aus der Dauer des längsten Tages im Jahr (14³/5 Stunden) gewinnen kann.

Wenn der längste Tag 14³/5 Stunden hat, so muß daselbst die kürzeste Nacht (und nach antiker Denkweise auch der kürzeste Tag) 9 ²/5 = ⁴⁷/5 Stunden dauern. Die Hälfte davon (also 4,7) macht den *halben Tagbogen* des kürzesten Tages aus. Und multipliziert man dies mit 15° (4,7 · 15° = 70,5°), so hat man den Bogen $\widehat{NC}$ = 70°30′.

Die zur Berechnung des Horizontbogens zwischen Äquator und Ekliptik ($\widehat{EU}$) nötigen Angaben sind also:

$$s\ 2b\ \widehat{NC}\ \ = sb\ 141° \dots\ 113^{p}\tfrac{7}{60}\ \ = \tfrac{6787}{60}$$
$$s\ 2b\ \widehat{QU}\ \ = sb\ 132° \dots\ 109\tfrac{37}{60}\ \ = \tfrac{6577}{60}$$
$$s\ 2b\ \widehat{NA}\ \ = sb\ 180° \dots\ 120^{p}\ \ \ \ = 120 \cdot 60$$

Und darum die Formel:

$$s\ 2b\widehat{EU} = \frac{sb\ 141° \cdot sb\ 132°}{sb\ 180} = \frac{6787 \cdot 6577}{3600 \cdot 120} = 103{,}33 = 103^{p}\tfrac{20}{60}$$

Man findet auch diese Sehnenlänge ($103^{p}\tfrac{20}{60}$) nicht in der Tafel des Ptolemaios. Die nächstkleinere Sehne $103^{p}\tfrac{7}{60}$ – neben dem Bogen 118°30′ – ist von der gesuchten noch ziemlich weit entfernt. Näher liegt dagegen die nächstgrößere Sehne: $103^{p}\tfrac{23}{60} \dots 119°$. Darum beträgt also die Hälfte dieses Bogens $\widehat{EU}$ = 59°30′ bzw. $\widehat{AU}$ = 30°30′.

Die zur Berechnung der Polhöhe nötigen, noch nicht benutzten Angaben sind also:

$$s\ 2b\ \widehat{AC} = sb\ 39° \dots 40^{p}\tfrac{3}{60} = \tfrac{2403}{60}$$
$$s\ 2b\ \widehat{AU} = sb\ 61° \dots\ \acute{6}0\tfrac{54}{60} = \tfrac{3654}{60}$$

Darum heißt die Formel:

$$\text{s}\,2\text{b}\widehat{\text{E}\text{U}} = \frac{\text{s}\,2\text{b}\widehat{\text{A}\text{C}}\cdot\text{s}\,2\text{b}\widehat{\text{Q}\text{U}}}{\text{s}\,2\text{b}\widehat{\text{A}\text{U}}} = \frac{2403\cdot 6577}{3654} = 72{,}08 = 72^{\text{p}\frac{5}{60}}$$

Da nun die nächstkleinere Sehne bei Ptolemaios ($71^{\text{p}\frac{5}{60}}$) von der gesuchten noch ziemlich weit entfernt liegt, nimmt man auch diesmal lieber die nächstgrößere, die sich unserem Wert gut annähert: $72^{\text{p}\frac{13}{60}}$ neben dem Bogen: 74°. Ist nun das Doppelte des gesuchten Bogens 74°, so hat man für die Polhöhe in der Tat annähernd den Wert 37°, wie Hipparch schreibt: »*ungefähr 37°*«.

Es sei hier, anläßlich dieses letzteren Beispiels, noch an folgendes erinnert: Als im zweiten Teil dieses Buches derselbe »Abstand vom Äquator« (37°) auf Grund des Verhältnisses »Gnomon und sein äquinoktialer Mittagschatten« als 4:3 berechnet wurde, mußten wir die Bruchteile (die Sechzigstel) notgedrungen außer acht lassen. Denn es stand dort als Sehnenlänge – noch gröber gerechnet – nur 72^{p} ($=3\cdot 24$ Einheiten) ohne Bruchteile zur Verfügung.

Die angeführten Beispiele zeigen nun, wie Hipparch aus den beiden unterschiedlichen Angaben der Dauer des längsten Tages in Griechenland – 15 oder nur 14³/₅ Äquinoktialstunden – die zwei Polhöhen (41° oder nur 37°) berechnet haben mag. In einem dieser Fälle wird die Verhältniszahl des Gnomons zu seinem Mittagschatten überhaupt nicht erwähnt. Es heißt nur: »Wo der längste Tag 15 Äquinoktialstunden hat, dort beträgt die Polhöhe ungefähr 41°.« Es liegt also nahe zu vermuten, daß in diesem Fall die Berechnung der Polhöhe in der Tat auf Grund der Dauer des längsten Tages erfolgt ist. In dem anderen Fall werden die beiden Berechnungen – d. h. also die des Abstandes vom Äquator aus dem Verhältnis des Gnomons zu seinem Mittagschatten und die Berechnung der Polhöhe aus der Tageslänge – eher zur gegenseitigen Kontrolle gedient haben.

Aber man findet bei Hipparch in demselben Zusammenhang auch die Möglichkeit einer dritten Kontrolle der antiken Berechnungen. Nur wird in diesem dritten Fall auch das Ergebnis der alten Operation nicht mitgeteilt. Man erhält nur jene wichtige Angabe selbst, die von Hipparch zweifellos wegen der aus ihr ableitbaren Berechnung registriert wurde. Denn es heißt bei ihm, man müsse sich noch mehr darüber wundern, daß der Astronom Attalos – der ebenfalls einen Kommentar zum Werk des Aratos-Eudoxos verfaßt hatte – auf die ungenaue Verhältniszahl des Eudoxos nicht aufmerksam geworden sei. Er hätte sich doch fragen müssen, wieso Eudoxos das Verhältnis des längsten Tages zur kürzesten

Nacht als 5:3 bestimmt, wo derselbe Eudoxos in einer anderen Schrift doch ein anderes Verhältnis angibt und schreibt, daß der Abschnitt des Tropenkreises über der Erde sich zu dem unter der Erde verhalte wie 12:7 etc.[32]

Es wurde oben, in einem anderen Zusammenhang, schon erwähnt, daß die beiden Verhältnisse – 5:3 und 12:7 – nahezu gleich sind. Auffallend ist jedoch folgendes: Hipparch wollte das durch Aratos-Eudoxos vorgeschlagene andere Verhältnis (5:3) nicht gelten lassen, weil danach der Sommerwendetag in Griechenland länger dauerte (15 Stunden) als nach der Messung des Hipparch ($14^3/5 = 14,6$ Stunden). Der Einwand des Hipparch läuft also darauf hinaus, daß die Verhältniszahl des Eudoxos (5:3) eine allzu nördliche Lage für Griechenland (ungefähr 41°) ergebe, anstatt der nach ihm richtigeren »ungefähr 37°«.

Läßt man jedoch das andere Verhältnis des Eudoxos (12:7) gelten, so bekommt man eine noch längere Dauer für den Sommerwendetag in Griechenland: 15,157 Stunden; das heißt, der Ort, an dem das Zahlenpaar 12:7 für das Verhältnis des längsten Tages zur kürzesten Nacht gilt, muß *noch nördlicher* liegen als der Breitengrad 41°. Kontrollieren wir auch diese Behauptung mit der Berechnung nach antiker Art.

Die zum längsten Tag gehörige kürzeste Nacht muß am betreffenden Ort etwa 8,84 Stunden lang sein ($\frac{24}{19} \cdot 7 = 8,842\ldots$). Der zum kürzesten Tag gehörige halbe Tagbogen (in Äquinoktialstunden: 4,42) mit 15° multipliziert ergibt jenen Bogen, den wir in den vorangehenden Berechnungen (etwa nach Abb. 13b) mit $\overset{\frown}{NC}$ bezeichnet haben; also $\overset{\frown}{NC} = 66,3° = 66°18'$, und dementsprechend $\overset{\frown}{AC} = 23°42'$. Da nun in diesem Fall der doppelte Bogen $2\overset{\frown}{NC} = 132°36'$, und der andere doppelte Bogen $2\overset{\frown}{AC} = 47°24'$ beträgt, begnügen wir uns hier mit ihrer Approximationen: $2\overset{\frown}{NC} = 132°30'$, und $2\overset{\frown}{AC} = 47°30'$.

Die zur Berechnung des Bogens $\overset{\frown}{EU}$ nötigen Angaben sind:

s 2b $\overset{\frown}{NC}$ = sb 132°30′ $\ldots 109^{\mathrm{p}}\frac{50}{60} \ldots \frac{6590}{60}$

s 2b $\overset{\frown}{QU}$ = sb 132° $\ldots 109^{\mathrm{p}}\frac{37}{60} \ldots \frac{6577}{60}$

s 2b $\overset{\frown}{NA}$ = sb 180° $\ldots 120^{\mathrm{p}} \ldots 120 \cdot 60$

Aus diesen Angaben ergibt sich für

$$\text{s 2b } \overset{\frown}{EU} = \frac{6590 \cdot 6577}{3600 \cdot 120} = 100,32 = 100^{\mathrm{p}}\frac{19}{60}$$

[32] Vgl. Manitius 1894, S. 28–29.

Die kaum größere Sehnenlänge ist bei Ptolemaios $100^{p\frac{21}{60}}$ neben dem Bogen $113°30'$. Demnach ist also das Doppelte des Horizontbogens zwischen Äquator und Ekliptik $2\overset{\frown}{AU} = 179°60' - 113°30' = 66°30'$. Die zur Berechnung der Polhöhe ($\overset{\frown}{EQ}$) noch nötigen Angaben sind:

$$\text{sb } 47°30' \ldots 48^{p\frac{19}{60}} = \frac{2899}{60}$$
$$\text{sb } 66°30' \ldots 65^{p\frac{47}{60}} = \frac{3947}{60}$$

Und darum:

$$\text{s } 2b\overset{\frown}{EQ} = \frac{\text{s } 2b\overset{\frown}{AC} \cdot \text{s } 2b\overset{\frown}{QU}}{\text{s } 2b\overset{\frown}{AU}} = \frac{2899 \cdot 6577}{3947 \cdot 60} = 80,51 = 80^{p\frac{30}{60}}$$

Der nächste Wert bei Ptolemaios ist die etwas kürzere Sehnenlänge: $80^{p\frac{17}{60}}$ neben dem Bogen von $84°$. Da nun das Doppelte des Bogens ungefähr $84°$ ist, wird die Polhöhe selber etwa $42°$ betragen.

Man sieht also, daß die von Hipparch erwähnte »andere Verhältniszahl« des Euxodos (12:7 für den längsten Tag und die kürzeste Nacht), wie erwartet, in der Tat einen höheren Wert für die Polhöhe (also einen Ort *mehr* nach Norden zu) ergibt als das vorhin besprochene Verhältnis. (Das Verhältnis 5:3 ergab für die Breite *weniger* als $40°45'$.)

Es sei hier zur Ergänzung noch folgendes eingefügt: Die Berechnung der Polhöhe aus der Dauer des längsten Tages – wie sie in der antiken Wissenschaft üblich war – kann moderne Ansprüche auf Exaktheit nicht befriedigen. Der Grund dafür ist vor allem die Tatsache, daß man die Dauer des längsten (bzw. kürzesten) Tages im Altertum nie genau bestimmen konnte. »Da die Sonne nicht unendlich fern ist, erscheint sie nicht punktförmig wie ein Fixstern, sondern als Scheibe unter einem Halbmesser von rund $16'$; der obere Rand der Sonne ist daher sichtbar, auch wenn ihr Mittelpunkt, auf den sich die Angaben über die Sonnendeklination beziehen, unter dem Horizonte steht; auch verlaufen die Erscheinungen der scheinbaren täglichen Sonnenbewegung im Erdmittelpunkt ein wenig anders als in einem Punkt an der Erdoberfläche. Durch die Wirkung der Refraktion und – in Küstenorten und auf Inseln – auch der Kimmtiefe wird die Sonne bei ihrem Auf- und Untergang nicht unbeträchtlich über den wahren Horizont heraufgehoben, so daß sie vom Beobachter gesehen werden kann, auch wenn sie zur Gänze sich noch ein wenig unterhalb des wahren Horizonts befindet. Mit anderen Worten, der scheinbare Sonnenhalbmesser zusammen mit der Wirkung der Refraktion und Kimmtiefe erzeugen eine Vergrößerung des halben Tagbogens der Sonne und damit der Tageslänge.«

Es ist wohl nicht überflüssig, hier – ohne näheren Kommentar – auch an die kritische Stellungnahme jenes modernen Autors (F. Hopfner) zu erinnern, von dem auch die obigen Worte zitiert wurden. Im Jahr 1938 wurde die Ptolemaios-Übersetzung von H. v. Mžik (›Theorie und Grundlagen der darstellenden Erdkunde‹, Wien 1938) veröffentlicht. Dieser Übersetzung hat F. Hopfner seinen ›Exkurs D‹ (›Bestimmung der Polhöhe aus der Dauer des längsten Tages‹, S. 90–92) angefügt. Hopfner ging von der Formel $\tan \varphi = -\cot \varepsilon \cos \tau_0$. aus, in der φ die Polhöhe, ε die Schiefe der Ekliptik, und τ_0 der halbe Tagbogen sein soll. Wie Hopfner dem Leser versichert, soll auch Ptolemaios »eine mit dieser gleichbedeutende Formel« (!) benutzt haben. Dann kommt er – nach einer Erörterung, die *nur* moderne Formeln benutzt, und auf diese Weise überhaupt nichts von den Gedankengängen des antiken Wissenschaftlers wiedergibt – zu folgendem Schluß:

»Der Gedanke des Ptolemaios, aus der Dauer des längsten Tages zur Zeit des Sommersolstitiums der Nordhalbkugel auf Grundlage der Formel $\tan \varphi = -\cot \varepsilon \cos \tau_0$ die geographische Breite zu berechnen, ist – vom Standpunkte unserer heutigen Kenntnis aus beurteilt – verfehlt. Aber die im Vorangehenden entwickelten Gleichungen zeigen auch, daß selbst bei Anwendung der berichtigten Formeln die Breite nur dann einigermaßen verläßlich aus dem halben Tagbogen berechnet werden könnte, wenn die Tageslänge bis auf Bruchteile der Zeitsekunde beobachtbar wäre – eine Forderung, deren Erfüllung allerdings auch heutzutage kaum möglich wäre. Hierin ist es naturgemäß auch gelegen, daß einer auf die Viertelstunde abgerundeten Tageslänge nicht ein und nur *ein* Parallelkreis, sondern eine nicht eben schmale Zone von einigen Breitengraden (?) auf der Erdoberfläche zugeordnet ist. Auch darum sind manche von Kommentatoren des Ptolemaios an seine Breitenberechnung aus Tageslängen geknüpften Folgerungen gegenstandslos.«

Zweifellos hat dieser moderne Verfasser cum grano salis recht, wenn er die antiken Rechenergebnisse als heute »nicht mehr befriedigend« bezeichnet. Es fragt sich nur, zu welchem Zweck eigentlich die Geschichte der Wissenschaft erforscht wird? Wollen wir bloß nachweisen, daß die Ergebnisse unserer wissenschaftlichen Vorfahren, gemessen an heutigen Maßstäben, unzulänglich sind? Oder wollen wir die Gedankengänge, Methoden und Instrumente unserer Vorläufer kennenlernen und die durch sie erreichten Approximationen verstehen?

5. Zur Chronologie der Polhöhe-Berechnungen

Fassen wir die chronologischen Schlüsse, die sich aus den letzten Kapiteln über die Polhöhe-Berechnung ergeben, noch einmal ins Auge. Wir haben die geometrischen Kenntnisse, die zu einer solchen Berechnung unerläßlich sind (»regula sex quantitatum«), auf Grund des Ptolemaios-Textes im ›Almagest‹ aus dem 2. Jahrhundert n. Chr. geschildert. Auch bisher hat niemand bezweifelt, daß diese geometrischen Kenntnisse *vor* Ptolemaios, mindestens eine Generation früher, schon bekannt waren; man kann das aus dem Werk des Astronomen Menelaos nachweisen. Etwas unsicher war man nur, ob nicht auch Hipparch schon im 2. Jahrhundert v. Chr. dieselben Theoreme gekannt hat.

Dieser Zweifel scheint nach unseren Untersuchungen nicht mehr berechtigt zu sein. Hipparch hat – nach dem, was oben besprochen wurde – drei Fälle für die Dauer des längsten Tages namhaft gemacht. Man merke sich dabei, daß die Differenz der beiden erstgenannten Fälle – von denen er den einen beanstandet – weniger als eine halbe Stunde, bloß 24 Minuten beträgt: 15 Stunden in dem einen Fall, oder nur $14^3/_5$ Stunden im anderen. Diesen Angaben schloß sich sogleich die Mitteilung an, welche Polhöhe aus der einen, und welche aus der anderen Angabe folgt.

Versucht man die Angaben des Hipparch streng nur mit solchen Berechnungen zu kontrollieren, die wir aus dem Werk des zweieinhalb Jahrhunderte jüngeren Ptolemaios kennen, so erhält man in der Tat die Ergebnisse des Hipparch.

Darüber hinaus, daß die Ergebnisse gut übereinstimmen, sprechen mindestens noch zwei Beobachtungen dafür, daß Hipparch aller Wahrscheinlichkeit nach eine damals wohlbekannte Methode – diejenige, die wir von Ptolemaios kennen – angewandt hat.

Vor allem beachte man, daß Hipparch es gar nicht für nötig hielt, auch nur mit einem Wort anzudeuten, wie man aus der Dauer des längsten Tages an irgendeinem Ort der Erde die dortige Polhöhe erhält. Es genügte ihm in beiden Fällen zu sagen, daß die betreffenden Polhöhen aus den vorausgeschickten Angaben der beiden Zeitspannen folgen. Diese Formulierung zeigt, daß er erwarten durfte, seine Leser – oder mindestens diejenigen unter ihnen, die im Fach bewandert waren – würden nicht überrascht sein und schon wissen, wie er seine Ergebnisse erhalten hatte.

Ein anderes, stilistisches Argument dafür, daß Hipparch jene Methode der Berechnung der Polhöhe aus den Äquinoktialstunden des längsten Tages im Jahr angewandt hat, die vorhin behandelt wurde, ist die folgende Beobachtung. Wir haben gesehen, daß Hipparch jene Worte des Aratos zitiert, die die Zweiteilung des Sommerwendekreises in Tag- und Nachtbogen zur Charakterisierung des Enklimas erwähnen. Doch spricht Hipparch von dem Zitat so, als ob in ihm vom Verhältnis des längsten Tages zum kürzesten *Tag* die Rede wäre (ὅπου δὲ ἡ μεγίστη ἡμέρα λόγον ἔχει πρὸς τὴν ἐλαχίστην, ὄν...). Das verrät, daß sich zu seiner Zeit – wollte man die Polhöhe mit der Zeitdauer des Wendetages charakterisieren – das Interesse statt der einfachen Zweiteilung des Sommerwendekreises in Tag- und Nachtbogen schon dem *kürzesten Tag* zugewandt hatte. Der Wandel des Wortgebrauchs (und des damit zusammenhängenden Interesses) weist zweifellos darauf hin, daß jene Umgestaltung des Gnomon-Weltbildes, die unsere Abbildungen 13 a und 13 b veranschaulichen, schon stattgefunden hat. Man hat aus dem Gnomon-Weltbild den Durchmesser des Sommerwendekreises (LG nach Abb. 10, S. 153), an dem man das Zweiteilen dieses Kreises durch den Horizont unmittelbar zeigen kann, schon fortgelassen. Anstatt des Sommerwendekreises arbeitete man mit dem anderen Wendekreis, bzw. mit seinem Durchmesser. Aber wozu hat man das Gnomon-Weltbild im dargestellten Sinne weiterentwickelt, wenn nicht zu dem Zweck, auf Grund des neuen Schemas die Polhöhe aus den Äquinoktialstunden des längsten (bzw. kürzesten) Tages berechnen zu können? Die Berechnung wird erst dann möglich, wenn man aus dem Gnomon-Weltbild den Durchmesser des Sommerwendekreises (am *längsten* Tag des Jahres!) fortläßt (s. Abb. 13 a, S. 210) und das Interesse auf jenen Teil des Winterwendekreis-Durchmessers (KU) über dem Horizont konzentriert, der den *kürzesten* Tagbogen vertritt. (Selbst von diesem Tagbogen wird gelegentlich nur der Punkt U wichtig, wo die Sonne am kürzesten Tag des Jahres aufgeht.)

Der Nachweis, daß Hipparch imstande war, aus dem Verhältnis des Gnomons zu seinem äquinoktialen Mittagschatten (4:3) das *enklima* zu berechnen (vgl. oben Kapitel II.2), war schon in sich überraschend genug. Man vergegenwärtige sich, daß nicht bloß P. Tannery den mathematischen Kenntnissen des Hipparch gegenüber sehr skeptisch war[32a]. Auch in letzter Zeit hat man noch versucht, die trigonometrischen Kenntnisse des Hipparch wenn möglich für noch primitiver zu halten als einst Tannery [32b]. Es hat sich nun hier – im schroffen Gegensatz zu diesen überholten Ansichten – gezeigt, daß Hipparch aller Wahrscheinlichkeit nach nicht bloß den ptolemäischen sehr ähnliche Sehnentafeln besitzen mußte, sondern daß er außerdem im Besitze jener viel komplizierteren Methode war, die ihm die Berechnung der Polhöhe aus den Äquinoktialstunden des längsten Tages ermöglichte.

Nur in einem Punkt wird man in diesem Zusammenhang Tannery dennoch recht geben müssen. Es ist in der Tat nicht wahrscheinlich – ja, *nicht möglich* –, daß die Sehnentafeln und darüber hinaus auch jene Trigonometrie, die zur Berechnung der Polhöhe aus der Tageslänge nötig ist, erst das Werk des Hipparch gewesen wären. Diese Kenntnisse entstammen einer älteren Zeit, auch wenn wir ihren Ursprung nicht genauer datieren können. Man vergesse nicht, daß die ältere wissenschaftliche Literatur der Griechen nur sehr fragmatisch überliefert ist. Wir wüßten – ohne die fast beiläufige Bemerkung des Hipparch – nicht einmal, daß das populärwissenschaftliche Werk des Aratos vor ihm schon mehrfach kommentiert wurde. (»Einen Kommentar zu des Aratos' ›Himmelserscheinungen‹ haben schon *manche andere* verfaßt; am sorgfältigsten von allen aber hat nach meinem Urteil unser Zeitgenosse, der Mathematiker Attalos, diese Aufgabe gelöst.« Manitius 1984, 5). Eine wie große Rolle die Astronomie – und darin gerade die Lehre von der Kugel – in der gesamten Entwicklung der Geometrie bei den Griechen gespielt hat, das ersieht man schon aus dem Titel des ältesten vollständig überlieferten Werkes der griechischen Mathematik ›De sphaera quae movetur‹ (des Autolykos von Pitane). Beachtenswert ist auch jene oben erwähnte ältere Vermutung (S. 218), wonach die sogenannten »Theoreme des Menelaos« schon in den ›Porismen‹ des Euklid gestanden haben. Es würde allzuweit führen, wollte man im einzelnen zeigen, welche Theoreme dieses Werkes an Sehnen- und Bogen-Berechnungen erinnern; es sei vergleichsweise zum obigen Kapitel ›Regula sex

[32a] Vgl. P. Tannery, Recherches sur l'histoire de l'astronomie ancienne. Paris 1893.
[32b] O. Neugebauer, On some aspects of early greek astronomy. In: Proceedings of the American Philosophical Society 116 (June 1972), S. 243 bis 251, und G. J. Toomer, The Chord Table of Hipparch. In Centaurus 18 (1973) S. 6–28.

quantitatum‹ nur an zwei solche Propositionen aus den ›Porismen‹ erinnert:

Satz 2: »Wenn eine Größe A und das Verhältnis A : B bestimmt sind, dann ist auch B bestimmt.«

Satz 7: »Wenn A + B und A : B bestimmt sind, dann sind auch A und B bestimmt.«

Diese beiden Sätze liegen in der Tat der Berechnung der Polhöhe aus den Äquinoktialstunden des längsten Tages zugrunde (vgl. oben, S. 218 ff.).

6. Das Problem der Länge

Bisher wurde noch nicht erwähnt, daß in der antiken Wissenschaft neben den am häufigsten benutzten Ausdrücken für die »geographische Breite« – *klima, enklima,* »Abstand vom Äquator« oder »Polhöhe« – manchmal auch das griechische Original unserer eigenen Bezeichnung der »Breite« – auf die Erdkugel angewandt –, das Wort πλάτος vorkommt. Man erinnert sich zunächst an jene Strabon-Stelle, die die beiden – »Länge« und »Breite« – zusammen erwähnt und erklärt, die Länge werde an einer zum Äquator parallelen Linie und die Breite an einem Meridian gemessen[33]. An einer anderen Strabon-Stelle wird noch hinzugefügt, daß die einzelnen Teile der irdischen Länge zwischen je zwei Meridianen lägen[34].

Beide Begriffe – die Länge (μῆκος) und die Breite (πλάτος) – entstammen offenbar noch der voraristotelischen Zeit. Denn schon Aristoteles benutzt diese Bezeichnungen als geläufige Ausdrücke – als geläufig galten sie zumindest denjenigen, die in der damaligen Wissenschaft einigermaßen bewandert waren. In jenem Zusammenhang z. B., wo Aristoteles darüber redet, wie lächerlich es sei, in der Kartographie die bewohnte Erde (die Oikumene) kreisförmig darzustellen – was unmöglich sei, sowohl der sinnesgemäßen Wahrnehmung wie auch der Theorie nach, denn die Theorie (λόγος) belehre uns, daß die Oikumene nur in der *Breite* be-

---

[33] Strabon C 85. Es wird vorausgeschickt, um Mißverständnisse zu vermeiden, daß die »Länge« eine ost-westliche, die »Breite« dagegen eine süd-nördliche Ausdehnung ist.

[34] Die Behauptung, daß die »Einheiten« der *Länge* zwischen je zwei Meridianen liegen, kehrt bei Strabon mehrmals zurück. C. 108: ὥστε καὶ τῶν ἠπείρων ἑκάστην οὕτω δεῖ λαμβάνειν τὸ μῆκος μεταξὺ μεσημβρινῶν δυεῖν κείμενον. Oder C 85: ταύτης δὲ τῆς μερίδος μῆκος μὲν ἔσται τὸ ἀφοριζόμενον ὑπὸ δυεῖν μεσημβρινῶν.

grenzt sei, sonst aber, als gemäßigtes Gebiet, im Kreis rundherum ohne Unterbrechung zusammenhänge –, daselbst sagt er auch, daß übermäßige Hitze und Kälte nicht nach der *Länge* der Oikumene, sondern ihrer *Breite* nach einträten[35].

Der große Unterschied zwischen den beiden Begriffen besteht jedoch darin, daß man die *Breite* in der Antike – wenigstens im Prinzip – sehr gut bewältigen konnte. Nicht nur hat man die zur »geographischen Breite« unerläßlichen anderen Begriffe prägen können – wie »Äquator«, »Tropenkreise«, »Zonen«, »Parallelkreise«, »Meridian«, »Bogen des Meridians zwischen den einzelnen Parallelen« etc. –, sondern auch die mit der Breite zusammenhängenden Größen in manchen Fällen überraschend gut messen können.

Nicht so einfach zu lösen war jedoch das Problem der geographischen Länge, obwohl man auch diesen Begriff in der Antike klar erfaßt hatte. Ja, auch die Methode, die man für die Lösung des Problems erdacht hatte, war im Grunde richtig. Aber das praktische Messen der Länge blieb bis zum 18. Jahrhundert unzulänglich[36].

Zweifellos haben zur Bildung des Begriffes »Länge« die Entdeckung der Kugelförmigkeit der Erde und die Beobachtung zeitlichen Ablaufs der auffallendsten Ereignisse am Himmel geführt. Im volkstümlichen Werk des Geminus liest man[37]: »Alle Erdbewohner, die auf demselben Parallelkreis wohnen (ὅσοι ἐπὶ τοῦ αὐτοῦ παραλλήλου κατοίκουσι), haben in ihren Wohnorten dieselben himmlischen Erscheinungen: die Länge der Tage ist die gleiche, die Größe der Finsternisse ist von gleicher Beschaffenheit, die Stundenblätter der Sonnenuhren sind dieselben, weil die geographische Breite dieselbe bleibt (τὸ γὰρ ἔγκλιμα τοῦ κόσμου μένει τὸ αὐτό...). Denn die himmlischen Erscheinungen verändern sich je nach der geographischen Breite« (παρὰ γὰρ τὸ ἔγκλιμα τοῦ κόσμου διάφορα γίνεται τὰ φαινόμενα).

»Nur Anfang und Ende der Tage ist nicht bei allen gleichzeitig, sondern tritt für die einen eher, für die anderen später ein. So ist z. B. an einem Ort *erste Tagesstunde* (παρά τισι πρώτη ὥρα), wäh-

[35] Aristoteles, meteor. II 5, 13. Bekk. p 362 b 12: ὅ τε γὰρ λόγος δείκνυσιν ὅτι ἐπὶ πλάτος μὲν ὥρισται, τὸ δὲ κύκλῳ συνάπτειν ἐνδέχεται διὰ τὴν κρᾶσιν (οὐ γὰρ ὑπερβάλλει τὰ καύματα καὶ τὸ ψῦχος κατὰ μῆκος, ἀλλ᾿ ἐπὶ πλάτος).
[36] Vgl. Lloyd A. Brown, The story of maps. Boston 1949. Ein Teil dieses Buches wurde wieder abgedruckt in: James R. Newman, The world of mathematics. New York 1956. Bd. 2, S. 780–819 (The Longitude).
[37] Gemini Elementa astronomiae. Ed. C. Manitius, 1898, S. 169.

rend bei den anderen *Mittag* (παρ' ἄλλοις μέσον ἡμέρας) und bei noch anderen *Sonnenuntergang* stattfindet.«

In demselben Zusammenhang wird sogleich auch hervorgehoben, daß der zeitliche Unterschied im Eintreffen desselben himmlischen Ereignisses an zwei verschiedenen Orten, die in ost-westlicher Richtung nicht weit genug voneinander entfernt sind, *nicht* bemerkbar ist. »Allerdings bleibt für die sinnliche Wahrnehmung auf einer Strecke von ungefähr 400 Stadien (ἐπὶ σταδίους ν', 10 Meilen), in der Richtung von Osten nach Westen, derselbe Horizont (πρὸς τὴν αἴσθησιν σχεδὸν ἐπὶ σταδίους ν' ἀπ' ἀνατολῆς ἐπὶ δύσιν ὁ αὐτὸς ὁρίζων διαμένει), so daß für die sinnliche Wahrnehmung der Bewohner dieser Strecken Aufgang und Untergang gleichzeitig stattfindet. Wird jedoch die Entfernung größer als 400 Stadien, so treten hinsichtlich der Aufgänge und Untergänge Verfrühungen ein.« (Die »Verfrühung« ist so zu verstehen: Je westlicher auf der Kugelfläche der Erde ein Ort liegt, um so *früher* die Tagesstunde, in der eine Himmelserscheinung beobachtet wird, die zur selben Zeit, von einem östlicheren Ort aus gesehen als zu einer späteren Stunde des Tages gehörig erlebt wird. Im Westen ist die Sonne noch kaum aufgegangen, wenn sie im Osten schon eine spätere Tagesstunde bezeichnet.)

Nun begründet die antike Fachliteratur die Kugelförmigkeit der Erde bzw. ihre Ost-West-Krümmung in der Tat oft mit dem Hinweis darauf, daß Auf- und Untergehen der Gestirne im Osten stets früher und im Westen später erfolgen. Aber es fragt sich, wie man diese Tatsache einst überhaupt entdeckt hat. Denn wenn alle Erscheinungen des Himmels immer und ohne Ausnahme mit der gleichen monotonen Regelmäßigkeit erfolgten wie der tägliche Auf- und Untergang der Sonne, dann wäre es kaum möglich gewesen, den Unterschied der lokalen Zeiten der Erde wahrzunehmen. Man mußte für diese Entdeckung nicht bloß »zwei Uhren« besitzen, die an zwei, ost-westlich weit genug voneinander entfernten Orten verschiedene Zeiten angaben, sondern auch noch wissen, daß die beiden unterschiedlichen Zeitpunkte zu demselben einmaligen Ereignis gehörten. Dasselbe Ereignis mußte an den beiden Punkten zu unterschiedlich gezählten Stunden beobachtet werden. Durch jene Mondfinsternisse wurden sozusagen »Doppeluhren« zur Verfügung gestellt, die von den verschiedenen Orten aus zwar gleichzeitig, aber zu verschiedenen Stunden des Tages (bzw. der Nacht) gesehen wurden. Man mußte dabei auch wahrnehmen, daß dasselbe Ereignis am östlicheren Ort zu späterer Tagesstunde als am westlicheren eingetreten war. Über diese Erfahrungen liest man bei Theon von Smyrna[38]. »Die kugelförmige Krümmung der Erde von Ost nach West wird dadurch verraten, daß die Auf- und Untergänge derselben Gestirne immer früher im Osten und später im Westen stattfinden. Eine und dieselbe Mondfinsternis, die in derselben kurzen Zeitspanne stattfindet und von allen (d. h. sowohl von Betrachtern im Osten wie auch von anderen im Westen) gesehen werden kann, erfolgt für ihre Beobachter zu verschiedenen Zeitpunkten, und zwar immer bei einer späteren Stunde des Tages bei denen, die östlicher wohnen, infolge der kreisförmigen Krümmung der Erde und weil die Sonne nicht gleichzeitig die Ost-West-Krümmungen[39] beleuchtet...«

Zu ergänzen war diese Erkenntnis nur noch damit, daß der »zeitliche Unterschied« proportional zur »räumlichen Entfernung« der beiden Beobachtungsorte ist. Dieser Gedanke taucht am Ende der zusammenfassenden Schilderung bei Ptolemaios auf[40]: »Nicht für alle Bewohner der Erde ist Aufgang und Untergang der Sonne, des Mondes und der anderen Gestirne *gleichzeitig* zu sehen, sondern *früher* stets für die nach Osten zu, *später* für die nach Westen zu wohnenden. Wir finden nämlich, daß der momentan gleichzeitig stattfindende Eintritt der Finsterniserscheinungen, und besonders der Mondfinsternisse, nicht zu denselben Stunden, d. h. zu solchen, welche gleichweit von der Mittagstunde entfernt liegen, bei allen Beobachtern aufgezeichnet wird, sondern daß jedesmal die Stunden, die bei den weiter östlich wohnenden Beobachtern aufgezeichnet stehen, *spätere* sind als die bei den weiter westlich wohnenden. Da nun der Zeitunterschied in entsprechendem Verhältnis zu der *räumlichen* Entfernung der Orte gefunden wird, so dürfte man mit gutem Grund annehmen, daß die Erdoberfläche kugelförmig ist...«

---

[38] Adrastos bei Theo Smyrnaeus, Expositio rerum mathematicarum ad legendum Platonem utilium. Ed. E. Hiller, Leipzig 1878) 121: τό τε τῆς γῆς σφαιροειδὲς ἐμφανίζουσιν ἀπὸ μὲν τῆς ἔω ἐφ' ἑσπέραν αἱ τῶν αὐτῶν ἄστρων ἐπιτολαὶ καὶ δύσεις θᾶττον μὲν τοῖς ἑῴοις κλίμασι, βράδιον δὲ τοῖς πρὸς ἑσπέραν γινόμεναι· καὶ ἡ αὐτὴ καὶ μία σελήνης ἔκλειψις, ὑφ' ἕνα καὶ βραχὺν καὶ τὸν αὐτὸν καιρὸν ἐπιτελουμένη καὶ πᾶσιν οἷς δυνατὸν ὁμοῦ βλεπομένη, διαφόρως κατὰ τὰς ὥρας καὶ ἀεὶ τοῖς ἀνατολικωτέροις ἐν παραυξήσει φαίνεται διὰ τὴν περιφέρειαν τῆς γῆς μὴ πᾶσιν ὁμοῦ τοῖς κλίμασιν ἐπιλάμποντος ἡλίου.

[39] Auffallend ist, daß in diesem Zitat der terminus technicus κλίμα (eigentlich: »Krümmung als geographische Breite«) auf die Ost-West-Krümmung der Erde (also: als Länge) angewendet wird.

[40] Almagest I 4 (Manitius, 1912, Bd. 1, S. 10). Vgl. auch in diesem Buch oben, S. 63.

Beachtenswert an diesem Zitat ist – abgesehen vom Verhältnis des zeitlichen Unterschiedes zur räumlichen Entfernung, zu dem wir gleich zurückkommen – der Hinweis auf die *Mittagstunde*. Die Mittagstunde – genauer: der täglich höchste Stand der Sonne – war ja auch für den Kalender entscheidend wichtig. Der Mittag, durch den kürzesten Schatten des Tages gekennzeichnet, ergibt nicht bloß den Meridian und solche Daten des Jahres, wie die beiden Wenden (kürzester und längster Mittagschatten) bzw. die Äquinoktien, sondern auch jenen zeitlichen Fixpunkt, von dem aus bis zum nächsten Mittag die das ganze Jahr hindurch unveränderliche gesamte Tag-und-Nacht-Länge gerechnet werden kann. Aber bleiben wir einstweilen bei jenem Verhältnis von Zeit und Raum, das im vorigen Zitat angedeutet ist.

Es wurde oben schon jene Geminus-Stelle angeführt, die zeigte, daß man sich dessen bewußt war, daß, wenn die räumliche Entfernung zweier Orte voneinander in Ost-West-Richtung nicht größer als 400 Stadien ist, man den zeitlichen Unterschied in der Beobachtung derselben Himmelserscheinung von den betreffenden Orten aus *nicht* wahrnehmen kann. Dies ist schon an sich eines der Hindernisse dafür, daß man in der Antike die Ost-West-Entfernung, die geographische Länge viel weniger exakt berechnen konnte, als es möglich war, die Breite mit Gnomon und Schatten zu bestimmen. (Das Bestimmen der Länge ist ja das Übersetzen der räumlichen Entfernung in das Zeitliche, und auch umgekehrt[41].) Dennoch sind die spärlichen Spuren der diesbezüglichen Versuche vom historischen Gesichtspunkt aus sehr lehrreich. Das folgende Zitat stammt aus dem Werk des Kleomedes[42]:

»Man sagt, daß die Perser, die im Osten wohnen, den Sonnenaufgang um vier Stunden früher erleben, als die Iberer, die im Westen leben. Geschlossen wird dies aus mehreren Zeichen, und besonders aus den Verfinsterungen des Mondes, die für alle Beobachter zur selben Zeit stattfinden, aber nicht zur selben Tagesstunde gesehen werden. Die Verfinsterung z. B., die bei den Ibe-

[41] Vgl. Brown, Story of maps: »Longitude is determined, in effect, by translating space into time.«

[42] H. Ziegler 1891 I 8 41: Οἱ γοῦν Πέρσαι, πρὸς τῇ ἀνατολῇ οἰκοῦντες τέσσαρσιν ὥραις πρῶτοι λέγονται ἐντυγχάνειν τῇ ἐκβολῇ τοῦ ἡλίου τῶν Ἰβήρων, πρὸς δυσμαῖς οἰκούντων. Ἐλέγχεται δὲ ταῦτα καὶ ἐξ ἑτέρων καὶ ἐκ τῶν περὶ τὰ ἄστρα γινομένων ἐκλείψεων κατὰ ταὐτὸν μὲν παρὰ πᾶσιν ἐκλειπόντων, οὐ μὴν τῆς αὐτῆς ὥρας εὑρισκομένης· ἀλλὰ τὸ ἐν Ἴβηρσι πρώτης ὥρας ἐκλεῖπον πέμπτης εὑρίσκεται ὥρας παρὰ τοῖς Πέρσαις τὴν ἔκλειψιν πεποιημένον.

rern in der *ersten* Stunde (etwa nach Sonnenuntergang) eintritt, wird bei den Persern als Verfinsterung der *fünften* Stunde erlebt.«

Einerlei, ob dieser Schilderung die Erinnerung an eine wirklich vorgenommene Beobachtung derselben Eklipse in beiden Ländern zugrundeliegt, oder ob man den Unterschied »um vier Stunden« erst nachträglich erdichtet hat – etwa nach einer auf anderem Wege erfolgten Abschätzung der Entfernung beider Orte voneinander[43] –, zweifellos stehen hinter diesem Bericht astronomische Überlegungen. Und da nun die scheinbare Sonnenbahn in 24 Stunden den vollen Kreis von 360° ausmacht, entsprechen einer Stunde 15 Zeitgrade, wie man dies auch in der Vorbereitung der Polhöhen-Berechnung schon gesehen hat. Vier Stunden machen also 60° sowohl der himmlischen Sonnenbahn wie auch auf dem entsprechenden Parallelkreis der Erde aus. Die Iberer müßten demnach um 60° westlicher als die Perser leben. In Wirklichkeit beträgt jedoch der Unterschied zwischen Persien und der Iberischen Halbinsel nur etwa 50° der Länge.

Aber trotz des beträchtlichen Fehlers (von etwa 10°), ist die Berechnungsmethode der Länge dieselbe wie heute. Auch heute vergleicht man – um eine beliebige Länge zu finden – die Mittagszeit eines Ortes mit der Mittagszeit von Greenwich[44]. Wie man es in der Schule erklärt: Die geographische Länge ist der Abstand des Meridians eines Ortes auf der Erdoberfläche vom Nullmeridian, der durch die Sternwarte von Greenwich geht. Die Angabe des Winkelabstandes erfolgt in Graden, wobei die Zählung von 0° bis 180° in östlicher (+) und in westlicher (−) Richtung erfolgt. Dabei entsprechen einer Stunde 15 Zeitgrade. Heutzutage erfährt man – etwa auf einer Seefahrt – die Greenwich-Zeit durch den Rundfunk. Aber denselben Dienst vermag auch ein auf Greenwich-Zeit eingestellter Chronometer zu leisten, den man mitnimmt. Sieht man z. B. nach einer längeren Fahrt nach Westen, daß die Sonne gerade kulminiert (Mittag), während der Chronometer 3 Uhr nachmittags

[43] Tannery, Recherches, S. 105, Fn. 1: »On pourrait penser à une observation réelle d'une même éclipse faite à Babylone d'une part, à Cadix de l'autre; mais il n'y a entre ces deux villes qu'une différence de longitude d'environ 50°, soit trois heures et tiers. Il faut donc plutôt penser qu'on se trouve en présence d'une simple évaluation de distance etc.«

[44] Finding your longitude is »merely a matter of comparing noons with Greenwich. You are just as long a distance from Greenwich as your noon is long a time from the Greenwich noon«. (David Greenhod, Down to earth. Mapping for everybody. New York 1951, S. 15. Zitiert nach Newman, World of mathematics.)

zeigt (in Greenwich ist es schon 3 Uhr), so heißt dies, daß, man sich schon 3 mal 15° westlich von Greenwich befindet.

Zur exakten Bestimmung der geographischen Länge sind also eigentlich *zwei* Uhren nötig. Die eine gibt die lokale Zeit an. (Nach unserem modernen Beispiel erfüllt diese Rolle die Beobachtung des Sonnenstandes an dem Ort, dessen Länge man bestimmen will: Es ist Mittag, wenn die Sonne hier kulminiert.) Die andere Uhr (der Chronometer von Greenwich) zeigt dagegen die Zeit jenes anderen Ortes an, von dem aus die Entfernung nach Westen (oder nach Osten) gemessen wird.

Es war also in der Antike bekannt, daß man – um den ost-westlichen Abstand zweier Orte voneinander astronomisch zu berechnen – den Unterschied der beiden lokalen Zeiten exakt feststellen müßte. Man wußte auch, wie man jenen Zeitpunkt fixieren konnte, dessen zwei lokale Messungen verglichen werden, um aus der Differenz auf die räumliche Entfernung der beiden Orte schließen zu können. Man wählte zu diesem Zweck eine Mondfinsternis, die an beiden Orten etwa »gleichzeitig« beobachtet wurde. Man konnte mehr oder weniger genau auch die lokalen Zeiten der Beobachtungen messen. Aber da man von den beiden Orten nicht zugleich (ohne Zeitverlust) die Differenz der Zeitbestimmungen genau feststellen konnte, blieb das im Prinzip richtige Messen praktisch nur eine rohe Schätzung. (Gewöhnlich wurden bei derartigen Beobachtungen sowohl die Gleichzeitigkeit des Ereignisses wie auch der Unterschied der Zeiten erst später, nachträglich festgestellt und approximiert.) Man besaß in der Antike auch keine zuverlässige Uhr, die auf irgendeine lokale Zeit eingestellt, nach größerer Ortsveränderung dieselbe Zeit hätte messen können.

Die Gründe für die auffallende Ungenauigkeit der antiken Bestimmungen des Ost-West-Abstandes liegen demnach nicht bloß darin, daß der Unterschied (räumlich und zeitlich) im Ablauf einer Himmelserscheinung, von zwei Orten der Erde aus beobachtet, sinnlich nur dann wahrnehmbar ist, wenn die beiden Orte mehr als 400 Stadien voneinander entfernt liegen. (Ist die Entfernung kürzer, so kann man die Veränderung des Horizontes nicht wahrnehmen.) Noch mehr erschwert wurde das Bestimmen der Länge durch die technische Unzulänglichkeit der Zeitmessung. Zudem beschwert sich Ptolemaios in seiner Zusammenfassung der ›Geographie‹[45], daß auch die meisten Entfernungen, besonders die ost-westlichen, in den ihm zur Verfügung stehenden älteren Quellen

---

[45] Ptolemaios, Geographie. Ed. C. F. A. Nobbe. Leipzig 1898. I 4,2.

nur oberflächlich aufgezeichnet waren. Dies ist – wie er sagt – nicht
so sehr der Nachlässigkeit der Berichterstatter zuzuschreiben als
eher der Tatsache, daß diese nicht genügend mathematische Fach-
kenntnisse besaßen[46]; man hat auch nicht genügend Mondfinsternisse zur selben Zeit und von verschiedenen Orten aus beobachtet
und aufgezeichnet, wie diejenige, die man in Arbela in der *fünften*
und in Karthago in der *zweiten* Stunde gesehen hatte[47]. (Aus solchen Beobachtungen ginge hervor, wieviel Äquinoktialstunden
voneinander entfernt die betreffenden Orte nach Osten bzw. nach
Westen liegen.)

Mit den beiden Namen – Arbela und Karthago – verweist Ptolemaios auf Beobachtungen, die in der antiken wissenschaftlichen
Literatur offenbar wohlbekannt waren und die auch für die moderne Forschung in mancher Hinsicht aufschlußreich sind. Die
Stadt Arbela und das von ihr etwa 600 Stadien entfernt liegende as-
syrische Dorf Gaugamela waren in der Geschichtsschreibung der
hellenistischen Zeit wegen des hier erfochtenen entscheidenden
Sieges von Alexander dem Großen über die Perser wohlbekannt.
Die Schlacht hat am 1. Oktober 331 v. Chr. stattgefunden. Mehrere antike Schriftsteller erwähnen, daß zehn Tage vorher in Arbela eine Mondfinsternis beobachtet wurde. Die Quellen schrei-

---

[46] Ebd.: ἀλλ' ἴσως τῷ μηδέπω πρόχειρον κατειλῆφθαι τῆς μαθεματικω-
τέρας ἐπισκέψεως. – Es sei hier am Beispiel des Plinius und des Martianus
Capella illustriert, wie sehr Ptolemaios mit seinem Vorwurf recht hatte.
Selbst in den wenigen aufgezeichneten Fällen hat man die abweichenden Zeitpunkte derselben Sonnenfinsternis, von zwei verschiedenen geographischen Gebieten (Kampanien und Armenien) beobachtet, nur ungenau registriert. Plinius schreibt (Naturalis historia 2, 70) aus dem Jahre
59 n.Chr.: »Solis defectum Vipstano et Fonteio Coss., qui fuere ante
paucos annos, factum pridie Cal. Maias in Campania hora diei *inter
septimam et octavam* sensit, Corbulo dux in Armenia *inter horam diei
decimam et undecimam* prodidit visum, circuitu globi alia aliis detegente et
occultante.« Der zeitliche Unterschied der beiden Beobachtungen sollte
demnach höchstens *drei* Stunden ausmachen. Diese Plinius-Stelle findet
sich dann wörtlich wiederholt bei Beda Venerabilis (II 29; Basel 1563),
während Martianus Capella (VI 594) sich die Änderung erlaubte: »defectus
solis fuit in Campania *diei septima hora* visus *in Armenia* eiusdem diei
undecima comprobatur.« Demnach handelte es sich also um einen zeitlichen
Unterschied von *vier* Stunden. Darum bemerkte G. Bilfinger, Die antiken
Stundenangaben. Stuttgart 1888, S. 7, zu Martianus Capella: »Er wollte
offenbar den Zeitunterschied möglichst groß erscheinen lassen.«

[47] Ebd. ὡς τὴν μὲν (scil. ἔκλειψιν) ἐν Ἀρβήλοις πέμπτης ὥρας φανεῖ-
σαν, ἐν δὲ Καρχηδόνι δευτέρας.

ben diesem Naturereignis bzw. seiner Beobachtung lange nicht dieselbe Bedeutung wie der Schlacht zu.

Plutarch berichtet über Arbela, Gaugamela und das Naturereignis sowie über das Datum des letzteren nur soviel: »am elften Tag nach der Mondfinsternis trafen die beiden feindlichen Heere aufeinander...«[48] Aber man erfährt hier wenig darüber, zu welcher Stunde in Arbela die Mondfinsternis gesehen wurde. Statt einer genaueren Stundenangabe wird ziemlich vage nur angedeutet, das sei ungefähr zu jener Zeit gewesen, zu der in Athen die Mysterienfeste beginnen. Daß man dasselbe Naturereignis auch sonst irgendwo und zu einem anderen Zeitpunkt gesehen hätte, davon wird hier nichts gesagt. Noch weniger ergiebig ist die Zeitbestimmung derselben Finsternis bei Curtius Rufus[49]: »prima fere vigilia« (etwa zur ersten Nachtwache). Auch hier steht kein Wort von einer gleichzeitigen Beobachtung derselben Erscheinung an irgend einem anderen Ort, zu einem anderen Zeitpunkt des Tages oder der Nacht. Es wird statt dessen der schaurige Anblick geschildert, wie sich der Mond verfinsterte und wie dies die Menschen erschreckte. Arrian hebt in seinem Bericht nur Alexanders Sühnopfer aus diesem Anlaß an die Gottheiten des Mondes, der Sonne und der Erde hervor, sowie die Weissagung auf Grund des wunderbaren Ereignisses, daß Alexander und die Makedonen im darauffolgenden Monat siegen würden[50].

Was uns in diesem Zusammenhang interessiert, findet sich eigentlich nur in zwei Quellen. Die eine der beiden, in der ›Geographie‹ des Ptolemaios (I 4,2), wurde schon zitiert. Zweifellos bezieht sich die beiläufige Bemerkung des Geographen auf dieselbe Mondfinsternis vom 20. September 331 v. Chr., die auch sonst in der Alexander-Geschichte erwähnt wird[51]. Diese wurde nach der Ansicht des Ptolemaios in Arbela »in der fünften Stunde« und in Karthago »in der zweiten« beobachtet. Die Differenz von drei Stunden zwischen den beiden Orten entspricht $3 \cdot 15° = 45°$ der

[48] Plutarch, Alexandros 31: τὴν δὲ μεγάλην μάχην πρὸς Δαρεῖον οὐκ ἐν Ἀρβήλοις, ὥσπερ οἱ πολλοὶ γράφουσιν ἀλλ' ἐν Γαυγαμήλοις γενέσθαι συνέπεσεν ... ἡ μὲν οὖν σελήνη τοῦ Βοηδρομιῶνος ἐξέλιπε περὶ τὴν τῶν μυστηρίων τῶν Ἀθήνησιν ἀρχήν. ἐνδεκάτῃ δ' ἀπὸ τῆς ἐλλείψεως νυκτὶ τῶν στρατοπέδων ἐν ὄψει γεγονότων.

[49] Q. Curtius Rufus, Historiarum Alexandri Magni Macedonis libri. Ed. E. Hedicke. Leipzig 1919, IV 10, 2.

[50] Flavius Arrianus, Anabasis. Ed. G. Wirth. Repr. Leipzig 1967, III 7, 6.

[51] Vgl. M. R. Cohen, I. E. Drabkin, A source book in greek science. Cambridge, Mass. 1958, S. 168 Fn. 1.

Länge. Demnach müßte Karthago um 45° westlicher als Arbela liegen.

Diese Berechnung ist ebenso irrtümlich, wie die vorhin erwähnte des Kleomedes über die »vier Stunden Differenz« zwischen den Ländern der Perser und der Iberer. Ja, der Irrtum ist im Falle des Ptolemaios noch größer als bei Kleomedes. Denn hier hat man nur um etwa 10 Länge-Grade zu viel gerechnet. Dagegen ist der Länge-Unterschied von 45° für die Entfernung Arbela–Karthago um mehr als 11° zu groß[52].

Um so interessanter, daß dieses Naturereignis auch bei Plinius in der ›Naturalis historia‹ erwähnt wird[53]: »Es wird erzählt, daß in Arbela beim Sieg von Alexander dem Großen der Mond sich verfinsterte, in der zweiten Stunde der Nacht, während diese Verfinsterung in Sizilien zu jener Zeit stattfand, als der Mond aufging.« Davon abgesehen, daß die Mondfinsternis nach dem in dieser Hinsicht zuverlässigeren Plutarch der Schlacht bei Gaugamela um zehn (oder um elf) Tage vorausging, weicht der Bericht des Plinius auch sonst von dem des Ptolemaios ab. Statt von Karthago ist bei ihm von Sizilien die Rede. Noch mehr überrascht, daß die Zeitdifferenz der beiden Beobachtungen – in Arbela und in Sizilien – nach diesem Bericht bedeutend kleiner ist, und, wie man bemerken mußte, mit den modernen Berechnungen ziemlich übereinstimmt[54].

[52] Ebd.: »The three hours difference corresponds to a difference in longitude of 45°, more than 11° greater than the actual difference between Carthage and Arbela.« Man vgl. dazu auch die Worte von H. v. Mžik, Des Klaudios Ptolemaios Einführung in die darstellende Erdkunde. I. Teil. Wien 1938, S. 21–22, Anm. 3: »Ob Ptolemaios seine Angabe, die um eine Stunde fehlerhaft ist, nur aus dem Gedächtnis wiedergegeben oder ob er sie auf den von ihm a priori festgesetzten Längenunterschied zwischen Arbela und Karthago hin korrigiert hat, ist nicht zu entscheiden, doch hat das letztere eine gewisse Wahrscheinlichkeit für sich (vgl. P. Schnabel, Die Entstehungsgeschichte des kartographischen Erdbildes des Klaudios Ptolemaios. Sitzungsberichte d. Preuß. Akad. d. Wiss., Phil.-hist. Klasse 1930, XIV, Berlin 1930, S. 17).«
[53] Plinius, Naturalis historia 2, 180: »apud Arbelam magni Alexandri victoria luna deficisse noctis secunda hora est prodita eademque in Sicilia exoriens.«
[54] Cohen u. Drabkin, Source book, S. 168, Fn.: »The reference to the hour of occurence is fairly accurate in Pliny's account but not in Ptolemy's, according to modern computations. (See. H. v. Mžik, Des Klaudios Ptolemaios Einführung in die darstellende Erdkunde, pt. I. Wien 1938 p. 21 n. 3.). But the eclipse seems to have preceded the battle by 11 days.« Es wird sich lohnen, hier mindestens einiges aus der erwähnten Anmerkung von Mžik wiederabzudrucken: »Die gesamte totale Mondfinsternis von Arbela

Es ist nicht bekannt, in welcher Quelle Plinius die beiden Beobachtungen über die Mondfinsternis vorgefunden haben mag. Man kann auch das seltsame Nebeneinander der beiden Ortsnamen – Karthago und Sizilien, von denen der eine im gegebenen Zusammenhang irrtümlich und der andere zutreffend ist – nicht erklären. Beinahe alles, was man über die historischen Zusammenhänge dieser Länge-Bestimmung noch sagen kann, ist bloße Spekulation. Aber es seien hier dennoch zwei einschlägige Vermutungen erwähnt – ohne daß man ihnen eine besondere Bedeutung beimessen sollte.

Der Historiker der Geographie H. Berger hat – anläßlich der gleichzeitigen Beobachtung der Mondfinsternis in Arbela und in Karthago (bzw. Sizilien) – folgendes geschrieben: »Aristoteles kann die Vergleichung der beiden Beobachtungen noch nicht gekannt haben (?), denn er spricht nicht von ihr und von dem aus ihr hervorgehenden Beweis der Kugelgestalt der Erde.«[55] Eines Kommentars bedarf diese Argumentation wohl nicht.

Eine andere Beobachtung – deren Bedeutung man auch nicht überschätzen sollte – ist die folgende. Die berühmte Mondfinsternis, die Anlaß und Gelegenheit zur gleichzeitigen Beobachtung des Ereignisses in Arbela und in Sizilien (bzw. in Karthago) bot, hat im Jahre 331 v. Chr. stattgefunden. Man kann zwar die Gleichzeitigkeit der beiden Beobachtungen erst nachträglich, doch nicht viel später wahrgenommen haben; auf alle Fälle aber spricht das Datum der Versuche dafür, daß man schon sehr früh bestrebt war,

---

fand 330 (= 331 v. Chr.) September 20 (nach Scaliger) = Julianischer Tag 1600788 statt. Nach F. K. Ginzel, Spezieller Kanon der Sonnen- und Mondfinsternisse für das Ländergebiet der klassischen Altertumswissenschaften etc., Berlin 1899, S. 1899, S. 185, sind ihre Daten für m. Zt. Arbela mit bürgerlichem Tagesanfang:

Anfang der Part.	$19^h 33^m, 5$
Anfang der Total.	$20^h 40^m, 6$
Mitte der Finst.	$21^h 12^m, 5$
Ende der Total.	$21^h 12^m, 4$
Ende der Part.	$22^h 51^m, 5$.

... Schon J. Zech, Astromomische Untersuchungen über die wichtigeren Finsternisse, welche von den Schriftstellern des classischen Altertums erwähnt werden, Leipzig 1853, ... hat darauf hingewiesen, daß die berechnete Zeit mit der Angabe des Plinius stimmt, ... da am Tigris die Finsternis $1\frac{1}{2}$ h nach Sonnenuntergang begann, während in Syrakus der Mond bald nach Beginn der Finsternis aufging ...«
[55] H. Berger, Geschichte der wissenschaftlichen Erdkunde der Griechen. 2. Aufl. Leipzig 1903, S. 172.

geographische Längen zu bestimmen. Sollte dabei auch noch der Hinweis auf Sizilien – statt auf Karthago – die authentische Angabe sein, so müßte man zugeben, daß es eine ziemlich gut gelungene Länge-Bestimmung war. Dieser frühe Erfolg der Wissenschaft stünde jedoch nicht allein: Auch die auffallend genaue Parallel-kreis-Bestimmung des Pytheas für Massalia haben wir oben bereits auf die Jahrzehnte *vor* 330 v. Chr. datiert[56].

7. Geographische Versuche

Geographische Breite und Länge, diese beiden grundlegenden Begriffe der Orientierung auf der Erde, wurden im Laufe jener Versuche ausgearbeitet, die mit dem Messen der Zeit eng verbunden waren. Im Prozeß des historischen Entstehens dieser Begriffe erschienen Raum und Zeit untrennbar ineinander verflochten. Äquator, Tropen- und Parallelkreise gliedern nicht nur die Süd-Nord-Ausdehnung des irdischen Raumes, sondern auch die Jahreszeiten. Denn jeder Parallelkreis der scheinbaren Sonnenbahn am Himmel hat seine irdische Projektion, und er entspricht je einem Tag des Jahrs. Die scheinbare Bahn der Sonne im Laufe eines Jahres zwischen den beiden Wenden ließe sich zwar eher mit einer Schraubenbewegung vergleichen, aber der Einfachheit halber stellt man sich vor, die Sonne würde von einem Tag zum andern jeweils einen neuen, zum himmlischen Äquator parallelen Kreis beschreiben.

Und wie die Parellelkreise von Tag zu Tag die Breite des Himmels und der Erde, so gliedern die Großkreise der Länge am Himmel – als Meridiane – nach den Stunden des Tages und der Nacht von Osten nach Westen auch die Erdkugel in der Mitte des Weltalls.

Wir haben jene Stelle aus der ›Geographie‹ des Ptolemaios schon erwähnt (s. oben S. 118), die als Grenzen der bekannten Teile der Erde im Osten den Meridian über der Hauptstadt von Σῖνα (China) und im Westen den über der Insel der Seligen bezeichnet[57]. Die ganze Länge der bekannten Teile der Erdkugel zwi-

---

[56] Siehe oben die Anm. 18 zum II. Teil.
[57] Ptolemaios, Geographie. Ed. C. F. A. Nobbe (1898) VII 5, 13: τὸ μὲν ἀνατολικὸν πέρας τῆς ἐγνωσμένης γῆς ὁρίζει μεσημβρινὸς ὁ γραφόμενος διὰ τῆς τῶν Σινῶν μητροπόλεως ... τὸ δὲ δυτικὸν πέρας ὁ γραφόμενος διὰ τῶν Μακάρων νήσων ...

schen diesen beiden Meridianen sollte insgesamt einen Halbkreis (180°) bzw. zwölf Äquinoktialstunden ausmachen[58]. Die »zwölf Äquinoktialstunden« stehen für zwölf aufeinanderfolgende Meridiane, die – zusammen mit ihren Halbkreisen auf der »hinteren«, der »Nachtseite« der Kugel – die gesamte Erde entsprechend den Stunden des Tages (und der Nacht) in zwölf Spalten teilen. – Aber man vergleiche doch diese Großkreise mit den Kreisen der Breite.

Es wurde schon mehrmals erwähnt, daß Ptolemaios in einem Kapitel des ›Almagest‹ (II 6: ›Feststellung der von Parallel zu Parallel auftretenden charakteristischen Kennzeichen‹) insgesamt 39 zum Äquator parallele Breitenkreise der nördlichen Kugelhälfte aufzählt. Man ging offenbar von ebensovielen Breitenkreisen auf der südlichen Kugelhälfte der Erde aus; wenn diese im ›Almagest‹ nicht aufgezählt werden, so hauptsächlich deswegen nicht, weil die südliche Hälfte der Erde in der Antike weniger oder überhaupt nicht bekannt war. In seinem späteren Werk, der ›Geographie‹ (I 23), zählt Ptolemaios – mit Rücksicht auf die Kartographie – nur 21 Parallelkreise auf. Es gibt auch kleinere Abweichungen zwischen den beiden Werken in der Berechnung der Breitenkreise[59]. Der Parallelkreis über Thule ist z. B. in der ›Geographie‹ der letzte, der 21.; im ›Almagest‹ ist er dagegen der 33. Aber in beiden Werken beginnt die Zählung der Parallelkreise am Äquator, dessen Existenz mit dem absoluten Fehlen des Mittagschattens – über das ganze Jahr hindurch – sehr wohl gedacht, sozusagen auch konkret veranschaulicht werden kann. Der Äquator ist die konkrete Bezugslinie der Breitenkreise, die ihrerseits ebenfalls ihre keineswegs konventionellen Kennzeichen besitzen, wie z. B. abweichende Tageslängen und unterschiedliche Mittagschatten bei den Wenden und Äquinoktien.

Nicht so die zwölf Meridiane, die die bekannte Erde den zwölf Stunden des Tages entsprechend in ost-westliche Schichten gliedern. Alle Meridiane sind Großkreise und in ihrer Länge dem Äquator gleich – oder sollten es wenigstens sein entsprechend der Annahme, daß die Erde wirklich eine Kugel ist. Über jeden Punkt der Erde kann man einen Meridiankreis ziehen und von ihm aus die Berechnung der Länge in östlicher oder westlicher Richtung je nach Belieben beginnen. Für die geographische Länge gibt es

---

[58] Ebd.: ... ἀπέχων ... τοῦ ἀνατολικωτάτου τὰς τοῦ ἡμικυκλίου μοίρας ϱπ καὶ ιβ ὥρας ἰσημερινάς.

[59] Cohen u. Drabkin, Source book, S. 171, Fn. 7: »The two works show small divergences in the computation of latitudes.«

keine solche natürliche Bezugslinie, wie es für die Breite der Äquator ist. Es ist nur eine Konvention, daß die Zählung der Länge vom Nullmeridian über Greenwich beginnt.

Auch in der Antike gab es einen solchen »Hauptmeridian«, von dem aus man rechts und links, östlich und westlich die übrigen Meridiane zählte. Es war derjenige, der durch Alexandria verläuft. Die vorhin erwähnte Ptolemaios-Stelle in der ›Geographie‹ z.B., die von den beiden äußersten Meridianen der bekannten Erde im Osten und Westen spricht, besagt auch, daß der eine von ihnen, auf dem Äquator gezählt, 119°30′ (ungefähr acht Äquinoktialstunden) östlich vom Meridian über Alexandria und der andere 60°30′ (etwa vier Äquinoktialstunden) westlich von diesem Meridian liegt[60].

Der Meridian über Alexandria, von dem aus die Längen nach Osten und Westen zu (als »Äquinoktialstunden«) gezählt werden, ist natürlich derselbe, dem wir auch früher schon begegnet waren (oben Kapitel II, 7); diesen Meridian entlang hat Ptolemaios im ›Almagest‹ (II, 6) seine 39 Parallelkreise registriert. Bekannt war der Meridian vor Ptolemaios natürlich auch seinen Quellen, dem Hipparch, dem Eratosthenes, ja möglicherweise auch schon dem Philon, dem ersten, wenigstens dem Namen nach bekannten Autor der Reihe, jenem Admiral des Königs Ptolemaios I. (367–283 v. Chr.), der in Meroë seine Gnomon-Messungen vorgenommen hatte.

Die Parallelkreise und Meridiane gliedern die Oberfläche der Erde in Gebietseinheiten, die dann von der beschreibenden Geographie geschildert werden. Ptolemaios versprach schon im ›Almagest‹ (II 13) ein späteres geographisches Werk, in dem ein Verzeichnis die Angaben enthalten sollte, »wieviel Grade Abstand eine jede Stadt auf dem durch sie gehenden Meridian vom Äquator hat *(Breite)*, und um wieviel Grade entfernt dieser Meridian von dem durch Alexandria gezogenen nach Osten oder nach Westen« auf dem Äquator ist« *(Länge)*[61].

Demnach wurde also der »Abstand vom Äquator« (die Breite) am Ortsmeridian und die Länge (die Entfernung des Ortsmeridi-

[60] Geographie VII 5, 13: ... ἀπέχων τοῦ διὰ Ἀλεξανδρείας γραφομένου πρὸς ἀνατολὰς ἐπὶ τοῦ ἰσημερινοῦ μοίρας ριθ λ′, ὀκτὼ δὲ ὥρας ἔγγιστα ἰσημερινάς ... ἀπέχων δὲ οὗτος τοῦ μὲν διὰ Ἀλεξανδρείας μοίρας ξ λ′ τέσσαράς τε ὥρας ἰσημερινάς.

[61] Heiberg 1898, Bd. 1, S. 188: ὅσας μοίρας ἀπέχει τοῦ ἰσημερινοῦ τῶν πόλεων ἑκάστη κατὰ τὸν δι᾽ αὐτῆς γραφόμενον μεσημβρινόν, καὶ πόσας οὗτος τοῦ δι᾽ Ἀλεξανδρείας γραφομένου μεσημβρινοῦ πρὸς ἀνατολὰς ἢ δύσεις ἐπὶ τοῦ ἰσημερινοῦ ...

ans von demjenigen über Alexandria) am Äquator in Bogengraden, bzw. die letztere in »Äquinoktialstunden« gemessen, wobei eine Äquinoktialstunde 15 Graden gleich galt. Es gab für die praktischen Zwecke der Geographie – mindestens nach Ptolemaios – 21 Parallelkreise vom Äquator bis Thule. Diese wurden – im Sinne jener alten Tradition, die man bis auf Eudoxos zurückverfolgen kann – nach der schrittweis zunehmenden Dauer des längsten Tages im Jahr aneinandergereiht. Den ersten Parallelkreis nördlich vom Äquator hat Ptolemaios dort gezogen, wo der längste Tag um eine Viertelstunde länger ist als der äquatoriale Tag (12 Stunden). Über Thule zog er den 21. Parallelkreis; hier sollte der längste Tag schon um *acht Stunden* länger sein als am Äquator (also: 12 + 8 = 20 Stunden). Wohl hat man die Abstände dieser Parallelen vom Äquator auch in Bogengraden und Minuten berechnet, aber dies war für die Geographie nur von untergeordneter Bedeutung. Strabon rechnete z. B. die Bogengrade der Breite in Stadien um, und er merkte gelegentlich an, wieviel Stadien jeweils ein Ort vom Äquator oder von Rhodos aus nördlich liegt.

Die Längenunterschiede vom Hauptmeridian ab hat man – wie gesehen – in Äquinoktialstunden (zu je 15 Graden) gemessen. Die Strecke zwischen zwei Meridianen hieß ὡριαῖον διάστημα = »Stunde-Entfernung«. Der unmittelbare Vorgänger von Ptolemaios, Marinos von Tyros, wollte die gesamte Länge der bekannten Erde auf 15 solche »Stunden-Entfernungen« (225°) festlegen, während Ptolemaios sich mit 12 (180°) begnügte[62]. In der Kartographie hat man den Raum zwischen zwei Meridianen – unter je zweien der einzelnen 15 Grade – noch dreigeteilt, und so bekam man Meridiane von 5° Entfernung voneinander[63].

Der Hauptteil der ›Geographie‹ des Ptolemaios besteht aus Tabellen der auf seiner Karte eingezeichneten Orte mit Angabe der Länge und Breite. Man frage jetzt nicht, wie viele oder wie wenige dieser Angaben unsere heutigen Ansprüche zu befriedigen vermögen. Zweifellos ist das Netz der Parallelkreise und Meridiane in der ›Geographie‹ des Ptolemaios prinzipiell das gleiche, dessen wir uns auch heute noch bedienen.

Die Spuren dieses Systems lassen sich auch in der älteren Literatur nachweisen. Auch Strabon gibt manchmal die östlichen und westlichen Grenzen einzelner Gebiete mit zwei Meridianen an, ohne zu präzisieren, welche Meridiane gemeint sind und wie weit

[62] Ptolemaios, Geographie I 11, 1.
[63] Ebd. I 24, 3: τὰ τριτημόρια . . . τῶν ὡρῶν.

entfernt sie vom Hauptmeridian über Alexandria sind, ob sie östlich oder westlich von ihm liegen[64]. Es ist noch überraschender, wenn die Grenzen des sog. »vierten Ringes« bei Strabon folgendermaßen geschildert werden[65]:

»Der vierte Ring (σφραγίς) besteht aus ›Arabia felix‹, dem Arabischen Meerbusen (Rotes Meer) und aus Äthiopien. Dieser Teil wird seiner Länge nach von *zwei Meridianen* begrenzt; der eine von diesen läuft über den westlichsten und der andere über seinen östlichsten Teil. Die Breite desselben Gebietes fällt zwischen *zwei Parallelkreise*; der eine Parallelkreis durchschneidet seinen nördlichsten und der andere seinen südlichsten Punkt etc.«

Auffallend ist diese kurze Schilderung der Grenzen eines geographischen Gebiets u. a. aus folgenden Gründen. Aus dem bisherigen mag klar genug hervorgegangen sein, daß in der Antike die Breitenbestimmung eines Ortes auf alle Fälle exakter sein konnte als die Bestimmung seiner Länge, seines Abstandes von einem konventionellen Meridian. Denn es war – zumindest prinzipiell – immer möglich, den Mittagschatten des Gnomons an einem der kritischen Tage des Jahres mehr oder weniger exakt zu messen und daraus den Parallelkreis über den betreffenden Ort zu berechnen. Dagegen waren die Bestimmungen der geographischen Länge meistens nur rohe Schätzungen. Man hat nicht genügend Mondfinsternisse von verschiedenen Orten aus gleichzeitig beobachten können, und auch die damaligen Instrumente für die Zeitmessung ermöglichten keine präzisen Angaben. Die in »Äquinoktialstunden« gemessenen Ost-West-Entfernungen zweier Orte voneinander waren also nur mehr oder weniger gelungene Approximationen. Prüft man aber die zitierte Strabon-Stelle (C 85) unter diesem Gesichtspunkt, so wird man zugeben müssen, daß die Angaben hier über die östlichen und westlichen Grenzen des betreffenden Gebietes zunächst den Eindruck erwecken, als wären diese – zumindest nach Strabons Meinung – solche ein für alle Mal festgelegte Längen-Linien, wie die Parallelkreise. Man fragt sich unwillkürlich: Hatte Strabon etwa eine Karte vor Augen, eine mit traditionellen, d. h. mit ständigen, unverrückbaren Parallelkreisen und Meridianen?

Was die Parallelkreise betrifft, so spielten diese zweifellos auch schon in der Geographie des Eratosthenes eine Rolle. Diese Hilfslinien wurden nach alter Gewohnheit, der Dauer des längsten Ta-

[64] Zwei Strabon-Stellen dazu (C 85 und C 108) wurden oben in Anm. 34 schon zitiert.
[65] C 85.

ges entsprechend (die nach Norden zu schrittweis zunimmt), parallel zum Äquator gezogen[66]. Außerdem hebt Strabon einmal hervor, daß für Eratosthenes jener Parallelkreis am wichtigsten war, der die bewohnten Gebiete der Erde, der »Oikumene«, in eine nördliche und eine südliche Hälfte teilt[67]: »Im dritten Buch seiner ›Geographie‹ teilt Eratosthenes die Oikumene mittels einer West-Ost-Linie in zwei Hälften; diese Linie beginnt im Westen bei den Säulen des Herakles und geht im Osten bis zu jenen mächtigen Bergen, die die nördliche Grenze Indiens bilden; sie zieht über die Sizilische Meerenge, über die Peloponnes, die südliche Spitze von Attika und weiter über Rhodos hin bis zur Bucht von Issos etc.«

Der Parallelkreis über Rhodos hat in der geographischen Praxis sozusagen die Rolle des Äquators übernommen. Man berechnete die Länge dieses Kreises im Verhältnis zum Äquator, und man hat an ihm die West-Ost-Entfernungen abgeschätzt. Besonders lehrreich ist in dieser Hinsicht die folgende Stelle in der ›Geographie‹ des Ptolemaios[68]: »...der Parallel über Rhodos, an dem die meisten Längen-Berechnungen vorgenommen werden, kann nach seinem Verhältnis zu einem Meridian geteilt werden, d. h. ungefähr nach dem Verhältnis 4 : 5[69]. Das ist die Methode des Marinos. So wird nämlich die Länge der besser bekannten Erdteile zu ihrer Breite im Einklang sein.«

Es ist in diesem Zitat natürlich von einem Meridian und nicht vom Äquator die Rede, nachdem mit Gnomon und Schatten nur der Umfang eines Meridians einigermaßen »exakt« berechnet werden konnte. (Was den Äquator betrifft, so konnte man nur annehmen, daß dieser als »größter Kreis« dieselben Maße besitze wie ein Meridian.) Und man mußte das Verhältnis des Parallelkreises über Rhodos zum Äquator deswegen bestimmen, weil die Stadien-Maße nach den Bogengraden eines größten Kreises festgestellt

---

[66] Vgl. Cohen u. Drabkin, Source book, S. 171, Fn. 2: »The division of the map by parallels corresponding to the length of the longest day was used by Erastosthenes and, in greater detail, by Hipparchus and Ptolemy. Cf. the system of ›climata‹ in Strabo C 131–136.«

[67] Strabon C 67.

[68] I 21, 2: ... τὸν διὰ Ῥόδου γραφησόμενον, ἐφ᾿ οὗ καὶ τῶν κατὰ μῆκος διαστάσεων αἱ πλεῖσται γεγόνασιν ἐξετάσεις, κατὰ τὴν πρὸς τὸν μεσημβρινὸν ἀναλογίαν διαιρεῖν, ὡς ὁ Μαρῖνος ποιεῖ, τουτέστι κατὰ τὸν ἐπιτέταρτον ἔγγιστα λόγον τῶν ὁμοίων περιφερειῶν, ἵνα τὸ γνωριμώτερον τῆς οἰκουμένης μῆκος σύμμετρον ᾖ τῷ πλάτει.

[69] »The parallel circle through Rhodes is four-fifths as long as the equator or any great circle on the earth.« (Cohen u. Drabkin, Source book, S. 169, Fn. 2.

wurden[70]. Es mußte also präzisiert werden, wie sich der Parallelkreis über Rhodos zum Äquator verhält, um so die Grade des
Äquators in Grade dieses Parallelkreises und sodann in Stadien
umrechnen zu können.

Man hat den Gedanken an einen Parallelkreis über Rhodos
selbstverständlich erst in einer Zeit fassen können, in der man
glaubte, die Größe des Äquators berechnet zu haben. Ja, man
wußte zu dieser Zeit auch schon von den Entfernungen der einzelnen irdischen Parallelkreise sowohl vom Äquator wie auch voneinander. Irgendwie hat man diese Süd-Nord-Entfernungen auch gemessen – und zwar nicht bloß nach der Zunahme des längsten Tages im Jahr nach Norden zu, sondern auch in Bogen und Bogen-
bruchteilen. (Für geographische Zwecke war diese letztere Art der
Berechnung eher geeignet.) Nötig waren der Parallelkreis über
Rhodos und die Kenntnis seines Größenverhältnisses zum Äquator, um auch die Ost-West-Entfernungen, die geographische
»Länge« in Stadien, messen zu können. Denn astronomisch
konnte man die »Länge« nur in Äquinoktialstunden messen, da die
scheinbare Bewegung der Sonne immer in Äquinoktialstunden erfolgt. Und sagte man, daß eine Äquinoktialstunde 15 Zeitgraden
entspricht, so waren die letzteren (auf die Erde bezogen) Grade
des Äquators, eines größten irdischen Kreises. Auf Stadien umgerechnet waren diese 15 Grade auf einem (kleineren) Parallelkreis
bedeutend kleiner als auf dem größten Kreis des Äquators. Darum
mußte man wissen, den wievielten Teil (4/5) des Äquators der Parallelkreis über Rhodos ausmacht.

Hatte nun Eratosthenes – wie Strabon (C 67) behauptet – die
Oikumene mittels einer Linie von den Säulen des Herakles über
das Mittelmeer und Rhodos bis nach Indien in eine südliche und
eine nördliche Hälfte geteilt, so folgt daraus mit großer Wahrscheinlichkeit, daß er außer mit den Parallelkreisen der *Breite* auch
mit Meridianen der *Länge* gearbeitet hat – einerlei, in welchem
Maße seine »Hilfslinien« die Ansprüche der späteren, entwickelte-
ren mathematischen Geographie zu befriedigen vermochten. Deswegen gilt in der Geschichte der antiken Wissenschaft oft eben
Eratosthenes als der erste, der die Geographie auf mathematische
Grundlagen gestellt hat.

Doch war Eratosthenes keineswegs der erste Grieche, für den
man wenigstens in Spuren nachweisen kann, daß er versuchte, außer den Parallelkreisen der *Breite* auch die geographischen *Längen*

[70] Vgl. Strabon C 132.

zu berücksichtigen. Auch jene Trennlinie von Gibraltar bis nach Indien stammt keineswegs erst von Eratosthenes. Agathemeros, ein Geograph der nachklassischen Periode berichtet, schon Dikaiarchos, ein Schüler des Aristoteles am Ende des 4. Jahrhunderts v. Chr. habe im Grunde dieselbe Trennlinie zwischen der nördlichen und der südlichen Hälfte der Oikumene gezogen[71]. Es wird in diesem Bericht der Name Rhodos zwar nicht erwähnt – es scheint, daß die Insel erst etwas später zu einem Mittelpunkt der hellenistischen Gelehrsamkeit geworden ist – aber es ist kein Zweifel, daß die Funktion der Trennlinie des Dikaiarchos dieselbe war wie diejenige des Parallelkreises über Rhodos bei Eratosthenes: An dieser Linie wollte man die Ost-West-Entfernungen, die geographischen Längen (vermutlich in Stadien) messen.

Man kann natürlich nicht erwarten, daß diese Trennlinie, die von Dikaiarchos über Eratosthenes und Strabon bis zu Ptolemaios von Autor zu Autor weitergegeben wurde, und die man offenbar als Abschnitt eines Parallelkreises gedacht hatte, tatsächlich eine Gerade war. Auch jener Hauptmeridian, an dem entlang Ptolemaios die von Parallel zu Parallel auftretenden charakteristischen Kennzeichen aufzählte (Almag. II 6), war höchstens annähernd eine Gerade. Die Hilfslinien, die in der antiken Geographie die Parallelkreise und Meridiane vertraten, waren nur in der Theorie senkrecht aufeinander stehende Geraden; in Wirklichkeit waren sie weit davon entfernt, modernen Ansprüchen auf Exaktheit zu genügen.

Die historische Bedeutung der Tatsache, daß schon ein unmittelbarer Schüler des Aristoteles, Dikaiarchos, jene Trennlinie zwischen Nord und Süd gekannt hatte, die später bei Eratosthenes als »Parallelkreis über Rhodos« erscheint, besteht im folgenden: Wie Ptolemaios bezeugt (Geographie I 21, 2), hat man an diesem Parallelkreis die meisten auf die »Länge« bezüglichen Untersuchungen vorgenommen. Zweifellos hat auch Dikaiarchos diese »abstrakte Schnittlinie« (ἄκρατος τομή) für Länge-Bestimmungen benutzt. Es paßt dazu zeitlich sehr gut, daß auch der berühmte Versuch, die Ost-West-Entfernung Arbela–Sizilien (bzw. Karthago) auf Grund der doppelten Beobachtung einer Mondfinsternis zu bestimmen,

[71] Agathem. geogr. inform. I 5. Geographi Graeci minores. Ed. Müller, Bd. 2, S. 472: Δικαίαρχος δὲ ὁρίζει τὴν γῆν οὐχ ὕδασιν, ἀλλὰ τομῇ εὐθείᾳ ἀκράτῳ ἀπὸ Στηλῶν διὰ Σαρδοῦς, Σικελίας, Πελοποννήσου (Ἰωνίας), Καρίας, Λυκίας, Παμφυλίας, Κιλικίας, καὶ Ταύρου ἑξῆς ἕως Ἱμάου ὄρους. Τῶν τοίνυν τόπων τὸ μὲν βόρειον, τὸ δὲ νότιον ὀνομάζει.

im Jahre 331 v. Chr. stattfand. Da Aristoteles 322 starb, mag dieser später berühmte Versuch zu Lebzeiten seines Schülers Dikaiarchos noch lebhaft in Erinnerung gewesen sein. Es darf also nicht wundernehmen, daß Dikaiarchos außer den Parallelkreisen der Erdkugel – wie dies von ihm schon längst bekannt ist – auch die »Längen« (wohl auf der Schnittlinie zwischen Nord und Süd) berücksichtigen wollte. Nicht viel älter war übrigens auch die Bestimmung des Parallelkreises über Massalia durch Pytheas. Die Tätigkeit der beiden Männer, Pytheas und Dikaiarchos, sowie – zwischen ihren Lebenszeiten – der Versuch, den Abstand Arbela–Sizilien (Karthago) astronomisch zu bestimmen – diese drei Daten sind Meilensteine in der Geschichte der vor- und frühhellenistischen Wissenschaft.

Natürlich waren dabei – in dieser Frühzeit noch mehr als später – die Breitenkreise und Meridiane vorwiegend geometrische Konstruktionen auf Grund des geozentrischen Weltbildes, die man manchmal nicht leicht mit konkreten geographischen Tatsachen in Einklang zu bringen vermochte. Mit Recht bemerkte man darum im Zusammenhang mit Eratosthenes und Strabon[72]: »Wenn Strabon nicht müde wird zu wiederholen, geometrische Kritik sei von geographischen Fragen fern zu halten, so vergißt er ganz und gar, daß der Kartenentwurf des Eratosthenes auf geometrischem Boden stand, und daß seine ›Sphragiden‹ geometrische Gebilde waren und geometrischen Zwecken dienten.«

Nicht umsonst spricht unsere Quelle[73] anläßlich jener Gnomon-Versuche, die zum Weltbild des Anaximander geführt hatten, von einer γεωμετρίας ὑποτύπωσις. Das Gnomon-Weltbild, der gemeinsame Ausgangspunkt der Astronomie und der mathematischen Geographie war eine überwiegend geometrische Kontruktion, von der die beschreibende Geographie ihre Unabhängigkeit – mindestens bis zu einem gewissen Grade – zu erkämpfen hatte.

[72] Berger, Geschichte, S. 464.
[73] Suda-Lexikon s. v. ›Anaximandros‹.

IV. Weltbild und Zeitmessung

1. Die Kreise am Himmel

Wir müssen wieder an jene grundlegende Stelle bei Vitruv anknüpfen, die es uns ermöglicht hat, jene Methode des Anaximander zu rekonstruieren, mit der der Milesier im 6. Jahrhundert v. Chr. den äquinoktialen Mittagschatten des Gnomons gefunden haben mag (De architectura IX 7, 1). Es heißt hier, daß zur Tag- und Nachtgleiche, wenn die Sonne sich im Zeichen des Widders (Aries) und der Waage (Libra) befindet, der Mittagschatten jenes Gnomons, der neun Einheiten lang ist, in Rom nur acht Einheiten beträgt[1].

Es war schon anläßlich dieser Stelle die Rede davon, wie man am Gnomon-Weltbild (Abb. 4 a, S. 84) wichtige Punkte des Himmelsgewölbes gewinnt. Zunächst schlägt man mit dem Gnomon selbst als Radius den Kreis um die Gnomonspitze herum. Dieser Kreis ist symbolisch die Weltkugel. Der waagerechte Durchmesser teilt das kugelförmige Weltall in eine obere und eine untere Halbkugel, in eine sichtbare und eine unsichtbare Hälfte der Himmelssphäre, denn die Linie EAI ist der Durchmesser jenes Horizontkreises, den man waagerecht in die Himmelskugel hineinzudenken hat. Verbindet man das Ende des kürzesten Mittagschattens im Jahr (R) mit der Gnomonspitze (A), und verlängert man die Verbindungslinie über das Zentrum hinaus bis zum Kreisumfang, so bekommt man einen Punkt des Sommerwendekreises am symbolischen Himmel (L). Auch die Linie LG ist Durchmesser eines in Abb. 4 a nicht sichtbaren transversalen Kreises, der die Bahn der Sonne am längsten Tag des Jahres veranschaulichen könnte. Ebenso ist K – Endpunkt des anderen Durchmessers, KH – der Winterwende-Punkt, und N ist ein äquinoktialer Punkt an der oberen Halbkugel des Himmelsgewölbes usw.

Aber dies alles gilt nur symbolisch für das Gnomon-Weltbild, das mit Hilfe des senkrechten Stabes – bzw. mit den drei wichtigen Mittagschatten dieses einfachen Instrumentes – für den Punkt B (wo der Gnomon steht) entworfen wurde. Das Gnomon-Weltbild sagt jedoch an sich gar nichts darüber, daß die Sonne zur Zeit des Äquinoktiums sich im Sternbild des Widders und der Waage befin-

---

[1] »Nam sol (ariete libraque versando) quas e gnomone partes habet novem, eas umbrae facit VIII in declinatione caeli quae est Romae ...«

det, wie es im vorigen Vitruv-Zitat heißt: »Sol ariete libraque versando...« Die Namen der beiden Sternbilder – Aries und Libra – verbinden das symbolische Gnomon-Weltbild mit jenem anderen, »konkreteren« Bild des Himmels, das man unmittelbar in der Natur sieht. Wie sehen nun die Punkte der beiden Wenden (L und K) und derjenige des Äquinoktiums (N) in der Natur, am konkreten Himmel aus?

Nennen wir zunächst die zwölf Sternbilder des Zodiakus, von Ost nach West, der Reihe nach: Widder (Aries), Stier (Taurus), Zwillinge (Gemini), Krebs (Cancer), Löwe (Leo), Jungfrau (Virgo), Waage (Libra), Skorpion (Scorpius), Schütze (Sagittarius), Steinbock (Capricornus), Wassermann (Aquarius) und Fische (Pisces)[2]. Über diese schreibt Geminus[3]: »Man versteht unter Tierkreiszeichen (ζῴδιον) zweierlei: einmal den zwölften Teil des Tierkreises (30°), d. h. einen durch Sterne oder Punkte abgegrenzten Raum von bestimmter Ausdehnung, zweitens das aus den Sternen sich ergebende Bild mit Rücksicht auf die Ähnlichkeit und die Lage der Sterne.«

»Was die *Zeichen* (im ersteren Sinne: die »zwölften Teile«, δωδεκατημόρια) anbelangt, so sind sie alle gleich groß, denn der Tierkreis ist vermittelst des Diopters (des Absehrohrs) in zwölf *gleiche* Teile geteilt. Dagegen sind die als *Sternbilder* zu verstehenden *Zeichen* weder gleich groß, noch bestehen sie aus gleich vielen Sternen, noch füllen sie alle die den entsprechenden Zeichen (im ersteren Sinne) zukommenden Räume aus. Vielmehr sind manche von geringerer Ausdehnung, wie z. B. der Krebs, welcher nur einen kleinen Teil des ihm zukommenden Raumes einnimmt, während andere darüber hinausreichen und noch Teile der vorangehenden oder der folgenden Zeichen einnehmen, wie z. B. die Jungfrau. Ferner liegen einige der zwölf Bilder gar nicht einmal in ihrer ganzen Ausdehnung im Tierkreise, sondern manche liegen nördlicher, wie z. B. der Löwe, andere südlicher, wie z. B. der Skorpion.«

»Ferner wird jedes Zeichen (Zwölftel) in 30 Teile (μοῖραι) ge-

---

[2] Die griechischen Namen der zwölf Sternbilder, zusammen mit ihren üblichen Zeichen, sind: Κριός ♈, Ταῦρος ♉, Δίδυμοι ♊, Καρκίνος ♋, Λέων ♌, Παρθένος ♍, Χηλαί ♎, Σκορπίος ♏, Τοξότης ♐, Αἰγόκερως ♑, Ὑδροχόος ♒, Ἰχθύες ♓). Auf Grund des älteren griechischen Namens der *Waage* Χηλαί (= Scheren des Krebses) hat P. Tannery, Recherches sur l'histoire de l'astronomie ancienne. Paris 1893, S. 130, vermutet, daß dieses Sternbild ursprünglich wohl nur ein Teil des Skorpions war.

[3] Manitius 1898, S. 3 f.

teilt und jeder Abschnitt ein Grad genannt, so daß der ganze Tierkreis 12 Zeichen oder 360 Grade enthält.«

»Die Sonne durchläuft in einem Jahr den Tierkreis. Ein Jahr ist nämlich die Zeit, in welcher die Sonne einen Umlauf durch den Tierkreis macht, d. h. von einem bestimmten Punkt ausgehend wieder zu demselben zurückkehrt.«

Von den zwölf Zeichen des Tierkreises sollten nun sechs (vom Widder bis zur Jungfrau einschließlich) im großen und ganzen auf der oberen Hälfte der Himmelskugel, also nördlich vom Äquator, und die anderen sechs (Waage bis Fische) unter dem Äquator auf der südlichen Kugelhälfte stehen. Sucht man jedoch auf einer modernen Karte die Sternbilder des Tierkreises, so sieht man sogleich, daß diese Verteilung nur zum Teil stimmt. So steht etwa das sechste Sternbild der »Jungfrau« nicht über dem Äquator; es scheint eher abwärts zu streben (Abb. 6 b). Dagegen ist das zwölfte Sternbild der »Fische« (Pisces) nicht unter dem Äquator, auf der südlichen Kugelhälfte, sondern eindeutig auf der nördlichen, oberhalb des Äquators (vgl. Abb. 6 a).

Noch eindeutiger zeigt sich die Verschiebung der Sternbilder, wenn man auf der modernen Karte den »Frühlingspunkt« – an dem das Äquinoktium eintritt – sucht. Dieser ist nämlich – im Sinne des Gnomon-Weltbildes – der Schnittpunkt der Sonnenbahn mit dem Äquator. Die scheinbare Bahn der Sonne am Tag des Äquinoktiums ist der himmlische Äquator, den der Durchmesser NAF vertritt (Abb. 4 a). Wie die beiden Durchmesser NAF und LAH (letzterer ist ebenso wie KAG ein Durchmesser des Ekliptikkreises) so schneiden sich auch die beiden zu ihnen gehörigen Kreise: der Äquator und die Ekliptik. (Der Schnittpunkt A steht im Gnomon-Weltbild auch für die beiden Schnittpunkte der beiden Kreise. Der eine dieser Schnittpunkte ist auf jener Seite der symbolischen Weltkugel zu denken, die dem Betrachter zugewandt ist, der andere auf der Rückseite.) Man sieht mindestens den einen, dem Betrachter zugewandten Schnittpunkt des Äquator- und Ekliptikkreises in der Mitte der Abb. 6 a beim Punkt O^h (wie in einem anderen Zusammenhang schon erwähnt)[4].

Der Schnittpunkt des Äquators mit der Ekliptik (der Punkt O^h der Abb. 6 a) müßte sich nun – im Sinne des Vitruv-Zitates – im Sternbild des Widders befinden; aber er befindet sich in dem der Fische. Der Frühlingspunkt wandert nämlich jährlich um 50,2″ auf dem Tierkreis rückläufig. Das ergibt in 72 Jahren etwa 1°, in 2100

[4] Vgl. im Teil I, S. 99.

Jahren etwa 30° und in etwa 26 000 Jahren 360°. Das heißt: Alle 2100 Jahre gelangt der Frühlingspunkt in ein neues Sternbild des Tierkreises, und in 26 000 Jahren hat er alle Sternbilder des Tierkreises durchlaufen. Da man aber die Zeichen des Tierkreises seit dem Altertum mit dem Widder beginnend vom Frühlingspunkt ab zählt – der eben darum auch »Widderpunkt« heißt –, so sind die Zeichen nicht mehr den Sternbildern gleich, nach denen sie ursprünglich benannt waren. Der Frühlingspunkt befindet sich seit langem nicht mehr im Sternbild des Widders, sondern in dem der Fische, und er wird bald dasjenige des Wassermanns erreicht haben.

Diese Bewegung des Frühlingspunktes – die zum ersten Mal dem Hipparchos von Nikaia im 2. Jahrhundert v. Chr. auffiel – bezeichnet man als *Präzession* und den Zeitraum von 26 000 Jahren als *Platonisches* oder *Großes Jahr.* Und da sich die Sternörter auf Frühlingspunkt und Himmelsäquator beziehen, verändern sie sich langsam, aber stetig. (Deshalb wird auf allen Sternkarten angegeben, auf welchen Zeitpunkt [Äquinoktium] sich die Ortsangaben beziehen. Infolge der Präzession wandert übrigens auch der *Himmelspol,* die verlängerte Erdachse, in einer Entfernung von etwa 24° um den Pol der Ekliptik herum. Auch darum bleibt also die »Schiefe der Ekliptik« *nicht* konstant.)

Man könnte fragen: Ist heute das Sternbild der Fische zur Frühlingszeit am Himmel zu sehen? Oder: War statt dessen im Altertum zur selben Jahreszeit der Widder sichtbar? Keineswegs. Steht die Sonne im Sternbild des Widders, dann sieht man dieses wegen des Tageslichts überhaupt nicht. Und umgekehrt: In Frühlingsnächten sieht man am Himmel den Herbstpunkt – heute im Sternbild der Jungfrau, im Altertum in dem der Waage. Das Sternbild des Frühlingspunktes ist dagegen in Herbstnächten sichtbar.

Die Feststellung des Vitruv, daß die Sonne bei den Äquinoktien sich im Zeichen des Widders und der Waage befindet, ist also offenbar auch so zu verstehen: Die beiden Sternbilder sind an einander gegenüberliegenden Örtern des Ekliptikkreises zu suchen.

Man findet ein gutes Beispiel dafür, wie das »Gegenüberliegen« der einzelnen Sternbilder zu verstehen ist, in der Beweisführung der ersten Proposition der Euklidischen ›Phaenomena‹. Widder und Waage werden dort zwar nicht erwähnt, sondern Krebs und Steinbock bzw. Löwe und Wassermann, aber natürlich kann man den Gedanken auch auf unseren Fall anwenden. (Nebenbei: Krebs und Steinbock waren in der Antike die Sternbilder der Sommer- und Winterwende.) Der betreffende Satz heißt nun: »Die Erde ist

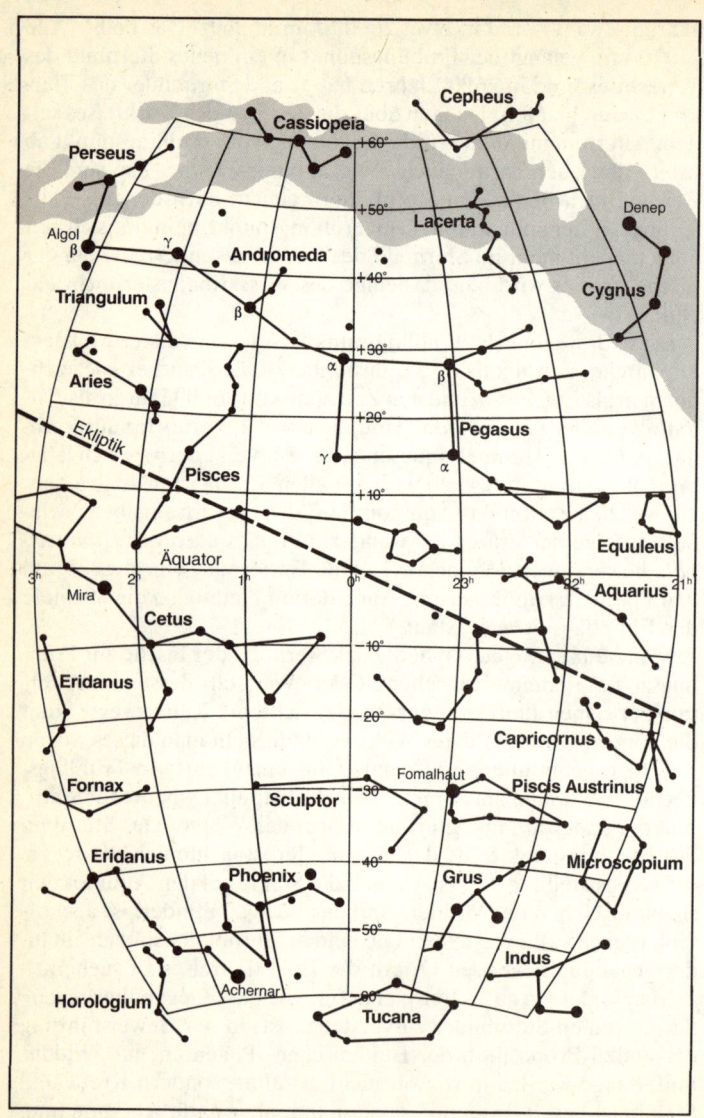

Abb. 6a Schnittpunkt des Äquators und der Ekliptik bei 0ʰ, *Frühlings-punkt* oder auch *Widderpunkt* genannt. Man sieht diese Konstellation in Herbstnächten.

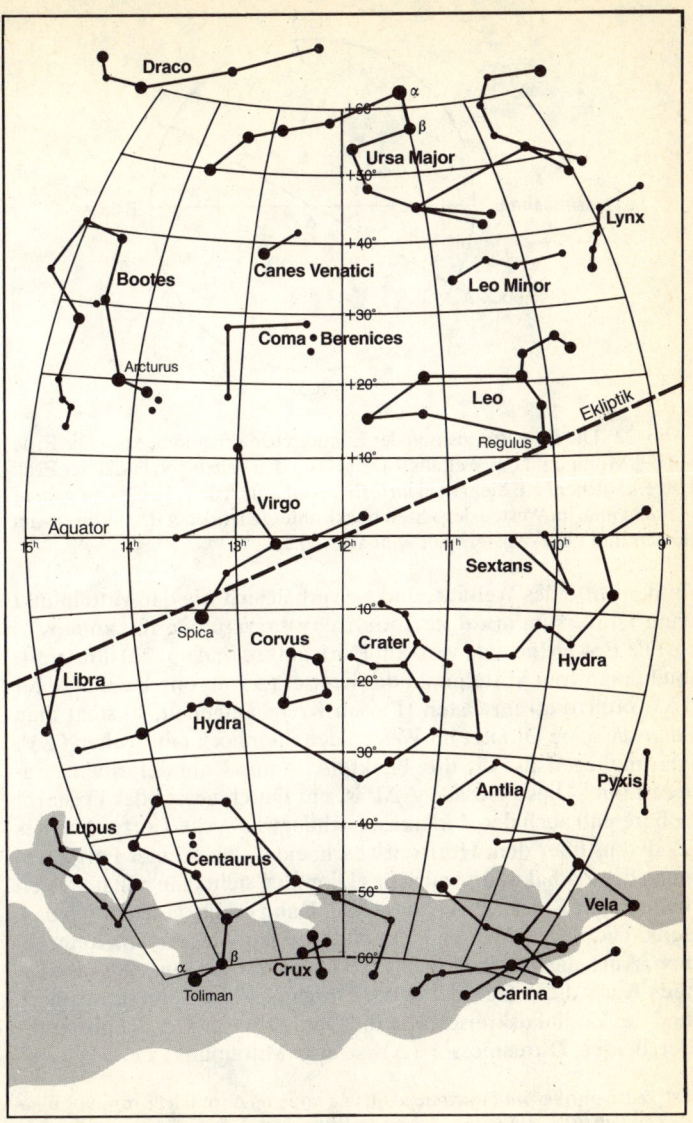

Abb. 6b Der entsprechende Schnittpunkt sozusagen auf der »hinteren Seite« der Himmelskugel bei 12ʰ, der *Herbstpunkt*. Diese Konstellation sieht man in Frühlingsnächten.

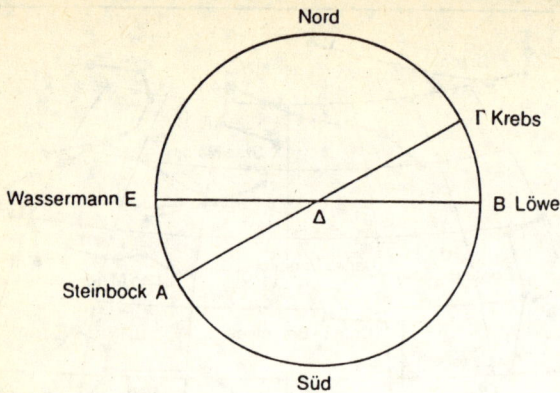

Abb. 22 Die erste Proposition der Euklidischen ›Phainomena‹: »Die Erde ist der Mttelpunkt des Weltalls.« Denn für jeden beliebigen Punkt der Erde gilt ein solcher Fall: Sieht man im Osten (von Δ aus) den »Krebs« aufgehen, so sieht man im Westen den »Steinbock« untergehen; oder den »Löwen« im Osten und den »Wassermann« im Westen etc.

in der Mitte des Weltalls, und sie verhält sich wie der Mittelpunkt zum Universum« (καὶ κέντρου τάξιν ἐπέχει πρὸς τὸν κόσμον).

Die Beweisführung wird am Horizontkreis (Abb. 22) illustriert. Sieht man vom Mittelpunkt des Kreises (Δ) aus durch ein Diopter (διὰ διόπτρας) im Osten (Γ) den Krebs aufgehen, so sieht man über dasselbe Diopter im Westen den Steinbock untergehen (A)[5]. Darum liegen also die drei Punkte A, Δ und Γ auf derselben geraden Linie. Diese Gerade AΔΓ ist ein Durchmesser der Fixsternsphäre und auch des Zodiakus, nachdem sie sechs Tierzeichen des Zodiakus über dem Horizont abschneidet. Nach einer Fortbewegung des Zodiakus und auch des Diopters[6] sieht man nun im Osten beim Punkt B den Löwen aufgehen. Dann erblickt man durch dasselbe Diopter im Westen beim Punkt E den Wassermann untergehen. Auch die drei Punkte E, Δ, B liegen also auf einer geraden Linie. Auch diese Gerade ist ein Durchmesser der Fixsternsphäre und des Zodiakuskreises, wie die Gerade AΔΓ. Der Schnittpunkt der beiden Durchmesser (Δ) ist also Mittelpunkt der Fixstern-

---

[5] τεθεωρήσθω διὰ διόπτρας κειμένης πρὸς τῷ Δ σημείῳ Καρκίνος ἀνατέλλων κατὰ Γ σημεῖον. θεωρηθήσεται ἄρα διὰ τῆς αὐτῆς διόπτρας Ἀιγόκερως δύνων (A).

[6] πάλιν δὴ μετακινηθέντος τοῦ τε τῶν ζῳδίων κύκλου καὶ τῆς διόπτρας ...

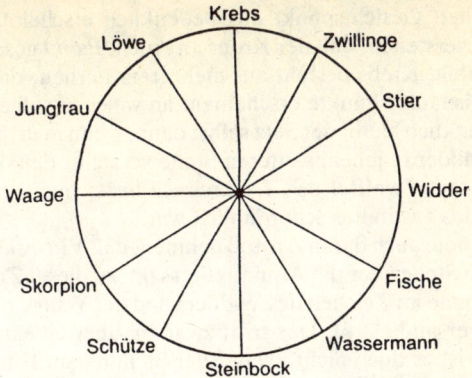

Abb. 23 Die sechs einander gegenüberliegenden Paare der Zodiakus-Zeichen: Stier und Skorpion, Zwillinge und Schütze etc.

sphäre. Ähnlich werden wir zeigen können, daß jeder beliebige Punkt auf der Erde Mittelpunkt des Weltalls sein kann[7].

Abb. 23 zeigt nun, wie man jene Skizze, die Euklids Satz der ›Phaenomena‹ illustriert, zu einem vollen Kreis der Zodia ergänzen kann. Faßt man den Kreis dieser Abbildung als den *Horizont* auf, so trennen die sechs Durchmesser nacheinander jeweils sechs in der Nacht sichtbare Zeichen oberhalb des Horizontkreises von den sechs unsichtbaren darunter. Geminus schreibt darüber[8]: »Einander diametral gegenüberliegend sind: Widder und Waage, Stier und Skorpion, Zwillinge und Schütze, Krebs und Steinbock, Löwe und Wassermann, Jungfrau und Fische. Diese Zeichen besitzen die gemeinsame Eigenschaft, daß, wenn das eine von ihnen aufgeht, das diametral gegenüberliegende untergeht, und umgekehrt. Es handelt sich hierbei um die Zeichen im weiteren Sinne (δωδεκατημόριον, je 30 Grade), nicht um die Sternbilder. Wenn der Widder aufgeht, geht also die Waage unter, wenn der Stier aufgeht, geht der Skorpion unter etc.«

Zweifellos war derjenige, der sich der Beweisführung in Euklids ›Phaenomena‹ bediente, bestrebt, die Ansprüche auf mathematische Strenge zu befriedigen, auch wenn da manches eben vom ma-

---

[7] ὁμοίως δὴ δείξομεν, ὅτι, ὃ ἂν ληφθῇ σημεῖον ἐπὶ τῆς γῆς, κέντρον ἐστὶ τοῦ κόσμου.

[8] Manitius 1898, S. 19–21.

thematischen Gesichtspunkt aus bedenklich erscheint. Wie soll man z. B. verstehen, daß der Krebs an einem *Punkt* gesehen wird. Das Sternbild Krebs besteht aus mehreren Sternen, die dem Betrachter als lauter Punkte erscheinen; an welchen soll er sich halten? Bedenklich bleibt der Satz selbst dann, wenn man die genannten Sternbilder in jenem weiteren Sinne versteht, den der spätere Geminus als »Zwölftel des Tierkreises« bezeichnet und der zur Zeit Euklids zweifellos schon üblich war.

Man könnte auch daran Anstoß nehmen, daß Vitruv an der oben erwähnten Stelle über die Äquinoktien sagt, zu dieser Zeit bewege sich die Sonne im Zeichen des Widders und der Waage (»Sol ariete libraque versando...«). Das trifft zwar zu, aber eine genaue Bestimmung ist es doch nicht, weder der Stellung am Himmel noch der Zeit. Denn schließlich verweilt die Sonne – der bloßen Anschauung nach – mindestens einen vollen Monat lang immer im selben Tierzeichen, und das Äquinoktium kann sich doch nicht auf 30 Tage erstrecken[9]. Man sieht daraus, wie sehr die antike Bestimmung der Zeit der Tag- und Nachtgleiche mit »Widder und Waage« nur annähernd ist, besonders wenn man sie mit der viel vorsichtigeren modernen Formulierung vergleicht: »Äquinoktium ist jener Zeitpunkt, in dem der *Mittelpunkt* der Sonne auf der scheinbaren jährlichen Bahn des Himmelskörpers den Äquator erreicht. Mit Approximation sind zu dieser Zeit Tag und Nacht von gleicher Dauer.« (In Wirklichkeit wird in dieser Umschreibung nicht so sehr das Äquinoktium – auch selber bloß ein approximativer Begriff – als der Frühlings- bzw. der Herbstpunkt erklärt.)

Interessant sind nun die antiken Versuche, die Zeitpunkte der Äquinoktien und der Wenden auch als Örter der Sonne am Himmel genauer zu bestimmen, weil man daraus ersieht, daß es eigentlich leichter war, die entsprechenden Örter auf dem symbolischen Gnomon-Weltbild darzustellen als ihre sozuagen »Urformen« am Himmel zu fixieren. Denn die scheinbaren Bahnen der Sonne am

---

[9] In diesem Sinne schrieb auch Geminus (Manitius 1898, S. 31): »Da die Sommerwende im Krebs stattfindet, bei der Sommerwende aber die Sonne den nördlichsten Punkt erreicht, so nahm man früher an, daß infolgedessen der Krebs am nördlichsten aufgehe und ebenso auch untergehe ... Die so getroffene Anordnung ist aber falsch. Denn keineswegs im *ganzen* Krebs findet die Wende statt, sondern es gibt einen ganz bestimmten, nur theoretisch angenommenen *Punkt*, in welchem angelangt, die Sonne die Wende bewirkt: es ist nur ein Moment, in welchem die Wende stattfindet. Das ganze Zeichen des Krebses nimmt aber eine den Zwillingen entsprechende Lage ein ...«

längsten und am kürzesten Tag des Jahres sind die Wendekreise.
Genau in der Mitte zwischen dem nördlichsten und dem südlich-
sten Sonnenkreis des Himmels liegt der Äquator. Mehr oder weni-
ger genau erhält man die Abbilder dieser drei Parallelkreise am
Gnomon-Weltbild mit Hilfe der Mittagschatten an vier Tagen des
Jahres. Aber wo findet man dieselben Kreise unter den Fixsternen
am Himmel? Wo sieht man die nördlichste und wo die südlichste
Bahn der Sonne unter den Sternen, und wo ist der Kreis, den sie am
Tag des Äquinoktiums beschreibt?

Man denke daran, daß zur Konstruktion des Gnomon-Weltbildes zunächst selbstverständlich die Wendepunkte – L und K, bzw.
G und H der Abb. 4 a (S. 84) – fixiert werden mußten; erst danach
konnte man diese Punkte mit Wende*kreisen* ergänzen. Der kürzeste Mittagschatten des Jahres (BR) ergab den Punkt L (zusammen
mit H) und der längste Mittagschatten (BT) den Punkt K (zusammen mit G) am symbolischen Bild des Himmelsgewölbes. Erst
nachdem man die Punkte L und K mit dem ihnen gegenüberliegenden Paar (G und H) verbunden hatte, konnte man von Durchmessern der Wendekreise (LK und KH) bzw. von den Wendekreisen
selbst sprechen.

Beim Fixieren der Punkte der Wenden und der Äquinoktien am
Himmel selbst hat man dagegen – mindestens ist dies zunächst der
Eindruck des modernen Lesers – den umgekehrten Weg gewählt.
Denn es sieht beinahe so aus, als wären die fünf Kreise des Himmels – die beiden arktischen und die beiden Wendekreise zusammen mit dem Äquator in der Mitte – von vornherein gegeben, und
als hätte man an dreien von ihnen erst nachträglich jene kritischen
Örter der Sonnenbahnen gefunden, die mit genauer bestimmten
Teilen einzelner Tierzeichen präzisiert wurden. Man beachte z. B.
die Worte des Hipparch, mit denen er Eudoxos zitiert[10]: »Daß Eudoxos die Wendepunkte *in die Mitte der Zeichen* setzt, spricht er
mit folgenden Worten aus: ›Ein zweiter Kreis ist derjenige, auf
welchem die Sommerwenden stattfinden. Es liegt auf diesem *die
Mitte des Krebses*.‹ Ferner heißt es: ›Ein dritter Kreis ist derjenige,

---

[10] Manitius 1894, S. 132, 10ff.: Ὅτι δὲ Εὔδοξος τὰ τροπικὰ σημεῖα
κατὰ μέσα τὰ ζῴδια τίθησι, δῆλον ποιεῖ διὰ τούτων· »δεύτερος· δέ ἐστι
κύκλος ἐν ᾧ ⟨αἱ⟩ θεριναὶ τροπαὶ γίνονται· ἔστι »δ' ἐν τούτῳ τὰ μέσα τοῦ
Καρκίνου«. καὶ πάλιν φησί· »τρίτος δ' ἐστὶ κύκλος ἐν ᾧ αἱ ἰσημερίαι
γίνονται· ἔστι δ' ἐν τούτῳ τά τε τοῦ Κριοῦ μέσα καὶ τὰ τῶν Χηλῶν«.
τέταρτος δέ, ἐν ᾧ ⟨αἱ⟩ χειμεριναὶ τροπαὶ γίνονται. ἔστι δ' ἐν τούτῳ τὰ
μέσα τοῦ Αἰγόκερω.

auf welchem die Tag- und Nachtgleichen stattfinden. Es liegt auf diesem einerseits *die Mitte des Widders,* andererseits *die Mitte der Scheren* (= der Waage). Ein vierter Kreis ist endlich derjenige, auf welchem die Winterwenden stattfinden. Es liegt auf diesem *die Mitte des Steinbocks.*‹«

Danach hat sich also Eudoxos mit dieser nicht sehr anspruchsvollen Bestimmung der Örter der Äquinoktien und Sonnenwenden am Himmel begnügt: die *Mitte* der vier Sternbilder. Vermutlich hat dies die griechischen Astronomen bald nicht mehr befriedigt[11], denn jener Aratos, der die ›Phainomena‹ des Eudoxos dichterisch bearbeitete und der, wie Hipparch bezeugt, sonst in astronomischen Fragen den Ansichten des Eudoxos folgte[12], verfuhr in der Einteilung der Ekliptik anders als Eudoxos. Auch darüber berichtet Hipparch[13]: »Es muß vor allem vorausgeschickt werden, daß Aratos die Einteilung der Ekliptik von den Punkten der Wenden und Tag- und Nachtgleichen ausgehend in dem Sinne durchgeführt hat, daß diese Punkte die *Anfänge* von Zeichen sind, während Eudoxos die Einteilung so gemacht hat, daß die genannten Punkte in der *Mitte* der betreffenden Zeichen liegen, und zwar die ersteren in der Mitte des Krebses und des Steinbocks, und die letzteren in der Mitte des Widders und der Scheren (= der Waage).«

Wichtig ist diese Einteilung der Ekliptik deswegen, weil eben sie darüber entscheidet, mit welchen Fixsternen man die ersten drei Parallelkreise – den Äquator und die beiden Wendekreise – am Himmel bestimmen kann. Aus dem Schwanken – Mitte oder Anfang der betreffenden Sternbilder – ist auch die Schwierigkeit ersichtlich, der man bei diesem Versuch begegnete. Denn es war verhältnismäßig leicht, auf Grund der Mittagschatten des Gnomons das symbolische Weltbild (den Kreis der Abb. 4 a, S. 84) zu entwerfen, darin Himmel und Erde sowie die Durchmesser der Wendekreise und des Äquators zu finden. Auch die Projektion derselben Kreise des symbolischen Himmels auf die Erde machte – im

---

[11] Tannery, Recherches, S. 131, glaubt, »ce fût Callippe qui le premier fit coincider les solstices et les équinoces avec le *commencement* des signes.«

[12] Siehe Anm. 3 zum Teil II dieses Buches.

[13] Manitius 1894, S. 128, 21 ff. προδιειλήφθω δὲ πρῶτον, ὅτι τὴν διαίρεσιν τοῦ ζῳδιακοῦ κύκλου ὁ μὲν Ἄρατος πεποίηται ἀπὸ τῶν τροπικῶν τε καὶ ἰσημερινῶν σημείων ἀρχόμενος, ὥστε ταῦτα τὰ σημεῖα ἀρχὰς εἶναι ζῳδίων, ὁ δὲ Εὔδοξος οὕτω διῄρηται, ὥστε τὰ εἰρημένα σημεῖα μέσα εἶναι, τὰ μὲν τοῦ Καρκίνου καὶ τοῦ Αἰγόκερω, τὰ δὲ τοῦ Κριοῦ καὶ τῶν Χηλῶν.

Sinne der geozentrischen Theorie – keine besondere Schwierigkeit. Man konnte sogar schon im 5. Jahrhundert v. Chr. feststellen, daß die Entfernung der Wendekreise vom Äquator – oder was damit gleichbedeutend ist: die Entfernung beider Pole voneinander (des Weltpols und des anderen, des Pols der Ekliptik) – ungefähr jener Bogen sein muß, der zu einer Seite des regulären Fünfzehnecks im Kreis gehört. Aber es war nicht so leicht, diese Kreise sozusagen am »konkreten Himmel« mit Fixsternen zu bestimmen.

Überraschend ist es, daß, obwohl die Parallelkreise der Erdkugel nur Projektionen jener ähnlichen Kreise des Himmels sind, die auch früher konzipiert wurden, man dennoch weniger Schwierigkeiten hatte, die irdischen Projektionen dieser Kreise zu konkretisieren, als die Frage zu beantworten, mit welchen Fixsternen sich diese Kreise am Himmel bestimmen ließen. Man hat sich auch, was den Himmel betrifft, allem Anschein nach lange Zeit hindurch mit den fünf wichtigsten Parallelkreisen – den beiden arktischen, den beiden Wendekreisen und dem Äquator – begnügt. Wohl entsprechen den Entfernungen eines irdischen Punktes vom Äquator den Meridian entlang am Himmel die *Deklinationen* (die Winkelabstände) je eines Himmelskörpers vom Himmelsäquator, aber mit Deklinationen hat die Astronomie doch erst etwas später – und eben nach dem Vorbild der geographischen Breiten – zu rechnen begonnen.

Wie in der mathematischen Geographie über »Breite« und »Länge«, so redet man in der Astronomie über »Deklination« und »Rektaszension«. Ein Unterschied in der Behandlung dieser einander entsprechenden Begriffe auf beiden Gebieten besteht jedoch im folgenden: Es war in der Geographie verhältnismäßig leicht, die »Breite«, den Abstand irgendeines Punktes vom Äquator, als einen Bogen zu berechnen. Man mußte dazu nur das Verhältnis des Gnomons zu seinem Mittagschatten, etwa beim Äquinoktium, kennen. Schwieriger war es (vgl. oben Kap. III, 6), den Ost-West-Abstand zweier Punkte voneinander, ihre geographische »Länge«, zu bestimmen. Dazu hätte man vor allem die Differenz der lokalen Zeiten an beiden Orten genau kennen müssen.

Gerade umgekehrt verhielt es sich in der Astronomie, wo man die »Rektaszension« als Zeitspanne leichter berechnen konnte als die »Deklination« (den Winkelabstand vom Äquator). Es wurde oben (Kap. III, 7) schon erwähnt, daß die mathematische Geographie der Antike nicht bloß mit Parallelkreisen gearbeitet hat, die vom Äquator bis zum Nordpol in einer ein für alle Male festgelegten Reihenfolge nacheinander aufgenommen wurden, sondern

ebenso wollte man auf der Landkarte den Ost-West-Abstand, die
»Länge« nach Meridianen gliedern, deren Entfernung voneinander in *Stunden-Abständen* gemessen wurde. Darum hieß bei Ptolemaios (in der ›Geographie‹) das Intervall zwischen zwei in Ost-
West-Richtung aufeinanderfolgenden Meridianen: ὡριαῖον διάστημα »eine Stunde Abstand«. Geprägt wurde dieser Begriff – und
auch der Name selber – zuerst in der Astronomie. Man hat ursprünglich die Ost-West-Entfernung der Fixsterne – unsere Rektaszension –, auf alle Fälle schon zur Zeit des Hipparch, in »Stunden-Abständen« gemessen. Wie man es eben bei Hipparch in
jenem Kapitel liest, das in der deutschen Übersetzung den Titel
›Die 24 Stundenkreise‹ erhielt[14]: »Abgesehen von der Beobachtung
der Erscheinungen, die sich bei den Auf- und Untergängen darbie-
ten, halte ich es auch für nützlich, sich gewisse Fixsterne zu merken,
die in ihrer Aufeinanderfolge Abstände von je einer Stunde einhalten (ἀπέχουσιν ἀπ᾽ ἀλλήλων κατὰ τὸ ἑξῆς ὡριαῖα ἰσημερινὰ
διαστήματα). Denn dies können wir praktisch verwerten, um sowohl die Stunde der Nacht genau zu berechnen, als auch um die
Finsterniszeiten des Mondes und manche andere astronomische
Beobachtungen zu bestimmen.«

Es wurden dann Großkreise (sog. *Koluren*) festgelegt, die über
die Ekliptikpole und über einen ausgewählten Stern verlaufen, und
danach wurden, vom betreffenden Kolur ein, zwei, drei usw. Stunden entfernt, auffallende Sterne gewählt. Es heißt z. B. in unmittelbarer Fortsetzung des vorhin angeführten Zitates: »Auf dem Kolur
der Wendepunkte liegt der Stern am Ende des Schwanzes des Großen Hundes (η)[15], und zwar auf dem Halbkreis, der den *Sommerwendepunkt* enthält. Von diesem Stern liegt er einen Stundenab-
stand entfernt. (ἀπὸ τούτου τοῦ ἀστέρος ἀπέχει ὡριαῖον διάστημα« usw.).

Hipparch beginnt also mit der Zählung der Stunden-Abstände
beim Kolur über dem Sommerwendepunkt. Von diesem Kolur aus
zählt er zunächst Sterne bis zum Kolur über dem Punkt des Herbst-
Äquinoktiums in sechs Stunden-Abständen auf. Dann kommen
wieder sechs Stunden-Abstände bis zum Kolur über dem Winter-

---

[14] Manitius 1894, S. 271.
[15] Der bekannteste Stern des Großen Hundes ist α Canis maioris – Sirius. Mit dem Ende des Schwanzes vom Großen Hund meint Hipparch den
Stern η Canis maioris – Aludra (Rektaszension 07^h22^m, Deklination –
29 12′). Die Bedeutung des Namens »Aludra« ist nicht bekannt. Der Stern
ist von der Erde 1300 Lichtjahre entfernt.

wendepunkt; dann folgen sechs weitere zwischen den Koluren des Winterwendepunktes und des Frühlings-Äquinoktiums, und schließlich die letzten sechs bis zum Kolur über dem Sommerwendepunkt.

Im Grunde sind die »Stundenkreise« des Hipparch selbstverständlich dasselbe wie unsere »Stunden der Rektaszension«. Vergleicht man jedoch seine Einteilung mit der heute üblichen, so fallen zwei Tatsachen auf, die von historischem Gesichtspunkt aus lehrreich sind. Wir beginnen die Zählung der Stunden der Rektaszension beim *Widderpunkt*, d.h. also am Kolur des Frühlings-Äquinoktiums. Der Zählungsbeginn des Hipparch am Kolur über den *Sommerwendepunkt* scheint altertümlicher zu sein. Man vergesse nicht, daß der Tag der Sommerwende auch der Tag des kürzesten Mittagschattens im Jahr ist. Gerade diesen Mittagschatten kann man auf der nördlichen Hemisphäre, und besonders im Mittelmeer, am leichtesten und am genauesten messen. (Auch Pytheas von Massalia hat den Sommerwendschatten gemessen, als er den Parallelkreis über Massalia bestimmen wollte. Man hielt in älterer Zeit die Sommerwende für irgendwie leichter faßbar als das Äquinoktium.)

Die andere auffallende Tatsache ist, daß *wir* die Stunden der Rektaszension von 0^h bis 24^h fortlaufend zählen, während Hipparch zwischen den beiden Koluren der Wenden und Äquinoktien zweimal je sechs Stunden zählte. Unsere Art zu zählen ist offenbar einfacher, praktischer – d.h. sie entspricht einer längeren Praxis, einer höheren Stufe der Entfaltung der Wissenschaft. Man denke, als an einen analogen Fall, an die Bogen-Grade von $0°$ bis $360°$. Auch diese Einteilung des vollen Kreisumfangs ist offenbar älter als die fortlaufende Numerierung der Bogengrade; und das war keine prinzipielle Neuerung; sie hat nur das *praktische Rechnen* erleichtert. Aristarch hat z.B. den Bogen von $87°$ noch als »um ein Dreißigstel des Quadranten weniger als ein Quadrant« umschreiben müssen[16].

---

[16] T. L. Heath, Aristarchus. Oxford 1913, S. 352. Hypothesis 4: »When the Moon appears to us halved, its distance from the Sun is *less than a quadrant* (ἔλαττον τεταρτημορίου) *by one thirtieth of a quadrant*« (τῷ τεταρτημορίου τριακοστῷ).

2. Der Gnomon als Kalender

Nach der Tradition der Griechen hat Anaximander im 6. Jahrhundert v. Chr. mit dem Gnomon ein Problem des Kalenders gelöst. Wie gezeigt, bestand diese Errungenschaft in der Methode, den Mittagschatten des Äquinoktiums zwischen den Mittagschatten der beiden Wenden zu finden. Es wurde schon mehrmals darauf hingewiesen, daß diese Methode zu jenem schematischen Weltbild führte, das sowohl die Astronomie wie auch die Geographie bedeutend gefördert hat. Das Gnomon-Weltbild wurde durch jene Errungenschaft zu einem Instrument des Orientierens im *Raum*.

Doch war derselbe Gnomon selbstverständlich auch vor Anaximander schon ein Instrument für das Messen der *Zeit*. Zweifellos interessierte sich der Mensch auch damals schon, als man noch keine Methode für das Bestimmen des Äquinoktiums besaß, für die beiden Sonnenwenden. Deren Zeitpunkte wurden offenbar auf Grund jener Beobachtung gefunden, daß der täglich kürzeste Schatten (der Mittagschatten) sich im Laufe der Zeit verändert. Sah man, daß der Mittagschatten desselben Stabes kürzer zu werden begann, so wußte man, daß die Winterwende vorbei war; und sah man umgekehrt, daß der Mittagschatten nicht mehr kürzer wurde, sondern im Gegenteil, sich zu verlängern begann, so hatte die Sonne ihre Sommerwende vollzogen.

Die beiden Sonnenwenden sind also zeitliche Grenzpunkte je eines halben Jahres, und die Zeitspanne, die von einer Sonnenwende – über die andere hinweg – bis zu derselben zurück verstreicht, ist ein *tropisches Sonnenjahr*. (Darum begann bei den Griechen – die das Sonnenjahr mit dem Mondjahr kombinierten – das Neujahr gewöhnlich mit dem Neumond nach Sommerwende[17].)

Das Anzeigen der Sonnenwenden – mit dem kürzesten bzw. mit dem längsten Mittagschatten – mag wohl die älteste Bestimmung des Gnomons gewesen sein. Darum heißt der Gnomon griechisch oft »Sonnwendzeiger«, ἡλιοτρόπιον.

Das erste Mal werden in der antiken Literatur die Sonnenwenden in der Odyssee erwähnt – allerdings in einer Form, aus der der Sinn nicht zweifelsfrei hervorgeht. Eumaios, der Schweinehirt des Helden, spricht im 15. Gesang (403-404) von seiner Heimat, der

---

[17] Vgl. Tannery, Recherches, S. 131: »Régulièrement l'année devait commencer, chez les Grecs, à la nouvelle lune suivant la solstice d'été; mais les parapegmes partaient d'une date postérieure voisine plus facilement observable pour tous, celle du lever apparent de Sirius au matin.

Insel Syrie, »wo die Wenden der Sonne sind« (ὅθι τροπαὶ ἠελίοιο). Leider ist der Sinn des Ausdrucks nicht klar genug; man
könnte eventuell an ein mächtiges, und nach der Fabel auch »be-
rühmtes« Heliotropion, etwa an eine hohe Säule denken, die mit
ihrem kürzesten und längsten Mittagschatten im Jahr die Wenden
der Sonne zeigen würde.

Bekannt sind allerdings solche großen Sonnwendzeiger auch aus
der späteren Zeit. Einen soll z. B. der legendenhafte Pherekydes
von Syros – Zeitgenosse der Sieben Weisen und Lehrer des Pythagoras – in seiner Heimat, auf der Insel Syros, aufgestellt haben[18].
Ähnlich mag in historischen Zeiten derjenige von Theben[19] oder
der von Syrakus gewesen sein. Man liest über den letzteren bei
Plutarch[20], er habe am Fuß der Burg und der Pentepylen gestanden
– so hieß das prachtvolle fünffache Tor, durch das man von der
Stadt Syrakus zur Burg zog; Dionysios[21] ließ diesen weit sichtbaren, hohen Sonnenzeiger (*heliotropion*) errichten.

Wir wissen zwar nichts Näheres über diese ungewöhnlich großen
Sonnwendzeiger, aber sowohl der von Theben wie der von Syrakus
müssen monumental gewesen sein; diesen Eindruck bekommt man
schon auf Grund der beiläufigen Erwähnung in beiden Fällen.
Aber es ist doch unwahrscheinlich – selbst wenn sie vielleicht auch
die Tagesstunden angezeigt haben mögen –, daß sie zu diesem
Zweck errichtet worden wären. Man kann zwar durch die sorgfältige Beobachtung der Schatten eines solchen Gegenstandes, wie
der Gnomon oder ein mächtiges Heliotropion, auch die Tageszeit
bestimmen. Darum wird auch der Gnomon wie der Sonnwendzeiger (die monumentale Form des Gnomons) gewöhnlich unter solchen Instrumenten behandelt, mit denen man die Tageszeit zu
messen pflegte.

Doch hat man auch schon darauf hingewiesen, daß alles, was wir
von der ursprünglichen Bestimmung dieser Instrumente hören,
eher dafür spricht, daß sie in höherem Maße astronomisch-kalen-
darischen Zwecken dienten[22]. Einer der Forscher betonte sogar,

[18] Diogenes Laertios I 11, 6.
[19] Polybios V 99, 8.
[20] Plutarch, Dion 29.
[21] Der ältere Dionysios, Tyrann von Syrakus, lebte von 431 bis 367
v. Chr. Der jüngere dagegen, Sohn des vorigen, war dort zwischen 367 und
343 v. Chr. tätig.
[22] Vgl. die Artikel ›Horologium‹ in RE VIII (1913), Sp. 2416 ff. (von
A. Rehm) und in Ch. Daremberg und E. Saglio, Dictionnaire des antiquités
grecques et romaines. Bd. 3, S. 256–264 (von E. Ardaillon).

daß der Gnomon selbst bei den Römern, wo er sozusagen schon zu einem Inventarstück des Alltags geworden war, vorwiegend »ein Hilfsmittel der gelehrten Forschung« geblieben ist[23]. (Der Fall, den wir unten ausführlicher besprechen, wird diese Ansicht noch erhärten.)

Man könnte sich eher fragen, ob die beiden erwähnten mächtigen Gnomone wirklich bloß die Wenden der Sonne zeigten oder nicht auch die Äquinoktien, nach dem Vorbild des Gnomons von Anaximander. Natürlich muß diese Frage – mangels antiker Berichte darüber – offen bleiben. Aber *einen* Fall kennen wir doch, in dem ein Gnomon auf griechischem Boden aller Wahrscheinlichkeit nach ein *Kalender* war – in dem Sinne, daß er nicht nur die Sonnenwenden, sondern auch die Äquinoktien, also alle vier Jahreszeiten anzeigte. Dieser Fall ist jener Gnomon, den nach der Überlieferung Anaximander selber in Lakedaimon aufgestellt hatte[24]. Ein ὡρολόγιον oder ὡροσκοπεῖον war dieses Instrument deswegen, weil es – wie der Eusebios-Bericht ausdrücklich hervorhebt[25] – zur Erkenntnis der Sonnenwenden (πρὸς διάγνωσιν τροπῶν τε ἡλίου), der Jahre (καὶ χρονῶν), der Jahreszeiten (καὶ ὡρῶν) und des Äquinoktiums (καὶ ἰσημερίας) diente. (Wohl übersetzen die Wörterbücher den Ausdruck ὡρολόγιον oft als »Stundenzeiger«, aber es sei hier mit allem Nachdruck betont, daß das griechische Wort ὧρα ursprünglich »Jahreszeit« bedeutete. Die andere Wortbedeutung »Stunde« ist das Ergebnis einer verhältnismäßig späteren Entwicklung.)

Wir wissen sogar, dank einer ausgezeichneten Errungenschaft der Archäologie in den letzten Jahrzehnten, wie der griechische Gnomon als Kalender konstruiert war und wie er aussah, auch wenn die Ausmaße in älterer Zeit vielleicht nicht so riesig waren wie im wiederaufgefundenen und im wesentlichen rekonstruierten Fall. Ich meine jenen griechischen Gnomon, dessen Meridian in Rom ausgegraben wurde und den man in der Literatur als die »Sonnenuhr des Augustus« kennt[26].

Dieses Solarium oder Horologium im Nordteil des Campus Mar-

---

[23] A. Rehm in seinem ausgezeichneten Artikel; siehe die vorige Anmerkung.

[24] Diogenes Laertios II 1–2.

[25] Praep. Evang. X 14,11.

[26] Man vergleiche zum folgenden die hervorragende Veröffentlichung des ausgezeichneten Archäologen E. Buchner, Die Sonnenuhr des Augustus. Nachdruck aus RM 1976 und 1980 und Nachtrag über die Ausgrabung 1980/1981. Mainz 1982.

tius von Rom war ein aus Ägypten herübergebrachter Obelisk, den Augustus etwa im Jahre 9. v. Chr. an seinem neuen Standort aufstellen und einweihen ließ. Die Gesamthöhe des Obelisken betrug, nach der Rekonstruktion, etwa 30 Meter. Er steht heute vor dem Palazzo Montecitorio, dem italienischen Parlament (Piazza del Parlamento), etwa 200 Meter südlich des ursprünglichen Standortes. Man beachte, was Plinius über ihn schreibt[27]:

»Dem Obelisken, der auf dem Campus Martius steht, fügte der göttliche Augustus eine wunderbare Verwendung hinzu, zur Erfassung der Schatten der Sonne und so der Größen der Tage und Nächte, indem er Stein hinbreitete (= einen mit Steinplatten belegten Platz anlegte) entsprechend der Größe des Obelisken, dem (d. h. der Steinplatte) der Schatten an der Vollendung der Winterwende (= des kürzesten Tages, der *bruma*) zur sechsten Stunde gleich werden sollte, und dieser (Schatten) sollte allmählich über eingelegte Bronzelinien[28] an den einzelnen Tagen (= Tag für Tag) abnehmen und dann wieder zunehmen, eine bemerkenswerte Sache, würdig des Genies des Mathematikers Facundus Nov(i)us. Dieser fügte der Spitze eine vergoldete Kugel hinzu, durch deren Scheitel der Schatten auf sich selbst gesammelt werden sollte, da die Spitze sich sonst unregelmäßig bewegen würde, eine Erkenntnis, die er, wie es heißt, vom Kopf des Menschen gewonnen habe. Aber die Ablesung stimmt schon seit etwa 30 Jahren nicht mehr überein (= die Uhr geht nicht mehr richtig), sei es durch irgendeinen regelwidrigen Lauf der Sonne selbst und durch eine aus irgend-

---

[27] Plinius, Naturalis historia 36, 72 f.: »Ei (scil. obelisco) qui est in campo (Martio) divus Augustus addidit mirabilem usum ad deprehendendas solis umbras dierumque ac noctium ita magnitudines, strato lapide ad longitudinem obelisci, cui par fieret umbra brumae confectae die sexta hora, paulatimque per regulas, quae sunt ex aere inclusae, singulis diebus decresceret ac rursus augesceret, digna cognitu res, ingenio Facundi Novi mathematici. is apici auratam pilam addidit, cuius vertice umbra colligeretur in se ipsam, alias enormiter iaculante apice, ratione ut ferunt, a capite hominis intellecta. haec observatio XXX iam fere annis non congruit, sive solis ipsius dissono cursu et caeli aliqua ratione mutato sive universa tellure a centro suo aliquid emota (ut deprehendi et aliis in locis accipio) sive urbis tremoribus ibi tantum gnomone intorto sive inundationibus Tiberis sedimento molis facto, quamquam ad altitudinem impositi oneris in terram dicuntur acta fundamenta.« Die Übersetzung folgt nur im großen und ganzen dem deutschen Text bei E. Buchner.

[28] Diesen Sinn des Ausdruckes *per regulas quae sunt ex aere inclusae* hätte man ohne den archäologischen Nachweis von E. Buchner nie erraten können.

einem Grunde geänderte Bewegung des Himmels, sei es, daß die ganze Erde etwas aus ihrer zentralen Stellung gerückt wurde, was, wie ich erfahre, auch an anderen Stellen beobachtet wurde, sei es daß durch ein Erdbeben in der Stadt im Bereich des Gnomons dieser in Mitleidenschaft gezogen oder durch Überschwemmungen des Tiber ein Absinken der Masse verursacht wurde, obwohl es heißt, daß die Fundamente ebenso tief in den Boden gelegt wurden, wie die auferlegte Last hoch war.«

Zunächst ein paar Worte zum Text selbst:

1. Der antike Verfasser redet nicht davon, daß der Obelisk des Augustus die Stunden des Tages – von Sonnenaufgang bis Sonnenuntergang – anzeigen sollte. Er hebt statt dessen die Länge der Tage und Nächte im allgemeinen hervor. Man weiß in der Tat, daß die Veränderung des Mittagschattens von einem Gnomon – über das ganze Jahr hindurch – eben für die Länge der Tage und Nächte bezeichnend ist. Je länger der Mittagschatten ist, um so länger sind die Nächte und um so kürzer die Tage – und selbstverständlich auch umgekehrt. Es ist zwar nicht ausgeschlossen, daß dieser Obelisk gleichzeitig auch eine Sonnenuhr war in dem Sinne, daß er auch die Stunden des Tages anzeigte, aber *nicht* diese seine Rolle stand im Vordergrund; er war vor allem *Kalender* für das Jahr und die Jahreszeiten.

2. Zweifellos konzentriert Plinius seine Aufmerksamkeit einzig und allein auf den Mittagschatten des Obelisken. Der ausgelegte Steinplatz, auf den der Schatten fiel, war so lang wie der längste Mittagschatten der Säule, zur sechsten Stunde des kürzesten Tages (zur Mittagszeit). Von dieser Zeit ab verkürzt sich der Schatten bis zur Sommerwende, dann verlängert er sich wieder bis Winterwende.

3. Von den zum Teil kompromittierend naiven Vermutungen des Plinius – warum der Kalender des Augustus damals »seit etwa 30 Jahren« nicht mehr richtig funktionierte – ist nur der Hinweis auf ein Erdbeben beachtenswert. Man hat darauf hingewiesen[29], daß auch Tacitus (Ann. 12, 43) von häufigen Erdstößen berichtet, die in Rom im Jahre 51 n. Chr. stattgefunden haben. Diese mögen auch daran schuld sein, daß der riesige Gnomon auf dem Marsfeld später – etwa zur Zeit des Domitian – repariert werden mußte.

4. Warum wohl hat man diese Säule, deren Mittagschatten von Tag zu Tag auf der Bronzelinie des Meridians mit Querlinien sorgfältig registriert wurde, mit einer vergoldeten Kugel ergänzt? Hat

[29] Vgl. Buchner, Die Sonnenuhr, S. 66, Anm. 1.

Plinius recht damit, daß diese Kugel den Schatten irgendwie »sammeln« könnte? (Den Vergleich mit der Rolle des Menschenkopfes läßt man lieber völlig außer acht.) Zu dieser Vermutung sei nur soviel bemerkt: Ptolemaios (Almag. II 5) selber redet davon, wie schwer es sei, ohne eine Kugel genau jene Schattenlänge zu messen, die von der Spitze des Gnomons geworfen wird. Der moderne Übersetzer des Ptolemaios ergänzt dies dadurch[30]: »Erst die byzantinischen Astronomen des fünften Jahrhunderts n. Chr. suchten dieser Schwierigkeit dadurch abzuhelfen, daß sie an der Spitze des Gnomons eine kleine Scheibe mit einer kreisrunden Öffnung anbrachten, um in dem Mittelpunkt des so erzeugten Sonnenbildchens den maßgebenden Endpunkt der Schattenlänge zu erhalten.« Statt der Kugel wäre also ein Loch zweckmäßiger gewesen, wenn man die Schattenlänge hätte »sammeln« wollen. Ergänzt man den riesigen Gnomon mit einer vergoldeten Kugel an der Spitze, so wird dadurch das Messen der Schattenlänge eher erschwert. Hat diese vergoldete Kugel vielleicht einen symbolischen Sinn? Die Gnomonspitze ist ja symbolisch das Zentrum des Weltalls. Und symbolisiert die vergoldete Kugel hier nicht die kugelförmige Erde selbst?

Es wurde nun bei den Ausgrabungen in Rom mindestens ein Teil der horizontalen Meridianlinie vom riesigen Gnomon des Augustus gefunden (Abb. 24a). Die gesamte Horizontallinie entspräche auf unserer Abb. 4a (S. 84) der Strecke BRCT, die die ständige Richtung des Mittagschattens zeigt. Plinius behauptet, daß diese Linie im Falle des Augustus-Obelisken so lang war wie der längste Mittagschatten der Säule am kürzesten Tag (*bruma*) des Jahres, und daß die Ab- und Zunahme der Schattenlänge von Tag zu Tag durch eingelegte Bronzelinien (»per regulas quae sunt ex aere inclusae«) an ihr kenntlich gemacht wurde. Vergleichen wir nun den Gnomon des Vitruv (bzw. denjenigen des Anaximander, Abb. 4a) mit dem des Augustus.

Die drei wichtigsten Mittagschatten des bisher behandelten Gnomons sind: bei Sommerwende BR, bei den Äquinoktien BC und bei Winterwende BT. Von der Sommerwende bis zur Winterwende bewegt sich die Sonne von Tag zu Tag auf Kreisbahnen, deren Durchmesser parallel zum Durchmesser des Äquators (NAF) sind. Während dieser Zeit nehmen die Mittagschatten des Gnomons vom Punkt R bis zum Punkt T zu. (Die Summe aller Mittag-

---

[30] C. Manitius 1912, Bd. 1, S. 420.

Abb. 24a Ein ausgegrabenes Stück vom horizontalen Meridian des Gnomons von Augustus-Domitianus. Der Archäologe E. Buchner schreibt in seinem Bericht (S. 78): »Die Grabung fand an einer statisch prekären Stelle, nämlich unter dem Treppenhaus eines etwa 30 Meter hohen alten Palazzo statt«, aber: »wir setzten ... die Grabung fort, auch unter der Tragwand des Treppenhauses«. Die lange Linie ist der Meridian, auf den die Mittagschatten fallen; diese Linie wird von unten nach oben durch Querlinien gegliedert, den Längen der einzelnen Mittagschatten von Tag zu Tag entsprechend. Man beachte, um unsere Abbildung zu verstehen: Der Blick ist nach Norden (nach oben auf dem Bild) gerichtet. Man soll sich also den Gnomon unten, in der Fortsetzung der Meridianlinie senkrecht stehend denken. (Die Abstände der Querlinien voneinander werden nach Norden – nach oben zu – immer länger. Dies sieht man jedoch wegen der Perspektive der Fotografie nicht.) Die Buchstaben auf der linken Seite der Meridian-

schatten in diesem halben Jahr ist die Strecke BT.) Zweigeteilt wird diese Strecke in jenem Punkt C, der das Ende des Mittagschattens beim Äquinoktium anzeigt. Man sieht auch, daß die Parallelkreise der Sonnenbahnen zwischen den beiden Wenden am Kreis des Weltmeridians den Bogen $\hat{LK}$ (bzw. $\hat{HG}$) beschreiben. Diese Bogen werden zwar in den Punkten N und F durch den Durchmesser des Äquators halbiert – $\hat{HF}$ und $\hat{FG}$ sind untereinander gleiche Bogenhälften –, aber den Bogenhälften entsprechen auf der Meridianlinie (BT) zwei unterschiedlich lange Schattenstrecken: RC und CT. Die Zunahme des Mittagschattens von der Sommerwende (in Punkt R) bis zum Herbst-Äquinoktium (in C) macht eine viel kleinere Strecke aus, als die Zunahme desselben vom Herbstäquinoktium bis zur Winterwende (CT). Dasselbe gilt natürlich umgekehrt im zweiten Halbjahr: Die Abnahme des Mittagschattens von der Winterwende (in T) bis zum Frühlingsäquinoktium ist länger (TC) als die Abnahme vom Frühlingsäquinoktium bis zur Sommerwende (CR).

Versuchte man diese ungleichmäßige Ab- und Zunahme der Schattenlängen in den vier Jahreszeiten in einzelne Tage aufgelöst darzustellen, so bekäme man auf der Strecke RC (und auch umgekehrt: CR) – die die Veränderungen von der Sommerwende bis zum Herbstäquinoktium, oder rückwärts: vom Frühlingsäquinoktium bis zur Sommerwende zeigt – immer kleiner werdende Teil-

linie sind von oben nach unten zu lesen. (Auf dieser Seite hat man das Sich-Verkürzen der Mittagschatten registriert.) Das Bild zeigt rechts unten den Buchstaben N; damit hört der griechische Name des »Löwen«, des Sternbildes ΛΕΩΝ, auf. Auf derselben rechten Seite weiter oben, unter einer längeren Querlinie – offenbar einer Trennungslinie zwischen zwei Zodiakus-Zeichen –, liest man die beiden griechischen Worte:

ΕΤΗΣΙΑΙ
ΠΑΥΟΝΤΑΙ

»die Passatwinde hören auf«. ἐτησίαι hießen laut Wörterbuch »die jährlich zu einer gewissen Zeit wiederkehrenden Passatwinde, gewöhnlich der in den Hundstagen auf dem Ägäischen Meer wehende Nord- und Nordwestwind«. Noch weiter oben auf der rechten Seite sieht man noch zwei griechische Buchstaben: Π und A. Das Wort ist offenbar zu ΠΑΡΘΕΝΟΣ, (virgo, Jungfrau) zu ergänzen. Auf der anderen, der linken Seite der Meridianlinie sind die Buchstaben von oben nach unten zu lesen. Auf dieser Seite hat man das Sich-Verkürzen der Mittagschatten registriert. Auf dieser linken Seite sieht man unten nur die zwei letzten Buchstaben des Namens ΚΡΙΟΣ (Widder). Und weiter unten, über der Trennungslinie zwischen den beiden Zodiakus-Zeichen, sieht man noch den Buchstaben T; damit fing der Name ΤΑΥΡΟΣ (Stier) an.

strecken in der Richtung auf R. Dagegen müßten die ähnlichen »Tagesstrecken« der Schatten zwischen Äquinoktium (C) und Winterwende (T) in der Richtung auf T immer größer werden.

Diese Erwartung auf Grund der einfachen Gnomon-Darstellung bei Vitruv-Anaximander geht im Falle des Augustus-Obelisken wirklich in Erfüllung. E. Buchner schrieb dazu[31]:»Als nächstes fanden wir eine genau von Süden nach Norden verlaufende Bronzelinie und Querlinien *mit nach Norden zunehmenden Abstand* (von mir hervorgehoben – Á. Sz.). Die Querlinien entsprechen der sich täglich ändernden Schattenlänge, wobei jede der Linien zweimal im Jahr für einen Tag gilt. Es wurden also für das ganze Jahr 182 oder 183 solcher Linien benötigt... Das Ganze entspricht genau der Beschreibung in Plin.nat. 36, 72: umbra... paulatim per regulas, quae sunt ex aere inclusae, singulis diebus decresceret ac rursus augesceret...«

Problematisch ist in dieser Hinsicht nur jener südlichste Teil der Meridianlinie des Augustus-Obelisken (Abb. 24a), den man nicht ausgraben konnte. Denn hier ist die Strecke für die Mittagschatten der je 30 Tage unmittelbar vor und nach der Sommerwende allzu kurz. E. Buchner schrieb dazu[32]: »Aber dort besteht ohnehin die Schwierigkeit, daß... nur ca. 1,90 m zur Verfügung stehen. *Da werden die* regulae *sehr zusammengedrängt, falls auch hier noch die* singuli dies *bezeichnet waren.*« (Von mir hervorgehoben – Á. Sz.).

Es besteht jedoch *ein* wesentlicher Unterschied zwischen dem einfachen Gnomon und dem Obelisken des Augustus. Ursprünglich wurden durch die drei wichtigsten Mittagschatten des Jahres – bei den Wenden und den Äquinoktien – wohl nur die vier Jahreszeiten unterschieden. Die zwei Strecken – vom längsten Tag im Sommer ab gerechnet – galten der Reihe nach den folgenden Perioden: von der Sommerwende bis zum Herbstäquinoktium: RC Sommer, vom Herbstäquinoktium bis zur Winterwende: CT Herbst, von der Winterwende bis zum Frühlingsäquinoktium: TC Winter, und vom Frühlingsäquinoktium bis zur Sommerwende: CR Frühling.

Gegenüber dieser Vierteilung (eigentlich nur Zweiteilung) war die Meridianlinie des Augustus-Obelisken, den Zeichen des Zodiakus entsprechend, sechs- bzw. zwölfgeteilt. (Darum spricht der Text von Buchner außer von Querlinien für die einzelnen Tage auch von »Monatslinien«.) Bei den ersten Ausgrabungen in Rom

---

[31] Buchner, Die Sonnenuhr, S. 63.
[32] Ebd., S. 68.

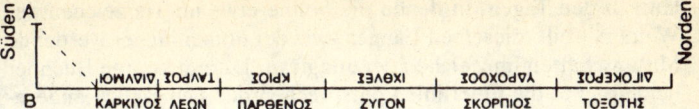

Abb. 24b So könnte man die sechs »Paarscheine« *(syzygiai)* am Meridian des Augustus-Obelisken rekonstruieren. Die Rekonstruktion ist auf Grund der Ausgrabungsergebnisse von E. Buchner gesichert. Es handelt sich dabei um eine verhältnismäßig späte Zusammenstellung der »Paarscheine«; siehe darüber die Erörterung des Geminus oben im Text. Links in dieser Abb. der senkrecht aufgestellte Gnomon (AB).

kamen nicht bloß die Bronzelinie und ihre Querlinien, sondern auch schon griechische Buchstaben zum Vorschein, die sich mit Sicherheit zu den Namen ΠΑΡΘΕΝΟΣ (Jungfrau) und ΚΡΙΟΣ (Widder) ergänzen ließen[33]. Später kamen noch die beiden Namen: ΤΑΥΡΟΣ (Stier) und ΛΕΩΝ (Löwe, Abb. 24a) dazu[34].

Diese Funde haben es Buchner ermöglicht, die griechischen Namen des Zodiakus neben der Meridianlinie zu rekonstruieren (vgl. Abb. 24b).

Die Reihe begann offenbar am nördlichen Ende der Meridianlinie, wo der Mittagschatten des kürzesten Tages *(bruma)* am längsten ist und von wo aus er sich von Tag zu Tag allmählich verkürzt. Hier war zunächst das griechische Wort für Steinbock in der Richtung nach Süden zu lesen: ΑΙΓΟΚΕΡΩΣ. Darauf folgten fünf weitere: Wassermann (ΥΔΡΟΧΟΟΣ), Fische (ΙΧΘΥΕΣ), Widder (ΚΡΙΟΣ), Stier (ΤΑΥΡΟΣ) und Zwillinge (ΔΙΔΥΜΟΙ). Damit war der kürzeste Mittagschatten (am längsten Tag, zur Sommerwende) erreicht. Der Name des nächsten Tierbildes, Krebs (ΚΑΡΚΙΝΟΣ), war schon auf der anderen Seite nach Norden zu lesen unter dem der Zwillinge; darauf folgten die fünf Namen: Löwe (ΛΕΩΝ), Jungfrau (ΠΑΡΘΕΝΟΣ), Waage (ΖΥΓΟΝ), Skorpion (ΣΚΟΡΠΙΟΣ) und Schütze (ΤΟΞΟΤΗΣ) der Reihe nach unter den vorher erwähnten: Stier, Widder, Fische, Wassermann und Steinbock.

Die Verbindung der jeweils sechs Namen von Norden nach Süden mit den anderen sechs von Süden nach Norden ist offenbar so zu verstehen: Der immer kürzer werdende Mittagschatten durch-

[33] Ebd., S. 63.
[34] Ebd., S. 79.

läuft in den Tagen, in denen die Sonne etwa im Tierzeichen des Widders weilt, dieselben Längen, wie der immer länger werdende Mittagschatten im Zeichen der Jungfrau. Darum konnte Buchner behaupten: »die Querlinien entsprechen der sich täglich ändernden Schattenlänge, wobei *jede der Linien zweimal im Jahr für einen Tag gilt. Es wurden also für das ganze Jahr 182 oder 183 solcher Linien benötigt*« (von mir hervorgehoben – Á. Sz.). Darum stehen nun Widder und Jungfrau in *syzygia* – »Paarschein«, wie der deutsche Übersetzer des Geminus-Textes, C. Manitius, schrieb.

Der aufmerksame Leser wird hier zunächst Anstoß nehmen. Er erinnert sich, daß nach den schon öfter zitierten Worten des Vitruv die beiden Äquinoktien in Widder und Waage stattfinden (Sol ariete libraque versando). Das heißt auch, daß am Gnomon-Kalender Widder und Waage »in Paarschein« stehen müßten. Nach der Rekonstruktion von Buchner steht jedoch der Widder nicht mit der Waage, sondern mit der Jungfrau in Paarschein. Von einem Irrtum oder einer Verwechslung kann nicht die Rede sein. Es wurden ja bei der Ausgrabung die Buchstaben für ΠΑΡΘΕΝΟΣ und ΚΡΙΟΣ tatsächlich in Paarschein vorgefunden. Wo liegt der Fehler?

Es gab in der antiken Astronomie zwei Auffassungen, eine ältere und eine jüngere. Geminus schreibt dazu[35]: »Die Alten bestimmten die Paare in folgender Weise. Den Krebs setzten sie mit keinem anderen Zeichen in das Verhältnis des Paarscheins, sondern nahmen an, daß er am nördlichsten aufgehe und auch am nördlichsten untergehe, indem sie sich guten Glaubens folgende Betrachtung genügen ließen. Da die Sommerwende im Krebs stattfindet, bei der Sommerwende aber die Sonne den nördlichsten Punkt ihrer Bahn erreicht, so nahmen sie an, daß infolgedessen der Krebs am nördlichsten aufgehe und ebenso auch untergehe. Dasselbe Verhältnis liegt auch beim Steinbock vor. Denn auch von diesem nahmen sie an, daß er am südlichsten aufgehe und mit keinem anderen Zeichen im Verhältnis des Paarscheins stehe. Und da die Winterwende im Steinbock stattfindet, bei der Winterwende aber die Sonne den südlichsten Punkt ihrer Bahn erreicht, so nahmen sie an, daß infolgedessen der Steinbock am südlichsten aufgehe und kein anderes Zeichen aus demselben Ort wie er aufgehe und in demselben untergehe. – Die übrigen Paare, die im Paarschein stehen, bestimmten sie folgendermaßen: mit den Zwillingen der Löwe, mit dem Stier die Jungfrau, mit dem Widder die Waage, mit den Fischen der Skorpion, und mit dem Wassermann der Schütze.«

[35] Manitius 1898, S. 29 ff.

Danach waren also die Tierzeichen einst nach diesem Schema angeordnet:

Krebs

Löwe	Zwillinge
Jungfrau	Stier
Waage	*Widder*
Skorpion	Fische
Schütze	Wassermann

Steinbock

Kursiv hervorgehoben sind die vier wichtigsten Zeichen: Krebs und Steinbock bezeichnen die beiden Wenden im Sommer und Winter; Widder und Waage die beiden Äquinoktien im Frühling und Herbst. Dieser Anordnung folgt das erwähnte Vitruv-Zitat.

Aber Geminus ist mit dieser Aufstellung der Paarscheine *nicht* einverstanden. Er schreibt in der Fortsetzung des vorigen Zitates: »Die so getroffene Anordnung ist falsch. Denn keineswegs *im ganzen Krebs* findet die Wende statt, sondern es gibt einen ganz bestimmten, nur theoretisch angenommenen Punkt, in welchem angelangt die Sonne die Wende bewirkt: es ist nur ein Moment, in dem die Wende stattfindet. Und das ganze Zeichen des Krebses nimmt eine den Zwillingen entsprechende Lage ein, d. h. beide Zeichen haben vom Sommerwendepunkt den gleichen Abstand. Aus diesem Grund ist auch die Länge der Tage in den Zwillingen und im Krebs gleich, und sind an den Kalendern[36] die von den Zeigern (= ὑπὸ τῶν γνωμόνων) beschriebenen Linien[37] sowohl im Krebs wie in den Zwillingen vom Sommerwendepunkt gleich weit entfernt. Denn es nehmen die beiden Zeichen zum Sommerwendepunkt die gleiche Lage ein. Daher werden sie auch von denselben Parallelkreisen eingeschlossen, und es gehen infolgedessen Zwillinge und Krebs an demselben Ort auf und ebenso in demselben Ort unter. – Dasselbe Verhältnis findet sich auch beim Steinbock. Auch dieser hat nicht eine südlichste Lage, sondern nur ein bestimmter, theoretisch angenommener Punkt, der dem Ende des Schützen und dem Anfang des Steinbocks gemeinsam ist, ist der Wendepunkt. Deshalb hat der Steinbock die gleiche Lage wie der

---

[36] Mit dem Wort »Kalender« übersetze ich hier das griechische ὡρο-σκοπεῖον (= Zeiger der Jahreszeiten).
[37] Das Wort γραμμαί entspricht in diesem Zusammenhang den *regulae ... ex aere inclusae* im Bericht des Plinius über den Augustus-Obelisken.

Schütze, und er hat auch denselben Abstand vom Winterwende-
punkt. Daher ist auch die Länge der Tage und Nächte im Schützen
und im Steinbock dieselbe, und die Spitze des Zeigers an den Kalendern (καὶ τὸ ἄκρον τοῦ γνώμονος ἐν τοῖς ὡρολογίοις) beschreibt (in beiden Zeichen) dieselben Tageslinien (τὰς αὐτὰς
γράφει γραμμάς). Denn es werden die beiden Zeichen des Schützen und des Steinbocks von denselben Parallelkreisen eingeschlossen. Infolgedessen gehen Schütze und Steinbock an demselben Ort
auf und in demselben Ort unter, sie stehen im Paarschein.«

Zusammengefaßt heißt das bei Geminus folgendermaßen[38]: »Es
gibt nun in Wahrheit sechs in Paarschein stehende Paare: Zwillin-
ge-Krebs, Stier-Löwe, Widder-Jungfrau, Fische-Waage, Wasser-
mann-Skorpion, Steinbock-Schütze. Diese Zeichen gehen eben an
demselben Ort auf und in demselben Ort unter, werden von denselben Parallelkreisen eingeschlossen und nehmen an den Wendepunkten die gleiche Lage ein. In ihnen ist die Länge der Tage und
der Nächte gleich, und die Spitzen der Zeiger an den Kalendern beschreiben dieselben Tageslinien.« Die Anordnung der Paarscheine
ist also hier dieselbe wie beim Augustus-Obelisken.

Die beiden letzten Zitate legen folgende Schlüsse nahe.

1. Man versuchte, den schematischen Sonnenkalender des Gnomons, der ursprünglich nur die vier Jahreszeiten zu fixieren vermochte, so weiterzuentwickeln, daß man feststellen könnte, in
welchen Tierkreiszeichen die Wenden und die Äquinoktien stattfinden. Das war zunächst eine verhältnismäßig leichte Aufgabe.
Dem längsten Tag des Jahres, seinem kürzesten Mittagschatten,
entsprach der nördlichste Stand der Sonne im Krebs und dem kürzesten Tag (*bruma*) mit seinem längsten Mittagschatten der südlichste Sonnenstand im Steinbock. Ebenso konnte man auch die
beiden Äquinoktien annähernd im Widder und in der Waage fixieren. (Heute stimmen diese Feststellungen wegen der Präzession
nicht mehr. Der nördlichste Sonnenstand tritt zur Zeit unmittelbar
vor den Zwillingen und der südlichste unmittelbar vor dem Schützen ein. Ebenso haben wir das Frühlingsäquinoktium anstatt im
Widder in den Fischen und das Herbstäquinoktium anstatt in der
Waage in der Jungfrau.)

2. Wir beginnen die Aufzählung der Zodiakus-Zeichen mit dem
Widder: Widder, Stier, Zwillinge, Krebs etc., weil im Altertum die
Frühlingsnachtgleiche im Widder eintrat. Darum heißt der Früh-
lingspunkt – der Schnittpunkt des Äquators mit der Ekliptik, in

[38] Manitius 1898, S. 35f.

dem die Sonne von negativer zu positiver, d. h. von südlicher zu nördlicher Deklination übergeht, und in dem sie sich zu Frühlingsanfang befindet – auch heute noch *Widderpunkt*. Von diesem Punkt ab (0°) rechnen wir sowohl die Grade der Deklination (nördlich und südlich) wie auch die 24 Stunden der Rektaszension, fortlaufend in westlicher Richtung. In der Antike waren dagegen der nördlichste und der südlichste Stand der Sonne (Sommerwende und Winterwende) die Ausgangspunkte, von denen ab die himmlischen Parallelkreise (die täglichen Sonnenbahnen) gerechnet wurden. Es genügte eine Zeitlang wohl nur festzustellen, daß die beiden Wenden im Krebs und im Steinbock stattfinden. Einer größeren Schwierigkeit begegnete man, als man die Wendepunkte genauer fixieren wollte. Wie Geminus betont – das gilt für die Sommer- wie auch für die Winterwende –: »es ist nur ein *theoretisch angenommener* Punkt, in welchem angelangt die Sonne die Wende bewirkt; es ist nur ein Moment, in dem die Wende stattfindet« (ἔστιν ἕν τι σημεῖον λόγῳ θεωρητόν ἐφ' οὗ γενόμενος ὁ ἥλιος τὴν τροπὴν ποιεῖται. ἐν γὰρ στιγμιαίθῳ χρόνῳ αἱ τροπαὶ γίνονται).

3. Sowohl die Tatsache, daß die Abstände der himmlischen Parallelkreise von den beiden Wenden ab berücksichtigt werden, wie auch die Bedeutung, die man den »Paarscheinen« zuschrieb, sprechen dafür, daß die Schattenbeobachtungen mit Hilfe des Gnomons den Anlaß zu diesen Betrachtungen gebildet hatten. Man wollte wissen, zu welchen Zeiten des Jahres die ab- und zunehmenden Mittagschatten die gleiche Länge haben. Man wählte zu diesem Zweck sechs Tierkreiszeichen über dem Äquator, die der täglich nördlicher verlaufenden Bahn der Sonne entsprechen und einen Höhepunkt haben; sechs andere Zeichen dagegen unter dem Äquator vertraten, mit einem Tiefpunkt, jene Spanne, in der die Bahn der Sonne täglich südlicher verläuft. Es fragte sich nur, wie man die »Paarscheine« auf die drei Grenzpunkte – die beiden Wenden und den Äquator an der Meridianlinie – verteilen sollte.

3. Die Zwölfteilung des Kalenders

Das Bestimmen des äquinoktialen Mittagschattens am Gnomon-Weltbild (Abb. 4a) dadurch, daß man den Bogen zwischen den Wendepunkten (L̂K oder ĤG) halbiert, hat zu dem überraschenden Ergebnis geführt, daß jene gerade Strecke, die das Zunehmen des Mittagschattens von der Sommerwende bis zur Winterwende anzeigt (RT), aus zwei ungleichen Segmenten besteht, aus RC und CT. Da nun die Zeit zwischen den beiden Wenden – von der Sommerwende bis zur Winterwende, oder auch von der Winterwende bis zur Sommerwende – ein halbes Jahr ausmacht, bestehen die Jahreshälften aus je zwei solchen Vierteln, in denen die Mittagschatten sich ungleichmäßig verändern. Von der Sommerwende bis zum Herbstäquinoktium muß die tägliche Zunahme der Schattenlänge ziemlich gering sein; darum ist das Streckensegment RC, das die Zunahme der Schatten zwischen diesen beiden zeitlichen Grenzen anzeigt, kürzer. Dagegen spricht das längere Segment CT dafür, daß in der Periode vom Herbstäquinoktium bis zur Winterwende die tägliche Zunahme des Mittagschattens bedeutend länger ist. Dasselbe gilt natürlich auch umgekehrt: Im Jahresviertel nach der Winterwende nehmen die Mittagschatten zunächst auffallender ab (TC); im Viertel von der Frühlingsnachtgleiche bis zur Sommerwende (CR) wird dagegen die tägliche Abnahme immer geringer.

Es ist nicht bekannt, wann die Griechen zum ersten Male versucht haben, am Gnomon-Kalender die Ab- und Zunahme der Mittagschatten über ein ganzes Jahr hin nach jenen zwölf Zeichen des Zodiakus zu gliedern, die natürlich die Urform unserer zwölf Monate bilden. Auch die Datierung jener geistreichen Methode, die im folgenden kurz geschildert wird[39], ist nur Vermutung.

Die Methode wurde etwa auf Grund folgender Überlegung gefunden. Um den äquinoktialen Mittagschatten des Gnomons zu finden, mußte man den Bogen des Meridiankreises $\overarc{LK}$, bzw. sein Spiegelbild $\overarc{HG}$, halbieren, da die Sonnenbahnen (von Tag zu Tag) Parallelkreise sind, die sich in einem halben Jahr zwischen den beiden äußersten Punkten des Bogens $\overarc{LK}$ (bzw. $\overarc{HG}$) verschieben. Die gerade Strecke RT (mit den Endpunkten der Mittagschatten an beiden Wenden) ist eigentlich die horizontale Projektion des Bogens $\overarc{HG}$, wie auch der Punkt C – das Ende des äquinoktialen Mittagschattens – die Projektion des Punktes F ist.

In einem halben Jahr durchwandert die Sonne sechs Zeichen des Zodiakus. Die Mittagschatten zwischen den Punkten R und T entsprechen den Schatten aller jener Tage, an denen die Sonne in den sechs Zeichen verweilt. Findet man im Punkt C den Mittagschatten der Nachtgleiche, so heißt dies auch, daß von den insgesamt sechs

[39] Man vgl. zum folgenden Buchner, Die Sonnenuhr, S. 22, und ders., Antike Reiseuhren. In: Chiron 1 (1971), S. 457–82.

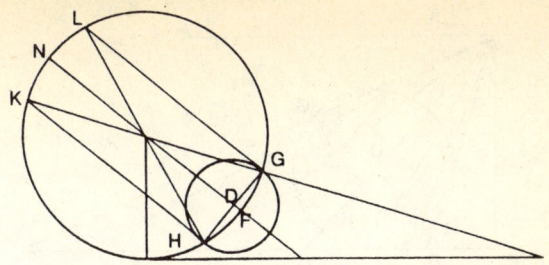

Abb. 25 Das schon öfter gezeigte schematische Gnomon-Weltbild. Der kleine Kreis, dessen Durchmesser man als die Strecke HDG zwischen den beiden Wendekreis-Durchmessern (LG und KH) sieht, ist der verkleinerte Ekliptik-Kreis, den die Sonne in einem Jahr zu beschreiben scheint.

Zeichen des halben Jahres je drei den beiden Teilstrecken RC und CT zugewiesen werden.

Es wäre natürlich verkehrt, wenn man die weiteren Teilstrekken, in denen die Mittagschatten der einzelnen Tage der je drei Tierzeichen zu finden sind, suchen wollte, indem man RC und CT in drei untereinander gleiche Teilstrecken aufspaltete. Auch den Mittagschatten der Nachtgleiche, bzw. den Punkt C, hat man nicht bekommen, indem man die Strecke RT einfach halbierte. Man richte seine Aufmerksamkeit eher auf den Bogen HG. Diesen Bogen beschreiben die Parallelkreise der Sonnenbahnen, indem die Sonne von der einen Wende in die andere übergeht; ihn muß man irgendwie den sechs Tierzeichen entsprechend sechsteilen.

Vitruv verbindet zunächst die Endpunkte des Bogens HG durch eine Sehne, die den äquinoktialen Mittagstrahl im Punkt D schneidet (Abb. 25). Dann schlägt er um diesen Schnittpunkt mit dem Radius DH einen Kreis. Dieser heißt in unserem lateinischen Text *manaeus* (μηνιαῖος, μήναχος oder μάναχος), also »Monatskreis«; innerhalb des Weltbildes ist er ein verkleinertes Abbild der jährlichen Kreisbahn der Sonne, der Ekliptik. »Der Kreis wird dann in zwölf gleiche Abschnitte von je 30° geteilt, entsprechend den zwölf Tierkreiszeichen des Jahres. Je zwei der hierdurch entstandenen Schnittpunkte am Kreisumfang werden durch Parallelen zum Mittagstrahl des Äquinoktiums (NAF, Abb. 26) miteinander verbunden. (Die gestrichelten Parallelen verbinden also gewissermaßen die ›Paarscheine‹ des Zodiakus.) Zu den Schnittpunkten der Parallelen mit dem Kreisbogen HFG werden dann gerade Linien von der Gnomonspitze (A) aus gezogen; die Verlängerungen

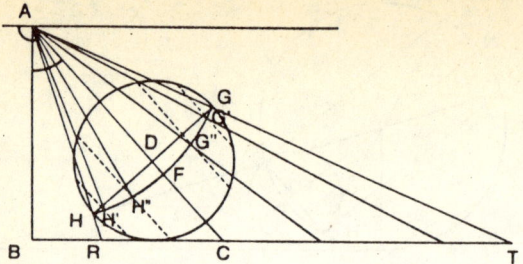

Abb. 26 Der Kreis der Ekliptik wird zwölfgeteilt. Die gestrichelten Strek-
ken parallel zum Mittagstrahl des Äquinoktiums (zum Durchmesser des
Äquators) verbinden solche Punkte des Kreises der Ekliptik, die als Grenzen zwischen den einzelnen Paarscheinen gedacht werden. Verbindet man
die Schnittpunkte dieser gestrichelten Linien und des Meridianbogens zwischen den Wendepunkten (HFG) zunächst mit der Gnomonspitze (A),
dann ergeben die Verlängerungen dieser Verbindungslinien auf der horizontalen Meridianlinie (BRCT) die den Zodia entsprechenden Einteilungen. (Die Skizze deutet diese Einteilungen nur für die Strecke CT bzw. TC
an; die Einteilungen der anderen Teilstrecke RC bzw. CR wurden fortgelassen.)

dieser Geraden von der Gonomonspitze aus ergeben auf der horizontalen Meridianlinie (BRCT) jene Segmente zwischen R und T,
die den sechs ›Paarscheinen‹ entsprechen.«[40]

Und wie wurden schließlich in den sechs unterschiedlich langen
Segmenten die je für zwei Tage im Jahr gültigen »Querlinien« gefunden? Vermutlich einfach durch Interpolation.

Der Ekliptikkreis, und damit das Jahr, wird also in zwölf Teile
geteilt. Und wie ein Zwölftel des Kreises 30 Grad hat, so hat jedes
Zwölftel des Zodiakus (jeder Monat) 30 Tage. So hat auch Herodot gerechnet: siebzig Jahre haben 25200 Tage (12·30·70)), wenn
man keine Schaltmonate einrechnet; Schaltmonate müssen allerdings eingefügt werden, damit die Zeitrechnung mit den Jahreszeiten übereinstimmt[41]. Die geschilderte Gnomon-Konstruktion

[40] In den letzten Anführungszeichen wiederhole ich – zwar nicht wörtlich – den Gedankengang von E. Buchner (in: Chiron 1, 1971, S. 467 und
Die Sonnenuhr des Augustus, S. 22). Ich hoffe, den ursprünglichen Gedanken durch meine Wortveränderungen nicht entstellt, eher prägnanter ge-
staltet zu haben.
[41] Herodot I 32: ἐνιαυτοὶ ἑβδομήκοντα (70) παρέχονται ἡμέρας διηκο-
σίας καὶ πεντακισχιλίας καὶ δισμυρίας (25.200), ἐμβολίμου μηνὸς μὴ
γινομένου … ἵνα δὴ αἱ ὧραι συμβαίνωσι παραγινόμεναι ἐς τὸ δέον, μῆ-
νες … ἐμβόλιμοι γίνονται.

scheint diese Notwendigkeit nicht zu berücksichtigen; für sie hat das Jahr offenbar nur 360 Tage, wie auch der Kreis 360 Grade hat. Aber nicht bloß darin besteht die Unzulänglichkeit des Gnomon-Kalenders.

4. Unzulänglichkeiten des Gnomon-Kalenders

Es gibt eine Stelle in der trefflichen Platon-Erklärung des Theon von Smyrna (2. Jahrhundert n. Chr.), die unter Berufung auf den Aristoteles-Schüler Eudemos besagt, Thales sei der erste gewesen, dem auffiel, daß die Periode der Sonne, in bezug auf die Wenden, nicht immer dieselbe sei[42]. Der Bericht ist zwar nicht ganz eindeutig, aber man erklärt ihn gewöhnlich so: Thales habe beobachtet, daß der Zeitraum von der Sonnenwende bis zur Winterwende länger ist als der von der Winterwende bis zur Sommerwende[43].

Zweifellos hat die unterschiedliche Länge der Jahreszeiten die griechischen Astronomen mindestens schon im 5. Jahrhundert v. Chr. lebhaft beschäftigt. Wir besitzen eine in Ägypten zwischen 193 und 165 v. Chr. griechisch verfaßte, ziemlich primitive Zusammenfassung astronomischer Kenntnisse, die in der Fachliteratur am häufigsten unter dem Titel ›Ars Eudoxi‹ erwähnt wird[44]. Dieses kleine Werk, das etwa auf dem Niveau eines einfachen Schulbuchs steht[45], zählt nacheinander auf, auf welche Weise Demokrit, Euktemon, Eudoxos und Kallippos die Längen der vier Jahreszeiten in ganzen Tagen zu bestimmen versuchten.

Es wird gewöhnlich angenommen, daß Meton – der 432 in Athen eine Kalenderreform vorgeschlagen hatte – zusammen mit seinem Zeitgenossen Euktemon erstmals die Längen der Jahreszeiten in

---

[42] Theonis Smyrnaei Expositio (Ed. E. Hiller) S. 198, 16–18.

[43] M. R. Cohen, I. E. Drabkin, Source book in greek science. Cambridge, Mass. 1958, S. 92, Fn. 2: »The reference seems to be to the fact that the period from the summer solstice to the winter solstice is approximately 184 1/2 days, whereas that from the winter solstice to the summer solstice is approximately 180 1/2 days.«

[44] Man vgl. über die Ars Eudoxi: Tannery, Recherches, S. 23 f. In demselben Band auch die französische Übersetzung der Ars. S. 283–294.

[45] Tannery, Recherches: »le papyrus a certainement été écrit par un homme peu instruit et on l'a comparé, avec quelque raison, à un cahier d'élève.«

ganzen Tagen zu bestimmen suchte[46]. Diesen Versuch hätte dann Kallippos (ca. 370–300 v. Chr.) weiter verfeinert[47]. Versuchen wir nun die für Kallippos überlieferten Angaben mit den Veränderungen der Gnomon-Schatten in den vier Jahreszeiten zu vergleichen.

Kallippos zählte von der Frühlingsnachtgleiche bis zur Sommerwende 94 Tage; so viele Mittagschatten müßte man also auf das Segment von C bis R (Abb. 4 a, S. 84) anbringen. Von der Sommerwende bis zum Herbstäquinoktium gab es für Kallippos 92 Tage. Diesmal müßte man also auf die vorige Gerade – jetzt in umgekehrter Richtung, von R bis C – schon zwei Mittagschatten weniger anbringen. (Anders formuliert: Es ist prinzipiell eigentlich nicht möglich, daß je zwei Tage im Laufe des Kürzer- bzw. Länger-Werdens der Tage dieselbe Länge des Mittagschattens haben. Das Zusammenfallen zweier Schattenlängen wird nur approximiert.) Vom Herbstäquinoktium bis zur Winterwende – auf der Geraden von C bis T – gab es für Kallippos nur 89 Tage; aber für dasselbe Segment auf dem Rückweg (also von T bis C) zählte er wieder einen Tag mehr, also 90. Keine der vier Jahreszeiten hatte also dieselbe Zahl von Tagen. Und dabei hat man für das ganze Jahr grob nur 365 Tage (94 + 92 + 89 + 90) gerechnet.

Ist es überhaupt möglich, die Länge der Jahreszeiten – wenn auch nur in jener Approximation, die dem Kallippos zugeschrieben wird, also bloß für die einzelnen Jahresviertel – auf Grund von Gnomon-Beobachtungen zu bestimmen? (Kallippos soll jedoch noch mehr angestrebt haben, nämlich die genaue Bestimmung der Zeitdauer der Sonnenbahn gesondert für jedes Zwölftel des Zodiakus[48].)

Noch weniger erzielt man durch die Schattenbeobachtung jene weiter verfeinerte Einteilung der vier Jahreszeiten, der man bei Geminus begegnet[49]: »Die zwischen den Wenden und den Nachtgleichen liegenden Zeiten werden auf folgende Weise eingeteilt.

[46] Allerdings erwähnt die Ars Eudoxi in diesem Zusammenhang auch Demokritos, der ein Zeitgenosse sowohl der beiden (Meton, Euktemon), wie auch des Sokrates (469–399) war. Meton und Euktemon können also von diesem Gesichtspunkt aus höchstens die ältesten für uns bekannten Namen sein.

[47] Vgl. J. L. E. Dreyer, A history of astronomy from Thales to Kepler. 2. Aufl. Boston 1953, S. 106.

[48] Tannery, Recherches, S. 131, über Kallippos: »Il s'occupa en effet, de préciser le temps mis par le soleil à parcourir chaque douzième du zodiaque, tandis qu'avant lui, Méton et Euctémon n'avaient constaté l'inégalité de la marche du soleil que pour les quarts de son orbite.«

[49] Manitius 1898, S. 9 f.

Von der Frühlingsnachtgleiche bis zur Sommerwende sind es 94 1/2 Tage. In soviel Tagen durchläuft die Sonne Widder, Stier und Zwillinge und bewirkt, im ersten Grad des Krebses angelangt, die Sommerwende. Von der Sommerwende bis zur Herbstnachtgleiche sind es 92 1/2 Tage. In soviel Tagen durchläuft die Sonne Krebs, Löwe und Jungfrau und bewirkt im ersten Grad der Waage die Herbstnachtgleiche. Von der Herbstnachtgleiche bis zur Winterwende sind es 88 1/8 Tage. In soviel Tagen durchläuft die Sonne Waage, Skorpion und Schütze und bewirkt, im ersten Grad des Steinbocks angelangt, die Winterwende. Von der Winterwende bis zur Frühlingsnachtgleiche sind es 90 1/8 Tage. In soviel Tagen durchläuft die Sonne die noch übrigen drei Zeichen: Steinbock, Wassermann und Fische. Die Summe aller Tage dieser vier Zeiten beträgt 365 1/4; das sind die Tage des Jahres.«[50]

Versucht man also die Mittagschatten der einzelnen Tage in den vier Jahreszeiten an der horizontalen Meridianlinie des Gnomons anzugeben, so begegnet man vor allem der Schwierigkeit, daß man die meisten »Tageslinien« gerade auf das kürzere Streckensegment dieser Linie (RC) anbringen müßte. (Über dieses Segment schreibt E. Buchner: »Da werden die *regulae* sehr zusammengedrängt, falls auch hier noch die *singuli dies* bezeichnet waren.«)

Eine noch größere Schwierigkeit entstand dadurch, daß keine der vier Jahreszeiten die gleiche Anzahl von Tagen hat wie eine andere. Eigentlich haben also *keine* zwei Tage in den beiden Jahreshälften dieselbe Länge des Mittagschattens. Man könnte das Zusammenfallen zweier Mittagschatten nur dann erwarten, wenn alle Jahresviertel dieselbe Anzahl von Tagen hätten. (Man brauchte also eigentlich zwei parallele Meridianlinien von demselben Gnomon; die eine könnte die Abnahme, die andere die Zunahme der Mittagschatten registrieren.)

Gänzlich ungeeignet ist die Gnomon-Beobachtung, wenn man die Länge der Jahreszeiten nicht nur in Tagen, sondern auch in

[50] Es seien hier zum Vergleich auch die modernen Angaben erwähnt, die astronomischen Längen der Jahreszeiten auf der nördlichen Erdhalbkugel:

Frühling 92 Tage, 19 Stunden
Sommer 93 Tage, 15 Stunden
Herbst 89 Tage, 20 Stunden
Winter 89 Tage, 00 Stunden

Die Länge der Jahreszeiten hängt von der wechselnden Entfernung der Erde zur Sonne ab. Größere Nähe hat rascheren Umlauf zur Folge. Im (nördl.) Herbst und Winter ist die Erde der Sonne näher als im Frühling und im Sommer. Die Länge der Jahreszeiten wechselt im Laufe eines Platonischen Jahres.

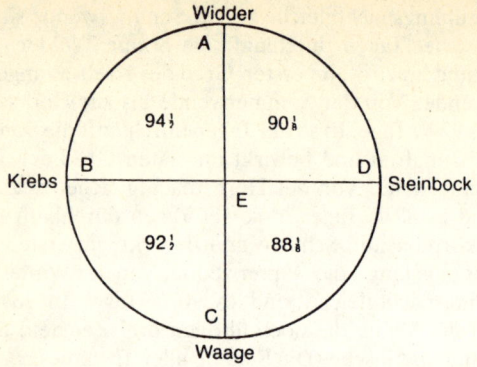

Abb. 27   Der Kreis ist hier eine schematische Darstellung der Ekliptik. Die Sonne scheint diesen Kreis in 365¹/₄ Tagen zu beschreiben, während auf die einzelnen Viertel jeweils eine unterschiedliche Anzahl von Tagen fällt.

Stunden (in Bruchteilen von Tagen) bestimmen will. Wie das angeführte Geminus-Zitat betont: Die Wenden und die Äquinoktien finden in einem »theoretisch angenommenen Punkt« statt (ἐν γὰρ στιγμιαίῳ χρόνῳ αἱ τροπαὶ γίνονται). Dieser theoretische Punkt ist nicht notwendig auch die Mittagszeit, die für irgendeinen aufs Geratewohl gewählten Ort gilt. Will man also die Zeit der Wenden und Äquinoktien auf die Stunden genau bestimmen, dann ist der Gnomon ein ungeeignetes Instrument. Mit ihm kann man die Länge der Jahreszeiten – auch im besten Fall – nur nach Tagen bestimmen.

Die ungleiche Länge der vier Jahreszeiten wird im modernen heliozentrischen System mit dem *zweiten Keplerschen Gesetz* erklärt: Die Verbindungslinie Sonne-Planet, der Leitstrahl oder Radiusvektor, überstreicht in gleichen Zeiträumen gleich große Flächen. (Daraus folgt, daß der Planet in Sonnennähe, im Perihel, rascher läuft als in Sonnenferne, im Aphel.)

Die antike Wissenschaft hat dieses Problem folgendermaßen behandelt. Der beigelegte Kreis (Abb. 27) sei der Zodiakus – nach Theon von Smyrna[51]. Im Zentrum E stehe die Erde. Die Punkte A und C bezeichnen das Frühlings- und das Herbstäquinoktium im Zeichen von Widder und Waage, die Punkte B und D dagegen die Sommer- und die Winterwende im Zeichen von Krebs und Stein-

---

[51] Theonis Smyrnaei Expositio. (Ed. E. Hiller) S. 152 f., 173.

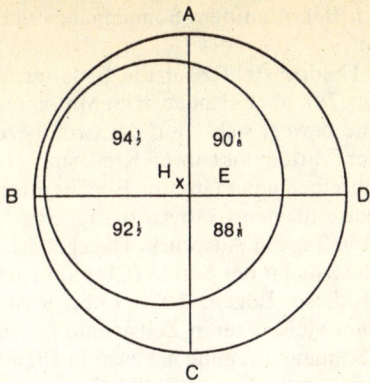

Abb. 28 Der größere Kreis veranschaulicht das Weltall mit der Erde (E) in seinem Mittelpunkt. Der kleinere Kreis wird als exzentrische Bahn der Sonne (Helios) gedacht; der Mittelpunkt dieser kleineren Kreisbahn wird in H gedacht. Von E aus sieht man anstatt der Bogen des kleineren Kreises – für die die Tage der Jahresviertel gelten – die Quadranten der Ekliptik.

bock. Die Bogen $\overset{\frown}{AB}$, $\overset{\frown}{BC}$, $\overset{\frown}{CD}$ und $\overset{\frown}{DA}$ sind zwar untereinander gleich, aber die Sonne beschreibt diese unregelmäßig (ἀνομάλως) in ungleichen Zeitabschnitten. Vom Frühlingsäquinoktium bis zur Sommerwende ($\overset{\frown}{AB}$) braucht sie 94 1/2, von der Sommerwende bis zum Herbstäquinoktium ($\overset{\frown}{BC}$) 92 1/2, von hier bis zur Winterwende ($\overset{\frown}{CD}$) 88 1/8 und schließlich von der Winterwende bis zur Frühlingsnachtgleiche ($\overset{\frown}{DA}$) 90 1/8 Tage. Den ganzen Kreis beschreibt sie also in 365 1/4 Tagen. Sie bewegt sich in den Zwillingen am langsamsten – weil sie hier die meiste Zeit für das Beschreiben des Viertelkreises braucht. Am schnellsten ist dagegen ihre Bewegung im Schützen, wo sie die wenigsten Tage zur Vollendung ihrer Bahn braucht.

Und doch muß alles Göttliche – und dazu zählt auch die Sonne – sich regelmäßig und wohlgeordnet bewegen, betont Theon von Smyrna. Die geschilderte Anomalie der Sonnenbewegung ist nur scheinbar anomal. Nur *wir* haben den Eindruck der Unregelmäßigkeit, weil wir die Sonne von der Erde, vom Punkt E aus, betrachten.

Man hat im Altertum, statt die veränderliche Geschwindigkeit der Bewegung des Himmelskörpers zu akzeptieren, eine Theorie ausgeklügelt, die mit der unsrigen nur insofern übereinstimmt, als auch sie mit den Begriffen der »Sonnennähe« und der »Sonnenferne« operiert.

Nach dieser Theorie steht zwar die Erde im Mittelpunkt des Weltalls (E, Abb. 28), aber nicht auch im Mittelpunkt der Sonnenbahn. Die Sonne bewegt sich – auf die Erde bezogen – »exzentrisch«, d.h. der Mittelpunkt ihrer Kreisbahn (H) ist nicht die Erde. Das Beschreiben jenes längsten Bogens ihrer Bahn, der von der Erde am entferntesten ($\dot{\alpha}\pi o\gamma\epsilon\iota\acute{o}\tau\alpha\tau o\varsigma$) ist ($\overbrace{AB}$), nimmt die längste Zeit (94 1/2 Tage in Anspruch. Dagegen ist der andere Bogen derselben Kreisbahn der Sonne ($\overbrace{CD}$) am nächsten zur Erde ($\pi\varrho o\gamma\epsilon\iota\acute{o}\tau\alpha\tau o\varsigma$); dieser Bogen, der viel kürzer ist als der vorige, wird auch in einer viel kürzeren Zeitspanne (in 88 1/8 Tagen) beschrieben. Die Sonnenbewegung hat zwar in allen Vierteln der eigenen Kreisbahn dieselbe Geschwindigkeit, aber wir Menschen sehen von der Erde (E) aus nicht die Kreisviertel der Sonnenbahn, sondern die Viertel des Zodiakuskreises. Darum haben wir den Eindruck, die Sonne durchlaufe die gleichen Viertel in unterschiedlichen Zeitspannen.

5. Die Länge des Jahres

Die Schattenbeobachtung mit Hilfe des Gnomons ermöglicht es *nicht*, die zeitlichen Grenzen der Jahresviertel und damit die Länge des ganzen Jahres auch in Bruchteilen des Tages (in Stunden) zu bestimmen. Und doch war es eine der Hauptaufgaben der antiken Astronomie, das Jahr zu messen. So liest man bei Ptolemaios[52]: »Unter allen Aufgaben, die die Theorie der Sonne uns stellt, ist die erste, die Länge des Jahres zu finden. Die Meinungsverschiedenheit und Unsicherheit, die bei den Alten über diesen Punkt herrscht, können wir aus ihren Schriften ersehen und besonders aus denen des keine Mühe scheuenden und wahrheitsliebenden Forschers Hipparchos. Denn auch ihm verursacht der Umstand in hohem Grade Unsicherheit über den fraglichen Punkt, daß die Wiederkehr des Jahres, an Wenden und Äquinoktien gemessen[53], kürzer ist als ein Vierteltag über die 365 Tage hinaus; länger ist sie dagegen, an den Fixsternen gemessen.«

In der Tat hat das Problem, wie lang eigentlich das Sonnenjahr

---

[52] Almagest III 1.

[53] τὸ διὰ τῶν περὶ τὰς τροπὰς καὶ τὰς ἰσημερίας φαινομένων ἀποκαταστάσεων ἐλάσσονα τὸν ἐνιαύσιον χρόνον εὑρίσκεσθαι κτλ. Nur zum Teil folge ich der Übersetzung bei Manitius 1912, Bd. 1, S. 130f.

ist, auch vor Hipparch schon zahlreiche Vertreter der antiken Wissenschaft beschäftigt. Das verraten auch die von Zeit zu Zeit wiederkehrenden Vorschläge zur Kalenderreform. Es sei in diesem Zusammenhang nur an Thales, Oinopides, Meton, Euktemon, Eudoxos, Kallippos und Aristarch erinnert. Schade, daß unsere wichtigste Quelle über die schrittweise erzielten Ergebnisse auf diesem Gebiet, das Kapitel 27 bei Theon von Smyrna, nicht ausführlich genug ist[54].

In diesem kurzgefaßten Überblick wird es genügen, unsere Aufmerksamkeit auf Hipparch und Ptolemaios zu konzentrieren. Ptolemaios schreibt nun zunächst[55]: »Wir sind der Meinung, daß man zur Beurteilung der Länge des Sonnenjahres nichts anderes ins Auge fassen darf, als die Wiederkehr der Sonne zu sich selbst, das heißt ihre Rückkehr von einem unbeweglichen Punkt des von ihr beschriebenen schiefen Kreises (der Ekliptik) zu demselben Punkt. Wir finden auch, daß die natürlichen Anfangspunkte dieser Wiederkehr die Punkte der Wenden und Nachtgleichen sind.«[56] Umständlich und vorsichtig ist diese Formulierung hauptsächlich wohl deswegen, weil Ptolemaios einzig und allein dieses, das sog. *tropische Jahr*, als »Sonnenjahr« gelten lassen möchte.

Für uns interessanter ist jedoch einstweilen die Feststellung des Hipparch, die uns ebenfalls ein wörtliches Zitat aus seinem Werk bei Ptolemaios aufbewahrt[57]: »Ich habe auch über die Jahreslänge eine Abhandlung in einem Buch verfaßt; ich weise in dieser nach, was das Sonnenjahr ist: Es ist die Zeit, in der die Sonne von einer Wende bis wieder zu derselben gelangt oder von einer Nachtglei-

[54] Vgl. Tannery, Recherches, S. 144 ff.

[55] Almagest III 1. (Manitius 1912, Bd. 1, S. 131.)

[56] Da der Text umständlich genug ist, sei hier das wichtigste aus ihm auch griechisch zitiert: μόνας ἀρχὰς οἰκείας τῆς τοιαύτης ἀποκαταστάσεως (sc. ἡγούμενοι) τὰ ὑπὸ τῶν τροπικῶν καὶ ἰσημερινῶν σημείων ἀφοριζόμενα σημεῖα τοῦ προειρημένου κύκλου.

[57] In demselben Kapitel des Almagest (Ed. J. L. Heiberg, 1898, Bd. 1, S. 207, 19 ff., bei Manitius 1912, Bd. 1, S. 145. – Es sei in diesem Zusammenhang nebenbei noch erwähnt: Der julianische Kalender – so genannt nach Julius Caesar, der ihn in Rom im 1. Jahrhundert v. Chr. eingeführt hatte und der dann 1582 duch Papst Gregor XIII. weiter korrigiert wurde – entstammt eigentlich noch dem 4. Jahrhundert v. Chr., und zwar von Eudoxos. So konnte Dreyer, History of astronomy, S. 88, über Eudoxos schreiben: »In the history of astronomy he is also known as the first proposer of a solar cycle of four years, three of 365 and one of 366 days, which was three hundred years later introduced by Julius Caesar.« In den oben angeführten Worten nimmt also Hipparch eigentlich gegen den Vorschlag des Eudoxos Stellung.

che bis wieder zu derselben; sie umfaßt *365 Tage und einen Viertel-tag, weniger ungefähr um 1/300 eines Tages und einer Nacht.* Die Meinung der Mathematiker, daß ein (voller) Vierteltag zu der genannten Zahl von Tagen (365) hinzukomme, ist nicht richtig.«

Stellen wir vor allem fest, daß auch nach moderner Berechnung das tropische Jahr in der Tat kürzer ist als 365 Tage und 6 Stunden, nämlich 365 Tage, 6 Stunden, 48 Minuten und 46 Sekunden (365^d 5^h 48′ 46″). Hipparch hat diese Genauigkeit der Berechnung nicht erreicht. Seiner Berechnung nach sollte das tropische Jahr 365^d 5^h 55′ 12″ betragen[58]. Der Irrtum des Hipparch beläuft sich also auf 6′ 26″.

Das heißt auch: Hipparch wußte, daß das Einschalten alle vier Jahre eines zusätzlichen Tages in den Kalender keineswegs als vollkommene Lösung der Zeitrechnung gelten konnte. Auf diese Weise wird das Jahr zu lang, und tatsächlich summierte sich der von ihm bemerkte Fehler im 16. Jahrhundert bereits zu 10 Tagen. Der heute gültige Gregorianische Kalender, der auf Papst Gregor XIII. zurückgeht und 1582 eingeführt wurde, läßt die Schalttage in jedem vollen Jahrhundert – außer in den durch 400 teilbaren – ausfallen. Das Gregorianische Jahr (365^d 5^h 49′ 12″) ist nur um 26 Sekunden länger als das tropische Jahr. Dieser Unterschied wächst erst in mehr als 3000 Jahren zu einem vollen Tag an.

Nach jenem Bericht des Ptolemaios, der eben zitiert wurde, hat nun Hipparch wahrgenommen, daß das Sonnenjahr, an der Wiederkehr der Wenden (oder der Äquinoktien) gemessen, kürzer ist als der kritische Vierteltag (6 Stunden) über die 365 Tage hinaus, aber es ist länger, gemessen an den Fixsternen. In der Tat unterscheidet auch unser heliozentrisches System das *siderische* Jahr und das *tropische* Jahr der Sonne. (Vorhin wurde die Dauer des tropischen Jahres mit 365^d 5^h 48′46″ – nach moderner Messung – angegeben.) Unser siderisches Sonnenjahr ist dagegen 365^d 6^h 9′9″ lang. Das ist die Zeitspanne zwischen zwei aufeinanderfolgenden Durchgängen der Sonne durch denselben Punkt der Ekliptik oder, nach den Begriffen des Heliozentrismus formuliert: Das siderische Jahr ist die Umlaufzeit der Erde um die Sonne.

Da jedoch der Frühlingspunkt jährlich um 50,2 Bogensekunden auf der Ekliptik im entgegengesetzten Sinne der Sonnenbewegung wandert, erreicht ihn die Sonne noch *vor* der Vollendung ihres genauen Umlaufs. Deswegen wird das tropische Jahr kürzer als 365 Tage und die zusätzlichen 6 Stunden.

[58] Vgl. A. Rehm, ›Hipparchos‹ in: RE XVI, Sp. 1674.

Da es nicht wahrscheinlich ist, daß man den Unterschied des siderischen und tropischen Jahres *vor* Hipparch erkannt hat, ist es überflüssig zu fragen, mit welchem von beiden die griechischen Astronomen vor ihm gerechnet haben. Die große Rolle, die gerade die Sommerwende in der älteren Astronomie, beim Kalender und in der Geographie gleichermaßen, spielt, rückt allerdings das tropische Jahr in den Vordergrund des Interesses. (Danach richtet sich auch unsere eigene lunisolare Zeitrechnung.)

Es sei hier wenigstens beiläufig erwähnt, daß nach dem Bericht des Ptolemaios Hipparch auch an die Unbeständigkeit des tropischen Jahres gedacht hat, aber er, Ptolemaios, lehnt diesen Gedanken ab. Er meint, daß nur Beobachtungsfehler zu einer solchen Vermutung führen konnten. Ptolemaios hatte insofern recht, als man die sehr langsame Verminderung des tropischen Jahres, die auch eine Konsequenz der Präzession ist – durch die Vermutung des Hipparch sozusagen vorweggenommen –, nur durch über viele Jahrhunderte systematisch geführte sorgfältige Beobachtungen hätte wahscheinlich machen können, die den antiken Astronomen natürlich nicht zur Verfügung standen.

Die berühmteste Entdeckung des Hipparch hat in der Geschichte der Astronomie den Namen »Präzession des Frühlingspunktes«. Er selber hat diese Erkenntnis als die langsame Bewegung der Fixsternsphäre vom Westen nach Osten bezeichnet. Darüber liest man bei Ptolemaios[59]: »Daß auch die Sphäre der Fixsterne eine ganz eigenartige Bewegung in der dem Umschwung des Weltalls entgegengesetzten Richtung vollziehe, d. h. nach der Seite hin, die östlich des durch die beiden Pole des Äquators und der Ekliptik gezogenen größten Kreises [eines Kolurs] liegt [d. h. also: östlich des Widderpunktes – Übers.], das wird uns hauptsächlich daraus ersichtlich, daß die nämlichen Sterne in vergangener Zeit *nicht* dieselben Entfernungen wie heutzutage von den Wende- und Nachtgleichepunkten einhalten, sondern je nach der Länge der verflossenen Zwischenzeit gegen früher in immer größerer Entfernung *östlich* der betreffenden Punkte gefunden werden.«

Natürlich hängt auch diese Entdeckung mit dem Problem der Jahreslänge zusammen. Der Anlaß dazu war vermutlich jenes gesteigerte Interesse des Hipparch für die Fixsterne, das durch ein außergewöhnliches Ereignis im Jahre 134 v. Chr. ausgelöst wurde. In diesem Jahr erschien ein neuer Stern im Sternbild des Skorpions; durch chinesische Berichte wird diese Erscheinung bestätigt[60].

[59] Almagest VII 2. Die Übersetzung nach Manitius 1913, Bd. 2, S. 12.
[60] Vgl. Manitius 1894, S. 284.

Wie Plinius erzählt[61], wurde Hipparch daduch veranlaßt, ein Verzeichnis aller Fixsterne[62] unter genauer Bestimmung ihrer Örter und der scheinbaren Größen zusammenzustellen, damit die Astronomen späterer Zeiten mit Hilfe dieses Katalogs Veränderungen des Fixsternhimmels zu erkennen vermöchten, wenn das in künftigen Jahrhunderten der Fall sein sollte. Dieses Werk von Hipparch ist nicht völlig verlorengegangen: Das Sternverzeichnis im ›Almagest‹ des Ptolemaios mit seinen 1022 Fixsternen geht größtenteils auf die Zusammenstellung des Hipparch zurück[63].

Die eingehende Beschäftigung mit den Fixsternen führte nun den Hipparch zur Entdeckung der *Präzession*. Er fand nämlich, daß der Stern Spica (Στάχυς, αVirginis) im Zeichen der Jungfrau dem Herbstpunkt um 6° vorangeht; für diesen Stern haben die beiden alexandrinischen Astronomen Timocharis und Aristyllos etwa 250 Jahre vor Hipparch eine Entfernung von 8° vom Herbstpunkt festgestellt. Daraus schloß Hipparch, daß die Äquinoktialpunkte jährlich um 48″(nach neuerer Berechnung um 50″, 2113) im Sinne der scheinbaren täglichen Bewegung der Sonne fortschritten. Darüber verfaßte er sein verlorenes Werk Περὶ τῆς μεταπτώσεως τῶν τροπικῶν καὶ ἰσημερινῶν σημείων (Über die Veränderung der Wende- und Äquinoktialpunkte)[64]. Eine Folge der Entdeckung der Präzession der Tag- und Nachtgleichen war die Unterscheidung des siderischen vom tropischen Jahr.

Zum Schluß noch ein kurzer Vergleich der antiken und modernen Erklärung: Hipparch hat die Präzession als eine Art »Vorwärtsdrängen« des gesamten Fixsternhimmels nach Westen verstanden. Wir reden statt dessen von der Rückwärtsbewegung der Äquinoktien. Diese Erklärung ist – im Sinne der Theorie von Newton – die Konsequenz teils des Sich-Drehens der Erde um die eigene Achse und teils jener Attraktion, die Sonne, Mond und Planeten auf die Äquator-Gegend der nicht genau kugelförmigen Erde ausüben. Deshalb bleibt die Achse der Erde während der Be-

---

[61] Naturalis historia 2, 26.

[62] Es heißt im Almagest II 2: Αἱ περὶ τῶν ἀπλανῶν ἀναγραφαί.

[63] In Manitius 1894, S. 284, A. 15: »Delambre, ›Hist. de l'astr. ancienne‹ hat sogar nachgewiesen, daß Ptolemaios die von Hipparchos überlieferten Positionen einfach in der Weise verwendete, daß er sämtliche Längen um 2° 40′ vermehrte, weil er den von Hipparchos als unterste Grenze gefundenen Betrag der Präzession von jährlich 36″ irrtümlicherweise als feststehenden Wert annahm (Alm. II p. 13). Man hat daher die Längen des Ptolemäischen Sternkatalogs nur um 2° 40′ zu vermindern, um den für Hipparchos' Zeit geltenden Wert zu finden.«

[64] Almagest II. 10.

wegung des Planeten im Raum nicht parallel zu sich selbst, sondern beschreibt, wie ein schiefer Kreisel, in langsamer Eigenbewegung einen Kegelmantel. Infolge der Präzession wandert der Himmelspol, die verlängerte Erdachse, in einer Entfernung von etwa 23 1/2° – in der älteren griechischen Astronomie als 24°, »Schiefe der Ekliptik« gemessen – um den Pol der Ekliptik. Man bezeichnet den Präzessionskreis, da er zu einem großen Teil im Sternbild des Drachen gezogen wird, auch als »Drachenscheibe«. Der Himmelspol wandert also auf dem Umkreis der Drachenscheibe und befindet sich zur Zeit in der Nähe unseres Polarsterns. Er wird diesem in Zukunft noch näher rücken und sich dann von ihm wieder entfernen.

6. Die Sonnenuhr

Der Gnomon, dessen Schatten nach sorgfältigen Beobachtungen wohl zuerst den Anlaß bot, nach der exakten Gliederung der vier Perioden des Sonnenjahres zu fragen, wurde frühzeitig – also doch relativ später – auch zu einem Instrument für die Messung der Tageszeit. Die Quelle, von der die Untersuchung dieses Prozesses – mindestens auf griechischem Gebiet – ausgehen kann, ist wieder jene Herodot-Stelle, die auch die älteste Erwähnung des Gnomons enthält. Es wird darin – wie schon anfangs einmal zitiert[65] – gesagt: »Denn den Polos, den Gnomon und die zwölf Teile des Tages haben die Griechen von den Babyloniern gelernt.«

Man beachte hier vor allem den Ausdruck »die zwölf Teile des Tages«. Wohl denkt man dabei sogleich an die zwölf Stunden des Lichttages; doch gebraucht Herodot hier keineswegs das griechische Wort, das später die gewöhnliche Bezeichnung für die »Stunde« geworden ist: ὥρα, die etymologische Quelle auch unseres Wortes »Uhr«. Die ὥρα war in der älteren Alltagssprache der Griechen – wie jedes ausführlichere Lexikon weiß – vielmehr die *Jahreszeit* oder die *geeignete Zeit für irgendeine Tätigkeit*, und nicht die in ihrer Dauer mehr oder weniger bestimmte, neutrale zeitliche Einheit des Tages oder der Nacht.

Herodot selber berichtet zwar, außer vom babylonischen Ursprung, nichts Näheres über die Zwölfteilung des Tages, aber es liegen doch einige Vermutungen nahe, die nicht unerwähnt bleiben sollen. Warum wurde denn der Tag gerade in zwölf Teile ge-

[65] Vgl. in diesem Buch Teil I, Anm. 13.

teilt? Daß diese Einteilung des Tages im Zusammenhang mit Polos und Gnomon erwähnt wird – und man ja weiß, daß Polos (ebenso wie *skaphē*, spöttisch auch *pnigeus*) das umgekehrte Spiegelbild des Himmelsgewölbes ist –, führt wie von selbst auf den Gedanken, daß die Zwölfteilung des Tages ursprünglich wohl die Einteilung der Sonnenbahn am Himmel war. Man könnte also eher fragen: Warum wird der Himmel selbst durch die Zeichen des Zodiakus seit uralten Zeiten zwölfgeteilt? Geht diese Einteilung nicht einfach darauf zurück, daß man den Kreisumfang am einfachsten mit Hilfe des Radius sechsteilen kann? Halbiert man die sechs gleichen Bogen des Kreises, so bekommt man seine Zwölftel.

Auf alle Fälle wird man die Sternbilder des Tierkreises zu der im voraus festgelegten Zwölfzahl gesucht und phantasiereich zusammengestellt haben. Ja, die Einteilung des Kreises in 360 Grade, die von den Griechen hauptsächlich in der Astronomie benutzt wurde, versuchte die historische Forschung in Europa schon im 18. Jahrhundert mit der Anzahl der Tage im Jahr zu verbinden[66]. Allen diesen Einteilungen liegt die alte geometrische Einsicht zugrunde, daß der Radius des Kreises der Seite des regulären Sechsecks in demselben gleich ist.

Die zwölf Teile des Tages, von denen Herodot spricht, sollen also nach dieser Vermutung als kleinere Einheiten den zwölf Zeichen des Zodiakus und den zwölf Monaten entsprechen. Ein Argument für diesen Gedanken dürfte auch der von Herodot in diesem Zusammenhang nicht benutzte Name dieser zwölf Teile des Tages (ὥρα) sein. Es wurde ja eben gesagt, daß die ὥραι ursprünglich die aus Monaten bestehenden Jahreszeiten waren. Nach ihnen bekamen später auch ihre kleineren Abbilder, die *Stunden* denselben Namen.

Doch wie gehen wir heute mit den »Teilen des Tages« um, und wie rechneten die Griechen? Man rechnet heute die 24 Stunden der Zeitspanne Tag und Nacht von Mitternacht bis Mitternacht. Allerdings werden dabei zwölf Stunden *vor* bzw. *nach* der Mittagszeit (a. m. = *ante meridiem*, und p. m. = *post meridiem*) oft auch für sich gezählt. Beide Gewohnheiten – sowohl die 24, wie auch die für sich gezählten je 12 Stunden der Tag- und Nachtzeit – gehen auf eine sehr alte Gewohnheit zurück. Schon im alten Babylon hat man sie gekannt. Auch dort sprach man schon von »Stunden« und von

---

[66] Man liest bei T. Heath, A History of greek mathematics. Oxford 1921, Bd. 2, S. 214 (Division of the circle into 360 parts): »... it was suggested as long as 1788 (by Formaleoni) that the division was meant to correspond the number of the days in the year«.

»Doppelstunden«. Und die Griechen setzten – wie Herodot bezeugt – die babylonische Überlieferung fort, obwohl sie von dieser Einteilung des Tages in Stunden im täglichen Leben bis spät in das hellenistische Zeitalter kaum einen Gebrauch machten[67].

Doch haben die Griechen unsere Konvention, die Zählung der Stunden um Mitternacht zu beginnen, nicht gekannt; das wäre für sie sehr umständlich gewesen. Viel einfacher war es für sie, die Einteilung des Tages mit dem Sonnenaufgang zu beginnen und mit dem Sonnenuntergang zu beenden. Die Zeitspanne zwischen diesen beiden Naturereignissen, die sich leicht beobachten lassen, wurde als Tag in zwölf gleiche Teile gegliedert; und in zwölf Stunden teilte man auch die darauf folgende Nacht ein.

Doch sind Tag und Nacht auf der ganzen Erde – abgesehen von dem verhältnismäßig schmalen Streifen auf beiden Seiten des Äquators – nur zweimal im Jahr, beim Frühlings- und Herbstäquinoktium, gleich lang. Außer an diesen beiden astronomisch wichtigen Daten unterscheidet sich immer die Zeitdauer der aufeinanderfolgenden Tage und Nächte: die Tage verkürzen sich von der Sommerwende bis zur Winterwende mehr und mehr, während die Nächte parallel dazu immer länger werden. Dagegen wiederholt sich derselbe Prozeß von der Winterwende an in umgekehrtem Sinn: bis zur Sommerwende werden die Tage immer länger parallel zu der schrittweisen Verkürzung der Nächte. Die beiden Nachtgleichen sind nur außergewöhnliche Übergangsstadien im ununterbrochenen Prozeß des Länger- und Kürzerwerdens der Tage.

Dementsprechend waren in der Antike die »zwölf Stunden des Tages« länger oder kürzer, je nachdem, ob sie im Winter oder im Sommer gemessen wurden. Diese bald kürzer, bald länger werdenden »zwölf Teile des Tages« hießen nach antiker Terminologie – zumindest in der Astronomie und in der mathematischen Geographie – »Stunden je nach Jahreszeiten« (ὧραι καιρικαί). Die Wissenschaft bevorzugte jedoch anstatt der Stunden wechselnder Länge die »Stunden der Tag- und Nachtgleichen« (ὧραι ἰσημεριναί). Mit diesen zeitlichen Einheiten von unveränderlicher Länge rechnen auch wir – ohne Rücksicht auf die unterschiedliche Dauer des Lichttages in den vier Jahreszeiten.

Aber es gab doch auch in der weniger praktischen Zeitrechnung des Altertums – also auch in der Zeitrechnung der »Stunden nach Jahreszeiten« – wenigstens *einen* Zeitpunkt, der stets genau mit unserer Zeitbestimmung übereinstimmte, auch wenn er anders be-

[67] Vgl. A. Rehm, ›Horologium‹ in: RE 16, 1913, Sp. 2418.

nannt wurde. Dies war die *vollendete sechste Stunde des Lichttages*, die *hora sexta* in unserem Plinius-Text über den Obelisken des Augustus. Nachdem der Tag – vom Sonnenaufgang bis zum Sonnenuntergang – immer in zwölf untereinander gleiche Teile zerlegt wurde, entsprach die vollendete sechste Stunde dem Mittag, der zwölften Tagesstunde nach unserer Zeitrechnung.

Selbstverständlich gab es, was diesen Zeitpunkt betrifft, lokale Unterschiede. Die Sonne geht im Osten früher und im Westen später auf. Nicht zum selben Zeitpunkt ist in Kleinasien und auf der Iberischen Halbinsel Mittag. Läßt man jedoch die geographischen Unterschiede außer acht, und bezieht man die Zeit auf ein bestimmtes Gebiet der Erde, so kann man eben diesen Zeitpunkt, den Mittag, die vollendete sechste Stunde der Alten, am leichtesten fixieren. Einerlei, wie früh oder wie spät die Sonne aufgeht, wie lang oder wir kurz der Lichttag ist, vollendet wird die sechste Stunde des Tages, wenn die Sonne den höchsten Punkt ihrer täglichen Laufbahn am Himmel erreicht zu haben scheint, dann eben hat man die Hälfte des Tages hiner sich. Dieser Zeitpunkt läßt sich auch am leichtesten demonstrieren: es ist der des kürzesten Schattens am Tag.

In den vorangehenden Kapiteln wurde schon mehrmals hervorgehoben, daß für die Astronomie, den Kalender und die mathematische Geographie der *Mittagschatten* des Gnomons gleichermaßen der Ausgangspunkt war. Dieser Schatten ergab zur Zeit des Äquinoktiums für die kugelförmige Erde – und damit auch für die Himmelskugel, für das Weltall – den Äquator und die Parallelkreise. Derselbe Mittagschatten wurde auch für die Zeitrechnung des Tages der wichtigste Fixpunkt. Zwischen zwei aufeinanderfolgenden Mittagschatten verstreicht ein voller Tag, dessen 24ster Teil gleich einer Äquinoktialstunde ist. (Der Mittag als Fixpunkt kommt selbstverständlich auch in unserer Zeitrechnung zur Geltung. Dem Mittag auf der einen Seite der Erdkugel entspricht auf der anderen, sozusagen der hinteren Seite, die Mitternacht. Und wir selber, um nicht von der Mitte des Lichttages auszugehen, beginnen die Stunden von Mitternacht ab zu zählen). Der Mittagschatten war jedenfalls Ausgangspunkt der Gnomon-Beobachtungen.

Wir müssen jedoch, um Mißverständnissen vorzubeugen, ein paar Worte über die Schattenbeobachtungen der Griechen einfügen. Denn es sieht ja so aus, daß mit der Beobachtung jenes Gnomons, über den Herodot redet, bei den Griechen ein echter wissenschaftlicher Prozeß begann. Aber es gab davon unabhängig auch eine andere, sozusagen vorwissenschaftliche Schattenbeobachtung[68].

Hesychios von Alexandria, der vermutlich im 5. Jahrhundert n. Chr. das reichhaltigste uns aus dem Altertum erhaltene Lexikon zusammengestellt hat, erklärt eine seltenere Bedeutung des Wortes σκιάς folgendermaßen: »σκιάς heißt der Schatten des Körpers, aus dem man auf die Stunden schließen konnte.«[69] Passend zu dieser Wortbedeutung ist die Erklärung eines sonst nicht bekannten spätantiken Sextus[70], wonach man die Stunden des Tages bestimmen kann, wenn man den Körperschatten mit den eigenen Füßen mißt[71].

Man hat so aus der Länge des Schattens nicht auf die Stunden nach dem Gnomon geschlossen, die von Sonnenaufgang gezählt wurden. Es sieht eher so aus, als ob die wichtigsten Teile des Tages ihre mehr oder weniger genau gemessenen Schattenlängen hatten. Der erwähnte Sextus stellt Tabellen zusammen mit der Länge der Schatten der einzelnen Tageszeiten in den verschiedenen Monaten. Es genügte demnach zu sagen, wie lang der Schatten war, und man wußte, was in der betreffenden Tageszeit zu tun war. Darum heißt es in einer Komödie des Aristophanes: »Deine Aufgabe wird nur, wenn 10 Fuß lang der Schatten ist, zum glänzenden Schmaus zu eilen.«[72] Auch der antike Erklärer, der Scholiast, bemerkt in diesem Sinne: In alter Zeit teilten diejenigen, die Gäste zu einem Schmaus eingeladen hatten, diesen den Schatten mit[73]. Der Schatten war offenbar Zeichen des Zeitpunktes, für den die Einladung

[68] ›Über die vorwissenschaftliche Methode, die Tageszeit zu bestimmen‹ (Un metodo prescientifico di leggere le ore) hat der italienische Forscher Filippo Franciosi in einer noch nicht veröffentlichten, mir nur handschriftlich zugänglichen Arbeit interessannte Einzelheiten zusammengestellt.

[69] Hesychios, vol. IV, p. 44 (Schmidt): σκιάς· ἡ τοῦ σώματος σκιά, ὅθεν καὶ τὰς ὥρας ἐτεκμαίροντο.

[70] Sextus, ὁ ὡροκράτωρ ad regem Philippum quomodo horae ad corporis umbram demetiantur. In: F. Boll, Catalogus codicum astrologorum graecorum. Vol. VII (Codices germanici). Brüssel 1908, S. 187. (Das Ganze, wie auch das folgende griechische Zitat, nach F. Franciosi.)

[71] δεῖ σε τοιγαροῦν σημειοῦσθαι τὰς ὥρας μετροῦντα τὴν σεαυτοῦ σκιὰν τοῖς ἰδίοις ποσίν ...

[72] Ecclesiazousai, 650–51: σοὶ δὲ μελήσει, ὅταν ᾖ δεκάπουν τὸ στοιχεῖον, λιπαρὸν χωρεῖν ἐπὶ δεῖπνον. Vgl. G. Bilfinger, Die Zeitmesser der antiken Völker. Stuttgart 1886.

[73] Vgl. den Scholiasten zu Aristophanes Eccl. 651–652 (τὸ παλαιὸν καλοῦντες ἐπὶ δεῖπνον καὶ καλούμενοι προσημαίνοντο τὴν σκιάν). Oder auch Plutarch, De adul. et amico 5,50, sowie Bilfinger, Zeitmesser, S. 12 (Hesychios I p. 415, Ed. Latte).

galt. So liest man auch bei Menander über den überaus eifrigen Gast, der allzu früh zu einem Schmaus eilt, zu einer Zeit, in der der Schatten nicht zehn, sondern erst noch zwölf Fuß lang ist[74].

Wie man sieht, enthält die Bestimmung der Tageszeit mit Hilfe des Schattens keinen Hinweis auf die »zwölf Teile des Tages«, auf die »Stunden« oder auf den »Gnomon«; sie erinnert eher an die archaische Umschreibung des Herannahens der Nacht in der Odyssee (2, 388): »die Sonne ist untergegangen, und schattig wurden alle Straßen« (δύσετό τ' ἠέλιος σκιάοντό τε πᾶσαι ἀγυιαί).

Die Tatsache dagegen, daß unsere meisten Belege dafür aus der Komödie (Aristophanes, Menander, Eubulos) bzw. aus den Scholiasten stammen, zeigt, daß diese volkstümliche Art, die Tageszeit zu bestimmen von jener anderen – mit Gnomon, Polos und den zwölf Stunden, die eher gelehrten Ursprungs gewesen sein mag – im 5. und 4. Jahrhundert v. Chr. noch nicht abgelöst war.

Es wurde angedeutet, daß jene Zwölfteilung des Tages, die nach Herodot aus Babylon übernommen wurde, bei den Griechen wohl gelehrten Ursprungs war. Welche Belege gibt es für diese Vermutung? Daß Anaximander selber den Gnomon, den er auch in Lakedaimon errichtet haben soll, in der Tat für »gelehrte Zwecke« benutzt hat, wird auch überliefert; er bestimmte damit die Wenden, die Äquinoktien, die Jahreszeiten und überhaupt das Jahr. Er wurde auf diesem Wege Vorläufer sowohl der geometrischen Astronomie (γεωμετρίας ὑποτύπωσις) wie auch der mathematischen Geographie. Und daß auch die »zwölf Teile des Tages« bei Herodot auf eine wissenschaftliche Beschäftigung mit dem Problem der Tageslänge hinweisen, wird auf einmal wahrscheinlich, wenn man daran denkt, daß schon im 5. Jahrhundert v. Chr. Bion von Abdera von Wohnsitzen der Erde (οἰκήσεις)sprach, wo sechs Monate lang die Nacht ist und der Tag ebenso lang[75]. Auch Herodot selber hat von Menschen gehört, die angeblich »sechs Monate lang schlafen«[76].

Der Gnomon wurde nun erst dadurch zu einer Sonnenuhr – auch in unserem Sinne des Wortes –, daß man die Veränderungen seines Schattens auch den Tag über gemessen hat. Diese Aufgabe war übrigens gar nicht leicht zu lösen, solange der Schattenzeiger bloß ein senkrecht aufgestellter Stab in der horizontalen Ebene war. Inter-

[74] Th. Kock, Comicorum Atticorum Fragmenta. Leipzig 1880–1888. Menandros fr. 364.
[75] Diogenes Laertios 4, 58.
[76] Herodot IV 25. Vgl. im Teil I dieses Buches das Kapitel ›Antipoden und Tageslänge‹.

essierte man sich nur für den Mittagschatten dieses Stabes (aus Kalenderzwecken), so konnte man die Veränderungen des Schattens an einer von Süden nach Norden laufenden Linie – wie diese an der Abb. 4 a (S. 84) durch die Strecke BRCT veranschaulicht wird – leicht messen. Doch der Schatten des Stabes beschreibt von frühmorgens bis spätabends eine Kurve, die zunächst an einen »Schwalbenschwanz« erinnert[77], und man muß in der Lehre von den Kegelschnitten bewandert sein, wenn man diese Kurve den Stunden des Lichttages entsprechend zwölfteilen will. Darum ist es wahrscheinlich, daß man – besonders zu Anfang – den senkrechten Stab durch einen »Schattenfänger« ergänzt hat. Dieser Schattenfänger war der *Polos*, das umgekehrte Spiegelbild des Himmelsgewölbes. Es sei hier wiederholt, wie A. Rehm darüber schon 1913 geschrieben hat[78]: »... es ist aus der Bezeichnung *polos* zu schließen, daß... der Schattenfänger als eine hohle Halbkugel das Gegenbild des Himmelsgewölbes war. Die Grundidee der Erfindung ist also, den Schatten, denjenigen der Gnomonspitze, an der Wand der Kugel zu beobachten. Zeichnete man den Weg, den die Gnomonspitze an einem Sonnentag beschrieb, wirklich ein, so erhielt man eine Kurve, die fast genau einem Parallelkreis der Sonne am Himmel entsprach, das war das Abbild eines Tagbogens der Sonne.« Es sei hinzugefügt: Die Spitze des Gnomons entsprach dem Mittelpunkt der teilweise nur gedachten Kugel[79], und die Einteilung des Tagbogens in zwölf Einheiten ergab die Stunden des Tages.

In der ausgehöhlten Halbkugel entsprechen den drei Buchstaben R, C und T unserer Abb. 4a drei parallele Kreisbogen. Der Schatten der Gnomonspitze beschreibt diese Kreisbogen an vier Tagen des Jahres, und zwar den nächsten Bogen am Fußpunkt des Gnomons, den von diesem entferntesten an den beiden Wendetagen, während der mittlere Bogen die Sonnenbahn am Tag beim Frühlings- und Herbst-Äquinoktium veranschaulicht. Es ist nun interessant, daß diese Kreisbogen an dem Fragment einer Sonnenuhr, das in Samos gefunden wurde[80], auch beschriftet sind, was

[77] Diesen Vergleich benutzt E. Buchner, der ein Liniennetz der Tagesstunden auch für den Obelisken des Augustus in der horizontalen Ebene zu rekonstruieren versucht hatte. Vgl. oben Anm. 26.

[78] Siehe oben Anm. 22.

[79] Vgl. J. Drecker, Theorie der Sonnenuhren. Leipzig, Berlin 1925, S. 21.

[80] Vgl. G. Dunst, E. Buchner, Aristomenes-Uhren in Samos. In: Chiron 3 (1979), S. 120 ff. Das Lichtbild des genannten Bruchstücks auf Tafel 5.

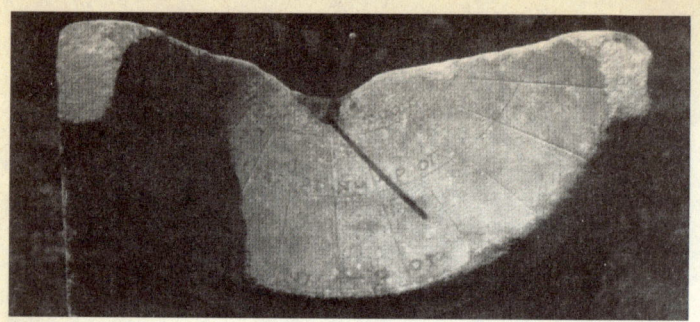

Abb. 29a Fragment einer Sonnenuhr aus Samos.

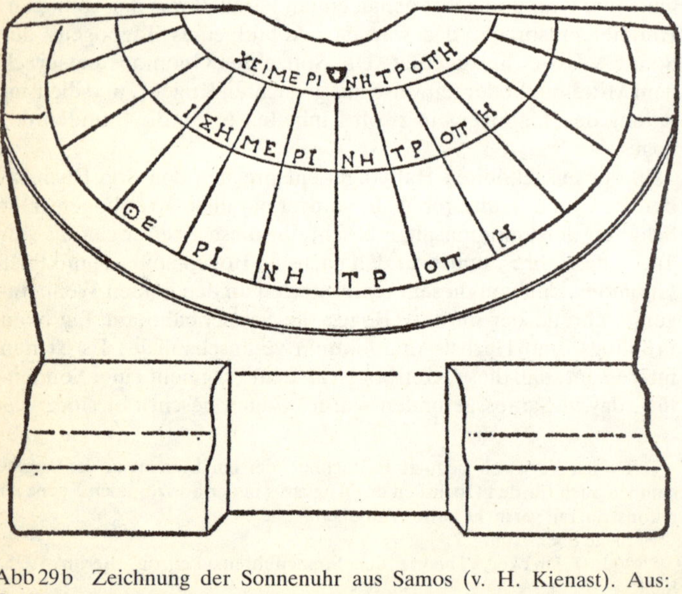

Abb 29b Zeichnung der Sonnenuhr aus Samos (v. H. Kienast). Aus: G. Dunst u. E. Buchner, Aristomenes-Uhren in Samos. In: Chiron 3 (1973), Tafel 5 u. S. 126.

zeigt, daß die Sonnenuhr – ebenso wie die Gnomon-Konstruktion des Vitruv und Anaximander – gleichzeitig eine Weltbild-Darstellung ist. (Nach der Inschrift einer zugleich gefundenen schlanken Säule wurde diese Sonnenuhr im 2. Jahrhundert v. Chr. von einem Samier namens Aristomenes in seiner Eigenschaft als Agoranom dem Volk gestiftet. Abb. 29).

Merkwürdig ist jedoch in der Beschreibung zunächst der Name des mittleren Bogens: ΙΣΗΜΕΡΙΝΗ ΤΡΟΠΗ = »taggleiche Wende«. Schließlich hat die Sonne doch nur zwei Wenden, der Äquator ist gar keine Wende. Noch mehr überrascht, daß auf den ersten Anblick auch die Namen der beiden Wenden den Eindruck erwecken, als hätte man sie vertauscht. Denn man liest in der Nähe des Gnomon-Fußpunktes, beim kürzesten Bogen: ΧΕΙΜΕΡΙΝΗ ΤΡΟΠΗ = »Winterwende« und unten beim längsten Bogen: ΘΕΡΙΝΗ ΤΡΟΠΗ = »Sommerwende«. Wieso? Schließlich weiß doch jedes Kind, daß die Schatten im Sommer kurz und im Winter lang sind. Hätte man die beiden Namen nicht gerade umgekehrt anbringen müssen? Denkt man bloß an die Schatten, wie dies im Falle einer Sonnenuhr naheliegend ist, so scheint hier zweifellos ein grober Irrtum vorzuliegen.

Verständlich wird jedoch der Irrtum auf Grund unserer Abb. 4a. Man beachte nach dieser Skizze den symbolischen Sonnenstrahl KAGT. Der Punkt K zeigt die tiefste Kulmination der Sonne zur Mittagszeit der Winterwende, und dementsprechend ist T Endpunkt des längsten Mittagschattens im Jahr. Dieser symbolische Mittagstrahl schneidet den Kreis des Meridians im Punkt G, und G ist doch ein Punkt des Sommerwendekreises. Darum liegt dem Punkt G am Himmel Punkt L gegenüber, die höchste Kulmination der Sonne bei Sommerwende. Nach dem Gnomon-Weltbild ist also LG der Durchmesser des Sommerwendekreises. Ähnliches gilt natürlich auch für den Mittagstrahl am Tag der Sommerwende: LAHR. Dem Schnittpunkt H dieses Strahls mit dem Meridiankreis liegt der Punkt K am Himmel gegenüber, wobei K doch Kulmination der Sonne am Tag der Winterwende ist. Darum wird also KH Durchmesser des Winterwendekreises. Wie diese Überlegung zeigt, vertauschen also die beiden symbolischen Punkte des Himmels (L und K) in ihrem Spiegelbild unter der Horizontlinie (als H und G) ihre Plätze, und darum erscheinen nach dem Weltbild der Sonnenuhr auch die Wendekreise vertauscht. Faßt man die Sonnenuhr mit der *skaphē* als Weltbild auf, so versteht man, daß der längste winterliche Weg des Schattens in der *skaphē* am Himmel dem längsten Tagbogen der Sonne im Sommer entspricht. Man kann übrigens eine ähnliche Erscheinung auch jeden Tag vor dem Spiegel erleben: Reicht man dem eigenen Spiegelbild die rechte Hand, so wird das Bild diese Geste mit der linken Hand erwidern. Darum ist also die scheinbar verkehrte Beschriftung der beiden Wenden an der Sonnenuhr von Samos – im Sinne der Spiegelung eines Weltbildes – doch richtig.

Es seien außerdem noch zwei Beobachtungen anläßlich der Sonnenuhr erwähnt. Die Stunden einer solchen Uhr mit *skaphe* hatten keine Ziffern. Mit Recht schrieb schon H. Diels[81]: »Es gibt m. W. keine antiken Sonnenuhren, auf denen die Stunden, wie bei uns mit Ziffern bezeichnet wurden. Die gewöhnlich gezeichnete Mittagslinie gestatte von selbst die Zählung.«

Auf die andere Tatsache hat ebenfalls schon Diels hingewiesen, als er betonte, daß man die antiken Sonnenuhren nur unter Beachtung der Orientierung richtig benutzen konnte. Die Linie der sechsten Stunde *(hora sexta)* mußte immer mit dem Ortsmeridian zusammenfallen. Der Beobachter blickte also von Norden nach Süden auf die Uhr vor ihm. Darum hatte er Osten zu seiner Linken. Die aufgehende Sonne warf den Schatten des Stabes nach Westen. Dann wanderte der Schatten, während die Sonne ihren Tagbogen von links nach rechts beschrieb, umgekehrt von rechts nach links, im Sinne des Uhrzeigers. Auch in diesem Fall galt also das Gesetz des Spiegels.

Zum Abschluß dieses Kapitels noch folgendes: Der Gnomon des Anaximander, mit dem er der Überlieferung nach die Sonnenwenden und die Äquinoktien nachgewiesen hat, entwickelte sich in der antiken Wissenschaft teils zu einer Weltbild-Darstellung – die sowohl die Astronomie wie auch die mathematische Geographie sehr gut gebrauchen konnte – und teils zum Kalender und zur Sonnenuhr. Diese doppelte Rolle des Gnomons hängt auch im Falle des Augustus-Obelisken aufs engste zusammen. Der folgende Exkurs knüpft unmittelbar an die Forschungsergebnisse von E. Buchner an.

Er erinnert an die Berichte aus dem 15. und vom Anfang des 16. Jahrhunderts über die Umgebung des Obelisken. Es heißt in diesen u. a.: *»efossum horologium, quod habebat septem gradus circum.«* »Womit nicht sieben Stufen gemeint sein können«, setzte Buchner hinzu[82], »sondern sieben Linien, was durch den Zusatz ›vergoldet‹ *(gradibus deaureatis)* im Bericht Raffaels von 1515

[81] Antike Technik. 2. Aufl., S. 175, Anm. 3.
[82] S. 42.

wohl zur Gewißheit wird. Und schließlich wird aus dem Jahre 1502 über Nachbarn berichtet, die Weinkeller anlegten: *invenisse varia signa caelestia ex aere artificio mirabili, quae ex pavimento circa gnomonem hunc erant.*«

Auf die Frage, was nun die sieben Linien um den Obelisken bedeuten, antwortet Buchner mit der folgenden Vermutung[83]: »Sieben ist eine heilige Zahl, und die sieben Kreise können meines Erachtens nur die sieben Planetenbahnen sein; die sieben Planeten, die ja nach antiker Auffassung für das Schicksal des Menschen von so großer Bedeutung sind, sind aber bei diesem ›Horoskop‹ des Kaisers besonders wichtig, und schließlich ist ja der *mathematicus* auch Astronom und Astrologe. Sind die Kreise aber Planetenbahnen, dann heißt dies nichts weniger, als daß hier das ptolemäische – und auch schon vorptolemäische – geozentrische antike Weltbild dargestellt ist; der Obelisk und die Winde entsprechen dann der Erde, dem Mittelpunkt des Weltalls, der sublunaren Welt; und die Tierkreiszeichen, die außerhalb der Planeten ihren Platz haben, können zumindest beim Liniennetz des Solarium nicht gefehlt haben. Die Planeten bewegen sich auf ihren Bahnen nach einem schon bei Platon begegnenden Gleichnis wie Gespanne beim Wettkampf in Olympia. Demnach wären auch um unseren Obelisken, wie um seinen ›Bruder‹ im Circus Maximus, Bahnen für einen Wettlauf, dort für irdische Gespanne, hier für himmlische. Und sollen womöglich die *varia signa caelestia*, die, wie gesagt, im Umkreis gefunden wurden, auch Planetendarstellungen gewesen sein?«

Man kann diese Vermutung mit der folgenden Beobachtung ergänzen. Der Gnomon-Kalender des Augustus war selbstverständlich auch ein Weltbild. Die Spitze des Gnomons war im allgemeinen, also in der Astronomie, der Geographie und im Kalenderwesen gleichermaßen die kugelförmige Erde in der Mitte des Weltalls. (Deswegen konnten überhaupt die himmlischen Bahnen der Sonne als Parallelkreise auf die punktmäßig kleine Kugel der Erde im Mittelpunkt der Welt projiziert werden.) Auch im Falle des Augustus-Obelisken muß die vergoldete Kugel auf der Spitze dieses mächtigen Gnomons denselben symbolischen Sinn gehabt haben – einerlei wie Plinius darüber spekulierte. Sehr gut passen auch die sieben Planeten dazu. Im geozentrischen Weltbild der Antike hat man auch Sonne und Mond zu den Planeten gerechnet. Darum gab es überhaupt sieben Planeten: Sonne, Mond, Merkur, Venus,

[83] Ebd.

Mars, Jupiter und Saturn. Selbstverständlich gehören die sieben Planeten sowohl zum Weltbild wie zum Kalender. Die sieben Tage der Woche stehen unter dem Schutz der sieben Planetengötter. Darum werden auch heute noch in mehreren europäischen Sprachen die Wochentage nach den Planeten benannt: Im Deutschen heißen Sonntag und Montag nach »Sonne« und »Mond«; im Italienischen Martedi (Dienstag) = Martis dies, Mercoledi (Mittwoch) = Mercurii dies, Giovedi (Donnerstag) = Jovis dies, Venerdi (Freitag) = Veneris dies und schließlich im Englischen Saturday (Samstag) = Saturni dies.

V. Astronomie und Mathematik

1. Winkel und Kreisbogen

Jenes Spezialgebiet der griechischen Astronomie, das in den vorangehenden Teilen dieses Buches behandelt wurde, wäre ohne beachtenswerte geometrische Kenntnisse gar nicht möglich gewesen. Wenn z. B. Pytheas von Massalia im 4. Jahrhundert v. Chr. aus dem Verhältnis des Gnomons zu seinem Mittagschatten bei Sommerwende in seiner Vaterstadt den dortigen Parallelkreis berechnete, dann muß er dazu einiges aus der Trigonometrie gekannt haben. Und wenn Hipparch im 2. Jahrhundert v. Chr. aus der Dauer des längsten Tages (15 Äquinoktialstunden) die Polhöhe (41°) berechnet hat, dann hat er sich dazu zweifellos der antiken Entsprechung der sphärischen Trigonometrie bedient.

Zum Teil kamen die für diese Berechnungen nötigen mathematischen Kenntnisse in der Antike eben *nur* in der Astronomie – und natürlich in der mathematischen Geographie, die damals bloß ein Spezialgebiet der Astronomie war – zur Anwendung. Ein wesentlicher Teil der ältesten griechischen Geometrie war Hilfsdisziplin der Astronomie. Die Zusammengehörigkeit von Geometrie und Astronomie wurde in der Antike auch stets betont. Im pythagoreischen Kreis hat man z. B. Mathematik, Astronomie und Musik als miteinander eng verbundene Schwesterdisziplinen behandelt. Es läßt sich sogar nachweisen, daß manche Gebiete von Euklids Geometrie zweifellos zu dem Zweck entwickelt wurden, die Bedürnisse der Astronomie zu befriedigen. Am auffallendsten wird dies bei der Winkelmessung. Man fasse nur ins Auge, wie der Winkel in Euklids Planimetrie behandelt wird.

Es ist schon bemerkt worden, daß dieser Begriff wohl eine Neuschöpfung der altionischen Wissenschaft war. Zwei Herodot-Stellen – wo der Vater der Geschichte von Weihgeschenken *im Winkel* (ἐπὶ τῆς γωνίης) der Vorhalle des Tempels redet[1] – zeigen, daß der geometrische Begriff »Winkel« aus der Architektur stammt: Winkel wurden von zwei aufeinanderstoßenden Wänden oder Mauern gebildet. Dem entspricht Euklids Definition des »rechten Winkels«[2]: »Wenn eine gerade Linie auf eine andere gerade Linie gestellt, einander gleiche Nebenwinkel bildet, dann ist ein jeder

---

[1] Herodot I 51 und VIII 122.
[2] Elem. I def. 10.

der beiden gleichen Winkel ein *rechter Winkel*.« Ergänzt wird diese durch die beiden unmittelbar danach folgenden Definitionen: »Der *stumpfe Winkel* ist größer als der rechte Winkel«, und »Der *spitze Winkel* ist kleiner als der rechte Winkel.«

In Euklids Planimetrie werden also die Winkel nicht wie heute in Graden und ihren Bruchteilen (Minuten und Sekunden) gemessen. Die Einheit des Winkelmaßes war – wie aus den drei eben zitierten Definitionen eindeutig hervorgeht – der *rechte Winkel*, den wir als Winkel von 90° bezeichnen. An diesem gemessen erscheinen der stumpfe und der spitze Winkel als ein »größerer« bzw. als ein »kleinerer« Winkel. Dieselbe Winkelmaß-Einheit erscheint auch im Euklidischen Satz Elem. I 13: »Wenn eine gerade Linie, auf eine gerade Linie gestellt, Winkel bildet, dann muß sie entweder zwei rechte oder solche bilden, die zusammen zwei rechten gleich sind.«

Und weil man mit dem »rechten Winkel« als *Einheit* rechnete, konnte man auch sagen, daß die Summe der drei inneren Winkel in jedem Dreieck »zwei Rechten gleich« ist – was die Pythagoreer schon wußten[3]. Auch das Winkelmaß, das wir gewöhnlich als »gestreckten Winkel« (180°) bezeichnen, wird nach dieser klassischen Art des Messens als »zwei rechte« bezeichnet.

In der Planimetrie wurden auch Bruchteile des rechten Winkels als kleinere Maßeinheiten benutzt, wie aus mehreren Proklos-Stellen hervorgeht. Man denke z. B an die alte pythagoreische Entdeckung, daß es nur *drei* regelmäßige Polygone gibt, die die Fläche um einen Punkt ausfüllen; und diese sind das regelmäßige (gleichseitige) Dreieck, das Viereck (=Quadrat) und das Sechseck. Man würde diese Lehre nach der heute üblichen Art des Winkelmessens etwa folgendermaßen formulieren: Nur solche regelmäßigen Polygone können die Fläche um einen Punkt ausfüllen, bei denen das Maß je eines inneren Winkels – in Graden ausgedrückt und mit einer ganzen Zahl (6, 4 oder 3) vervielfältigt – genau 360° beträgt. Dies trifft wirklich nur in den genannten drei Fällen zu. Ein innerer Winkel des regelmäßigen Dreiecks hat 60°, nachdem die Summe der drei inneren Winkel in jedem Dreieck zwei rechten (180°) gleich ist und $\frac{180°}{3} = 60°$ ist. Darum füllen die Fläche um einen Punkt *sechs regelmäßige Dreiecke* aus: $6 \cdot 60° = 360°$. (In der Praxis bekommt man sechs solche regelmäßigen Dreiecke um einen Punkt am leichtesten, wenn man um den betreffenden Punkt in den Kreis ein regelmäßiges Sechseck einschreibt und die Ecken dieses Poly-

[3] Proclus, In Eucl. 379, 2ff. Vgl. auch Euklid, Elementa I 32.

gons mit dem Zentrum des Kreises verbindet.) Ebenso kann man mit *vier Quadraten* die Fläche um einen Punkt ausfüllen, denn ein Winkel des Quadrats hat 90°, und 4 · 90° = 360°. Und schließlich hat ein Winkel des regulären Sechsecks 120°, und darum füllen auch drei solche Sechsecke die Fläche um einen Punkt völlig aus, denn 3 · 120° = 360°.

In diesem Sinne wird das alte Theorem auch bei Proklos behandelt, doch benutzt der Kommentator anstatt der Winkelgrade den »rechten Winkel« als Maßeinheit, und aus den Bruchteilen dieser Einheit baut er die speziellen Winkelgrößen auf. Er sagt z. B. anstatt 60° »zwei Drittel eines rechten Winkels« und anstatt 120° »ein rechter Winkel und ein Drittel eines rechten«. Es seien hier, um eine Übersicht zu bieten, die wichtigsten Winkelmaß-Bezeichnungen aufgeführt, die bei Proklos genannt werden[4]:

1. Den Winkel von 30° bezeichnet er als »ein Drittel des rechten Winkels« (τρίτον ὀρθῆς);
2. der Winkel von 45° heißt »die Hälfte eines rechten« (ἥμισυ ὀρθῆς);
3. 60° ist »zwei Drittel eines rechten« (δίμοιρον ὀρθῆς);
4. 90° ist selbstverständlich eine ὀρθή »ein rechter«;
5. 120° (ein Winkel des regelmäßigen Sechsecks) wird »ein rechter und ein Drittel« (μία ὀρθὴ καὶ τρίτον) genannt;
6. 180°, »ein gestreckter Winkel«, heißt – wie schon gesagt – »zwei rechte (δύο ὀρθαί);
7. der Name des Vollwinkels von 360° ist »vier rechte« (τέσσαρες ὀρθαί).

Nun zeigen die aufgezählten Fälle, daß Euklids Planimetrie das Messen der Winkel mit einem Kreisbogen zwischen seinen beiden Schenkeln, das für uns selbstverständlich ist, *nicht* kennt. Wie man später sehen wird, ist die Grad-Einteilung des Kreises (360°) und auch das Messen der Winkel in Bogengraden aus der astronomischen Praxis entstanden. Es sei jedoch hier schon darauf hingewiesen, daß selbst zu einer Zeit, als die astronomischen und die mathematisch-geographische Praxis offenbar schon mit Bogengraden arbeitete, Euklid selber, wohl aus Purismus, immer noch bestrebt war, Bogengrade in der Planimetrie *nicht* anzuwenden. Man überlege sich einmal die folgenden Tatsachen.

Euklid hat seine ›Elemente‹ etwa um 300 v. Chr. zusammengestellt. Mindestens eine Generation älter war jener Pytheas von

---

[4] Man findet die oben aufgezählten Winkelmaß-Bezeichnungen z. B. im Euklid-Kommentar des Proklos (Ed. Friedlein, auf den Seiten 304–305 und 383.

Massalia, der aus dem Verhältnis des Gnomons und seines Mittagschattens den Parallelkreis über Massalia berechnet hat. Eine solche Berechnung ist ohne Benutzung der Bogengrade des Kreises gar nicht denkbar. Folglich muß Pytheas die Bogengrade – und selbstverständlich auch der etwas jüngere Euklid – gekannt haben. Aber wie benennt Euklid jene Winkelgrößen, die für die in der Astronomie benutzte Geometrie grundlegend sind?

Es gibt drei Winkel, ohne die man sich gar keine Berechnung der antiken Astronomie vorstellen kann. Diese sind: 72°, je ein Zentriwinkel jener insgesamt fünf gleichschenkligen Dreiecke, in die man das reguläre Pentagon auflösen kann; 36°, ein ähnlicher Zentriwinkel jener Dreiecke, aus denen sich das reguläre Zehneck zusammensetzt[5]; und schließlich 108°, ein innerer Winkel des regulären Fünfecks.

Wie drückt nun Euklid diese Winkelgrößen aus? In einem Lemma zur allerletzten Proposition der ›Elemente‹ (also im Lemma zum Satz XIII 18) heißt der Winkel von 72° »um ein Fünftel des rechten Winkels *weniger* als ein rechter Winkel« (μιᾶς ὀρϑῆς ἐστι παρὰ πέμπτου). Und der Winkel von 108° heißt dort »um ein Fünftel des rechten Winkels *mehr* als ein rechter Winkel« (μιᾶς ἐστιν ὀρϑῆς καὶ πέμπτου). Er rechnete auch in diesen Fällen mit der klassischen Maßeinheit des Winkels (»rechter Winkel«) und ihren Fünfteln.

Noch interessanter ist Euklids Sprachgebrauch bei der Konstruktion jenes Dreiecks (Elem. IV 10), das in seiner Zusammenstellung die Konstruktion des regelmäßigen Fünfecks im Kreis vorbereitet (IV 11). Um auf die ungewöhnliche Art seines Sprachgebrauchs aufmerksam zu werden, überlege man sich folgendes.

Ein innerer Winkel des regelmäßigen Fünfecks hat – wie vorhin erwähnt – 108°. Zeichnet man in ein solches Fünfeck alle Diagonalen hinein (siehe Abb. 30), dann werden durch sie alle fünf Winkel des Polygons *dreigeteilt* (108° : 3 = 36°). Faßt man dabei vom ganzen Polygon jenes Dreieck ABC ins Auge, das unsere Abb. 30 hervorhebt, dann sieht man, daß der Winkel dieses gleichschenkligen Dreiecks bei der Spitze A: 1·36° und die beiden anderen Winkel auf der Grundlage je 2·36° = 72° haben müssen. Man könnte demnach die Konstruktion des regulären Pentagons damit beginnen, daß man zunächst ein solches gleichschenkliges Dreieck in den Kreis einschreibt, dessen Winkel oben bei der Spitze 36°, und an

---

[5] Grundlegend sind die Zentriwinkel von 72° und 36°, sowie die ihnen gegenüberliegenden Polygonseiten im Kreis für die Sehnen- und Bogen-Berechnungen. Vgl. Almagest I 10.

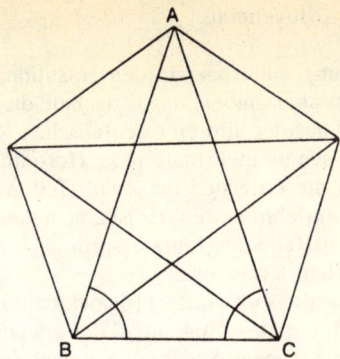

Abb. 30 Ein innerer Winkel des regulären Fünfecks (108°) wird durch jene beiden Diagonalen, die man von jeder Ecke aus zu zwei anderen Ecken ziehen kann, dreigeteilt. Auf diese Weise entstehen auf jeder Seite des Fünfecks gleichschenklige Dreiecke mit den inneren Winkeln: 72°, 72° und 36°, z. B. ABC.

der Grundlage je 72° sind. In der Tat beginnt Euklid seine Fünfeck-Konstruktion (IV 11) mit diesem Schritt. Jetzt interessiert uns aber sein Sprachgebrauch. Wie benennt er die Winkel 36° und 72° in seiner Hilfskonstruktion?

Nach der Terminologie des vorhin behandelten Lemmas (Lemma zum Satz Elem. XIII 18) heißt 72° »um ein Fünftel des rechten Winkels weniger als ein rechter Winkel«. Und dementsprechend könnte man 36° als »zwei Fünftel eines rechten Winkels« bezeichnen. Doch bedient sich Euklid in diesem Fall nicht einmal dieser Umschreibung. Er läßt selbst die klassische Maßeinheit der Winkelgröße (»ein rechter Winkel«) außer acht. Die Konstruktionsaufgabe der Proposition Elem. IV 10 heißt nämlich: »Man soll ein gleichschenkliges Dreieck konstruieren, dessen beide Winkel an der Grundlage je das *Doppelte* des dritten Winkels (gegenüber der Grundlage) sind.«

Es sieht demnach so aus, als ob Euklid das Messen der Winkel mit Bogengraden bewußt vermied. Bogengrade werden in der Astronomie, d. h. in der angewandten Geometrie, aber nicht in jener *reinen* (bloß theoretischen) Wissenschaft benutzt, deren Elemente Euklid zusammenstellte.

2. Das Zodion als Bogenmaß

Die Winkelmessung mit Bogengraden entstammt zweifellos der Astronomie. Offenbar haben die Griechen die Einteilung des Kreises in Grade aus der älteren orientalischen Kultur übernommen. Es wurde schon mehrmals jene Herodot-Stelle erwähnt (II 109), wonach die Griechen die Zwölf-Teilung des Tages von den Babyloniern entlehnt hatten. Es ist eine naheliegende Vermutung, daß die zwölf Teile des Tages ursprünglich zwölf Teile eines größten himmlischen Kreises waren.

Auf alle Fälle war das »Zwölftel« (δωδεκατημόριον), das unseren 30° entspricht, ein altes Bogenmaß der griechischen Astronomie. Man begegnet diesem Ausdruck wie auch seinem Synonym, dem »Tierkreiszeichen« (ζῴδιον = *signum*), schon bei jenem ältesten griechischen Astronomen, dessen zwei Werke uns erhalten geblieben sind, bei Autolykos von Pitane[6]. Die beiden gleichwertigen Ausdrücke – *zodion* und *dodekatemorion* – bezeichneten ebenso eine astronomische Maßeinheit wie in der Geometrie der »rechte Winkel«. (»Zodion« war nach dem Wortgebrauch der Astronomie nicht bloß das »Sternbild«, sondern auch ein genau festgelegtes Maß: ein Zwölftel des gesamten Ekliptikkreises[7].)

Man begegnet bei Autolykos sowohl einigen ganzzahligen Mehrfachen des Zodions, also den Mehrfachen unserer 30°, wie auch dem »halben Zodion«, unseren 15°. Eine kleinere Maßeinheit des Winkels (bzw. des Bogens) als das »halbe Zodion« benutzt Autolykos nicht. Es wäre leicht, daraus den Schluß zu ziehen, daß man es auf dieser Entwicklungsstufe der griechischen Wissenschaft, die für uns die Werke des Autolykos vertreten, noch gar nicht nötig fand, das Zodion auch in kleinere Teile zu zerlegen. Zu einiger Vorsicht mahnt uns jedoch, daß eben das Zwölfteilen der Ekliptik leicht auch zu anderen Überlegungen führen mag.

Man kann ja die zwölf Tierkreis-Zeichen von den zwölf Monaten des Jahres nicht trennen. Bei dem Römer Vitruv liest man noch[8]: »Sol enim *signi* spatium [das *signum* ist das griechische *zodion*] quod est duodecima pars mundi *mense vertente* [also in 30 Tagen] transit: ita duodecim mensibus XII signorum intervalla pervagando cum redit ad signum unde coeperit, perficit spatium vertentis anni.« Man ergänze dieses Zitat noch damit, daß der Monat

---

[6] Autolyci De sphaera quae movetur liber. De ortibus et occasibus libri duo. Ed. F. Hultsch. Leipzig 1885.

[7] Vgl. oben S. 294.

[8] Vitruvius, De architectura IX 1, 6.

auch zu Herodots Zeiten (im 5. Jahrhundert v. Chr.) gewöhnlich 30 Tage zählte[9]. Und nachdem das Zodion einem Monat von 30 Tagen entsprach, ist die Frage schon fast unumgänglich: Ließ man *einem* Tag nicht gerade »ein Dreißigstel des Zodions« – also unser 1° – entsprechen? Es ist ja eine sehr alte Vermutung, daß die 360 Grade des Kreises den Tagen des Jahres entsprachen[10]. Jedenfalls werden in der Fachliteratur der Antike verhältnismäßig häufig auch kleinere Bruchteile des Zodions genannt. Nur aufs Geratewohl seien hier drei Beispiele dafür erwähnt.

a. Poseidonios soll z. B. im letzten Jahrhundert vor der Zeitwende – als er die Länge eines größten Kreises der Erde berechnen wollte – von der Vorstellung ausgegangen sein, der Kreisbogen des Meridians zwischen Rhodos und Alexandria (nach der Kulmination des Canopus-Sternes, an diesen beiden Örtern gemessen) sei der 48. Teil eines vollen Kreises. Unsere Quelle, Kleomedes, berichtet darüber folgendermaßen[11]: »Er hat den ganzen Kreis des Zodiakus in 48 Teile geteilt, indem er jedes *Zwölftel* (δωδεκατημόριον) von ihm viergeteilt hatte (εἰς τέσσερα τέμνων). In diesem Fall gilt also ein »Viertel-Zodion«, der 48ste Teil des Kreisumfangs, der nach unserer Rechnung einem Bogen von 7°30' entspricht, sozusagen als eine kleinere Maßeinheit. Es lohnt sich jedoch, hier sogleich auch einen anderen chronologischen Zusammenhang hervorzuheben.

Als ältester literarischer Beleg für die Einteilung des Kreises in 360 Grade gilt gewöhnlich das Werk jenes Hypsikles[12], der allerdings ein älterer Autor war als Poseidonios. Auch Hipparch, der jünger als Hypsikles und zweifellos älter als Poseidonios war, rechnete schon mit Bogengraden. Aus der Tatsache also, daß Poseidonios dennoch eine altertümlichere Art des Rechnens – in Bruchteilen des Dodekatemorions – benutzt, folgt keineswegs, daß zu seiner Zeit das Rechnen mit Bogengraden noch nicht bekannt gewesen wäre.

b. Ein anderes Beispiel für die Zerlegung des Bogenmaßes Zodion (30°) in kleinere Bruchteile stammt aus der ersten Hälfte des 3. Jahrhunderts, aus dem erhalten gebliebenen Werk des Aristarch von Samos ›Über Größen und Entfernungen der Sonne und des

[9] Herodot I 32.

[10] Vgl. T. Heath, A History of greek mathematics. Oxford 1921, Bd. 2, S. 214.

[11] Cleomedis De motu circulari corporum caelestium (Ed. H. Ziegler), I 10.

[12] Vgl. Heath, History, Bd. 2, S. 213–216.

Mondes‹[13]. Die sechste »Hypothesis« in diesem Werk heißt: »der Mond, der den *fünfzehnten Teil eines Zodions* unterspannt«[14].

Der »fünfzehnte Teil des Zodions« entspricht natürlich unseren 2°. In diesem Fall interessiert uns natürlich nicht die Exaktheit, bzw. die mangelnde Exaktheit des Messens, sondern bloß die sprachliche Form der Behauptung, die verrät, wie sehr Aristarch schon in seinem Jugendwerk von der Einteilung des Kreises Gebrauch gemacht hat. Vergleicht man dies damit, daß derselbe Aristarch in seinem späteren Werk auch die Winkelgröße eines *halben* Grades (30′) messen wollte, so fragt man sich unwillkürlich, ob die Bruchteile des Zodions nicht bloß andere Ausdrucksformen für dieselben Winkelmaße sind, die bei Hypsikles, Hipparch und den späteren Astronomen als »Teile der Peripherie« μοῖραι περιφερείας = Grade) bezeichnet werden.

c. Zum Schluß sei noch ein geographisches Bogenmessen in »Bruchteilen des Zodions« erwähnt, das die Zwölfteilung konsequent durchzuführen suchte. Strabon spricht einmal (C 135) von einer Gegend, wo es zur Zeit der Sommerwende die ganze Nacht hell sei, und wo der Sommerwendekreis um »sieben Zwölftel eines Zodions« über dem Horizont stehe. Dieses Maß entspricht unserem 17°30′, nachdem $\frac{7 \cdot 30°}{12} = 17{,}5°$ ist. Ein »Zwölftel des Zodions« ist offenbar 2°30′. Wie man sieht, war also der Ausgangspunkt dieser Art des Messens das Zwölfteilen des Vollkreises – so bekam man das *dodekatemorion* oder *Zodion* (30°), und dann wurde diese Einheit wieder durch Zwölf in noch kleinere Teile zerlegt. Und tatsächlich erwähnt Sextus Empiricus im 2. Jahrhundert n. Chr. einmal, daß einige Astronomen jedes Zodion wieder in zwölf Teile zerlegten[15]. Dies käme also dem Zerlegen eines Kreises nicht in 360 Grade, sondern in 144 ähnliche Einheiten gleich. Das Vorhandensein dieses Systems – statt unserer Grade – verweist auf die Fülle von Möglichkeiten, den Kreis zu teilen, die beim Bogenmessen der Alten gelegentlich angewendet wurde, und die auch sonst den Historikern schon aufgefallen war.

Die Tatsache, daß gelegentlich auch andere Arten des Bogenmessens gebraucht wurden, schließt keineswegs die Möglichkeit aus, daß zu derselben Zeit die uns geläufigen Bogengrade auch be-

---

[13] Aristarchus Samius. Ed. S. T. L. Heath. Oxford 1913.
[14] In der Übersetzung von Heath: Hypothesis 6. »That the moon subtends one fifteenth part of a sign« (= τὴν σελήνην ὑποτείνειν πεντεκαιδέκατον μέρος ζῳδίου).
[15] Sextus Empiricus, adversus math. V § 9.

kannt und üblich waren. Hipparch selber liefert uns dafür den schlagendsten Beweis: er hat nämlich die Bogen nicht nur in den auch für ihn schon wohlbekannten und üblichen Graden, sondern manchmal auch in Ellen (πήχεις) und in Fingern (δάκτυλοι) gemessen; eine »Elle« war dabei 2°, und 24 Finger machten eine »Elle« aus[16] (also 1 Finger = 5′).

Kompliziert war zu jener Zeit, in der die 360°-Teilung des Kreises wohl schon seit langem bekannt war und in der wissenschaftlichen Praxis auch angewandt wurde, die fortlaufende Zählung der Grade aber noch nicht zu einer solch festen Grundlage des Rechnens geworden war, wie diejenige, die man später beinahe mechanisch anwendete, vermutlich nicht so sehr das Messen der kleineren Winkelgrößen, als das Umschreiben solcher Größen, die sich nicht in sog. runden Zahlen angeben lassen. Denn überlege man sich nur, wie man zu jener Zeit z. B. den Winkel hätte angeben können, den Hipparch einfach als 41° bezeichnet. Vielleicht etwa folgendermaßen: »um zwei Ellen ($= 2\pi\acute\eta\chi\epsilon\iota\varsigma = 2\cdot 2°$) weniger als die Hälfte eines Quadranten« ($= 45°$).

Wir haben in der Tat eine Aristarch-Stelle, die das Winkelmaß von 87° auf diese umständliche Art umschreibt. Die 4. »Hypothesis« in seinem Werk besagt nämlich[17]: »Wenn der Mond uns halbiert erscheint, dann ist seine Entfernung von der Sonne um ein Dreißigstel eines Quadranten weniger als ein Quadrant.«

Aristarch ging also bei dieser Messung vom Vierteilen des Kreises aus; so erhielt er einen *Quadranten* (τεταρτημόριον), der selbstverständlich unsere 90° ist. Er hätte diesen Quadranten natürlich auch als »drei Zodia« bezeichnen oder, wie in der Geometrie üblich, von einem »rechten Winkel« sprechen können. Um danach 87° zu bekommen, subtrahierte er vom Quadranten nicht »ein Zehntel des Zodions« ($= 3°$), sondern »ein Dreißigstel eines Quadranten« ($= 3°$).

---

[16] Es seien hier dafür die Worte von A. Rehm (Artikel ›Kykloi‹ in: RE XI [1922], Sp. 2328) angeführt: »Wie wenig das Gewohnte auch das Selbstverständliche ist, zeigt uns auch der Brauch Hipparchs (z. B. in Arat. I 9, p. 90, 10 M, bei Strab. 135 C, bei Ptolem. Synt. VII 1, p. 4, 16,6,11. IX 7 p. 267, 14 H, dazu Manitius Übers. 407), der neben der 360-Teilung noch eine auf der Teilung des größten Kreises beruhende, dann aber als Einheitsmaß auch für Stücke kleinerer Kreise angewandte Messung nach πήχεις zu 2° und δάκτυλοι, deren 24 auf den πήχυς gehen, anwendet.«

[17] T. L. Heath, Aristarchus. Oxford 1913, S. 352, Hypothesis 4. »When the moon appears to us halved, its distance from the sun is then *less than a quadrant* (ἔλασσον τεταρτημορίου) *by one thirtieth of a quadrant* (τοῦ τεταρτημορίου τριακοστῷ)«.

Aufschlußreich ist diese Art von Umschreibung des Winkelmaßes durch Aristarch aus folgendem Grunde. Es wurde vorhin schon erwähnt, daß derselbe Autor in seiner »6. Hypothesis« den Winkel von 2° als den »fünfzehnten Teil eines Zodions« bezeichnete. Wie Archimedes berichtet, hat Aristarch in einem anderen, nicht mehr erhaltenen Werk den scheinbaren Durchmesser der Sonne als den »720sten Teil des Zodiakus« messen wollen[18]. Wir kennen demnach die folgenden Bogenmaß-Bezeichnungen aus den Werken des Aristarch:

$1/2°$ $(= 30')$	»ein 720ster Teil des Zodiakus«,
2°	»ein fünfzehnter Teil eines Zodions«,
3°	»ein Dreißigstel eines Quadranten«,
87°	»um ein Dreißigstel eines Quadranten weniger als ein Quadrant«,
und 90°	»ein Quadrant«.

Es kann nach diesen Belegen kaum mehr ein Zweifel darüber bestehen, daß Aristarch unsere Gradeinteilung des Kreises gekannt hat. Ja, das Messen in Winkel- bzw. Bogengraden muß in seiner Praxis ziemlich häufig gewesen sein. Es geht daraus, wie er seine Rechnungsergebnisse formuliert, eigentlich nur soviel hervor, daß er die Grade noch nicht fortlaufend von 1° bis 180° (oder 360°) zählte. Das Rechnen in Graden mag zu seiner Zeit – oder vielleicht nur in der Umgebung des Aristarch? – noch nicht so verbreitet gewesen sein, wie wir dies aus dem Werk des Ptolemaios und auch aus demjenigen des Hipparch kennen. (Hipparch hat ja die Bogengrade offenbar schon fortlaufend numeriert.) Noch mehr erhärtet wird die Vermutung, daß die griechische Astronomie die Gradeinteilung des Kreises, wenn nicht im 4. Jahrhundert (Pytheas), so doch am Anfang des 3. Jahrhunderts v. Chr. aller Wahrscheinlichkeit nach schon benutzt hat, durch die folgende Überlegung.

Aristarch von Samos war um 280 v. Chr. tätig, in diesem Jahr hat er laut Ptolemaios die Sommerwende beobachtet[19]. Beinahe zur selben Zeit – zwischen 295 und 280 v. Chr. – arbeiteten die beiden Astronomen Timocharis und Aristyllos, welche die Deklinationen

---

[18] T. L. Heath, Archimedes. Oxford 1912, S. 223 (Sand-reckoner): »I make this assumption because Aristarchus discovered that the sun appeared to be about *1/720 part of the zodiac* etc.«

[19] Almagest III 1; vgl. deutsch: Manitius 1912, Bd. 1, S. 144 und Bd. 2, S. 442 (Namenverzeichnis).

einiger Sterne in Winkelgraden aufgezeichnet hatten[20]. Ihre Liste ist im Werk des Ptolemaios (Almag. VII 3) erhalten geblieben[21]: »Um an einigen besonders deutlichen Beispielen die geschilderte Bewegung zu illustrieren [Es handelt sich eigentlich um die Verschiebung einiger Fixsterne – Á. Sz.], werden wir für jede der näher bezeichneten Halbkugeln die Abstände der Sterne in Breite vom Äquator (d. i. ihre Deklination), gemessen auf dem durch dessen Pole gezogenen größten Kreis zusammenstellen, wie sie erstens zur Zeit der Astronomen aus der Schule des Timocharis (und Aristyllos)[22], zweitens zur Zeit des Hipparch und drittens in derselben Hinsicht von uns gewonnen worden sind.«

Danach folgt eine Tabelle mit drei Kolumnen[23], die zeigt, wie die voneinander abweichenden Deklinationen von neun Fixsternen auf beiden Halbkugeln in *Winkelgraden* beobachtet wurden. In der ersten Kolumne stehen die Angaben des Timocharis (oder die des Aristyllos), in der zweiten die des Hipparch und in der dritten die eigenen Beobachtungen des Ptolemaios, jeweils über dieselben Sterne. Erleichtert wird der Vergleich der drei Angaben durch die Tabelle des modernen Übersetzers[24].

Der zitierte Text des Ptolemaios scheint also ein tadelloser Beleg dafür zu sein, daß schon Timocharis und Aristyllos ebenso in Winkelgraden gerechnet haben, wie hundert Jahre nach ihnen Hipparch oder, noch später, Ptolemaios selbst. Allerdings wurde die Zuverlässigkeit dieses Belegs mit der Vermutung angezweifelt, ob nicht Ptolemaios nachträglich die Beobachtungen der beiden, Timocharis und Aristyllos, in Winkelgrade umgewandelt habe, um so den Vergleich mit seinen eigenen Angaben zu erleichtern[25].

[20] D. R. Dicks in: JHS 86 (1966), S. 28 Fn. 15: »There is however, one piece of evidence which might seem at first sight suggest that the use of degrees was known in the third century B.C. in Alexandria; in Almag. VII 3 Ptolemy lists the declinations of a number of stars as observed by himself, by Hipparchus and by Timocharis and Aristyllos, two Alexandrian astronomers, who were active between 295 and 280 B.C. and in each case Ptolemy gives the data in degrees north and south of the celestial equator.«

[21] Die Übersetzung der Stelle (oben im Text) nach K. Manitius 1913, Bd. 2, S. 18.

[22] Der Name Aristyllos wurde an dieser Stelle nur durch den Übersetzer K. Manitius – aber zweifellos zu Recht – eingefügt.

[23] Mindestens in der deutschen Übersetzung des K. Manitius.

[24] Die Textausgabe von J. L. Heiberg (1903, Bd. 2, S. 19 ff.) bietet an dieser Stelle keine Tabelle, nur den fortlaufenden Text selber. Überblick und Vergleich scheinen also anhand des Originals lange nicht so leicht gewesen zu sein wie anhand der modernen Übersetzung.

[25] D. R. Dicks, Anm. 20.

Denkt man jedoch an die oben behandelten Bezeichnungen des Aristarch für Bogenmaße, so besagt dieser Zweifel nur soviel: Es ist möglich, daß Timocharis und Aristyllos sich noch nicht der fortlaufenden Zählung der 360 Grade bedient haben.

3. Bogengrade und Sehnentafeln

Das historische Problem, in welche Zeit die Einführung der Gradeinteilung des Kreises in der griechischen Wissenschaft zu setzen sei, ist besonders deswegen wichtig, weil dieses Datum wohl auch für den Ursprung der Sehnentafel, der griechischen Form der Trigonometrie, gelten dürfte. Konkret überliefert besitzen wir Sehnentafeln aus der Antike erst im Werk des Ptolemaios, im ›Almagest‹ aus dem 2. Jahrhundert n. Chr. Doch müssen Sehnentafeln schon viel früher, nicht erst zur Zeit des Hipparch im 2. Jahrhundert v. Chr., sondern möglicherweise auch schon im 4. Jahrhundert, zur Zeit des Pytheas, existiert haben. Man kann jene konkreten Rechenergebnisse, die teils im Werk des Hipparch, teils bei Strabon für Pytheas überliefert sind, ohne Sehnen- und Bogen-Berechnungen gar nicht erhalten. Die frühere Forschung hat u. a. auch deswegen betont, die Gradeinteilung des Kreises trete bei den Griechen erst im Werk des Hypsikles (zu Anfang des 2. Jahrhunderts v. Chr.) auf, weil diese Tatsache als ein *terminus post quem* für die Sehnentafeln angesehen wurde.

Denkt man an die Tafeln im Werk des Ptolemaios, so ist es in der Tat *nicht* wahrscheinlich, daß sie ohne Gradeinteilung, *ja ohne fortlaufend gezählte Grade* zusammengestellt wurden. Man mußte ja, um solche Tafeln zu erhalten, auch die größte Sehne im Kreis, also die Länge des Durchmessers, mit einer im voraus ein für alle Male festgelegten Zahl (120ᵖ) messen, damit dann in der Tafel angegeben werden konnte, wie lang in denselben Einheiten (bzw. in ihren Bruchteilen) die kleineren Sehnen sind. Tatsächlich beginnt mit dieser *doppelten* Einteilung – des Kreisumfangs und des Durchmessers – die Behandlung der Sehnen bei Ptolemaios.

Aber hat man die Berechnung der zusammengehörigen Sehnen und Bogen wirklich mit einer *Tafel* begonnen? Man beachte, wie Ptolemaios im betreffenden Teil des Werkes sein Vorhaben einleitet[26]: »*Zum bequemen Gebrauch* wollen wir zunächst in Tabellenform die Größenbeträge zusammenstellen, die auf die Sehnen ent-

---

[26] Almagest I 10: ›Größenverhältnis zwischen Sehnen und Kreisbogen‹.

fallen . . .« Es ist zwar nicht zu bezweifeln, daß der Übersetzer das Original dessen, was er mit »zum bequemen Gebrauch« wiedergibt, richtig verstanden hat, dennoch verraten die griechischen Worte im Original noch etwas anderes, woran der Leser nach dem modernen Verständnis dieser Wendung wohl gar nicht denken würde. Ptolemaios sagt nämlich: πρὸς . . . τὴν ἐξ ἑτοίμου χρῆσιν – und das heißt, genauer übersetzt, »zum Gebrauch aus dem *fertig vorliegenden*«.

Die zu den einzelnen Bogen gehörigen Sehnen werden also im voraus berechnet, damit sie fertig vorliegen, wenn später in den astronomischen Rechnungen ein Fall vorkommt, in dem man die eine oder andere von ihnen kennen muß, und sie dann nicht immer wieder von neuem zu berechnen braucht. Kurz und gut, aus den ersten Worten des Ptolemaios im Kapitel ›Größenverhältnis zwischen Sehnen und Kreisbogen‹ scheint folgendes hervorzugehen. Sehnentafeln wurden bei den Griechen wohl erst nach einer längeren Praxis zusammengestellt. Ursprünglich hat man das Verhältnis der zusammengehörigen Bogen und Sehnen – wenn die eine der beiden Größen bekannt war – wohl immer wieder von neuem mit der größten Sehne (Durchmesser) bzw. mit dem größten Bogen (dem Halbkreis) verglichen und berechnet. Erst als man einsah, wie unbequem es ist, langwierige Berechnungen, die außerdem häufig untereinander ähnlich waren, dauernd wiederholen zu müssen, kam man auf die Idee des »Gebrauchs aus dem fertig vorliegenden«.

Diese Vermutung hat folgende Konsequenzen: Man hat dieselben Berechnungen, die man später gewöhnlich unter Anwendung von Sehnentafeln ausführte, wohl auch schon zu einer Zeit anstellen können, in der es noch keine Sehnentafeln gab. Es genügten dazu jene Kenntnisse an sich, die dann später in einem Werk über Sehnentafeln systematisiert wurden. Die Sehnentafeln haben zwar die Berechnungen wesentlich erleichtert, aber sie waren den älteren rechnerischen Operationen gegenüber prinzipiell nicht neu.

Die Schöpfung der Sehnentafeln war also in der Entfaltung der griechischen Mathematik nichts grundsätzlich Neues. Wichtig war die Zusammenstellung solcher Tafeln eher vom Gesichtspunkt der angewandten Mathematik, der Astronomie aus. Ja, das Vorhandensein solcher Tabellen lud fast schon zum unüberlegten, mechanischen Gebrauch ein. Darum auch mußte Ptolemaios nicht nur erklären, warum er die Tabellen in sein Werk einfügte, sondern auch warum er ihren theoretischen Aufbau kurz schildert: »damit wir die Größen . . . nicht nur zur Hand haben – ohne uns Rechenschaft zu geben, wie wir dazu kommen[27] –, sondern damit wir mit Hilfe ihrer Konstruktionen sofort auch den Beweis der Richtigkeit antreten können.«

Wer zum ersten Male Sehnentafeln zusammengestellt hat, wissen wir nicht. Jener antike Bericht, mit dem man begründen wollte, daß erst Hipparch »durch Berechnung einer Sehnentafel der Schöpfer der Trigonometrie wurde«[28], besagt das gar nicht; man hat in ihn nur etwas hineingelesen. Man lese die wortkarge antike Überlieferung aufmerksam. Bei Ptolemaios – an derselben Stelle, wo die vorhin zitierten Worte stehen – heißt es, genau übersetzt[29]: »Wir werden mit Hilfe von möglichst wenigen Lehrsätzen, die sich immer wiederholen, *zeigen* (δείξομεν), wie wir nach einer praktischen und schnell durchführbaren Methode das Berechnen der Sehnengrößen in Angriff nehmen können...« Der Wendung »wir werden zeigen« (δείξομεν) fügt nun der Kommentator, Theon (von Alexandria) hinzu: »Es wurde auch bei Hipparchos in einer Abhandlung über die Sehnen im Kreis gezeigt (δέδεικται), in zwölf Büchern, und bei Menelaos in sechs Büchern.«[30]

Wie man sieht, behauptet also der Kommentator mit keinem Wort, Hipparch (oder gar schon Menelaos) wäre der erste gewesen, der Sehnentafeln zusammengestellt hätte. Er bemerkt nur, daß das, was Ptolemaios »in wenigen und sich immer wiederholenden Sätzen« zu zeigen verspricht, bereits bei Hipparch in seiner Abhandlung über die Sehnen in zwölf Büchern und auch bei Menelaos in sechs Büchern gezeigt worden war.

Der Text des Theon besagt also nichts darüber, wer zum ersten Male Sehnentafel zusammengestellt hatte. Er hebt statt dessen die erstaunliche Kürze der Behandlung desselben Themas bei Ptolemaios hervor. Dieser Gegenstand habe früher bei Hipparch noch zwölf Bücher und auch später bei Menelaos immerhin noch sechs

---

[27] Das eine griechische Wort des Ptolemaios ἀνεπιστάτως wurde durch Manitius deutsch ziemlich umständlich mit der Wendung wiedergegeben: »ohne uns Rechenschaft zu geben, wie wir dazu kommen«.

[28] Seit J. B. L. Delambre, Histoire de l'astronomie ancienne. Paris 1817, Bd. 1, S. IX, tauchte der Gedanke immer wieder auf, daß Hipparch der Begründer der Astronomie gewesen wäre. Vgl. auch Manitius 1894, S. 285.

[29] Almagest I 10: πρότερον δὲ δείξομεν πῶς ἂν ὡς ἕνι μάλιστα δι' ὀλίγων καὶ τῶν αὐτῶν θεωρημάτων εὐμεθόδευτον καὶ ταχείαν τὴν ἐπιβολὴν τὴν πρὸς τὰς πηλικότητας ποιοίμεθα.

[30] Der Text lautet nach A. Rome, Commentaires de Pappus et de Théon d'Alexandrie sur l'Almageste. Città del Vaticano 1936, Bd. 2, S. 451): Δέδεικται μὲν οὖν καὶ Ἱππάρχῳ πραματείᾳ τῶν ἐν κύκλῳ εὐθειῶν ἐν ιβ΄ βιβλίοις, ἔτι δὲ καὶ Μενελάῳ ἐν ϛ΄.

Bücher beansprucht[31]. Auch die unmittelbare Fortsetzung des Textes verrät Theons Bewunderung darüber (θαυμάσαι δ᾽ἐστίν), daß es Ptolemaios so leicht gelungen sei, diese Lehre in wenigen und handlichen Sätzen zu erörtern (εὐμεταχειρίστως δι᾽ ὀλίγων καὶ εὐχερῶν θεωρημάτων τὴν εὕρεσιν τῆς πηλικότητος αὐτῶν πεποίηται), wo seine Vorgänger diese Aufgabe nur in so umfangreichen Werken bewältigen konnten.

Man kann am Ende dieses Kapitels zusammenfassend feststellen:

1. Die Berechnung von Sehnentafeln hängt offenbar mit der *fortlaufenden Zählung der 360 Bogengrade* zusammen. Eine ebensolche unerläßliche Vorbedingung dieser Tafeln ist auch das ein für alle Male festgesetzte *Längenmaß für den Durchmesser des Kreises (120ᵖ)*. Sehnen- und Bogenberechnungen sind jedoch auch ohne im voraus zusammengestellte Tafeln möglich.

2. Im antiken Schrifttum ist nichts darüber überliefert, wer zum ersten Male Sehnentafeln zusammengestellt hat.

3. Es wurde in diesem Buch früher schon erörtert[32], daß Eudoxos die Bogengrade wahrscheinlich noch nicht fortlaufend zählte. Dagegen wird Pytheas eine Generation später den Parallelkreis über Massalia wahrscheinlich schon mit Hilfe von Sehnentafeln – oder zumindest auf Grund von Sehnenberechnungen – festgestellt habe.

4. Der Gnomon

Das Messen der Winkel mit Bogen, das Einteilen des Kreisumfangs zunächst in zwölf Zodia und dann weiter in 360 Grade, später die fortlaufende Zählung der Bogengrade von 1 bis 360 sowie das Interesse für das Größenverhältnis zwischen Sehnen und Kreisbogen sind in der griechischen Geometrie zweifellos durch die astronomische Praxis gefördert worden. Wir werden noch sehen, wie durch Euklids Geometrie jene Lehre über Sehnen und Bogen vorbereitet wurde, die zusammengefaßt in einem Kapitel des ptolemäischen ›Almagest‹ (I 10) vorliegt. Hier sei zunächst auf den entscheidenden Einfluß, den die frühgriechische Astronomie auf die Entwicklung der Geometrie in voreuklidischer Zeit ausgeübt hat, von einer anderen Seite her aufmerksam gemacht.

---

[31] In der Tat macht die ganze Lehre über Sehnen und Bogen bei Ptolemaios nicht mehr als 16 Seiten der Teubner-Ausgabe aus.

[32] Siehe die beiden Kapitel ›Die Methode des Eudoxos‹ und ›Sehnen und Bogen‹ im Teil III dieses Buches.

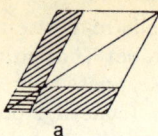 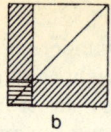 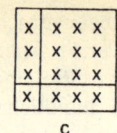

a   b   c

Abb. 31 Der »Gnomon« war zunächst ein Instrument der Astronomie. Seine allgemeinste geometrische Form – »Gnomon eines Parallelogramms« bei Euklid – zeigt die Abb. a. Nach den im Text zitierten Aristoteles-Worten hat man in der Geometrie ursprünglich wohl nur im Zusammenhang mit dem Quadrat von einem »Gnomon« gesprochen: Abb. b. Die Bezeichnung »Gnomon« im Sinne von »ungerade Zahl« entstammt aus derselben pythagoreischen Arithmetik der »figurierten Zahlen«, die auch den Begriff »Quadratzahl« geprägt hatte.

Der Gnomon, das wohl älteste Instrument der Astronomie, mit dessen Hilfe Anaximander schon im 6. Jahrhundert v. Chr. die Äquinoktien fesgestellt hatte, wird in der älteren Literatur der Griechen, abgesehen von Herodot (2, 109), kaum genannt. Aber man darf sich durch die Lückenhaftigkeit der Überlieferung nicht irreführen lassen. Es gibt Spuren genug, die verraten, daß der Schattenzeiger zumindest seit der Zeit Anaximanders ein wohlbekanntes wissenschaftliches Instrument war. Man denke z. B. an die archaische Bezeichnung des Oinopides von Chios, der im 5. Jahrhundert v. Chr. – wie Proklos bezeugt – »die *Senkrechte* in altertümlicher Weise *nach dem Gnomon* (κατὰ γνώμονα) genannt hat, *weil auch der Gnomon mit dem Horizont rechte Winkel bildet*«[33]. Der Astronom Oinopides hat also den in der horizontalen Ebene senkrecht aufgestellten Gnomon nicht nur gekannt – und ihn wohl auch in seinen Forschungen benutzt –, sondern er bildete nach diesem auch einen altertümlichen Terminus der Geometrie.

Bedeutsamer ist wohl die Tatsache, daß der Name desselben Instrumentes auch zu je einem anderen Terminus der Geometrie und der Arithmetik wurde. Zunächst hat man die Bezeichnung vermutlich auf ähnliche geometrische Figuren übertragen; so heißt es in der schon verallgemeinerten Euklidischen Definition (Elem. II def. 2): »In jedem Parallelogramm soll ein beliebiges der um die Diagonale liegenden Parallelogramme, zusammen mit den Ergänzungen, *Gnomon* heißen.« (Also etwa die schraffierte Fläche der Abb. 31a.)

---

[33] Proclus (F) 283, 7–8.

Weniger entfernt vom ursprünglichen Bild blieb die Namensübertragung, solange man vom Gnomon im Zusammenhang nur
mit dem Quadrat redete; wie man bei Aristoteles liest:»das Viereck (= Quadrat) wird zwar größer, aber nicht anders, wenn man es
mit dem Gnomon ergänzt.« (vgl. Abb. 31 b)[34]. Sehr bezeichnend
für das hohe Alter dieser Namensübertragung ist es, daß nach einem Aristoteles-Kommentar die Arithmetiker alle *ungeraden
Zahlen* als »Gnomone« bezeichneten[35]. Dies geht nämlich noch auf
die Zeit der pythagoreischen »figurierten Zahlen« zurück (vgl.
Abb. 31c), der auch unsere Termini »Quadratzahl«, »Kubikzahl«
etc. entstammen.

Der Wortgebrauch des Oinopides – »nach dem Gnomon« für
den Begriff »die Senkrechte« – sowie der Terminus »Gnomon« in
Euklids Geometrie und in der pythagoreischen Arithmetik sind für
uns deswegen wichtig, weil sie eine sonst aufallende Lücke in der
Chronologie ausfüllen. Man vergesse nicht, daß Herodots Bericht
aus dem 5. Jahrhundert, wonach die Griechen den Gnomon von
den Babyloniern übernommen haben, eigentlich ganz isoliert dasteht. Die historisch wichtige Errungenschaft des Anaximander,
seine Bestimmung des Äquinoktiums mit Hilfe des Gnomons
schon im 6. Jahrhundert, ließ sich nur auf Grund verhältnismäßig
später Berichte rekonstruieren. Wohl konnten wir auch darauf hinweisen, daß nach Komiker-Fragmenten aus dem 5. Jahrhundert
auch der Physiker Hippon und der Astronom Meton zur Zeit des
Perikles mit dem Instrument *polos* (bzw. *pnigeus*), der wohl nur ein
ergänzender Bestandteil des Gnomons war, gearbeitet haben[36],
aber wir konnten das Wort »Gnomon« als Namen des astronomischen Instrumentes aus keinem alten Text außer bei Herodot nachweisen.

Nun bezeugt die eben angeführte Benutzung des Wortes Gnomon als Terminus in Geometrie und Arithmetik zweifellos, daß
dieses wissenschaftliche Instrument unter den Griechen in voreu-

---

[34] Aristoteles, Categ. XIV 15a 30: τὸ τετράγωνον γνώμονος περιτε
θέντος ηὔξηται μὲν ἀλλοιότερον δὲ οὐδὲν γεγένηται.
[35] Johannes Philoponus ad Aristot. Phys. III 131: καὶ ἀριθμητικοὶ δὲ
γνώμονας καλοῦσι πάντας τοὺς περισσοὺς ἀριθμούς. Causam adjicit Simplicius ad eundem locum: Γνώμονας δὲ ἐκάλουν τοὺς περιττοὺς οἱ
Πυθαγόρειοι διότι προστιθέμενοι τοῖς τετραγώνοις τὸ αὐτὸ σχῆμα φυ
λάττουσι, ὥσπερ οἱ ἐν γεωμετρίᾳ γνώμονες. Die diskreten Einheiten der
figurierten Zahlen wurden durch ›Steinchen‹ oder ›Punkte‹ veranschaulicht,
wie nach Abb. 31c.
[36] Vgl. das Kapitel ›Polos‹ und ›pnigeus‹ im Teil I dieses Buches.

klidischer Zeit wohlbekannt sein mußte. Ja, man kann aus diesem Wortgebrauch auch noch etwas anderes herauslesen.

Studiert man die Abbildungen 31 a, b und c genau, so wird einem bald klar, daß der aufrecht stehende Schenkel des schraffierten Teils dem *Gnomon* selbst, der waagerecht liegende dagegen seinem *Schatten* entspricht. Zu jener Zeit also, als man die erwähnten Termini der Geometrie und Arithmetik bildete, sah man den »Gnomon und seinen Schatten« als eine Einheit an. Daraus ergibt sich jedoch sogleich die Frage: Hat man zu jener Zeit, in der man den Terminus der Geometrie »Gnomon eines Parallelogramms« und den anderen Terminus »Gnomonzahl« (für eine »ungerade Zahl«) bildete, auch schon das Zahlenverhältnis für den Gnomon und die Länge seines Mittagschattens systematisch registriert? (Es sei hier daran erinnert, daß das Registrieren dieses Verhältnisses sowohl für den Kalender wie auch für die mathematische Geographie wesentlich war, denn die Länge des Mittagschattens vom selben Gnomon ist je nach der Jahreszeit wie nach der geographischen Breite, wo der Schatten gemesen wird, unterschiedlich.)

Literarisch belegt ist das Registrieren eines Verhältnisses »Gnomon und sein Mittagschatten zur Zeit der Sommerwende« erst bei Pytheas im 4. Jahrhundert v. Chr. Das ist der älteste bekannte Fall einer solchen Messung. Doch liegt der Beleg dafür erst im Text jenes Strabon, der im Jahrhundert um die Zeitwende gelebt hat. Außerdem ist die Messung des Pytheas, die für Massalia durchgeführt wurde, bei Strabon irrtümlich auf Byzantion übertragen worden[37]. Tadellos bezeugt sind ähnliche Fälle erst aus späterer Zeit. Hypsikles hat z. B. im 2. Jahrhundert v. Chr. das Verhältnis des längsten zum kürzesten Tag in Alexandria auf Grund der Mittagschatten des Gnomons an den Wendetagen berechnet[38]. Und könnte man noch zahlreiche andere solcher Verhältniszahlen vom Gnomon und seinem Mittagschatten aus den Werken von Hipparch, Geminus, Strabon und Vitruv anführen. Merkwürdigerweise gibt es dagegen solche Verhältniszahlen im ›Almagest‹ des Ptolemaios nicht mehr. Denn Ptolemaios legt seinen Berechnungen (Almag. II 6) die Dauer des längsten Tages zugrunde, und zu dieser willkürlich gewählten Angabe berechnet er dann, wie lang der Mittagschatten jenes Gnomons, dessen Länge ebenfalls im voraus bestimmt ist (60P), an den Wendetagen bzw. an den Tagen der Äquinoktien sein

[37] Vgl. die Kapitel 4 bis 7 im Teil II dieses Buches.
[38] Siehe das Kapitel ›Die Methode des Eudoxos‹ im Teil II dieses Buches.

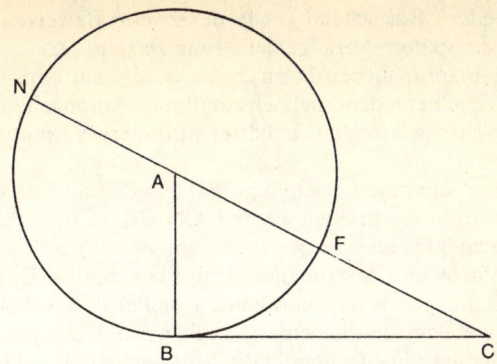

Abb. 32 Der Satz Elem. III 36 wird bei Euklid zunächst für diesen speziellen Fall bewiesen: Die Strecke, die vom gegebenen Punkt außerhalb des Kreises aus (C) den Kreis schneidet, geht durch den Mittelpunkt des Kreises hindurch. Die Figur ist offenbar: der Gnomon (AB) und sein beliebiger Schatten (BC), während NAC symbolisch der Sonnenstrahl ist.

muß und über welches geographische Gebiet der betreffende Parallel (dessen Abstand vom Äquator auf Grund des längsten Tages berechnet wurde) hindurchgeht.

Es fragt sich nun, ob man das Registrieren des Verhältnisses von »Gnomon und sein Mittagschatten« nicht auch für das voreuklidische Zeitalter wahrscheinlich machen kann. Theoretisch ist diese Möglichkeit auch wegen des geometrischen und arithmetischen Terminus »Gnomon eines Parallelogramms« bzw. »Gnomonzahl« natürlich nicht ausgeschlossen. Über die bloße Möglichkeit hinaus führt uns ein Satz aus Euklids ›Elementen‹ (III 36): »Wählt man außerhalb eines Kreises einen Punkt und zieht man von ihm aus zwei Geraden, von denen die eine den Kreis schneidet, die andere den Kreis berührt, dann muß das Rechteck aus der ganzen Strecke (CN) und dem außen zwischen dem Punkt und dem erhabenen Bogen abgegrenzten Stück (CF) dem Quadrat über der Tangente gleich sein.« (Also $CN \cdot CF = CB^2$)

Man findet bei Euklid hintereinander zwei Beweise für diesen Satz. Zuerst wird die Proportion für jenen Fall bewiesen, in dem die den Kreis schneidende Gerade (CN) über den Mittelpunkt des Kreises verläuft, wie in unserer Abb. 32. Eben dieser Spezialfall – der wohl auch der ursprüngliche war – interessiert uns hier. (Wie man sieht, ist das Zentrum des Kreises in Abb. 32 der Punkt A.)

335

Der andere Fall scheint – wie der zweite Beweis bei Euklid zeigt – eine spätere Verallgemeinerung zu sein. Der Zusammenhang der ursprünglichen Form dieses Satzes mit dem Gnomon-Weltbild leuchtet jedem sogleich ein, der die vorangehenden Teile dieses Buches gelesen hat. Erhärtet wird diese Vermutung durch folgendes:

Offenbar kann die Gleichung $CN \cdot CF = CB^2$ auch in der Form der Proportion geschrieben werden: $CN:CB = CB:CF$[39]. Abb. 32 ist nichts anderes als eine Wiederholung desselben Schemas, das uns aus Vitruv und Anaximander längst bekannt ist. Der *Kreis* die Darstellung des Weltmeridians. Der Punkt C außerhalb des Kreises, von dem aus die beiden Strecken zum Kreis gezogen werden, ist der jeweilige Endpunkt des Mittagschattens des Gnomons – vorausgesetzt, die den Kreis schneidende Gerade wird über den Mittelpunkt des Kreises gezogen. (Und so ist es in dem einen Fall, dessen Behandlung durch Euklid vorausgeschickt wird.) Die Gerade, die, vom Punkt aus gezogen, den Kreis berührt, ist der *Schatten* des Gnomons. Und die andere Gerade, die den Kreis durch das Zentrum hindurch schneidet, ist in dieser symbolischen Darstellung des Weltalls der *Sonnenstrahl*, der aus zwei Teilen besteht: aus dem Durchmesser des Kreises (dem Doppelten des Gnomons) und jenem Segment zwischen dem Punkt außerhalb des Kreises (C) und einem Punkt der Kreisperipherie (F). Der Satz Elem. III 36 besagt also eigentlich, daß in diesem astronomisch-geometrischen Weltbild der Mittagschatten des Gnomons immer die *Mittlere Proportionale* zwischen dem symbolischen Sonnenstrahl und einem kleineren Segment desselben ist.

Wie hat man diesen interessanten Satz einst gefunden? Man kann eine solche Frage – mangels unmittelbarer Überlieferung – selbstverständlich nur mit Vermutungen beantworten. Doch scheint eine der möglichen Vermutungen ziemlich nahezuliegen. Ist nach Abb. 32 AB der Gnomon und BC sein Mittagschatten,

[39] Es kann in diesem Zusammenhang die Frage, warum im zitierten Satz anstatt der Mittleren Proportionale von der Gleichheit eines Quadrats und eines Rechtecks die Rede ist, nicht ausführlicher erörtert werden. Es sei dennoch kurz folgendes bemerkt: Das Suchen nach der Mittleren Proportionale wurde in Euklids Geometrie in einer früheren Periode als Verwandeln eines Rechtecks in ein flächengleiches Quadrat gelöst. Zwischen zwei Zahlen gibt es *nicht immer* eine mittlere proportionale Zahl, doch ist die Seite des flächengleichen Quadrats immer die Mittlere Proportionale zu den beiden Seiten des entsprechenden Rechtecks. (Sind die Seiten des Rechtecks a und b, dann ist $ab = x^2$ und darum $a:x = x:b$.)

dann muß natürlich frühzeitig aufgefallen sein, daß die Länge des Mittagschattens (BC) je nach Zeit und Raum immer wieder eine andere ist. Das Verhältnis AB : BC ist also eine *variable Größe*, die man je nach der Zeit und dem Ort immer eigens messen muß. Irgendwann muß man sich jedoch gefragt haben, ob es dabei denn gar nichts *Invariables* gebe. Und man fand eine solche invariable Größe: Der Mittagschatten selber ist *immer* die Mittlere Proportionale zwischen dem ganzen symbolischen Sonnenstrahl und einem Stück von ihm – was man an dem bekannten Schema leicht zeigen kann.

Der eben skizzierten Vermutung nach ergab sich die im Satz Elem. III 36 enthaltene Erkenntnis durch die Praxis, nämlich dadurch, daß man das Verhältnis des Gnomons und seines Mittagschattens immer wieder von neuem feststellte. Die häufige Beschäftigung mit diesem variablen Verhältnis mag die Entdeckung des invariablen Verhältnisses am selben Schema vorbereitet haben. Nach dieser historischen Rekonstruktion spielte jenes Schema, das oben bereits, der Schilderung des Vitruv folgend, für Anaximander als »Gnomon-Weltbild« rekonstruiert wurde, nicht bloß in der Astronomie und der Gegraphie, sondern auch in der Geometrie eine entscheidende Rolle. Das Gnomon-Weltbild erbrachte nicht bloß für die Astronomie und die Geographie Begriffe wie Äquator, Wendekreis, Ekliptik, Pole, Schiefe der Ekliptik und Abstand vom Äquator (geographische Breite), sondern es wurde auch zum Ausgangspunkt der Erkenntnis des Euklidischen Satzes Elem. III 36.

Sucht man nach Anzeichen, die über das bisher Gesagte hinaus für die Vermutung sprechen, daß die Praxis der frühgriechischen Astronomie wohl der Anlaß zum Satz Elem. III 36 gewesen sein mag, so kann noch folgendes erwähnt werden.

Bewiesen wird die Behauptung, daß die Strecke CB (der Mittagschatten des Gnomons) die Mittlere Proportionale zwischen CN (dem gesamten symbolischen Sonnenstrahl) und einem Stück des letzteren (CF) ist – oder, damit gleichbedeutend, $CN \cdot CF = CB^2$ – mit Hilfe des Satzes Elem. II 6. Der besagt: »Halbiert man eine Strecke und setzt man ihr irgendeine Strecke gerade an, so ist das Rechteck, gebildet aus der ganzen Strecke mit Verlängerung und der Verlängerung, zusammen mit dem Quadrat über der Hälfte dem Quadrat über der aus der Hälfte und der Verlängerung zusammengesetzten Strecke gleich.«

Die Strecke, die halbiert wird, ist offenbar der Durchmesser des Kreises (FN), die andere, ihr angesetzte, ist CF. Die ganze Strecke mit Verlängerung ist demnach CN. Das Rechteck aus der verlängerten Strecke und der Verlängerung ist CN · CF; zu diesem Rechteck wird das Quadrat über der Hälfte der Strecke (FA^2) addiert, und die Summe (CN · CF + FA^2) ist gleich einem größeren Quadrat, und zwar demjenigen über der Strecke aus der Hälfte und der Verlängerung: AC^2. Also:

$$CN \cdot CF + FA^2 = AC^2 \quad \ldots \ldots \tag{a}$$

soweit der Satz Elem. II 6, der dort, im Buch II, selbstverständlich auch bewiesen wird.

Doch ist – nach Abb. 32 – AC die Hypotenuse des rechtwinkligen Dreiecks ABC. Das Quadrat über der Hypotenuse (AC^2) ist im Sinne des Pythagoreischen Lehrsatzes der Summe der beiden Quadrate über den Katheten gleich:

$$AC^2 = AB^2 + CB^2$$

Man kann diesen Wert von AC^2 auf die rechte Seite der vorigen Gleichung (a) einschreiben; dann bekommt man:

$$CN \cdot CF + FA^2 = AB^2 + CB^2$$

Nachdem jedoch sowohl FA wie auch AB Halbmesser desselben Kreises sind, kann man FA^2 und AB^2 von den beiden Seiten der letzten Gleichung fortlassen; dann bekommt man:

$$CN \cdot CF = CB^2$$

Diese Gleichung ist jedoch nichts anderes als eine Formvariante der Proportion CN : CB = CB : CF; CB (der Mittagschatten des Gnomons) ist die Mittlere Proportionale zwischen CN (dem ganzen symbolischen Sonnenstrahl) und einem Stück (CF) davon.

Der Beweis des Satzes Elem. III 36 gründet sich also teils auf dem Satz Elem. II 6 und teils auf dem Pythagoreischen Lehrsatz. Man wird später sehen, daß diese beiden Sätze (in derselben Reihenfolge) in der Astronomie auch sonst, z. B. in der Vorbereitung der gesamten Lehre über Sehnen und Bogen, eine sehr wichtige Rolle spielen. Mit besonderem Nachdruck sei der Satz II 6 (über die Mittlere Proportionale) hervorgehoben, dessen überraschende Verbindung mit der Astronomie in der Behandlung des Satzes III 36 in Erscheinung trat.

5. Der Satz Elem. IV 16

Es wurde oben vermutet, daß die Entdeckung des Satzes Elem. III 36 bei Euklid durch astronomische Untersuchungen bzw. durch das häufige Messen und Registrieren des Verhältnisses »Gnomon und sein Mittagschatten« vorbereitet, ja möglicherweise veranlaßt wurde. Euklids ›Elemente‹ enthalten sicherlich zahlreiche Sätze, die mit der Astronomie auf das engste zusammenhängen, auch wenn man diesen Zusammenhang nicht immer ohne jeden Zweifel nachweisen kann. Aber es gibt in den ›Elementen‹ auch Sätze, für die eine unmittelbare Verbindung mit der Astronomie auch in der Antike von der Überlieferung lebendig gehalten wurde. Dazu gehört z. B. die Konstruktionsaufgabe Elem. IV 16: ›Wie man ein gleichseitiges und gleichwinkliges *Fünfzehneck* in den Kreis einschreiben kann‹.

Es ist bezeichnend, in welchem Zusammenhang der Kommentator Proklos den Zusammenhang dieses Satzes mit der Astronomie erwähnt. Er redet über einen anderen Satz, über Elem. I 7, und schreibt[40]: »Mit seiner Hilfe kann man beweisen, daß drei aufeinanderfolgende Verfinsterungen in gleichen Zeitabschnitten voneinander wohl *nicht* stattfinden können. Ich meine es so, daß die zweite von der ersten durch den gleichen Abstand getrennt ist, wie die dritte von der zweiten. Wenn z. B. die zweite nach Verlauf von 6 Monaten und 20 Tagen der ersten folgte, dann könnte die dritte nicht um den gleichen Zeitraum später als die zweite eintreten, sondern entweder später oder früher. Daß dem so ist, wird durch den 7. Lehrsatz bewiesen.« Unmittelbar nach dieser Bemerkung fügt Proklos jenen Bericht ein, der uns hier interessiert[41]: »Aber nicht bloß diesen Satz hat der Verfasser der ›Elemente‹ als zweckdienlich für die Astronomie beiläufig bewiesen, sondern auch viele andere Lehrsätze und Probleme. Das letzte z. B. im 4. Buche (IV 16), in welchem er die Seite des *Fünfzehnecks* dem Kreise einbeschreibt, warum legte er es wohl vor, wenn nicht wegen der Beziehung dieses Problems zur Astronomie? Beschreibt man nämlich in den durch die Pole gehenden Kreis das *Fünfzehneck*, so erhält man den Abstand der Pole vom Äquator und vom Tierkreis. Denn ihr Abstand voneinander beträgt die Seite des *Fünfzehnecks*. Es scheint also, der Verfasser der ›Elemente‹ habe im Hinblick auf die Astronomie auf viele Beweise Vorbedacht genommen, um uns auch auf diese Wissenschaft vorzubereiten.«

Beginnen wir die Interpretation dieses Berichtes mit der Feststellung, daß jener Begriff, den Proklos als »Abstand der beiden Pole voneinander« (also Abstand des Äquatorpols vom Ekliptik-

---

[40] Proclus (F) 268, 19–269, 10 (Schönberger, S. 353). Man vgl. zu dieser Bemerkung des antiken Kommentators auch die Worte von T. L. Heath, Euclid's Elements. Boston 1956, S. 261.
[41] Ebd.

pol) bezeichnet, mit dem modernen Begriff »Schiefe der Ekliptik«
gleich ist. Der »schiefe Kreis über die Tierkreiszeichen«[42] schneidet den Äquator in einem Winkel von ungefähr 23 ½°[43]. Anstatt
von den beiden Kreisen – Äquator und Ekliptik – spricht Proklos
von den beiden Polen, den Endpunkten der beiden Achsen, die zu
diesen Großkreisen gehören.

Auch Vitruv erwähnt in seiner Gnomonkonstruktion (vgl. Abb.
4a, S. 84) das *Fünfzehneck*, von dem Proklos spricht. An unserer
Abb. 4 a sieht man statt des Äquatorkreises seinen Durchmesser
NAF, und ebenso statt des schiefen Ekliptikkreises den zu diesem
gehörigen Durchmesser KAG (bzw. LAH). Bei Vitruv heißt es:
Man nehme den *fünfzehnten Teil* jenes Kreises, den man mit dem
Gnomon beschrieben hat (deinde circinationis totius sumenda est
pars XV). Der Gnomon-Kreis des Vitruv ist derselbe, den Proklos
als »durch die Pole gehenden Kreis« bezeichnet. Der Unterschied
besteht bloß darin, daß Proklos vom »Abstand beider Pole voneinander« spricht, während Vitruv jene beiden Durchmesser erwähnt, die senkrecht auf den durch die Pole gehenden beiden Achsen stehen. In freier Paraphrase der Vitruv-Worte: Man nimmt den
fünfzehnten Teil des Meridiankreises in den Zirkel und trägt ihn
vom Schnittpunkt F des Kreises und jener geraden Linie aus, die
den Mittagstrahl des Äquinoktiums veranschaulicht (Abb. 4 a),
rechts und links an der Kreisperipherie ab; so bekommt man die
Punkte G und H[44] (et circini centrum conlocandum est in linea circinationis quo loci secat eam lineam aequinoctialis radius, ubi erit
littera F, et signandum dextra et sinistra, ubi sunt litterae G H).

Die Schilderung des Vitruv über die Konstruktion des Gnomon-
Weltbildes (der sog. Sonnenuhr) steht also in voller Übereinstimmung mit jener Proklos-Stelle, wonach die griechische Astronomie
den Abstand beider Pole voneinander (also: die Schiefe der Ekliptik) einst mit der Seite des regulären Fünfzehnecks messen wollte.
Wichtig sind die Worte des Vitruv in diesem Zusammenhang u. a.

[42] ὁ (λοξὸς) διὰ μέσων τῶν ζῳδίων κύκλος. Vgl. Euclidis Phaenomena et
scripta musica. (Ed. Heiberg), S. 6, 21.
[43] Es war in der Antike nicht bekannt, daß auch die Schiefe der Ekliptik
kleinen Schwankungen unterworfen ist; sie betrug 1900: 23° 27′ 8″, 26 und
1950: 23° 26′ 44″, 83. Die Schwankungen sind von der Präzession abhängig.
[44] Man vergesse nicht: KAG und LAH (Abb. 4a) sind nur zwei Stellun-
gen des Durchmessers vom schiefen Kreis der Ekliptik, nachdem die
Sonne bei der Sommerwende den Kreis um den Durchmesser LG, und bei
Winterwende den Kreis um den anderen Durchmesser KH zu beschreiben
scheint.

auch deswegen, weil aus ihnen hervorgeht, daß man in der volkstümlichen Praxis an derselben Messung auch später noch festhielt, zu einer Zeit, als die Astronomie mit einer solchen Approximation nicht mehr zufrieden war. Ja, auch der Astronom Hipparch, von dem wir wissen, daß er die Ekliptikschiefe schon genauer gemessen hatte, begnügte sich manchmal mit dem alten, approximativen Maß. Denn es unterscheidet sich nur in der Ausdrucksweise von den zitierten Worten des Proklos, wenn Hipparch in seinem Kommentar zu den ›Phainomena‹ des Aratos-Eudoxos einmal schreibt[45]: »Der Sommerwendekreis ist *nahezu* 24° nördlich des Äquators...« Der in Bogengraden ausgedrückte Abstand des Wendekreises vom Äquator ist dem Abstand beider Pole voneinander gleich, und natürlich entspricht ein Zentriwinkel von 24° im Kreis dem fünfzehnten Teil des Kreisumfangs. Redet Hipparch von 24° – anstatt von der Fünfzehneckseite – so zeigt dies nur, daß man zu seiner Zeit schon normalerweise in fortlaufend gezählten Bogengraden rechnete.

Die Messung des quasikonstanten Bogens zwischen den beiden Polen war eine der ältesten Errungenschaften der frühgriechischen Astronomie. Nach der historischen Rekonstruktion, die hier versucht wurde, folgte dies unmittelbar daraus, daß Anaximander mit dem Mittagschatten des Gnomons den Tag der Äquinoktien bestimmte. Auch darüber kann kaum ein Zweifel bestehen, daß diese Messung ursprünglich an jenem Gnomon-Weltbild vorgenommen wurde, das wir auf Grund des Vitruv-Textes für Anaximander rekonstruiert haben. Von dem Meridiankreis bzw. von dem Kreis über die beiden Pole sprechen sowohl Vitruv als auch Proklos. Außerdem sollte man auch die offenkundige Tatsache nicht vergessen: Die *beiden* Pole der Welt werden in der Natur, am sichtbaren Himmel, *nie* beobachtet. Am Himmelsgewölbe sieht man nur den Polarstern. Die Existenz des anderen Pols, desjenigen der Ekliptik, sowie auch seine Entfernung vom Äquatorpol, werden nur auf Grund irgendeiner Darstellung berechnet. Diese Darstellung ist jenes Gnomon-Weltbild, das im Mittelpunkt der Untersuchungen dieses Buches steht.

Auch im größten systematischen Werk der antiken Astronomie, im ›Almagest‹ des Ptolemaios, steht die Berechnung der Ekliptikschiefe noch ziemlich am Anfang. Das Kaiptel I 12: ›Der zwischen

---

[45] Manitius 1894, S. 96, 20–21: ὁ μὲν γὰρ θερινὸς τροπικὸς τοῦ ἰσημερινοῦ βορειότερός ἐστι μοίραις ὡς ἔγγιστα κδ´ ...

den Wendepunkten liegende Bogen‹ beginnt mit den Worten[46]: »Nachdem der Größenbetrag der Sehnen festgestellt ist, dürfte... die erste Aufgabe sein nachzuweisen, wie groß die Neigung des schiefen Kreises der Ekliptik gegen den Äquator ist, d. h. jenes Verhältnis zu bestimmen, in welchem der durch die beiden betreffenden Pole gehende größte (Kolur-) Kreis zu dem zwischen diesen Polen liegenden Bogen desselben Kreises steht. Selbstverständlich ist dieser Bogen jenem Abstand gleich, den der im Äquator liegende Punkt (des Kolurkreises) von jedem der beiden Wendepunkte hat.«

Man sieht aus diesen Worten, daß die Methode des ›Almagest‹ – obwohl Ptolemaios nicht mehr mit dem einfachen Gnomon-Weltbild von Anaximander-Vitruv gearbeitet hat – dennoch dieselbe war. Auch er, Ptolemaios, ging vom Bogen zwischen den Wendekreisen ($\overset{\frown}{LK}$, bzw. $\overset{\frown}{HG}$ der Abb. 4 a) aus, und dessen Hälfte war für ihn die Ekliptikschiefe. Doch sein Ergebnis unterscheidet sich von dem traditionellen Wert. Denn man erwartet ja – im Sinne der vorhin zitierten Texte von Vitruv und Proklos – für den gesamten Bogen zwischen den Wendepunkten 48°. Dagegen schreibt er[47]: »Aus Beobachtungen... die... um die Zeit der Wenden bei einer Mehrzahl von Umläufen von uns mit aller Schärfe angestellt wurden, haben wir... das Ergebnis gewonnen, daß der vom nördlichsten bis zum südlichsten Grenzpunkt sich erstreckende Bogen, was der zwischen den Graden der Wenden liegende Bogen ist, allemal zwischen die Grenzen 47°40′ und 47°45′ fällt.« Nachdem nun der Mittelwert zwischen diesen beiden Extremen 47°42′30″ beträgt, soll für Ptolemaios die Schiefe der Ekliptik halb so groß sein: 23°51′15″ – ziemlich nahe also am traditionellen Wert (24°)!

Es ist jedoch interessant, daß Ptolemaios unmittelbar darauf schreibt: »Hieraus ergibt sich ungefähr dasselbe Verhältnis, welches Eratosthenes gefunden und auch Hipparch zur Anwendung gebracht hat: der Bogen zwischen den Wendepunkten beträgt nämlich ohne wesentlichen Fehler 11 solche Teile, wie der Meridian 83 enthält.«[48] Es ist zwar nicht bekannt, auf welchem Wege

---

[46] Die deutsche Übersetzung: Manitius 1912, Bd. 1, S. 41.

[47] Ebd., S. 44.

[48] Der Übersetzer (Manitius 1912, Bd. 1, S. 44) fügte den zitierten Worten des Ptolemaios die Anmerkung hinzu: »Diese 11/83 entsprechen nach dem Verhältnis 11:83 = x:360° einem Bogen von 47°42′40″. Danach beträgt die Schiefe der Ekliptik nach Eratosthenes 23°51′20″, auf welchen Wert Ptolemaios in der Tabelle der Schiefe zukommt etc.«

Eratosthenes zu seinem auffallenden Bogenmaß – $^{11}/_{83}$stel des Kreisumfangs – gekommen ist, aber uns genügt in diesem Zusammenhang die bloße Tatsache: Nicht erst Hipparch im 2. Jahrhundert v. Chr., auch Eratosthenes vor ihm (zwischen 276 und 195) hat schon versucht, das traditionelle Maß der Ekliptikschiefe zu korrigieren.

Vor Eratosthenes hat man also die Schiefe der Ekliptik mit der Seite des regulären Fünfzehnecks gemessen[49]. Beachtenswert ist dies sowohl wegen der Methode, wie auch wegen der Chronologie. Es fällt nämlich auf, was die Methode betrifft, daß der fünfzehnte Teil des Kreisumfangs *(totius circinationis pars XV)*, also der *Bogen* von 24°, mit der Seite des Pentadekagons als *Sehne* gemessen wird. Dieses Nebeneinanderstellen von Bogen und ihm zugehöriger Sehne erinnert schon an die Sehnentafel, die ja systematisch zusammenstellt, wie große Sehnen zu den einzelnen Bogen gehören, wenn die letzteren – bis zum größten Bogen, dem Halbkreis – schrittweise zunehmen.

Allerdings wird bei der alten Methode, die Ekliptikschiefe zu messen, der Kreisumfang bloß mit der Seitenzahl des Polygons geteilt – von der fortlaufenden Zählung der Bogengrade erfährt man noch nichts. Auch davon ist noch keine Rede, wie sich die Fünfzehneckseite zur größten Sehne, zu dem Durchmesser des Kreises verhält. Und ohne diese beiden Dinge festgesetzt zu haben – ohne fortlaufend gezählte Bogengrade bis 360° und ohne 120 Längeneinheiten für den Durchmesser – kann man keine Sehnentafel zusammenstellen. Aber zweifellos wird durch jene alte Meßmethode, an die Proklos anläßlich des Satzes über die Konstruktion des Pentadekagons erinnert, das historische Problem der Sehnen und Bogen schon in den Vordergrund des Interesses gerückt.

Die Chronologie des Euklidischen Satzes über das Fünfzehneck ist für die historische Forschung nicht problematisch. Sowohl die Konstruktion des Fünfecks, wie auch diejenige des Fünfzehnecks waren schon den alten Pythagoreern bekannt; ja, man schreibt ihnen gewöhnlich auch das astronomische Messen mit der Seite dieses Polygons zu. Fraglich bleibt nur, welche Rolle der Astronom und Geometer Oinopides von Chios (um 460 v. Chr.) in diesem Zusammenhang gespielt haben mag. Denn jene Stelle bei Theon von Smyrna, die sowohl dieses Polygon wie auch Oinopides von Chios erwähnt[50], ist nicht eindeutig genug. Es wäre möglich, dar-

[49] Vgl. Heath, Euclid's Elements, Bd. 2, S. 111.
[50] Theo Smyrnaeus (Ed. Hiller), S. 198–199. Er beruft sich auf Derkyllides, der seine Kenntnisse aus Eudemos geschöpft hätte.

aus zu schließen, daß Oinopides von Chios der erste war, der dieses Maß vorgeschlagen hat; aber auch das Gegenteil ist nach der Formulierung des Berichtes nicht ausgeschlossen. Nach dieser zweiten Interpretation hat Theon von Smyrna sagen wollen, daß *nicht* Oinopides, sondern andere zuerst die Schiefe der Ekliptik mit der Fünfzehneckseite zu messen versuchten[51]. Wie dem auch sei, dieses astronomische Maß scheint jedenfalls noch aus dem 5. vorchristlichen Jahrhundert, aus vorplatonischer Zeit zu stammen.

6. Kreis, Bogen, Winkel und Sehnen

Es wurde in den vorangehenden Kapiteln über das reguläre Fünfzehneck im Kreis (Elem. IV 16) jene antike Überlieferung erwähnt, wonach die Seite dieses Polygons in der älteren griechischen Astronomie als ein wichtiges Maß (als die Schiefe der Ekliptik) galt, und außerdem wurde von einem anderen Satz des III. Buches der ›Elemente‹ (III 36) vermutet, seine Auffindung sei durch das häufige Messen eines Gnomon-Verhältnisses veranlaßt worden. Die beiden Euklidischen Sätze – Elem. IV 16 und III 36 – stehen also im engsten Zusammenhang mit der Astronomie, sie sind sozusagen astronomischen Ursprungs.

Man kann diese Beobachtung durch folgendes ergänzen. Was für den Satz Elem. III 36 gilt, gilt offenbar auch für den nächsten Satz (III 37). Der Satz III 36 besagt ja: Werden von einem Punkt außerhalb des Kreises zwei Strecken gezogen, von denen die eine den Kreis schneidet (CN nach Abb. 32) und die andere den Kreis berührt (CB), dann ist das Rechteck aus der ganzen längeren Strecke und ihrem Teil außerhalb des Kreises (CN·CF) dem Quadrat über der anderen Strecke (CB²) gleich. Der unmittelbar danach folgende Satz III 37 ist nichts anderes als die Umkehrung des eben erwähnten: Werden von einem Punkt außerhalb des Kreises zwei Strecken so gezogen, wie eben beschrieben, und besteht unter ihnen der behandelte Zusammenhang – daß nämlich das Rechteck aus der ganzen längeren Strecke und ihrem Abschnitt außerhalb des Kreises (CN·CF) dem Quadrat über der anderen Strecke (CB²) gleich ist –, dann muß die Strecke, von deren Quadrat die Rede ist, den Kreis berühren, d. h. sie ist eine *Tangente* des Kreises.

Wurde also der Satz III 36, wie vermutet, von der Astronomie

---

[51] Für diese andere Interpretation hat sich T. L. Heath entschieden.

(bzw. durch die Beobachtung des Gnomons und seines Mittagschattens) vorbereitet, so gilt das auch für den Satz III 37.

Es wäre jedoch verkehrt, wenn man lediglich die behandelten drei Sätze aus den ›Elementen‹ (III 36, 37 und IV 16) auf die Astronomie zurückführen wollte. Vorhin wurde ja schon hervorgehoben, daß das Messen der Winkel in Bogengraden, das in unserer Geometrie üblich ist, das Euklid jedoch sorgfältig vermeidet, offenbar astronomischen Ursprungs ist. Aus der Astronomie stammt zweifellos noch manches andere in Euklids Geometrie. Man überlege sich nur, welche Probleme der Geometrie unmittelbar durch jenes Gnomon-Weltbild entstehen, dessen Ursprung sich bis auf Anaximander zurück verfolgen läßt. Hat Anaximander auf Grund der Mittagschatten der beiden Wenden den Mittagschatten des Äquinoktiums gesucht, dann mußte er mit dem Gnomon den Kreis schlagen, der in seinem symbolischen Weltbild den Meridian vertrat. Es gibt gar keine griechische Astronomie ohne die *Geometrie des Kreises*.

Außerdem muß er den *Bogen* zwischen den beiden Wendepunkten (L̂K̂ der Abb. 4 a, S. 84) wahrgenommen haben; ja, er muß erkannt haben, daß dieser Bogen seinem irdischen (bzw. symbolisch: seinem »unterirdischen«) Spiegelbild (ĤG) gleich ist. Diese Erkenntnis setzt natürlich auch das Wissen solcher einfachen Tatsachen der Geometrie voraus wie Euklids Satz Elem. I 15: »Schneiden sich zwei Geraden, so entstehen *Scheitelwinkel, die untereinander gleich sind*.«

Und gerade dieser Satz war nach der Tradition eine alte Erkenntnis noch von Thales, dem »Lehrer« des Anaximander[52]. Die sich schneidenden Geraden, wodurch die Scheitelwinkel entstehen, sind im Schema des Anaximander die beiden Kreisdurchmesser, LH und KG, die symbolischen Sonnenstrahlen. Eben darum mußte Anaximander auch wissen, was in den Sätzen Elem. III 26 und 27 ausgesagt ist: Gleiche *Winkel* stehen auf gleichen *Kreisbogen*, und umgekehrt: Wenn die Kreisbogen gleich sind, dann müssen auch die auf ihnen stehenden Winkel gleich sein. Die Vermutung, die in diesem Buch vertreten wird – wonach das Verfahren des Anaximander darin bestand, daß er jenen Kreisbogen halbierte, den später Vitruv in seiner Konstruktion dadurch bekam, daß er umgekehrt vom Schnittpunkt des Meridiankreises und des Mittagstrahls des Äquinoktiums (Punkt F nach Abb. 4 a) rechts und links die Fünfzehneckseite abtrug –, ist nur dann sinnvoll,

---

[52] Proclus (F) 299, 1–5 (Schönberger, S. 373 f.).

wenn Anaximander diese Kenntnisse über Scheitelwinkel und Bogen im Kreis besaß.

Man beachte auch, daß das Messen der Winkel (LAK bzw. HAG) mit den dazu gehörigen Kreisbogen (L̂K und ĤG) schon auf dieser Stufe beginnt, ohne daß dabei der Kreis notwendig in 360 Grade geteilt worden wäre.

Noch weiter führt es uns in unserem Versuch zu rekonstruieren, welche geometrischen Erkenntnisse durch die Astronomie schon in voreuklidischer Zeit veranlaßt wurden, wenn wir einige interessante Einzelheiten der antiken Überlieferung beachten.

So wird die überlieferte Beschäftigung des Thales mit den Winkeln in ein neues Licht gerückt, wenn man bedenkt, daß seine Erkenntnis der Gleichheit der Scheitelwinkel eine solche Voraussetzung war, ohne die man das Gnomon-Weltbild gar nicht hätte ausbauen können. Und was seine Beschäftigung mit der Astronomie betrifft – die ebenfalls in der Überlieferung erwähnt wird –, so ist dafür jener Bericht wohl nicht wesentlich, wonach Thales die Sonnenfinsternis vom 28. Mai 585 vorausgesagt habe. Denn laut Herodot hat Thales ja nur das Jahr dieses Ereignisses voraussagen können[53]. Und auch sein diesbezügliches Wissen war wohl nur möglich, weil in einer älteren Kultur (etwa in der ägyptischen oder in der babylonischen) längere Zeit hindurch Aufzeichnungen über derartige Ereignisse geführt wurden. Auf diese Weise hat man wohl die periodische Wiederholung erkannt, und die Kenntnis dieser Regel hätte dann Thales die Voraussage ermöglicht. Es handelt sich also dabei – wenn der Bericht zutrifft – nicht um eine eigene Errungenschaft des Thales oder allgemeiner der griechischen Wissenschaft.

Wesentlicher ist vielleicht der andere Bericht, wonach Thales wahrgenommen hat, daß die beiden Jahreshälften – von der Sommerwende bis zur Winterwende, bzw. von der Winterwende bis zur Sommernwende – nicht gleich viele Tage haben[54]. Eine solche Beobachtung ist ohne astronomische Berechnungen gar nicht möglich. Diese Erkenntnis paßt allerdings zu jenem anderen Bericht, der von schriftlichen Werken des Thales über die Sonnenwenden und Äquinoktien weiß[55]. Die Einzelheiten fügen sich also zu einem

---

[53] Herodot I 74.
[54] Theo Smyrnaeus (Ed. Hiller), S. 198, 16–18. Vgl. dazu M. R. Cohen, J. E. Drabkin, Source book in greek science. Cambridge, Mass. 1958, S. 92, Fn. 2.
[55] Diogenes Laertios, Thales 23.

Ganzen: Thales scheint tatsächlich ein Vorläufer Anaximanders gewesen zu sein; es sieht so aus, als hätten seine Erkenntnisse u. a. eben das Werk Anaximanders, das Gnomon-Weltbild, vorbereitet.

Vom Gesichtspunkt der Astronomie aus ist auch eine sonst rätselhafte geometrische Erkenntnis des Thales wichtig. Man liest nämlich einmal im Kommentar des Proklos: »Daß der Kreis durch den Durchmesser halbiert wird, soll zuerst der berühmte Thales nachgewiesen haben.«[56] Anlaß zu dieser Bemerkung des Kommentators war Euklids Definition 17 im I. Buch der ›Elemente‹: »Der Durchmesser des Kreises ist eine beliebige, durch den Mittelpunkt gezogene Gerade, die beiderseits von der Peripherie begrenzt wird und den Kreis halbiert.« (Es geht aus dem Wortlaut des Originals dieser Definition hervor, daß die griechische Geometrie keinen Terminus für »Sehne im Kreis« hatte; die Sehne war einfach nur Gerade im Kreis«; so heißt sie auch in der astronomischen Literatur, z. B. ›Almagest‹ I 10.)

Aber man fragt sich doch, warum diese triviale Tatsache – der Durchmesser halbiert den Kreis – eigentlich so interessant war, daß man auch später noch die Erinnerung daran aufbewahrte, daß diese Erkenntnis von Thales stammt. Sucht man eine Antwort, so sollte man außer der eben erwähnten Euklidischen Definition (Elem. I def. 17) noch an den Satz Elem. III 15 denken[57]: »Die größte Sehne im Kreis ist der Durchmesser, und von den übrigen Sehnen ist immer diejenige größer, die dem Zentrum näher ist.«

Man kann im Kreis natürlich unzählige *Sehnen* (εὐθεῖαι) ziehen; anders gesagt, es gibt unzählige gerade Strecken, die je zwei Punkte des Kreises verbinden, die stets *kleiner* als der Durchmesser sind. Auch die zu den übrigen Sehnen gehörigen *Bogen* sind stets kleiner als der Halbkreis. Die Aussage des Thales über den Durchmesser und den Halbkreis besagt also eigentlich: Zur größten Sehne im Kreis, zum Durchmesser, gehört der Halbkreis; dieser letztere ist nach griechischer Auffassung der »größte Bogen« des Kreises. Übrigens heißt sowohl bei Euklid wie auch in der astronomischen Literatur der Griechen die *Sehne* einfach εὐθεῖα ἐν κύκλῳ (»Gerade im Kreis«) und der *Bogen*: περιφέρεια (»Kreisumfang«, oder »ein Teil des Kreisumfangs«).

[56] Proclus (F) 157, 10: τὸ διχοτομεῖσθαι τὸν κύκλον ὑπὸ τῆς διαμέτρου Θαλῆν ἐκεῖνον ἀποδεῖξαί φασι (Schönberger, S. 275).

[57] Elementa III 15: Ἐν κύκλῳ μεγίστη μὲν ἡ διάμετρος τῶν δὲ ἄλλων ἀεὶ ἡ ἔγγιον τοῦ κέντρου τῆς ἀπώτερον μείζων ἐστίν.

Die Feststellung des Thales über die Zusammengehörigkeit des Durchmessers und des Halbkreises bildet also sozusagen den Ausgangspunkt zu jener Sehnentafel, die uns erst im Werk des viel späteren Klaudios Ptolemaios erhalten blieb, auch wenn wir für das Zeitalter des Thales weder die fortlaufende Zählung der Bogengrade (von 1° bis 360° noch die 120 Längeneinheiten (*partes*) für den Durchmesser nachweisen können.

Zweifellos geht die Ptolemäische Sehnentafel von der grundlegenden Beobachtung des Thales über Durchmesser und Halbkreis aus, die dann in der Liste der zusammengehörigen Bogen- und Sehnenwerte folgendermaßen registriert wurde: 180°...120ᵖ. Man erkennt aus den Wortten des Ptolemaios, daß die Zusammenstellung der Sehnentafel wirklich von Thales ausgegangen ist. Denn es heißt hier: »Wir wollen die Größenbeträge zusammenstellen, die auf die Sehnen entfallen, wenn wir den Kreisumfang in 360 Grade zerlegen[58]. Und zwar wollen wir die Sehnen in Ansatz bringen, die die von ½° zu ½° anwachsenden Bogen unterspannen, d. h. wir wollen feststellen, wie viele Teile (*partes*) des Durchmessers auf diese Sehnen entfallen, wenn der Durchmesser in 120 Teile (120ᵖ) geteilt ist; denn diese Teilung wird sich in den Zahlen bei Ausführung der Rechnungen selbst als praktisch erweisen.«

Auf den ersten Blick mag zwar die Vermutung befremden, daß die Beobachtung des Thales in bezug auf den Durchmesser und den Halbkreis der früheste Schritt zur Sehnentafel war und sozusagen den langen Prozeß des Ausbaus der »griechischen Trigonometrie« eingeleitet hat, aber man vergesse nicht, daß der Beitrag des Thales zu diesem später vollendeten Kapitel der griechischen Mathematik sich keineswegs in dieser grundlegenden Feststellung erschöpft.

Man denke nur an den berühmten Thales-Satz: »Der Peripheriewinkel im Halbkreis ist ein rechter.«[59] Auch dieser Satz spielt beim Aufbau der Sehnentafel eine zentrale Rolle, wie die Untersuchung des Kapitels 10. im Buch I. des ›Almagest‹ zu zeigen vermag. Dieser andere Satz ist zur Berechnung der Sehnengrößen – wenn der Durchmesser in irgendeinem Längenmaß gegeben ist – ebenso unerläßlich, wie der Pythagoreische Lehrsatz selber.

Es lohnt sich, am Ende dieses Kapitels die frühe Chronologie einiger geometrischer Erkenntnisse – die für das soeben behandelte

---

[58] Almagest I 10. Die Übersetzung nach Manitius 1912, Bd. 1, S. 24f. Man braucht zur Sehnentafel eigentlich nur den Halbkreis (180°).

[59] Vgl. Diogenes Laertios, Thales 24.

Teilgebiet der griechischen Astronomie unentbehrlich waren – noch einmal zu überblicken.

1. Schon Thales im 6. Jahrhundert v. Chr. hat einige einfache, aber grundlegende geometrische Tatsachen erkannt, die zur Konstruktion des Gnomon-Weltbildes und zur Lösung einiger Probleme des Kalenders (Solstitien und Äquinoktien) nötig waren: Halbkreis und Durchmesser (größte Sehne im Kreis); rechter Winkel im Halbkreis (die Hypotenuse ist der Durchmesser, die beiden Katheten sind kleinere Sehnen, deren Bogen den Halbkreis ausmachen); Gleichheit der Scheitelwinkel; Zusammenhang von Bogen und Winkeln im Kreis.

2. Unmittelbar nach Thales hat Anaximander den *Bogen* zwischen den Wendepunkten, bzw. das Spiegelbild dieses Bogens, halbiert. Damit hat er ein Problem des Kalenders gelöst, und er wurde sozusagen Vorläufer der gesamten mathematischen Geographie.

3. In der ersten Hälfte des 5. Jahrhunderts haben entweder die Pythagoreer oder Oinopides von Chios den Abstand der beiden Pole voneinander, also einen *Bogen* des Meridiankreises, mit der Seite des regulären Fünfzehnecks, mit einer *Sehne*, gemessen. In demselben Jahrhundert haben Hippon und Meton mit dem *polos* (*pnigeus* oder *skaphē*) astronomische Messungen vorgenommen. Wir wissen zwar über diese Versuche nichts Näheres, aber man ersieht aus dem Werkzeug (*polos, pnigeus* oder *skaphē*), daß es sich zweifellos um *Bogen*-Messungen handelte.

4. In der ersten Hälfte des 4. Jahrhunderts versuchte Eudoxos die geographische Breite von Griechenland zu bestimmen, indem er den scheinbaren Sommerwendekreis der Sonne im Verhältnis 5:3 zweiteilte. Dies erreichte er – nach der in diesem Buch versuchten Rekonstruktion – dadurch, daß er zunächst mit Hilfe des auf griechischem Gebiet errichteten Gnomon-Weltbildes zu den beiden Abschnitten des Sommerwendekreis-Durchmessers (über und unter dem Horizont) das Doppelte der Mittleren Proportionale berechnete. So bekam er die *Sehne* zum *Nachtbogen* des Sommerwendekreises. Zu dieser Sehne mußte er den Nachtbogen selbst berechnen; nur auf Grund einer solchen Berechnung hat er behaupten können, daß dieser Nachtbogen *drei Achtel des Kreisumfangs* ausmache. Eudoxos muß also zu einer wichtigen Sehne den dazu gehörigen Bogen berechnet haben, auch wenn er wohl noch keine Sehnentafel besaß.

5. Etwa eine Generation nach Eudoxos, wohl noch im zweiten Drittel des 4. Jahrhunderts hat Pytheas von Massalia eine noch ent-

wickeltere Sehnen- und Bogenberechnung durchgeführt. Er maß zunächst das Verhältnis des Gnomons zu seinem Mittagschatten zur Sommerwende (120:41,8), und daraus berechnete er den Parallelkreis über Massalia, d. h. den Abstand dieser Stadt vom Äquator einen Meridiankreis entlang. Gnomon und sein Mittagschatten waren bei dieser Operaton zwei aufeinander senkrecht stehende *Sehnen* in einem Kreis; der Abstand vom Äquator wurde als *Kreisbogen* gedacht, der aus zwei Teilen besteht: aus dem Bogen zwischen dem Äquator und dem Wendekreis (Schiefe der Ekliptik) und aus einem anderen Bogen, zu dem der Mittagschatten bei Sommerwende als Sehne gehört.

6. Überblickt man die eben aufgezählten fünf Stationen, so hat man zunächst den Eindruck, als wären die darin aufgezählten Errungenschaften aufeinander folgende Schritte einer Entwicklung. Beachtenswert sind dabei die beiden letzten Punkte (4. Eudoxos und 5. Pytheas), denn man hat in diesen beiden Fällen zunächst zwei Streckensegmente gemessen: Eudoxos maß zwei Abschnitte des Sommerwendekreis-Durchmessers, um daraus die *Sehne* zum Nachtbogen als das Doppelte der Mittleren Proportionale zu den beiden Segmenten zu bekommen; Pytheas maß dagegen den Gnomon und seinen Mittagschatten, und er faßte diese beiden Streckensegmente als *Sehnen* in einem Kreis auf. Aber beide haben zu den gemessenen Sehnen den *Bogen* berechnet. Dieses Verfahren erinnert zweifellos daran, daß auch später – zur Zeit des Hipparch und des Ptolemaios – ähnliche Berechnungen üblich waren: man maß die *Sehnen* (Gnomon und Schatten), und man berechnete – oder suchte in der vorliegenden Tafel – den zur betreffenden *Sehne* gehörigen *Bogen*. (Wir sollten uns dadurch nicht irreführen lassen, daß in der Sehnentafel in der *ersten* Spalte die Bogen aufgeführt sind und nach ihnen in der *zweiten* Spalte die dazugehörigen Sehnen. Die Reihenfolge – Bogen und Sehnen – wurde einfach dadurch diktiert, daß die Zunahme der Bogen von 1° bis 180° einfach, ja sogar mechanisch, die Zunahme der nacheinander aufgezählten Sehnen dagegen viel komplizierter ist. Stünden in der ersten Spalte die Sehnen, so könnte man die Tabelle nicht so leicht überblicken.)

Vergleicht man nun mit dieser Rechnungsart – die für Eudoxos und Pytheas mit großer Wahrscheinlichkeit vermutet werden kann – jene Methode, nach der Eratosthenes im 3. Jahrhundert die Länge eines Meridiankreises berechnet hat, so scheint der letztere in unsere Entwicklungsphase nicht gut hineinzupassen. Denn zweifellos wollte auch Eratostheses zunächst einen Kreisbogen berechnen; er wollte wissen, der wievielte Teil vom ganzen Kreis der Meridianbogen zwischen Alexandria und Syene ist. (Mit dieser Maßzahl – bzw. mit dem Bruchteil des gesamten Kreisumfangs – mußte er die in Stadien, also in einem Längenmaß, bekannte Entfernung Alexandria–Syene multiplizieren, um die Länge des gesamten Meridiankreises zu erhalten.) Auch Eratosthenes benutzte, um den gesuchten Kreisbogen berechnen zu können, den Gnomon, also einen Stab als *gerades Streckensegment*, dessen Schatten gemessen wird. Doch der Schatten des Gnomons war in seinem Fall kein gerades Streckensegment, denn Eratosthenes benutzte zu seiner Operation den durch die *skaphē* ergänzten Gnomon, und die *skaphē* war eine ausgehöhlte Viertelkugel, in der man den Schatten des Gnomons unmittelbar als einen *Bogen* messen konnte.

Eratosthenes brauchte also keinen Bogen zu einer Sehne zu berechnen. Die Sehnentafel war für ihn – wenn zu seiner Zeit wirklich schon eine existiert hat – gar nicht nötig. Ja, wahrscheinlich hätten die Griechen eine Sehnentafel, die älteste Form der Trigonometrie, auch nie zusammengestellt, wenn sie nur jenen »Gnomon und Polos« gekannt hätten, den schon Herodot erwähnt, und den auch Eratosthenes noch als »Gnomon und Skaphē« benutzt hat[60].

Der Unterschied der beiden Gnomon- und Schatten-Messungen besteht eben darin, daß in dem einen Fall – wenn der Schattenzeiger durch das umgekehrte Spiegelbild des Himmelsgewölbes ergänzt ist – die Bogen des Himmels als Spiegelungen unmittelbar gemessen werden. Mißt man dagegen den Schatten des in der horizontalen Ebene senkrecht aufgestellten Stabes als ein gerades Streckensegment, so werden Gnomon und Schatten als Sehnen in einem Kreis gedacht, und zu diesen Sehnen muß man noch den betreffenden Bogen berechnen.

7. Fünfeck und Zehneck

Wir haben schon erwähnt, daß astronomische Berechnungen ohne die *Geometrie des Kreises* gar nicht möglich sind. Wir versuchten auch, die Winkelmessungen mit Bogen – mit Bruchteilen des Kreisumfangs –, sowie die Berechnung der zusammengehörigen Sehnen und Bogen auf Anregungen aus der Astronomie zurückzuführen. Auch ein interessanter Fall der Mittleren Proportionale (Elem. III 36) ließ sich mit Gnomon- und Schatten-Messungen ver-

[60] Vgl. dazu auch Kapitel 3 im Teil II dieses Buches.

binden. Versuchen wir, noch ein paar Schritte über diese Vermutungen hinauszugelangen.

Der wichtigste Beitrag der Astronomie zur Entfaltung der Geometrie besteht wohl in der Vorbereitung der *Trigonometrie*, d. h. in der Zusammenstellung der Sehnentafeln. Die historische Problematik dieses wichtigen Hilfsmittels der Berechnungen wurde schon mehrmals berührt. Es sei hier noch einmal nachdrücklich betont, daß die antike Überlieferung gar nichts darüber sagt, wer zum ersten Mal solche Tafeln zusammengestellt hat. Auch darüber gibt es keine Angabe, wann Sehnen- und Bogenberechnungen – eventuell noch ohne fertig vorliegende Tafeln – zum ersten Mal ausgeführt wurden.

Alles, was man über diese Frage in der früheren Forschung geschrieben hat, ist Vermutung – manchmal sogar Vermutung, die die vorhandenen konkreten Angaben aus der Antike, z. B. die überlieferten Rechenergebnisse des Hipparch, einfach außer acht ließ.

Zweifelsfrei konnte von uns nachgewiesen werden, daß Hipparch im 2. Jahrhundert v. Chr. Sehnen- und Bogenberechnungen mit denselben Ergebnissen wie Ptolemaios ausgeführt hatte. Er muß auch Tafeln besessen haben, die denen gleich waren, die wir von Ptolemaios kennen. Wir konnten auch sehr wahrscheinlich machen, daß Pytheas schon vor Euklid, im 4. Jahrhundert v. Chr., aus dem Verhältnis des Gnomons zu seinem Mittagschatten die Berechnung einer geographischen Breite im Grunde mit demselben Ergebnis vorgenommen hatte, das uns bei Ptolemaios vorliegt. Ja, es konnte mindestens *eine* Sehnen- und Bogenberechnung auch für Eudoxos vermutet werden. Dies alles spricht dafür, daß der Ursprung der Sehnentafeln in der voreuklidischen Wissenschaft zu suchen ist.

Mangels antiker Berichte über die Entstehung der Sehnentafel kann die Untersuchung der Vorgeschichte dieses Kapitels der griechischen Geometrie nur davon ausgehen, wie Ptolemaios selber den Aufbau seiner Tafel schildert im Kapitel ›Größenverhältnis zwischen Sehnen und Kreisbogen‹ (Almag. I 10).

Die Berechnung der zusammengehörigen Sehnen und Bogen hängt mit jenen regulären Polygonen zusammen, die man in den Kreis einschreiben kann. Das in den Kreis eingeschriebene Vieleck teilt den Kreisumfang in so viele Bogen, wie das Polygon Seiten hat, wobei die Seiten des Polygons *Sehnen* im Kreis sind. Und nachdem man von vornherein weiß, den wievielten Teil des gesamten Kreisumfangs der Bogen ausmacht, der zu einer solchen Polygonseite gehört, taucht bald auch die Frage auf, der wievielte Teil die Vieleckseite (als Sehne) der größten Sehne im Kreis, des *Durchmessers*, ist. Zu dieser Frage mag die folgende, naheliegende Überlegung geführt haben.

Das einfachste regelmäßige Polygon im Kreis ist das *Sechseck*, und die Seite des Sechsecks ist dabei der Radius, die *Hälfte des Durchmessers*. Könnte man nicht auch die Seiten der übrigen im Kreis möglichen Polygone als Bruchteile des Durchmessers in Zahlen ausdrücken?

Man konnte diese Frage mindestens in noch zwei Fällen leicht beantworten. Beschreibt man nämlich ein gleichseitiges, rechtwinkliges Viereck (Quadrat) in den Kreis, so wird die Seite dieses Polygons zur *Sehne* eines Quadranten (90°). Die Länge dieser Sehne kann man aus dem Durchmesser (2r) unmittelbar berechnen, nachdem der Durchmesser in diesem Fall eine Diagonale des Quadrats ist. Darum wird die Länge der Sehne des Kreisquadranten (90°) nach dem Pythagoreischen Lehrsatz – wie früher schon besprochen[61] – ein Produkt aus dem halben Durchmessers (r) und $\sqrt{2}$. Die Sehne zu einem Drittel des Kreisumfangs (120°), die Seite des regelmäßigen Dreiecks im Kreis, wird dagegen das Produkt aus dem halben Durchmesser (r) und $\sqrt{3}$.

Das sind zweifellos die allereinfachsten Sehnenberechnungen zu den Bogen von 60°, 90° und 120°. Ja, man kann mit großer Wahrscheinlichkeit vermuten, daß historisch gerade mit diesen Fällen die »Theorie der Sehnen« begonnen hat. Diese Bogen als Bruchteile des Kreisumfangs bekommt man am leichtesten mit den drei einfachsten regulären Polygonen im Kreis (Sechseck, Viereck und Dreieck), und deren Sehnenlängen, die Seiten der betreffenden Polygone, berechnet man am unmittelbarsten aus dem Durchmesser.

Es ist jedoch überraschend, daß Ptolemaios seine Erörterung der Sehnentheorie nicht mit diesen einfachsten drei Bogen- und Sehnenberechnungen beginnt. Zunächst zeigt er statt dessen, wie man die Sehnen zu den Bogen von 36° und 72° berechnet, wofür man eine umständlichere Methode anwenden muß, und erst nach diesen Sehnen nimmt er die erwähnten einfacheren Fälle in Angriff. Aber nicht nur deswegen ist es auffallend, wie Ptolemaios die Behandlung der Sehnentheorie beginnt, sondern auch noch aus einem anderen Grunde, der vielleicht noch interessanter ist. Um nämlich die Sehnen zu den Bogen von 36° und 72° berechnen zu können, muß Ptolemaios diese Sehnen als Seiten des in den Kreis eingeschriebenen Zehnecks und Fünfecks konstruieren, weil die

---

[61] Siehe oben Kapitel 2 im Teil II dieses Buches.

Zehneckseite eine Sehne zum Zentriwinkel von 36° und die Fünfeckseite eine zum Zentriwinkel von 72° ist. Aber die Konstruktion dieser Polygone wird von Ptolemaios *nicht* so vorgenommen, wie man dies nach dem Buch IV. der Euklidischen ›Elemente‹ erwarten dürfte. Ja, diese Polygone werden von Ptolemaios eigentlich gar nicht konstruiert. Ptolemaios konstruiert statt dessen zwei *Streckensegmente*, von denen das eine eine Zehneckseite im Kreis und das andere eine Fünfeckseite in demselben Kreis ist. Man sieht das Zehneck und das Fünfeck überhaupt nicht. Gezeigt wird nur, daß die konstruierten Streckensegmente Eigenschaften besitzen, die Eigenschaften der in Frage stehenden Polygonseiten sind und darum eben diese Polygonseiten sein müssen.

Um die überraschende Eigentümlichkeit der Ptolemäischen Konstruktion noch konkreter hervorzuheben, überlege man sich folgendes. Die Konstruktion des regulären Fünfecks, die Ptolemaios in diesem Zusammenhang *nicht* berücksichtigt, wird bei Euklid im Satz Elem. IV 11 behandelt. Die Euklidische Konstruktion dieses Polygons ging – worauf schon hingewiesen wurde[62] – offenbar von der Beobachtung aus, daß die Diagonalen des regulären Fünfecks alle inneren Winkel dieser Figur dreiteilen ($\frac{108°}{3} = 36°$). Dabei entsteht im Inneren der Figur ein gleichschenkliges Dreieck (ABC unserer Abb. 30), dessen beide Winkel an der Grundseite je 72° betragen, während der Winkel der Grundseite gegenüber 36° hat. Gelingt es also, ein solches gleichschenkliges Dreieck in den Kreis einzuschreiben, dessen beide Winkel an der Grundseite je doppelt so groß wie der dritte Winkel (der Grundseite gegenüber) sind (vgl. Elem. IV 10 und 11), dann wird die Grundseite dieses gleichschenkligen Dreiecks sogleich auch zu einer Seite des Pentagons im Kreis. Soweit der Gedankengang der Fünfeck-Konstruktion bei Euklid.

Dagegen behandelt der Verfasser der ›Elemente‹ die Konstruktion des regelmäßigen Zehnecks überhaupt nicht als eine besondere Aufgabe. Natürlich könnte man – im Sinne der bei Euklid behandelten Aufgaben – nach der vollendeten Konstruktion des Fünfecks auch das reguläre Zehneck leicht erhalten. Man müßte dazu nur den zur Fünfeckseite gehörigen Bogen halbieren, so wie das im Satz Elem. III 30 gezeigt wird, und die zu den Bogenhälften gehörigen neuen Sehnen wären dann Seiten des gesuchten Zehnecks. (Nebenbei gesagt: Das Halbieren des Bogens wird in der zuletzt genannten Konstruktionsaufgabe auf das Halbieren der zum

[62] Siehe oben Kapitel 1 im Teil V dieses Buches.

Bogen gehörigen *Sehne* zurückgeführt.) Aber das Problem des Zehnecks ist vom Gesichtspunkt der geometrischen Konstruktionen so nebensächlich, daß es in den ›Elementen‹ gar nicht besonders behandelt zu werden braucht. Das Zehneck wäre hier kaum mehr als ein Appendix zum Fünfeck.

Aber nicht so in der ptolemäischen Konstruktion. Bei Ptolemaios ist die schon gewonnene Kenntnis der Zehneckseite die *Vorbedingung*, um auch die Fünfeckseite gewinnen zu können. Doch überlegen wir zunächst, warum in der Sehnenberechnung des Ptolemaios die eben geschilderte Euklidische Konstruktion *nicht* gebraucht werden kann.

Die Sehnenberechnung besteht darin, daß man feststellt, wie sich die betreffende Sehne zum Durchmesser verhält, den wievielten Teil des Durchmessers sie ausmacht. Ist die Sehne eine Seite des regelmäßigen Sechsecks oder Vierecks, dann ist die Aufgabe ziemlich einfach, denn die Sechseckseite ist der Radius des Kreises (die Hälfte des Durchmessers), und beim Viereck ist der Durchmesser des Kreises die Diagonale des Quadrats. Beim regelmäßigen Dreieck im Kreis ist die halbe Seite dieser Figur ($\frac{h}{2}$ nach Abb. 11, S. 163) gleichzeitig Kathete eines solchen gleichseitigen und rechtwinkligen Dreiecks, dessen andere Kathete die Hälfte des Radius ($\frac{r}{2}$, also ein Viertel des Durchmessers) und die Hypotenuse der Radius selber (r, die Hälfte des Durchmessers) sind. In diesen drei Fällen sind also nicht bloß die fraglichen Bogen – zu den Zentriwinkeln von 60°, 90° und 120° – sechster, vierter bzw. dritter Teil des Kreisumfangs, auch die betreffenden Sehnen lassen sich auf Grund der Konstruktion selbst aus der Länge des Durchmessers unmittelbar gewinnen.

Dagegen berücksichtigt die vorhin erwähnte Euklidische Konstruktion des Fünfecks (Elem. IV 11) den Durchmesser des Kreises überhaupt nicht. Auf Grund nur dieser Konstruktion könnte man das Größenverhältnis zwischen der Fünfeckseite und dem Kreisdurchmesser nicht berechnen. Dasselbe gilt natürlich auch für die Zehneckseite, wenn man die Seite dieses Polygons dadurch gewinnen wollte, daß man den zur Fünfeckseite gehörigen Kreisbogen halbierte.

Darum wird in der Sehnentheorie bei Ptolemaios für die Konstruktion der beiden Polygone – Fünfeck und Zehneck – ein anderer Weg gewählt. Er beginnt sogar mit der Konstruktion der Zehneckseite. Es besteht nämlich nach dem Euklidischen Satz Elem. XIII 9 ein interessanter Zusammenhang zwischen den Seiten des Sechsecks (Radius des Kreises) und des Zehnecks im selben Kreis.

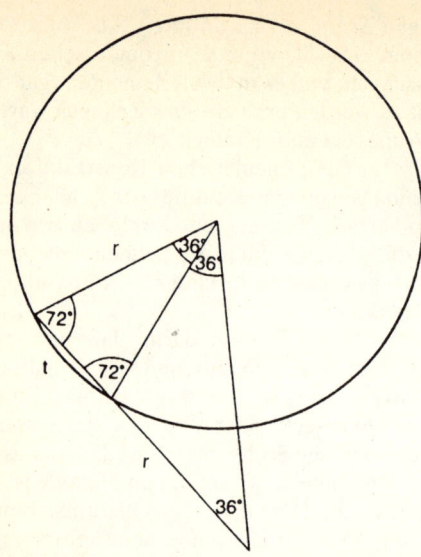

Abb. 33 Zwei gleichschenklige Dreiecke, die einander ähnlich sind; bei dem einen ist die Zehneckseite (t) die Grundseite und der Halbmesser (r) die Seite dem Winkel 72° gegenüber, während beim anderen r die Grundseite ist, und t + r die Seite dem Winkel von 72° (= 36° + 36°) gegenüber.

Fügt man der Seite eines Zehnecks im Kreis den Radius des Kreises (anders gesagt: die Seite des Sechsecks) hinzu, entlang einer geraden Linie, dann erhält man eine Strecke, die die folgende Proportion ermöglicht: Der Radius (die Seite des Sechsecks) wird die Mittlere Proportionale der Summe der beiden Polygonseiten und der Zehneckseite. Diesen Zusammenhang illustriert unsere Abb. 33. Der Buchstabe t bezeichne die Zehneckseite, r sei Radius des Kreises und gleichzeitig Fortsetzung der Zehneckseite entlang einer geraden Linie. Es entstehen auf diese Weise, wie man sieht, zwei gleichschenklige Dreiecke. Die Grundseite des kleineren gleichschenkligen Dreiecks ist das Segment t; ihm gegenüber muß der Zentriwinkel im Kreis 36° groß sein, nachdem t Seite des Zehnecks ist und $\frac{360°}{10} = 36°$. Infolgedessen können die beiden Winkel an der Grundlage t des kleineren gleichschenkligen Dreiecks nur je 72° groß sein. Doch ist der Radius des Kreises (r) nicht bloß Schenkel des kleineren Dreiecks, sondern auch Grundseite des größeren Dreiecks, dessen Schenkel t + r ist. Das andere Dreieck hat ebenso große Winkel wie das kleinere: 36° der Grundseite (r)

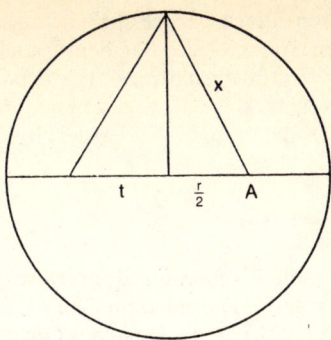

Abb. 34 Euklids beide Sätze, Elem. XIII 9 und 10 werden bei Ptolemaios (Almagest I 10) zur geistreichen Konstruktion der Zehneckseite (t) und der Fünfeckseite (o) benutzt. Denn $(r + t): r = r : t$ und $o^2 = r^2 + t^2$.

gegenüber und je 72° an der Grundseite. Die beiden gleichschenkligen Dreiecke sind also untereinander ähnlich. Darum wird das Verhältnis Schenkel und Grundseite $(t + r): r$ aus dem größeren Dreieck dem Verhältnis Schenkel und Grundseite aus dem kleineren Dreieck $(r : t)$ gleich; also $(t + r): r = r : t$. In Worten: Die Seite des Sechsecks in einem Kreis ist die Mittlere Proportionale der Summe der Zehneckseite mit Sechseckseite und der Zehneckseite.

Ptolemaios benutzt diese Proportion, um zum gegebenen Radius eines Kreises die Zehneckseite im selben Kreis zu gewinnen. Wir werden an den Satz Elem. II 6 erinnert, der vorhin in der Behandlung des Satzes Elem. III 36 schon einmal zitiert wurde[63]: »Halbiert man eine Strecke und setzt man ihr irgeneine Strecke gerade an, so ist das Rechteck aus der ganzen Strecke mit Verlängerung und der Verlängerung zusammen mit dem Quadrat über der Hälfte dem Quadrat über der Hälfte und der Verlängerung zusammengesetzten Strecke gleich.«

Die Strecke, die man halbiert, ist diesmal der Radius des Kreises (siehe Abb. 34). Die Verlängerung zur ganzen Strecke (r) bekommt man diesmal so, daß man die Hypotenuse (x) jenes rechtwinkligen Dreiecks in den Zirkel nimmt, dessen beide Katheten r und $\frac{r}{2}$ sind. Diese Hypotenuse x wird dann vom Halbierungspunkt A des Radius auf den Durchmesser nach links zu abgetragen. Nach der Skizze der Abb. 34 gilt also $x = \frac{r}{2} + t$.

[63] Vgl. oben S. 337f. im Kapitel 4.

357

Im Sinne des eben zitierten Satzes Elem. II 6 muß jetzt – nachdem zur halbierten Strecke r das Segment t addiert wurde – das Rechteck aus der vergrößerten Strecke $(r + t)$ und der Vergrößerung t, also das Rechteck $(r + t) \cdot t$, zusammen mit dem Quadrat über der Hälfte $(\frac{r}{2})^2$ dem Quadrat über der Strecke $(\frac{r}{2} + t)$ gleich sein:

$$(r + t) \cdot t + (\tfrac{r}{2})^2 = (\tfrac{r}{2} + t)^2 \qquad\qquad \text{(b)}$$

Doch ist $(\frac{r}{2} + t) = x$ die Hypotenuse des rechtwinkligen Dreiecks mit den Katheten r und $\frac{r}{2}$. Darum kann man auf der rechten Seite der vorigen Gleichung (b) an die Stelle des Quadrats der Hypotenuse die Summe der Quadrate der beiden Katheten setzen; dann bekommt man:

$$(r + t) \cdot t + (\tfrac{r}{2})^2 = (\tfrac{r}{2})^2 + r^2$$

Läßt man von beiden Seiten der Gleichung $(\frac{r}{2})^2$ weg, dann bleibt:

$$(r + t) \cdot t = r^2$$

Diese Gleichung ist jedoch bloß eine andere Formel für die Proportion: $(r + t) : r = r : t$.

Der halbe Durchmesser (oder anders gesagt: die Sechseckseite, r) ist also die Mittlere Proportionale der vergrößerten Strecke $(r + t)$ und jener Vergrößerung, die zum halben Durchmesser addiert wurde (t). Demnach muß die addierte Vergrößerung die Seite des Zehnecks sein. Denn der Satz Elem. XIII 9 besagt umgekehrt: Addiert man zur Zehneckseite den Radius des Kreises, so bekommt man jene Formel, in der der Radius die Mittlere Proportionale der vergrößerten Strecke und der Zehneckseite ist. Die Konstruktion bei Ptolemaios unterscheidet sich von Euklids Satz (Elem. XIII 9) bloß dadurch, daß im Satz zur Zehneckseite der Radius und in der Konstruktion jene Strecke zum Radius addiert wird, die – wegen der hervorgehobenen Proportion – die Seite des Zehnecks sein muß.

Diese Konstruktion der Zehneckseite bei Ptolemaios ermöglicht auch die Berechnung der Sehne zum Bogen des Zentriwinkels von 36° aus dem gegebenen Durchmesser des Kreises. Denn nach dem Pythagoreischen Lehrsatz ist das Quadrat über der Hypotenuse (x^2 nach Abb. 34) der Summe der Quadrate über den Katheten ($r^2 + \frac{r^2}{2}$) gleich. Man berechnet also zunächst die Hypotenuse x, dann subtrahiert man daraus den halben Radius $\frac{r}{2}$ und erhält so die Sehne t zum Bogen des Zentriwinkels von 36°.

Noch überraschender erhält Ptolemaios die Seite des regulären Fünfecks in demselben Kreis, die Sehne zum Zentriwinkel von 72°. Dazu benutzt er wieder einen Euklidischen Satz aus dem Buch XIII der ›Elemente‹ (XIII 10): »Schreibt man in einen Kreis ein reguläres Fünfeck ein, so wird das Quadrat über der Fünfeckseite der Summe der Quadrate über den Seiten des Sechsecks und Zehnecks in demselben Kreis gleich.«

Denkt man an diesen Satz, so braucht man gar nichts anderes zu tun – um die gesuchte Fünfeckseite zu bekommen –, als in unserer Abb. 34 die Hypotenuse o zu den beiden Katheten des rechtwinkligen Dreiecks, t und r, zu ziehen. Denn r ist doch die Sechseckseite und t – nach der vorangehenden Konstruktion – die Zehneckseite. Sind also die Seiten der beiden Polygone (Sechseck und Zehneck) schon da, dann wird die Summe ihrer Quadrate dem Quadrat über der Fünfeckseite gleich. So gewinnt man – über die schon vorhandene Zehneckseite – auch die Sehne zum Zentriwinkel von 72° aus dem Durchmesser des Kreises.

Versuchen wir nun die relative Chronologie der beiden Konstruktionen des Fünfecks (und auch des Zehnecks) nach Euklid bzw. nach Ptolemaios festzustellen. Kein Zweifel, man konnte die Zusammenhänge unter den Seiten der Polygone (Fünfeck, Sechseck und Zehneck) erst untersuchen, wenn man vorher diese Figuren konstruiert hatte. Die beiden Euklidischen Sätze Elem. XIII 9 und 10 sind also aller Wahrscheinlichkeit nach späteren Ursprungs als die Konstruktionen im IV. und III. Buch der ›Elemente‹ (IV 10, 11 und III 30).

Es fragt sich nur, ob auch Euklid schon jene Konstruktion des Fünfecks und des Zehnecks gekannt hat, die Ptolemaios gerade auf Grund zweier Sätze aus den ›Elementen‹ (XIII 9 und 10) vornimmt. – Um diese Frage wenigstens mit einer Vermutung beantworten zu können, beachten wir die Reihenfolge dieser beiden Sätze bei Euklid.

Die Sätze Elem. XIII 9 und 10 sind voneinander unabhängig; auch ihre Reihenfolge ist beliebig. Es ist keineswegs nötig, daß der Satz XIII 9 vorausgeschickt wird und daß der andere (XIII 10) ihm folgt. Man könnte auch umgekehrt mit der Behandlung des Satzes XIII 10 beginnen und dann zum Satz XIII 9 übergehen.

Aber nicht so in der Konstruktion des Ptolemaios: Um die Sehnen nach der Art des Ptolemaios zu berechnen, muß man erst die Zehneckseite gewinnen. Erst wenn diese Polygonseite ermittelt ist, kann man den Satz XIII 10 anwenden, um mit seiner Hilfe auch die Pentagonseite zu erhalten. Die Reihenfolge der beiden Sätze – XIII 9 und erst danach XIII 10 – ist also für Ptolemaios *nicht umtauschbar*.

Hat aber dann nicht auch Euklid schon aus diesem Grunde die gegebene Reihenfolge gewählt? Natürlich muß diese Frage offen bleiben. Aber es sei hier noch eine andere Beobachtung erwähnt, die diese Chronologie zu erhärten scheint.

Die Ptolemäische Konstruktion der Zehneckseite (t) – auf Grund des Satzes Elem. XIII 9, daß nämlich die Seite des Sechsecks (r) die Mittlere Proportionale der Summe aus Zehneck- + Sechseckseite (t + r) und der Zehneckseite t ist – wird mit Hilfe des alten Satzes Elem. II 6 bewiesen, und zwar so, daß unmittelbar nach diesem der Pythagoreische Lehrsatz herangezogen wird. Es wurde früher schon die auffallende Verbindung der beiden Theoreme (des Satzes II 6 und des Pythagoreischen Lehrsatzes) anläßlich der Behandlung des Satzes Elem. III 36 hervorgehoben[64]. (Dort war davon die Rede, daß mit dem Satz Elem. III 36 gezeigt werden kann, daß der Mittagschatten des Gnomons immer die Mittlere Proportionale des symbolischen Sonnenstrahls und eines Abschnitts der letzteren Strecke ist.) Man hat also den Eindruck, daß sowohl die Konstruktion der Polygone Fünfeck, Zehneck und Fünfzehneck wie auch die zweifellos altpythagoreische Mittlere Proportionale (Elem. II 6 und 14), die für diese Konstruktionen unerläßlich ist, noch aus der Astronomie-Geometrie der Pythagoreer stammen.

8. Der Aufbau der Sehnenlehre

Lassen wir vorläufig die Frage auf sich beruhen, warum Ptolemaios wohl die Berechnung der Sehnen zu den Bogen von 36° und 72° den einfacheren Fällen (60°, 90° und 120°) vorausgeschickt hat. Werfen wir zunächst einen Blick auf den Aufbau der ganzen Lehre, mit der im ›Almagest‹ die Sehnentafel eingeleitet wird.

Es fällt zunächst auf, daß nach der Berechnung der Sehnen zu den Zentriwinkeln von 36°, 72°, 60°, 90° und 120° – die als Seiten von regulären Polygonen aufgefaßt werden – keine Polygonseite mehr behandelt wird. Es stimmt zwar, daß damit die Zahl der wichtigsten Polygone im Kreis sowieso erschöpft ist, aber man erwartet

---

[64] Vgl. oben S. 337 im Kapitel 4.

dennoch mindestens das *Fünfzehneck*, von dem man weiß, daß gerade diese Polygonseite und der zu ihr gehörige Bogen früher als astronomisches Maß besonders wichtig war. Doch ist das Fünfzehneck im Kreis für die Berechnung der Sehnen, wie sie bei Ptolemaios vorliegt, kein Ausgangspunkt. Interessant ist dies deswegen, weil die Konstruktion des Fünfzehnecks die Konstruktion des Fünfecks natürlich schon voraussetzt und auch die Sehnenlehre des Ptolemaios von der Konstruktion der Fünfeckseite im Kreis ausgeht. (Es gibt also ohne das reguläre Fünfeck im Kreis gar keine Sehnenberechnung.) Aber man scheint sich damals, als der Bogen zwischen den beiden Polen noch einfach mit der Seite des Pentadekagons gemessen wurde, für die Länge dieser Seite als einer Sehne noch nicht interessiert zu haben.

Nach der Erörterung der Sehnen zu den wichtigsten fünf Bogen wird klar, daß, wenn irgendwelche Sehnen bestimmt sind, sich sogleich auch die zu den *Supplementbogen* gehörigen Sehnen berechnen lassen. Denn wie Bogen und Supplementbogen sich gegenseitig zu 180° ergänzen, so stehen die Sehnen, die diese Bogen unterspannen, senkrecht aufeinander. Man wird an den bekannten Thales-Satz erinnert: »Das Dreieck im Halbkreis ist immer rechtwinklig.« Die Sehnen zum Bogen und zum Supplementbogen bilden also ein rechtwinkliges Dreieck, dessen Hypotenuse der Durchmesser ist. Aus bekannter Hypotenuse (Durchmesser 120^p) und aus der einen Kathete, die schon als Sehne bestimmt wurde, berechnet man mit der Anwendung des Pythagoreischen Lehrsatzes auch die andere Kathete, die Sehne unter dem Supplementbogen.

Damit stehen wir am Ende jener ersten Hälfte des theoretischen Teils über die Sehnen, die *nur* wohlbekannte Theoreme aus Euklids ›Elementen‹ benutzt. Die zweite Hälfte wird mit dem berühmten Ptolemäischen Lehrsatz über das allgemeine Viereck im Kreis eingeleitet: »Das Produkt der Diagonalen eines beliebigen Vierecks im Kreis ist der Summe der beiden Produkte aus den gegenüberliegenden Seiten gleich.« Offenbar hat dieses Theorem seinen Namen (»Lehrsatz des Ptolemaios«) daher, daß es im ›Almagest‹ eine entscheidende Rolle spielt. Damit ist aber nicht gesagt, daß es erst von Ptolemaios gefunden worden wäre. Man denke daran, daß Ptolemaios beim Beweis des nach ihm benannten Lehrsatzes sich nur auf wohlbekannte Euklidische Sätze (Elem. VI 4, 16 und III 21) bezieht[65]. Man überlege sich einmal den folgenden Spezialfall:

---

[65] Man vgl. auch die Übersetzung von Manitius 1912, Bd. 1, S. 28.

Das Viereck im Kreis sei ein *Rechteck*; dann werden die Diagonalen zu Durchmessern des Kreises und zu Hypotenusen von zwei kongruenten rechtwinkligen Dreiecken. Anstatt vom »Produkt der Diagonalen« kann man in diesem Fall vom Quadrat der Hypotenuse sprechen; und ebenso ist die »Summe der Produkte aus den gegenüberliegenden Seiten« die Summe der Quadrate der beiden Katheten. Mit anderen Worten: Im Spezialfall, wenn das Viereck im Kreis ein Rechteck im Kreis ist, wird der Ptolemäische Lehrsatz dem Pythagoreischen Lehrsatz gleichwertig. Man kann das auch umgekehrt formulieren: Der Lehrsatz des Ptolemaios ist gar nichts anderes als eine auf den Kreis spezialisierte, allgemeingültigere Form des Pythagoreischen Lehrsatzes. Der sog. Lehrsatz des Ptolemaios könnte also sehr wohl auch *vor*euklidischen Ursprungs sein.

Benutzt wird dieser Lehrsatz zunächst zum Berechnen jener Sehne, die die *Differenz zweier Bogen* unterspannt, wenn sowohl die beiden Bogen wie auch die Sehnen, die sie unterspannen, bekannt sind. Hat man z. B. die Sehne zum Bogen von 72° (Fünfeckseite) schon berechnet und weiß man außerdem, daß die Sehne zum Bogen von 60° der halbe Durchmesser ist, so erhält man die Sehne, welche die Differenz dieser Bogen (72° − 60° = 12°) unterspannt, also die Sehne zum Bogen von 12° folgendermaßen: Man berechnet zunächst die beiden Sehnen zu den Supplementbogen, namentlich die Sehne zum Supplementbogen 108° (= 180° − 72°) und die Sehne zum anderen Supplementbogen 120° (= 180° − 60°). Die Sehne zum Bogen 120° ist als Seite des regelmäßigen Dreiecks im Kreis, $r \cdot \sqrt{3}$ bekannt. Man hat aber auf diese Weise ein Viereck im Kreis mit den beiden Diagonalen, wobei nur eine Seite des Vierecks (die Sehne zum Bogen 12°) unbekannt ist. Bedeutet sb »Sehne zum Bogen«, so ist das Produkt der beiden Diagonalen (siehe Abb. 35):

sb 72° · sb 120°

und die beiden Produkte der einander gegenüberliegenden Seiten sind:

sb 60° · sb 108° + sb 180° · sb 12°.

Also heißt die Gleichung:

$$\text{sb } 72° \cdot \text{sb } 120° = \text{sb } 60° \cdot \text{sb } 108° + \text{sb } 180° \cdot \text{sb } 12°.$$

Daraus bekommt man die Unbekannte (sb 12°):

$$\text{sb } 12° = \frac{\text{b } 72° \cdot \text{sb } 120° - \text{sb } 60° \cdot \text{sb} 108°}{\text{sb } 180°}$$

Ähnlich wird der Lehrsatz des Ptolemaios in der Zusammenstellung der Sehnentafel auch dann gebraucht, wenn zwei Bogen und die dazugehörigen Sehnen schon bekannt sind und jene Sehne berechnet werden soll, die die Summe der beiden Bogen unterspannt.

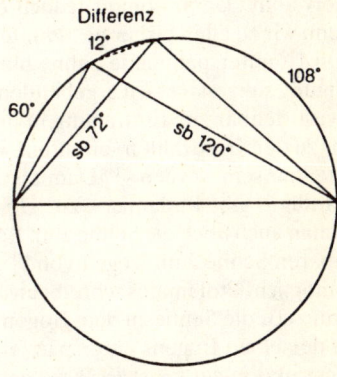

Abb. 35 Ein einfaches Beispiel für das Berechnen der Sehne unter der Differenz (12°) zweier Bogen (72° und 60°), wenn die Sehnen unter den beiden letzteren Bogen bekannt sind. Man berechnet zunächst die Sehnen unter den Supplementbogen von 108° und 120° zu den Sehnen unter den Bogen von 72° und 60° (Fünfeckseite und Sechseckseite). Danach kann man den Lehrsatz des Ptolemaios anwenden: Die zwei jeweils einander gegenüberliegenden Seiten des Vierecks im Kreis sind die Sehnen unter den Bogen von 60° und 108°, bzw. der Durchmesser und die gesuchte Sehne unter dem Bogen von 12°. (Die beiden Diagonalen des Vierecks im Kreis sind die Sehnen unter dem Bogen von 72° und unter dem anderen Bogen von 120°.)

Zwischen den beiden Anwendungen des Ptolemäischen Lehrsatzes zur Berechnung der Sehne unter der Differenz bzw. unter der Summe von zwei Bogen bespricht Ptolemaios – wenn auch die Sehnen zu den beiden Bogen schon bekannt sind – jenen Fall, in dem die Sehne unter der *Hälfte* eines Bogens gesucht wird, gesetzt, daß die Sehne unter dem ganzen Bogen schon bekannt ist. Zu dieser Berechnung braucht man nicht den Lehrsatz des Ptolemaios. Doch interessant ist dieser Fall darum, weil der betreffende Abschnitt im ›Almagest‹ mit den Worten abgeschlossen wird: »Mit Hilfe dieses Lehrsatzes werden sowohl sehr viele andere Sehnen gewonnen, welche die Hälfte der Bogen von früher bestimmten Sehnen unterspannen, als auch insbesondere aus der den Bogen von 12° unterspannenden Sehne (sukzessive) die Sehnen zu den Bogen von 6°, 3°, 1½° und ³/₄°.«

Dieser Feststellung folgt bei Ptolemaios die Behandlung der Frage, wie man die Sehne unter der *Summe* von zwei Bogen berechnet, wenn die Sehnen unter den beiden Bogen schon bekannt sind – wie eben erwähnt. Dann kommt jedoch die denkwürdige Feststellung: »Wenn wir zu allen bisher bestimmten Sehnen immer die den Bogen von $1\frac{1}{2}°$ unterspannende Sehne hinzufügen und die aus dieser Vereinigung sukzessive sich ergebenden Sehnen berechnen, so werden wir offenbar zur Eintragung in die Tafeln einfach sämtliche Sehnen (zu den Gradzahlen) erhalten, welche mit 2 multipliziert durch 3 teilbar sein werden.«[66] Damit ist jedoch die Tafel noch nicht vollständig – gibt Ptolemaios zu. Um alle Lücken zu schließen, müßte man auch noch die Sehne zum Bogen von $\frac{1}{2}°$, etwa aus der berechenbaren Sehne zum Bogen von $1\frac{1}{2}°$, erhalten. Aber das ist eben nicht möglich. Ptolemaios schreibt anschließend: »Nun kann freilich, wenn z. B. die Sehne zu dem Bogen von $1\frac{1}{2}°$ gegeben ist, die ein *Drittel* desselben Bogens unterspannende Sehne durch geometrische Konstruktion *auf keinerlei Weise gefunden werden*[67]. Wäre dies möglich, dann hätten wir ja ohne weiteres auch die Sehne zu dem Bogen von $\frac{1}{2}°$ zur Verfügung. Deshalb werden wir zuvörderst die Sehne zu dem Bogen von 1° aus den Sehnen zu den Bogen von $1\frac{1}{2}°$ und $\frac{3}{4}°$ auf methodischem Wege ableiten unter Zugrundelegung eines Satzes, der zwar mit absoluter Genauigkeit die Größenbeträge nicht festzustellen vermag[68], aber bei so minimalen Größen doch wenigstens einen Wert liefern kann, der sich für die sinnliche Wahrnehmung von dem absolut genauen nur ganz unwesentlich unterscheidet.«

[66] Siehe Manitius ebd., S. 32.
[67] Ebd. (Heiberg 1898, Bd. 1, S. 42): ἐπεὶ δὲ δοθείσης τινὸς εὐθείας ὡς τῆς ὑπὸ τὴν ᾱ L΄ μοῖραν ἡ τὸ τρίτον τῆς αὐτῆς περιφερείας ὑποτείνουσα διὰ τῶν γραμμῶν οὐ δίδοταί πως ...
[68] »zwar mit absoluter Genauigkeit die Größenbeträge nicht festzustellen vermag« – so übersetzt Manitius die griechischen Worte: κἂν μὴ πρὸς τὸ καθόλου δύνηται τὰς πηλικότητας ὁρίζειν (Heiberg 1898, Bd. 1, S. 43, 3 f.).

Man begnügt sich also für die Sehne unter dem Bogen von 1° mit einem bloß approximativen Ergebnis. Interessant sind jedoch die Worte des Ptolemaios, nach denen es nicht möglich sei, durch geometrische Konstruktion die Sehne unter dem Drittel des Bogens zu gewinnen, wenn die Sehne unter dem Bogen von $1\frac{1}{2}$° bekannt ist. Dies erinnert unwillkürlich an das andere frühzeitig erkannte unlösbare Problem der griechischen Mathematiker, an die *Trisektion des Winkels*. Man fragt sich, ob diese beiden Probleme historisch nicht gerade anläßlich jener Versuche aufgetaucht sind, welche die Berechnung von Sehnen erstrebten. Man hat auch früher schon vermutet, daß die Dreiteilung eines beliebigen Winkels wohl im Laufe der Konstruktion von regulären Polygonen problematisch wurde, nachdem die Fünfeck-Konstruktion glücklich gelöst war[69]. Es wurde ja auch von uns schon darauf hingewiesen, daß die Konstruktion des Fünfecks mit der Dreiteilung eines bestimmten Winkels ($\frac{108°}{3}$) unlösbar verknüpft ist.

9. Bücher über Sehnen

Nach einer Bemerkung des Theon von Alexandria in seinem Kommentar zum ›Almagest‹ hatten schon Hipparch zwölf und nach ihm Menelaos sechs Bücher über die Sehnen (Geraden im Kreis) verfaßt[70]. Es gab moderne Historiker, die diesen Bericht anzweifelten; sie waren der Ansicht, dies könne nur ein Mißverständnis von Theon sein, nachdem im Werk des Ptolemaios bloß zwei Kapitel (I 10 und 11) dem Problem der Sehnen gewidmet sind[71]. Tatsächlich hat die Kürze der Sehnenlehre bei Ptolemaios schon im Altertum die Verwunderung des Theon ausgelöst[72].

Man bekommt jedoch zumindest eine Ahnung davon, was in den Büchern über die Sehnen gestanden haben mag, wenn man an Hand einer modernen Übersetzung des ›Almagest‹ jene Sätze aus Euklids ›Elementen‹ überblickt, die von Ptolemaios in seiner

---

[69] T. Heath, A history of greek mathematics. Oxford 1921. Bd. 1, S. 235: »This problem [= the trisection of any angle] arose from attempts to continue the construction of regular polygons after that of the pentagon had been discovered.«

[70] Siehe oben Anm. 30.

[71] Wohlgemerkt, nur zwei *Kapitel* und nicht zwei Bücher beschäftigen sich im ›Almagest‹ mit dem Problem der Sehnen.

[72] Siehe oben im Kapitel ›Bogengrade und Sehnentafeln‹.

Lehre über die Sehnen benutzt werden. In einer Textausgabe des griechischen Originals findet man – nach antiker Gewohnheit – natürlich keinen Hinweis auf andere (frühere) Werke. Doch sind solche Hinweise für den modernen Leser z. B. in der Übersetzung von Manitius in Klammern eingefügt. Dieser Übersetzer erwähnt in einem einzigen Kapitel des ›Almagest‹ (I 10) Sätze, Konstruktionen und Definitionen aus den Büchern I, II, III, IV, V, VI und XIII der ›Elemente‹. Hingewiesen wird dabei auf mindestens 14 Theoreme. Natürlich ist diese moderne Liste keineswegs vollständig, denn manches wird als selbstverständliches geometrisches Wissen vorausgesetzt.

Denkt man daran, daß die Sätze und Konstruktionen in jenen verlorenen Büchern des Hipparch und des Menelaos, die bei Theon erwähnt werden, more geometrico wohl ebenso behandelt, abgeleitet und bewiesen wurden wie bei Euklid in den ›Elementen‹, das heißt also, daß zunächst Definitionen, Postulate und Axiome vorausgeschickt und dann die Theoreme Schritt für Schritt bewiesen wurden, dann erscheint der Bericht über einige Bücher zur Sehnentheorie von Hipparch und Menelaos nicht mehr so unglaubhaft.

Untersucht man nun unter diesem Gesichtspunkt das betreffende Kapitel des ›Almagest‹, so überrascht vor allem, daß die Hinweise des modernen Übersetzers nur Theoreme der Euklidischen ›Elemente‹ betreffen. Das einzige Theorem, das im ›Almagest‹ benutzt wird und aus den ›Elementen‹ nicht nachgewiesen werden kann, ist der sog. Ptolemäische Lehrsatz.

Es wäre natürlich müßig, auch nur annähernd vollständig jene Euklidischen Sätze und Konstruktionen – und auch die anschließenden Berechnungen – nennen zu wollen, die zur Zusammenstellung der Sehnentafel bei Ptolemaios nötig sind. Statt dessen versuchen wir in großen Zügen jene geometrischen Kenntnisse anzudeuten, die zum Ausbau der Sehnentheorie nicht bloß unerläßlich nötig waren, sondern von denen man auch mit großer Wahrscheinlichkeit vermuten darf, daß sie gerade bei astronomischen Untersuchungen gefunden wurden.

1. Die Verbindung von *Winkeln und Bogen* und das Messen der Winkel mit Kreisbogen – das mit der Zeit auch zur fortlaufenden Zählung der Winkel- und Bogengrade führte – wurde in den früheren Kapiteln dieses Buches schon hervorgehoben.

2. Hierher gehört auch jene fast vollständige *Lehre über den Kreis*, die bei Euklid im Buch III der ›Elemente‹ behandelt wird. Der Satz Elem. III 36 – über den Mittagschatten des Gnomons als

Mittlere Proportionale – wurde auch oben schon hervorgehoben. Aber es gibt sonst in diesem Euklidischen Buch kaum Sätze, für die eine Verbindung mit der Sehnentheorie oder allgemein mit der Astronomie nicht vermutet werden könnte. Liest man z. B. im Satz III 22, daß »die Summe von je zwei einander gegenüberliegenden Winkeln eines allgemeinen Vierecks im Kreis zwei rechten Winkeln (180°) gleich ist«, so erwartet man schon beinahe auch den Ptolemäischen Lehrsatz.

3. Wie das Buch III der ›Elemente‹ dem Kreis, den Sehnen, Bogen und Winkeln im Kreis und der Tangente gewidmet ist, so beschäftigt sich das folgende Buch IV mit den *regulären Polygonen im Kreis* und um den Kreis. Es braucht wohl nicht besonders betont zu werden, daß die Polygone *um* den Kreis sozusagen nur eine geometrische Ergänzung zu den Bogen *im* Kreis bilden. Ursprünglich interessierte man sich für die Vielecke, die in den Kreis geschrieben werden. Die entsprechenden Vielecke *um* den Kreis sind den früher gefundenen, ursprünglicheren nachgebildet worden.

Der Zusammenhang der Sätze im Buch IV der ›Elemente‹ mit der Sehnentheorie liegt also auf der Hand. Das regelmäßige Dreieck, Viereck, Sechseck und Fünfeck – und auch das Zehneck, das für den Mathematiker nicht mehr interessant genug war, um gesondert behandelt zu werden – sind für die Sehnenberechnung grundlegend. Für das Fünfzehneck, den letzten Satz in diesem Buch (IV 16), bezeugt auch die antike Überlieferung selbst den astronomischen Ursprung. Dabei braucht die Sehnentheorie des Ptolemaios eben diesen Satz, das alte Maß für die Entfernung der beiden Pole voneinander, überhaupt nicht mehr. Ja, möglicherweise war die Konstruktion des Fünfzehnecks selbst zu Euklids Zeiten nur noch eine altehrwürdige Tradition der Astronomie.

4. Der Zusammenhang mit der Astronomie springt im Falle einer anderen Gruppe der Euklidischen Sätze weniger ins Auge. Doch betrachte man die folgenden drei Punkte.

a. Die Konstruktion der regulären Zehneck- und Fünfeckseite ist bei Ptolemaios untrennbar von einem Fall der *Mittleren Proportionale*. Elem. XIII 9: Addiert man zur Seite des Zehnecks im Kreis eine gerade Linie entlang der Seite des Sechsecks (den Radius des Kreises), dann erhält man eine Strecke, und die Seite des Sechsecks wird zur Mittleren Proportionale der Summe der beiden Polygonseiten und der Zehneckseite.

b. Unerläßlich ist die Konstruktion einer *Mittleren Proportionale* auch zu jenem gleichschenkligen Dreieck, dessen beide Winkel an der Grundseite je das Doppelte des dritten Winkels gegenüber der

Grundseite sind und das die Euklidische Konstruktion des Fünfecks vorbereitet (vgl. die Sätze Elem. II 6, und IV 10, 11). Demnach ist also die Mittlere Proportionale nicht bloß zur Ptolemäischen Konstruktion der Zehneck- und Fünfeckseite – nach den Sätzen Elem. XIII 9 und 10 –, sondern auch zur älteren Konstruktion des Fünfecks (im Buch IV der ›Elemente‹) unbedingt nötig.

c. Doch sind wir der *Mittleren Proportionale* auch im Falle jenes Satzes begegnet, dessen Zusammenhang mit Gnomon-Messungen eine naheliegende Vermutung war. Der Spezialfall des Satzes Elem. III 36, dessen Beweis Euklid vorausschickt, heißt, auf Gnomon-Messungen angewendet: »Der Mittagschatten des Gnomons ist die Mittlere Proportionale zwischen dem symbolischen Sonnenstrahl und einem kleineren Abschnitt derselben Strecke.«

Es sieht demnach so aus, als ob die Mittlere Proportionale in jener Geometrie, die für die griechischen Astronomen unerläßlich war, eine ziemlich große Rolle gespielt hat. Allerdings war das Problem der Mittleren Proportionale ursprünglich auf einem anderen Gebiet der voreuklidischen Wissenschaft aufgetaucht.

Man erinnere sich zunächst des Satzes in der ›Sectio canonis‹[73]: »Zwischen zwei Zahlen in überteiligem Verhältnis können niemals mittlere proportionale Zahlen, weder eine noch mehrere, gefunden werden.« (Unter »überteiligem Verhältnis« verstand man in der Antike dasselbe, was wir durch $(n+1):n$ ausdrücken.) Der Satz besagt also, auf die Musiktheorie angewandt, daß Konsonanzen wie Oktave $(2:1)$, Quinte $(3:2)$ und Quarte $(4:3)$, die man als Zahlenverhältnisse ausdrückte, sich nicht in kleinere, *untereinander gleiche* Verhältnisse zerlegen lassen[74]. Ja, es geht aus dem Beweis des Satzes – sowie aus den Sätzen, die der Beweis voraussetzt – eindeutig hervor, daß man sich auch darüber im klaren war, daß es, einerlei, mit welchen Mehrfachen des überteiligen Verhältnisses die Probe angestellt wird, eine mittlere proportionale Zahl unter solchen Zahlen nie gibt.

Man wurde wohl eben durch die mißlungenen Versuche in der Musiktheorie – zwischen den beiden Zahlen einer Konsonanz die

---

[73] Sectio canonis (Ed. H. Menge. Leipzig 1916), III: Ἐπιμορίου διαστήματος οὐδεὶς μέσος, οὔτε εἷς οὔτε πλείους, ἀνάλογον ἐμπεσεῖται ἀριθμός. (Superparticularis intervalli nullus medius numerus neque unus proportionaliter incidet neque plures.)

[74] Gäbe es eine mittlere proportionale Zahl zwischen den Termen des überteiligen Verhältnisses, so hieße das, daß man das Verhältnis in kleinere, untereinander gleiche Verhältnisse zerlegen kann.

Mittlere Proportionale zu finden – dazu veranlaßt, die Frage in der allgemeineren Form zu stellen: Wann ist es überhaupt möglich, zwischen zwei Zahlen eine mittlere proportionale Zahl zu finden? Es gibt im Buch VIII der ›Elemente‹ eine ganze Reihe von Sätzen, die verraten, daß diese Frage die Arithmetiker der voreuklidischen Zeit lebhaft interessiert hat[75].

Eine allgemeine Lösung für das Problem der Mittleren Proportionale hat nicht die Arithmetik, sondern die *Geometrie* gefunden. Man ist nämlich dahintergekommen, daß die Seite jenes Quadrats, das einem Rechteck flächengleich ist, die Mittlere Proportionale zu den beiden Seiten des Rechtecks sein muß.

Zunächst hat man dies wohl in solchen Fällen erkannt, in denen zwischen zwei Zahlen eine mittlere proportionale Zahl *existiert*, wie z. B. 8 und 2; die mittlere proportionale Zahl zu diesen ist 4, denn $2:4 = 4:8$. Dieser Fall läßt sich leicht auch geometrisch formulieren: Das Rechteck mit den Seiten 8 und 2 ist dem Quadrat mit der Seite 4 gleich: $2 \cdot 8 = 4^2$.

In der Sprache der Proportionenlehre von ganzen Zahlen hieß dieselbe Beobachtung, wie der Satz Elem. VIII 19 besagt: »Stehen vier Zahlen in Proportion, dann muß das Produkt der ersten und vierten dem Produkt der zweiten und dritten gleich sein etc.« (Die Anwendung dieses Satzes auf jenen Spezialfall der ἀναλογία συνεχής, in dem die zweite Zahl der Proportion dasselbe Verhältnis zur dritten hat wie die erste zur zweiten ($a:b = b:c$), bereitete noch keine Schwierigkeit.)

Die Schwierigkeit begann erst, als man erkannte, daß leicht solche Zahlenpaare zu finden sind, zwischen denen es *keine* mittlere proportionale Zahl gibt. Man nehme als triviales Beispiel die Zahlen 5 und 3, zwischen denen keine ganze Zahl und auch keine Bruchzahl die Mittlere Proportionale sein kann[76]. Aber hieße dies auch, daß das Rechteck mit den Seiten 5 und 3 sich nicht in ein flächengleiches Quadrat verwandeln ließe? Keineswegs. Die voreuklidische Geometrie hat dafür die folgende Lösung gefunden[77].

Man nehme die halbe Summe und die halbe Differenz der beiden Rechteckseiten (a, b): $\frac{a+b}{2}$ und $\frac{a-b}{2}$. Die halbe Summe sei dann

[75] Solche arithmetischen Sätze sind z. B. Elementa VIII 11, 12, 18, 20.
[76] Wir würden die Mittlere Proportionale zwischen 5 und 3 als $\sqrt{15}$ angeben, denn $5:\sqrt{15} = \sqrt{15}:3$. Doch hat die antike Mathematik $\sqrt{15}$ nicht als eine Zahl, sondern als eine linear unmeßbare, nur quadratisch meßbare Größe angesehen.
[77] Im folgenden fasse ich den wesentlichen Gedankengang von zwei Euklidischen Sätzen, Elementa II 6 und 14, zusammen.

die *Hypotenuse* und die halbe Differenz die *eine Kathete* eines rechtwinkligen Dreiecks. Dann wird aber – nach dem Pythagoreischen Lehrsatz – die Differenz der beiden Quadrate auf der Hypotenuse und auf der einen Kathete dem Quadrat auf der anderen Kathete gleich sein. Auf diese Weise gewinnt man das flächengleiche Quadrat zu jedem beliebigen Rechteck, ohne Rücksicht darauf, ob die Seiten des Rechtsecks »Zahlen« im Euklidischen Sinne des Wortes sind oder nicht.

Die Seite des Quadrats, das einem beliebigen Rechteck flächengleich ist, wird jedoch in echt mathematischem Sinne des Wortes nur dann Mittlere Proportionale der beiden Rechteckseiten, wenn nicht von »Zahlen« (in Euklids Sinne), sondern von Eudoxischen Größen (μεγέθη) die Rede ist.

Die Geometrie hat also das Problem der Mittleren Proportionale vollständig erst mit Eudoxos gelöst. Aber selbstverständlich besaß man auch in der Zeit *vor* der Eudoxischen Proportionenlehre, nachdem das allgemeine Quadrieren des Rechtecks (der τετραγωνισμός) gelungen war, zumindest ein *intuitives Wissen* davon, daß die Seite des flächengleichen Quadrats die Mittlere Proportionale zu den beiden Rechteckseiten sein muß.

Wichtig war vom historischen Gesichtspunkt aus die Lösung des Problems der Mittleren Proportionale auf dem Wege einer Art von Pythagoreischer Flächengeometrie (d. h. auf dem Wege des Quadrierens des Rechtecks, weil diese Errungenschaft *theoretisch* die Entdeckung jener *linearen Unmeßbarkeit* war, die zugleich *quadratische Meßbarkeit* ist. *Praktisch* hat diese Entdeckung die Konstruktion des Fünfecks und des Zehnecks ermöglicht[78], und dadurch hat sie auch endgültig die Grundlage zur Sehnenberechnung geschaffen. Und das mag auch eine Erklärung dafür sein, warum Ptolemaios seine Abhandlung über die Sehnen nicht mit den einfachen Fällen, sondern mit den schwierigeren beginnt. Ohne die Mittlere Proportionale und ohne das Zehneck und das Fünfeck im Kreis gibt es keine Sehnentheorie.

[78] Heath, Euclid's Elements, Bd. 1, S. 403: »As the solution of this problem [II 11, die stetige Teilung, ein Fall der Mittleren Proportionale – Á. Sz.] is necessary to that of inscribing a regular polygon in a circle (Eucl. IV 10, 11), we must necessarily conclude that it was solved by the Pythagoreans ...«

Quellen und Literatur

Antike Quellen in modernen Ausgaben

Aratos: E. Maaß, Aratea. Philologische Untersuchungen XII. Berlin 1892. Commentariorum in Aratum reliquiae. Ed. E. Maaß. Berlin 1898.

Archimedes: Archimedis Opera omnia. Iterum ed. J. L. Heiberg. 3 Bde. Leipzig 1910–1915.
The Works of Archimedes with the Method of Archimedes. Ed. T. L. Heath. Boston 1912.
Archimedes, Werke (mit Anhang). Ed. A. Cwalina. Braunschweig 1938.

Aristarch: Aristarchus of Samos. Ed. T. L. Heath. Oxford 1913.

Aristophanes: Aristophanis Comoediae. Ed. F. W. Hall und W. M. Geldart. Oxford 1900–1906.
Aristofane, Banchettanti, i frammenti. Ed. A. C. Cassio. Pisa 1977.

Aristoteles: Aristotelis Opera. Ed. I. Bekker. 5 Bde, mit Index Aristotelicus von H. Bonitz. Berlin 1831, 1836, 1870.
Aristoteles, De caelo. Ed. O. Longo. Florenz 1961.

Arrian: Flavius Arrianus, Anabasis. Ed. G. Wirth. Leipzig 1967 (Reprint).

Autolykos: Autolyci De sphaera quae movetur liber. De ortibus et occasibus libri duo. Ed. F. Hultsch. Leipzig 1885.

Curtius Rufus: Historiarum Alexandri Magni Macedonis libri. Ed. E. Hedicke. Leipzig 1919.

Diogenes Laertios: Diogenis Laertii De clarorum philosophorum vitis, dogmatibus et apophthegmatis libri decem. Ed. A. Westermann u. J. B. Boissonade. Paris 1878.
M. Gigante, Diogene Laerzio. Vite dei Filosofi. Bari 1976.

Eudoxos: Die Fragmente des Eudoxos von Knidos. Ed. F. Lasserre. Berlin 1966.

Euklid: Euclidis Elementa. 5 Bde. Ed. J. L. Heiberg. Leipzig 1883–1885.
Euclidis Phaenomena et scripta musica. Ed. H. Menge (Fragmenta collegit et disposuit J. L. Heiberg). Leipzig 1916.
The thirteen books of Euclid's Elements. 3 Bde. Ed. T. L. Heath. Boston 1956.

Geminus: Gemini Elementa astronomiae. Ed. C. Manitius. Leipzig 1898 (zitiert: Manitius 1898 u. Seitenzahl).

Herodot: Herodoti Historiarum libri novem. Ed. H. R. Dietsch u. H. Kallenberg. Leipzig 1906.

Hipparch: Hipparchi In Arati et Eudoxi Phaenomena commentarius. Rec. germanica interpretatione et commentariis instruxit C. Manitius. Leipzig 1894 (zitiert: Manitius 1894 u. Seitenzahl).

Hypsikles: Hypsikles, Die Aufgangszeiten der Gestirne. Ed. F. de Falco u. M. Krause. (Abh. d. Akad. d. Wiss. zu Göttingen. Phil.-hist. Kl., 3. Folge, 64) Göttingen 1966.

Kleomedes: Cleomedis De motu circulari corporum caelestium. Ed. H. Ziegler. Leipzig 1891.

Lukianos: Luciani Samosatensis Opera. Ed. C. Jakobitz. Leipzig 1897; ›Lexiphanes‹ in Bd. 2.

Philoponos: Johannes Philoponos, In Aristotelis Physicorum libros commentarius. Ed. Vitelli. 2 Bde. Berlin 1887, 1888.

Plinius: C. Plinii Secundi, Naturalis Historiae libri XXXVII. Ed. L. Ian u. C. Mayhoff. 5 Bde, Leipzig 1870–1897.

Plutarch: Plutarchi Chaeronensis quae supersunt omnia. 13 Bde. Ed. J. G. Hutten. Tübingen 1791–1796.

Polybios: Polybii Historiae. 5 Bde. Ed. L. Dindorf u. Th. Buttner-Wobst. Leipzig 1904.

Proklos: Proclus Diadochus, In Euclidis Elementorum librum primum commentarius. Ed. G. Friedlein. Leipzig 1873.

Proklus Diadochus, Kommentar zum ersten Buch von Euklids Elementen. Übers. v. P. L. Schönberger. Ed. M. Steck. Halle 1945 (zitiert: Schönberger u. Seitenzahl).

Ptolemaios: Claudii Ptolemaei Syntaxis mathematica I–II. Ed. J. L. Heiberg. Leipzig 1896–1903 (zitiert: Almagest).

Des Claudius Ptolemäus Handbuch der Astronomie. Aus dem Griechischen übersetzt und mit erklärenden Anmerkungen versehen von K. Manitius. Leipzig 1912–1913 (zitiert: Manitius 1912).

Ptolemaios, Geographia. Ed. C. F. A. Nobbe. Leipzig 1898.

Sextus Empiricus: Sexti Empirici Opera. Ed. I. Bekker. Berlin 1842.

Simplikios: In Aristotelis Physicorum libros commentarius. Ed. H. Diels. 2 Bde. Berlin 1882–1895.

In Aristotelis De caelo commentarius. Ed. J. L. Heiberg. 1894.

Strabon: Strabon, Geographica. 3 Bde. Ed. A. Meineke. Leipzig 1909 (Reprint).

Theo Alexandrinus: Commentaires de Pappus et de Theon d'Alexandrie sur l'Almageste. Ed. A. Rome. Città del Vaticano 1936.

Theo Smyrnaeus: Expositio rerum mathematicarum ad legendum Platonem utilium. Ed. H. Hiller. Leipzig 1878.

Theodosios: Theodosii De habitationibus liber. De diebus et noctibus libri duo. Ed. R. Fecht. (Abh. d. Ges. d. Wiss. zu Göttingen, Phil.-hist. Kl., Neue Folge, Bd. XIX, 4) Berlin 1927.

Vitruv: Vitruve, De l'architecture. Ed. J. Soubiran. Paris 1969.

Comicorum Atticorum Fragmenta. Ed. Th. Kock. 3 Bde, Leipzig 1880–1888.

Doxographi Graeci. Ed. H. Diels. Berlin 1879.

Die Fragmente der Vorsokratiker. Ed. H. Diels u. W. Kranz. 8. Aufl. 1956.

Geographi Graeci minores. Ed. C. Müller. 3 Bde, Paris 1855–1861.

Literatur

Antiseri, D., in: Studi Urbinati 48 (1974).

Ardaillon, E.: Horologium. In: Mm. Ch. Daremberg und Ed. Saglio, Dictionnaire des antiquités grecques et romaines. Paris 1900.

Berger, H.: Geschichte der wissenschaftlichen Erdkunde der Griechen. 2. Aufl. Leipzig 1903.

Bilfinger, G.: Die antiken Stundenangaben. Stuttgart 1888.

Boll, F.: Catalogus codicum astrologorum graecorum. Bd. 3 (Codices Germanici). Brüssel 1908.

Braunmühl, A. v.: Vorlesungen über Geschichte der Trigonometrie. 2 Bde, Leipzig 1900–1903.

Brown, L. A.: The story of maps. Boston 1949.

Buchner, E.: Die Sonnenuhr des Augustus. Mainz 1982.

Chasles, M.: Geschichte der Geometrie. Halle 1839.

Cohen, M. R. und I. E. Drabkin: Source book in greek science. Cambridge, Mass. 1958.

Delambre, J. B. J.: Histoire de l'astronomie ancienne. Bd. 1, Paris 1817.

Dicks, D. R.: Early greek astronomy to Aristotle. Ithaca, New York 1970.

Diels, H.: Antike Technik. 2. Aufl. Leipzig, Berlin 1925.

Drecker, J.: Theorie der Sonnenuhren. Leipzig, Berlin 1925.

Dreyer, J. L. E.: A History of astronomy from Thales to Kepler. 2. Aufl. Boston 1953.

Dunst, G. u. E. Buchner: Aristomenes-Uhren in Samos. In: Chiron 3 (1979), S. 120 ff.

Fanning, A. E.: Planets, stars and galaxies. Boston 1963.

Fritz, K. v.: Oinopides von Chios. In: Pauly-Wissowa, Realencyclopädie der classischen Altertumswissenschaft (= RE), 34. Halbband, 1937.

Ginzel, F. K.: Spezieller Kanon der Sonnen- und Mondfinsternisse für das Ländergebiet der klassischen Altertumswissenschaften. Berlin 1899.

Ders.: Handbuch der mathematischen und technischen Chronologie. Bd. 2, Leipzig 1911.

Gisinger, F.: Pytheas in: RE, 47. Halbband, 1963.

Greenhood, D.: Down to earth. Mapping for everybody. New York 1951.

Heath, T.: A History of greek mathematics. 2 Bde, Oxford 1921.

Heiberg, J. L.: Geschichte der Mathematik und der Naturwissenschaften im Altertum. Handbuch der Altertumswissenschaft, Bd. 5, 1. Abt., 2. Hälfte. München 1925.

Hopfner, F.: Bestimmung der Polhöhe aus der Dauer des längsten Tages. In: H. v. Mžik: Theorie und Grundlagen der darstellenden Erdkunde. Wien 1938.

Klepešta, J., und A. Rühl: Taschenatlas der Sternbilder. 2., verb. Ausgabe, Prag 1974.

Mžik, H. v.: Des Klaudios Ptolemaios' Einführung in die darstellende Erdkunde. 1. Teil, Wien 1938.

Neugebauer, O.: The exact sciences in antiquity. 2. Aufl., Providence 1957.

Ders.: On some aspects of early greek astronomy. In: Proceedings of the American Philosophical Society 116 (June 1972) 3.

Prell, H.: Die Stadienmaße des klassischen Altertums. In: Zeitschrift der Technischen Hochschule Dresden 6 (1956/57).

Rehm, A.: Horologium. In: RE 8, 1913.

Schiaparelli, G. V.: Sui parapegmi o calendari astrometeorologici degli antichi. In: Annuario meteorologico italiano 7 (1892).

Szabó, Á. u. E. Maula: Enklima. Untersuchungen zur Frühgeschichte der griechischen Astronomie, Geographie und der Sehnentafeln. Athen 1982.

Tannery, P.: Pour l'histoire de la science hellène. Paris 1887.

Ders.: Recherches sur l'histoire de l'astronomie ancienne. Paris 1893.

Toomer, G.J.: The chord table of Hipparch. In: Centaurus 18 (1973).

van der Waerden, B. L.: Die Anfänge der Astronomie. Groningen o. J.

Zech, J.: Astronomische Untersuchungen über die wichtigeren Finsternisse, welche von den Schriftstellern des classischen Altertums erwähnt werden. Leipzig 1853.

Register

Hoimar v. Ditfurth im dtv

Foto: York-Foto, Freiburg i. Br.

Der Geist fiel nicht vom Himmel
Die Evolution unseres Bewußtseins

Die Entstehung menschlichen Bewußtseins als notwendiges Ergebnis einer Jahrmilliarden langen Entwicklungsgeschichte. »... der gelungene Versuch, dem Leser jenen Eckzahn des ›Mittelpunktwahns‹ zu ziehen, daß nämlich die Welt so beschaffen ist, wie wir sie als Menschen erleben.« (Hamburger Abendblatt) dtv 1587

Im Anfang war der Wasserstoff

Ein Report über 13 Milliarden Jahre Naturgeschichte, angefangen vom Urknall über die Entstehung des »Abfallprodukts« Erde, über die große Sauerstoffkatastrophe, die Entstehung der Warmblütigkeit (und damit die Voraussetzung für das menschliche Bewußtsein) bis hin zur Möglichkeit interplanetarisch-galaktischer Kommunikation. Durchgehend verzeichnet Ditfurth dabei das Vorherrschen von Vernunft. dtv 30015

Kinder des Weltalls
Der Roman unserer Existenz

Anhand wissenschaftlicher Erkenntnisse vollzieht Ditfurth nach, warum auf unserer Erde Leben entstehen konnte und wie unser Dasein von ineinandergreifenden kosmischen Vorgängen abhängt. dtv 10039

Wir sind nicht nur von dieser Welt
Naturwissenschaft, Religion und die Zukunft des Menschen

»Dies Buch wird in der Überzeugung geschrieben, daß die naturwissenschaftliche und die religiöse Deutung der Welt und des Menschen miteinander in Einklang zu bringen sind.« (Hoimar von Ditfurth) dtv 10290

Zusammen mit Volker Arzt:

Dimensionen des Lebens

Reportagen aus der Naturwissenschaft auf der Grundlage der Fernsehreihe »Querschnitte«, mit der Hoimar v. Ditfurth und Volker Arzt gezeigt haben, daß allgemeinverständliche Beiträge aus diesem Bereich möglich sind und wissenschaftliche Materie durchaus in fesselnde Erlebnisse auch für den fachlich nicht vorgebildeten Zuschauer umgesetzt werden kann. dtv 1277

Querschitte
Reportagen aus der Naturwissenschaft

Zehn weitere Beiträge aus der erfolgreichen Fernsehserie »Querschnitte« in Buchform. dtv 1742

Carl Friedrich von Weizsäcker im dtv

Foto: Isolde Ohlbaum

Wege in der Gefahr
Eine Studie über Wirtschaft, Gesellschaft und Kriegsverhütung

Dieses Buch »ist geeignet, den Blick für die politischen Realitäten im Atomzeitalter zu schärfen, die sonst gelegentlich an Konturen verlieren . . . Für Weizsäcker, wie für viele Kulturkritiker der Gegenwart, ist das bloße wissenschaftliche Denken ohnmächtig. Das Ziel eines Bewußtseinswandels ist eine ›von Liebe ermöglichte Vernunft‹.«
(Wehrwissenschaftliche Rundschau)
dtv 1452

Deutlichkeit
Beiträge zu politischen und religiösen Gegenwartsfragen

Was heißt Verteidigung der Freiheit gegen Terrorismus und Repression? Hat das parlamentarische System eine Zukunft? Welche Chancen und Risiken birgt die friedliche Nutzung der Kernenergie? Gehen wir einer asketischen Weltkultur entgegen? Wie läßt sich die Frage nach Gott mit dem naturwissenschaftlichen Denken vereinen? – Vielfältige Fragen, die Weizsäcker klar zu beantworten versucht.
dtv 1687

Die Einheit der Natur
In diesen Studien aus den Jahren 1959 bis 1970 behandelt Carl Friedrich von Weizsäcker, Professor sowohl der Philosophie als auch der Physik, die für die moderne Wissenschaft grundlegende Frage nach der Einheit der Natur.
dtv 10012

Wahrnehmung der Neuzeit
Die Wahrnehmung der Neuzeit und ihrer Krise ist Weizsäckers Hauptanliegen in diesem Band mit Aufsätzen und Vorträgen von 1945 bis heute: »Das Ziel ist, die Neuzeit sehen zu lernen, um womöglich besser in ihr handeln zu können.«
dtv 10498

Die Zeit drängt
Das Ende der Geduld
Aufruf und Diskussion

Weizsäckers Aufruf zu einer »Weltversammlung der Christen für Gerechtigkeit, Frieden und die Bewahrung der Schöpfung«, die Reaktionen auf diesen Aufruf und Weizsäckers Antworten darauf.
dtv 11109

Egon Friedell: Kulturgeschichte

Ägypten und der Alte Orient – Griechenland – Neuzeit

dtv-Atlas zur Mathematik

Tafeln und Texte

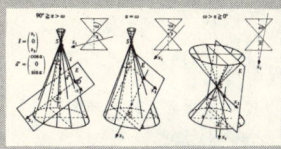

**Grundlagen
Algebra und Geometrie
Band 1**

dtv-Atlas zur Mathematik
von Fritz Reinhardt und
Heinrich Soeder
Tafeln und Texte
Originalausgabe
2 Bände

Band 1: Grundlagen, Algebra
und Geometrie.
Mit 118 Farbtafeln.

Band 2: Analysis und
angewandte Mathematik.
Mit 104 Farbtafeln.

Aus dem Inhalt:
Band 1: Mathematische Logik.
Mengenlehre. Relationen und
Strukturen. Algebra. Zahlen-
theorie. Geometrie. Topologie.
Graphentheorie.

Band 2: Analysis. Differential-
rechnung. Integralrechnung.
Differentialgleichungen.
Differentialgeometrie.
Funktionentheorie. Wahrschein-
lichkeitsrechnung und Statistik.
Lineares Programmieren.

dtv 3007/3008

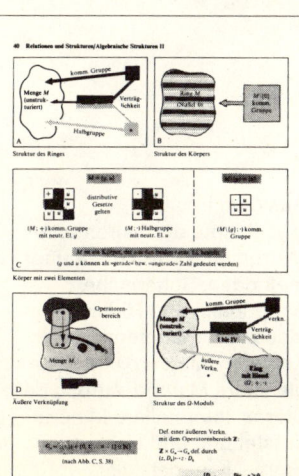

dtv-Atlas
zur
Astronomie

**Tafeln und Texte
Mit Sternatlas**

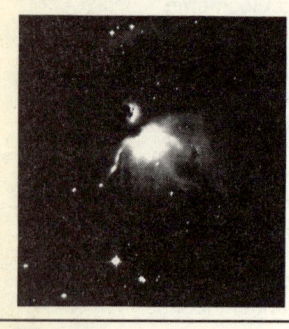

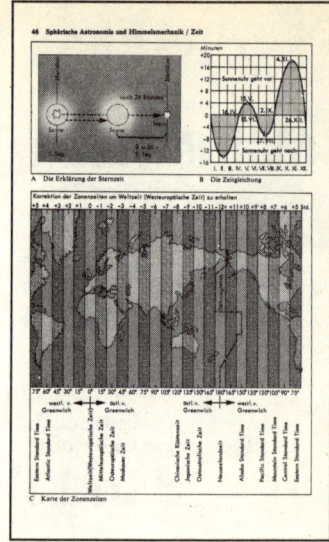

dtv-Atlas zur Astronomie
von Joachim Herrmann
Tafeln und Texte
Originalausgabe

Aus dem Inhalt:
Geschichte der Astronomie.
Instrumente und Forschungs-
methoden. Sphärische
Astronomie und Himmels-
mechanik. Planetensystem.
Kometen, Meteore und inter-
planetare Materie. Aufbau der
Sterne. Interstellare Materie.
Entstehung und Entwicklung der
Sterne. Extragalaktischer Raum.
Kosmologie. Sternatlas.

dtv 3006